創意百分百！

Photoshop 超人氣編修與創意合成技法

idea 圖鑑

楠田諭史 著

李明純．黃珮清．吳嘉芳 譯

SB Creative

序言

這是一本 Photoshop 的創意圖鑑，書中濃縮了編修、加工、合成、LOGO、拼貼、3D、最新表現技巧等所有技能。

與上一版相比，此次加入了新版 Photoshop 的「選取」、「彎曲」等最新功能，可以快速完成操作。編修手法日新月異，流行的作品也不斷推陳出新。

相較於上一版，這次特別在 Chapter07 加入了專業的作品，光是這一章就值得仔細閱讀，千萬別錯過從 P.271 開始令人驚豔的作品！

這本書的特色是將學習用的範例素材「全部」備齊，其他介紹編修技巧的書籍有些只提供「部分」素材，這樣讀者就得花時間自行搜尋或另外購買。事先準備齊全較有效率，也能將注意力放在學習上。

這次還新增了「psd 格式」的完成範例，你可以從中瞭解圖層的結構，當學習過程中遇到困難時，就可以當作參考。

從 Chapter01 開始學習，能一次學會編修、加工的基本知識，以及專業作品的技術等所有技能。希望你會喜歡這本書並學以致用。

Introduction

CONTENTS

目錄

本書共分成 3 篇，由 7 個章節所構成。篇的歸類主要為照片編修、合成的基礎到專業技巧說明等，各個階段都有詳細的解說。章的內容則是整理各種類型的範例，供讀者學習、參考。

本書後半的內容，是依據前半所介紹過的技巧，加以實際應用，因此對於想要學習照片編修、合成的讀者們，非常建議從本書的第 1 個單元開始進入學習。

Recipe | 012

為剪裁的圖案套用羽化
效果，讓畫面更自然

Recipe | 013

改變照片中的光線

Recipe | 014

建立選取範圍，
改變花朵的顏色

Recipe | 015

只要簡單的步驟，
就能製作出老舊的照片風格

Recipe | 016

合成多張不同
顏色、亮度的照片

Recipe | 017

讓天空看起來更蔚藍

Recipe | 018

將照片改成棕褐色系

Recipe | 019

將照片變成水彩畫

Recipe | 020

調暗周圍景物
突顯主體

Recipe | 021

自然地增加花朵數量

Recipe | 022

使用彎曲變形
部分影像

Recipe | 023

實用的光線特效

Recipe | 024

製作有故事性的畫面

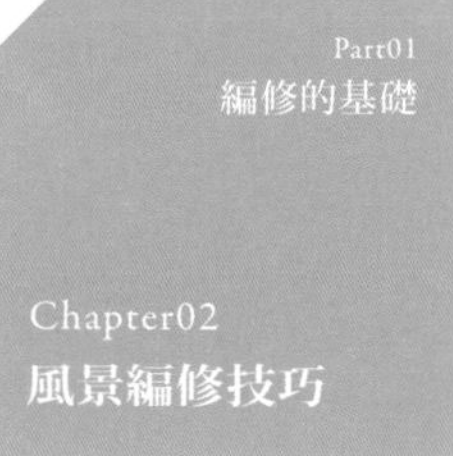

Recipe | 025

清晨的空氣感

Recipe | 026

將照片打造成
玩具模型效果

Part01
編修的基礎

Chapter03
人像編修技巧

Part02
合成想要的畫面

Chapter04
可愛與童話風格的合成技巧

Part02
合成想要的畫面

Chapter05
酷炫的編修技巧

Part03
做出完整的作品

Chapter06
LOGO與各種元素的編修技巧

Recipe | 085
以常春藤纏繞的 Logo

Recipe | 086
在沙灘上寫字

Recipe | 087
動物與文字的合成

Recipe | 088
冰雕般的 Logo

Recipe | 089
融化的巧克力 Logo

Recipe | 090
模擬玻璃窗上的雨滴

Recipe | 091
用照片製作圖樣

Recipe | 092
仿舊照片撕破效果

Recipe | 093
製作石頭雕刻的 Logo

Recipe | 094
黃金質感的 Logo

Recipe | 095
製作具科技感的髮絲紋

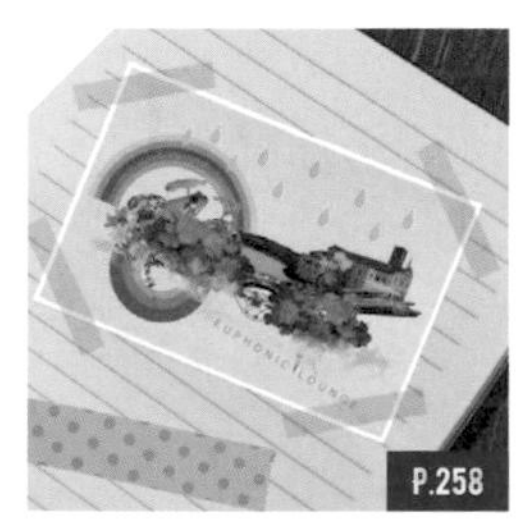

Recipe | 096
逼真的半透明膠帶效果

Recipe | 097
模擬貼紙掀起的效果

Recipe | 098
鉛筆素描風格

Recipe | 099
有皺褶感的牛皮紙

Recipe | 100
如同泡過水的文字效果

Chapter07
進階編修、合成技巧

作者介紹

楠田諭史／ Satoshi Kusuda

數位藝術家／平面設計師。在日本與海外舉辦過無數個展，參與各大報章雜誌、WEB、電視廣告、電車廣告、巴士廣告等設計工作。

參與 URBAN RESEARCH、東芝、高橋酒造、……等日本大企業的影像設計工作，還有 HKT48 的 DVD 封面設計等。另外，其影像作品也被製作成超高人氣的拼圖產品，由 EPOCH Inc. 販售。同時也在各大專院校、職業專門學校擔任講師。

WEB：http://euphonic-lounge.net/

攝影：リバーズ 片山 智博：http://rivers-photo.com
松本 真実：https://mami-matsumoto.com/portfolio/
模特兒：木村 優子
素材：Pixabay：https://pixabay.com
キロクマ！：https://kumamoto.photo

範例檔案下載

本書已經備妥各章練習用的範例素材，讀者不需另外花時間搜尋或是購買素材，你可以專注在學習各項操作技巧。製作完成的範例，我們也提供含圖層結構以及設定值的 psd 檔，當操作過程中遇到困難時，可當作參考。

請使用網頁瀏覽器連到以下網址，點選**附件**旁的**書附檔案下載**連結，即可下載本書範例。

https://www.flag.com.tw/books/product/F1538
（輸入下載連結時，請注意大小寫必須相同）

• 關於範例檔案的著作權

提供下載的範例檔案只能用來學習本書，所有下載的資料皆屬於著作物，不得公開或修改部分或全部的圖像及影像。不過你可以在社群媒體發布包含範例檔案的內容，介紹你學習本書的目的（超過數十分鐘的影片或連載除外）。此外，使用下載資料產生的任何損害，作者及 SB Creative（股）公司概不負任何責任，敬請見諒。

- 本書對應的版本為 Photoshop CC。不過，部份內容並非所有版本都有對應。
- 本書主要使用 Photoshop CC (2020、2021) 的 Windows 版，其位置、功能名稱等，可能會因 Photoshop 的版本而略有不同（例如**筆刷**面板就和以往不同）。
- 本書中所刊登的公司名稱、商品名稱等，皆為各公司的專利商標，或一般商標。本書中並沒有特別以 ® 或 ™ 標示。
- 本書內容是基於提供正確的資訊上市，有關使用本書所帶來的任何一切使用結果，本書作者與出版公司一概不負任何責任。
- 本書基於 Apache License 2.0 的著作權法下，使用所有著作權保護的圖像等。

Chapter 01

基本編修技巧

在 Photoshop 裡，可以利用各種不同操作，讓影像達到想要的效果。首先得要透過反覆操作來熟悉軟體，並了解各種工具的作用，這是最重要的基本工作。
本章收錄許多利用基本工具就能編修的範例，以及調整色彩、複製影像等常見手法就能完成的作品，不但可以學到各種不同工具的應用，更能有效達到想要的結果。

Photoshop Recipe

Recipe

001

GRADATION

BLUE YELLOW PURPLE

使用漸層對應編修出個性化作品

本單元將介紹熱門的雙色加工以及增加顏色技巧，
營造出有深度的漸層作品。

Photo retouching

原影像

01 利用「漸層對應」就能輕易製作出雙色調

開啟「風景 .psd」。在**圖層**面板執行『**建立新填色或調整圖層→漸層對應**』命令 01。點選**內容**面板中的**按一下以編輯漸層** 02，開啟**漸層編輯器** 03。在漸層左邊的色標按兩下，開啟**檢色器**，顏色設定為「#c50a7c」，按下**確定**鈕 04。同樣在右邊色標按兩下，在**檢色器**設定「#fee273」05。在**檢色器**及**漸層編輯器**皆按下**確定**鈕。

這樣就能將原始影像的陰暗部分（暗部）更換成紫色，背景等明亮部分（亮部）換成黃色系 06。只要這樣做，就能加工成雙色調（組合兩種顏色）。

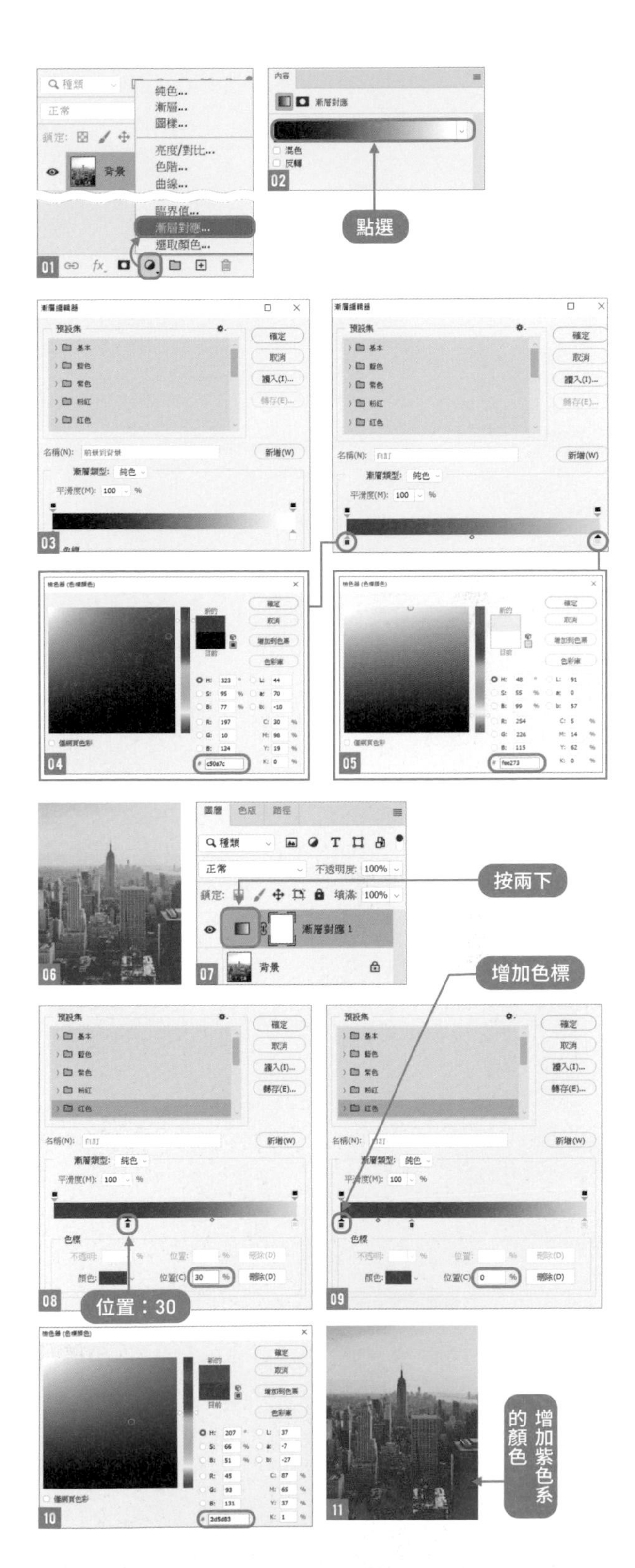

02 於暗部再增加一種顏色

在「漸層對應」的圖層縮圖按兩下 07。和步驟 01 一樣，點選**內容**面板中的**按一下以編輯漸層**，開啟**漸層編輯器**，拖曳左側的色標，設定**位置：30%** 08。在漸層上按一下，於左邊的**位置：0%** 增加色標 09。顏色設定成紫色系 **#2d5d83** 10。在步驟 01 最暗的部分增加紫色系顏色，可以營造出更深邃的印象 11。

Point

請觀察影像的明暗，根據影像的狀態來調整「色標」位置。這個範例由上往下在亮部→中間調→暗部呈現出清楚的明暗效果，並在暗部加上紫色系。將這項技巧套用在能掌握陰影的影像上，比較容易達到預期的效果。

Chocola

Recipe

002

修復影像中的瑕疵

照片中若有髒污或不滿意的部份，可以用「修補工具」或「污點修復筆刷工具」來擦除。

Photo retouching

01 修復搖搖馬的破損部份

開啟「小孩 .psd」 01，選取**工具**面板中的**修補工具** 02，在**選項列**設定**修補：內容感知** 03。仔細選取搖搖馬破損的部份 04（將檢視比例放大，會更方便選取）。

建立選取範圍後向右拖曳滑鼠，就會自動修復破損的部份了 05，接著再利用同樣的方法，修復搖搖馬中央破損的部份 06 07。

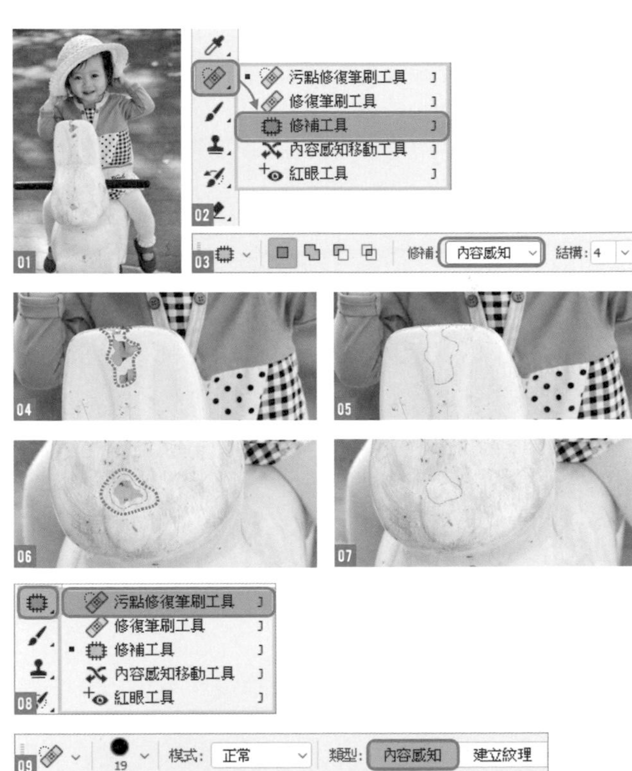

02 使用「污點修復筆刷工具」清除不要的部份

請由**工具**面板選取**污點修復筆刷工具** 08，在**選項列**設定**類型：內容感知** 09。

接著要修復小女孩帽緣脫落的線段，只要用**污點修復筆刷工具**在帽緣的線段處塗抹，就能自動修復 10 11，如果無法一次就修復到位，請重複相同的操作。

03 修補整體畫面

請先選取**污點修復筆刷工具**後，在影像上按滑鼠右鍵開啟**筆刷選項**面板 12，配合畫面中的破損、污點來調整筆刷的尺寸，再仔細修復整張照片中不滿意的部份 13。

若是修過頭，反而會讓照片很不自然，最好能在保留原本材質與氛圍的原則下適當修補就好。

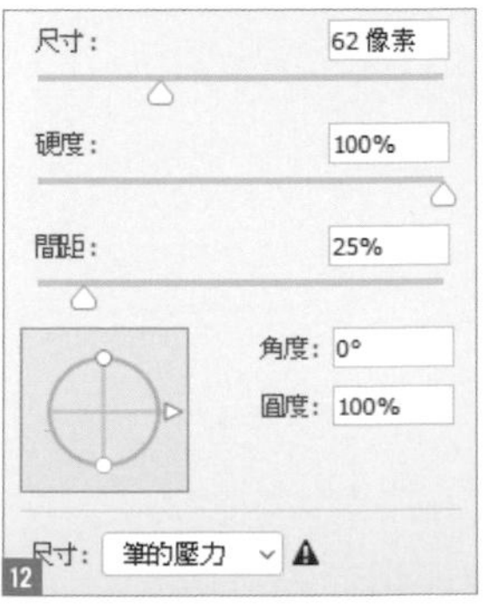

Recipe

003

置換天空讓景色看起來更寬闊

想要讓影像看起來寬闊，天空所佔的比例相當重要。這個單元我們要將背景的天空合成別的天空照片，讓畫面中的天空更有變化。

Photo retouching

01 選取素材

開啟「海灘 .psd」，選取**工具**面板的**魔術棒工具** 01，在**選項列**設定**容許度：50** 後 02，選取天空範圍 03。可按住 Shift 鍵不放來多次選取。

02 刪除海灘上的天空

按 Delete 鍵刪除剛才選取的範圍 04，刪除後若有殘留的部份，請重複步驟 01～04 的操作。太細微的部份，可改用**橡皮擦工具**來清除 05。這樣就可以刪除海灘上的天空了 06。

Point

當圖層為**背景**圖層時，刪除選取範圍並不會是透明的。可在**背景**圖層上雙按，將背景圖層轉換為一般圖層。

03 建立新文件 配置所有素材

請執行『**檔案／開新檔案**』命令，建立**寬度：13 公分／高度：18 公分／解析度：300 像素／英吋**的新檔案 07，再將「海灘 .psd」、「天空 .psd」配置在其中 08，並調整兩素材的位置就完成了 09。

讓我們感受
自然的旅程。

Recipe

004

具有通透感的風景照

把一張看似普通的風景照，處理成有如廣告海報般，充滿魅力的照片吧！

Photo retouching

01 將圖層轉換為智慧型物件

開啟「風景 .psd」，在**背景**圖層上按滑鼠右鍵並選擇**轉換為智慧型物件** 01。將圖層轉換為智慧型物件後，就可以調整顏色或套用各種濾鏡了。

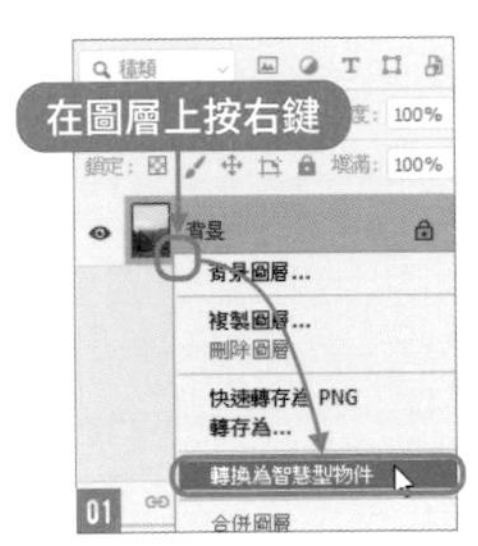

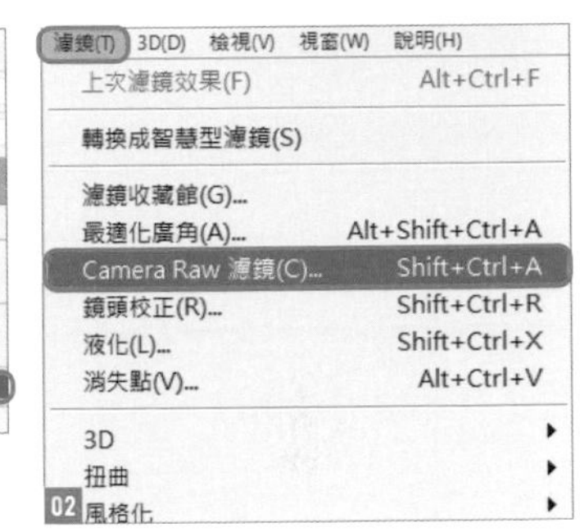

02 使用「Camera Raw 濾鏡」營造通透感

執行『**濾鏡／Camera Raw 濾鏡**』命令 02，開啟 **Camera Raw** 視窗，設定**色溫：-30／色調：-5／曝光度：+0.25／對比：-11／清晰度：-20／細節飽和度：+10**，再按下**確定**鈕，就能做出清新的通透感了 03。

03 增加雜點 提升質感

請執行『**濾鏡／雜訊／增加雜訊**』命令 04，設定**總量：4%** 05。為畫面增加雜點後，就能模擬在光線不足下所拍攝的效果。

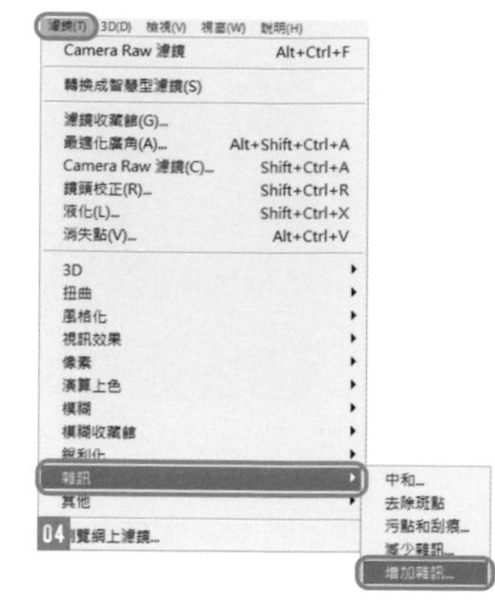

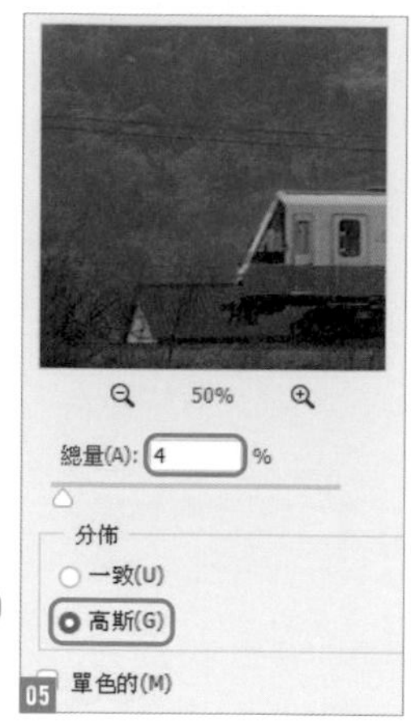

Point

如果影像本身有雜點，就不用再刻意添加了。請依照片想要呈現的感覺，自行調整雜點的量。

04 調整色彩平衡 來增加通透感

請按下**圖層**面板中的**建立新填色或調整圖層**鈕，選取**色彩平衡** 06，在**內容**面板設定**色調：中間調**，顏色設定為 **-30：15：15** 07；**色調：亮部**，顏色設定為 **0：0：15** 08，為整個畫面增加一點青、藍色調 09。

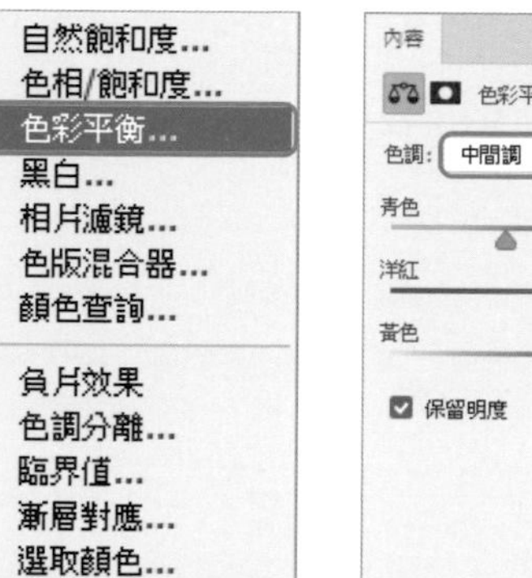

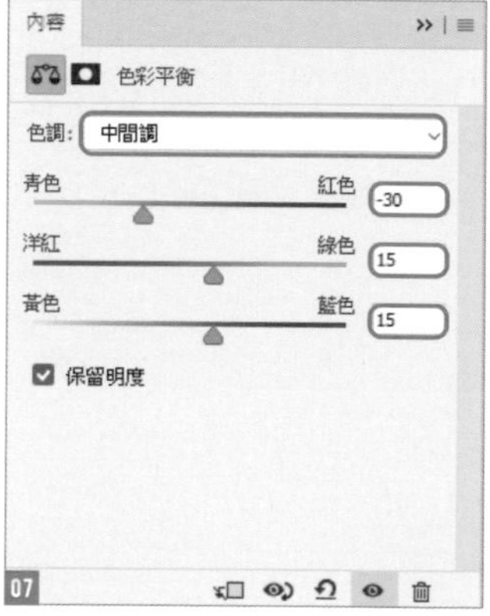

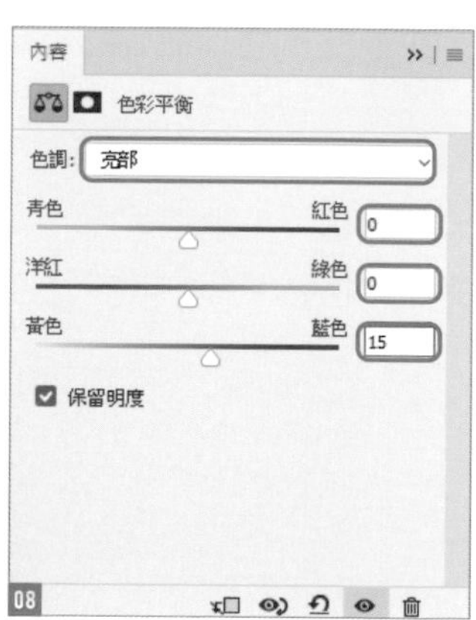

05 為整個畫面添加薄霧

在**圖層**面板的最上方新增一個**霧**圖層，指定前景色為**白 #ffffff**、背景色為**黑 #000000**，再執行『**濾鏡／演算上色／雲狀效果**』命令 10 11。

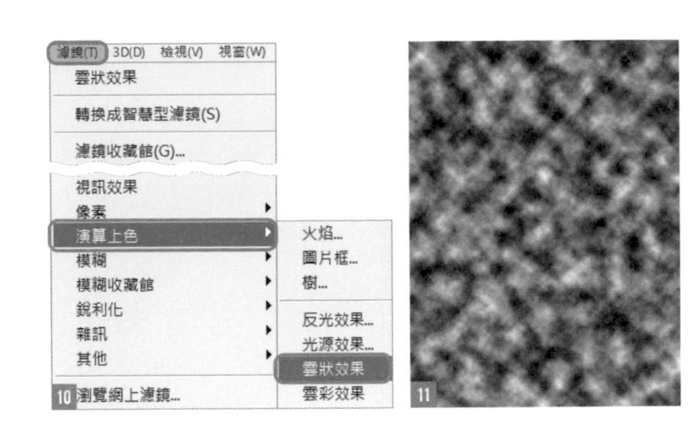

06 套用「高斯模糊」讓霧更自然

選取剛才套用**雲狀效果**的**霧**圖層，再執行『**濾鏡／模糊／高斯模糊**』命令 12，套用**強度：100.0 像素** 13。

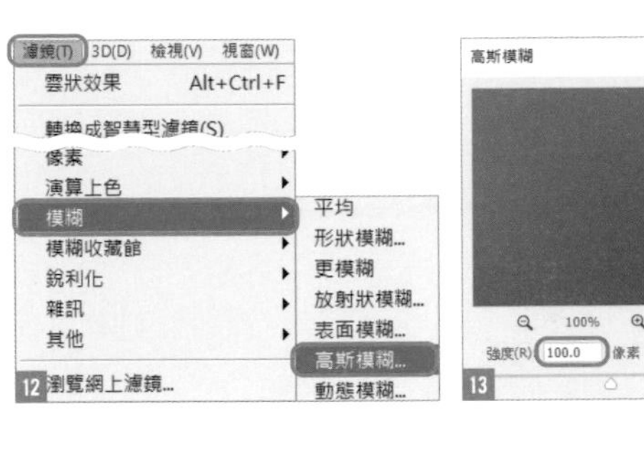

07 利用「濾色」混合模式，使霧更有輕柔的感覺

在**圖層**面板將**霧**圖層的混合模式設定為**濾色** 14，變更**不透明度：25%** 15。

我們為這張照片添加了霧氣，還加強藍、青色調，整體畫面不只感覺輕柔，更是一張富有通透感的風景照片 16。

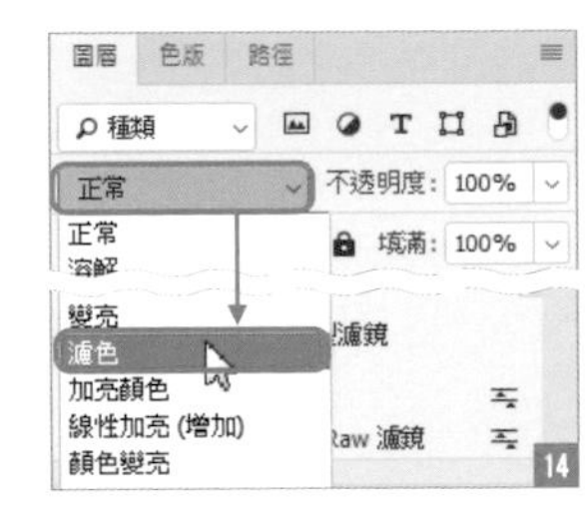

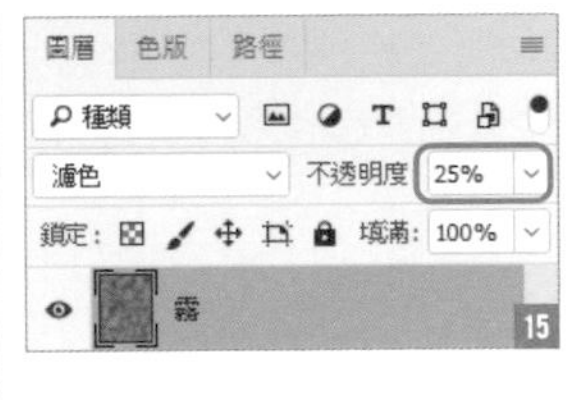

Recipe

005

調整亮度與對比
完成強弱分明的照片

使用**曲線**及**色階**功能，調整出具有強弱對比的影像。

Photo retouching

01 建立「曲線」調整圖層

開啟「背景 .psd」。這是一張散發出柔和感的照片。在此要調整強弱對比來突顯照片中的仙人掌。在**圖層**面板執行『**建立新填色或調整圖層→曲線**』命令 01，就會在背景上面建立調整圖層 02。

02 使用「曲線」調整照片的明暗對比

執行步驟 01 ，開啟**內容**面板的曲線後，在面板上按一下，增加 3 個控制點。如果找不到**內容**面板，可以在**曲線 1** 圖層上按兩下，或在選取**曲線 1** 圖層的狀態，執行『**視窗→內容**』命令，開啟**內容**面板。參考 03，調整成起伏和緩的 S 型曲線。每個控制點依序是左下**輸入：30**、**輸出：19**、中心**輸入：131**、**輸出：123**、右上**輸入：217**、**輸出：224** 04。分別強調亮部與暗部，就能調整成對比鮮明的影像。

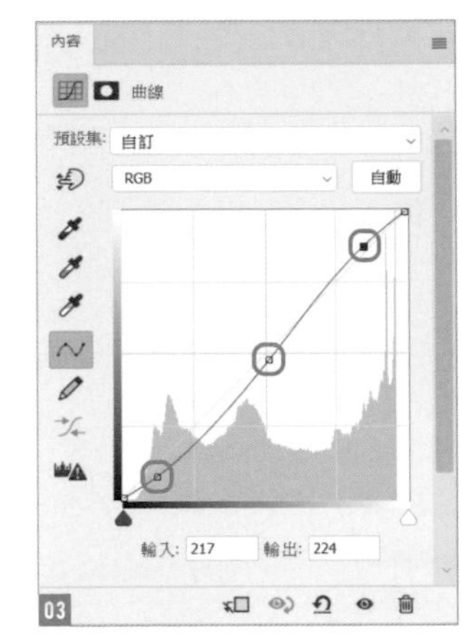

03

04

Point

曲線內的 S 型曲線是可以輕易提高對比的典型手法，能運用在所有情況，最好先學起來。

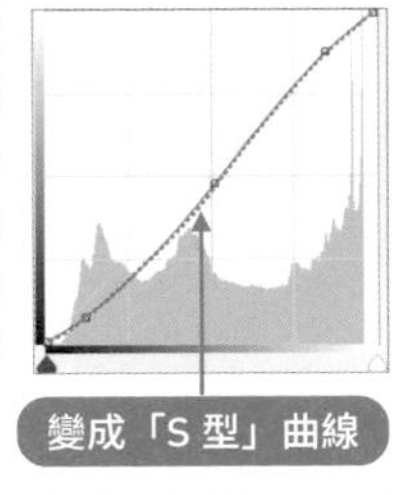

03 使用「色階」調整成有強弱對比的影像

同樣使用**圖層**面板中的**色階**，在上面建立**色階 1** 圖層 05。自左（暗部）輸入「15：0.90：245」 06。和曲線一樣，可以提高對比，調整出強弱 07。

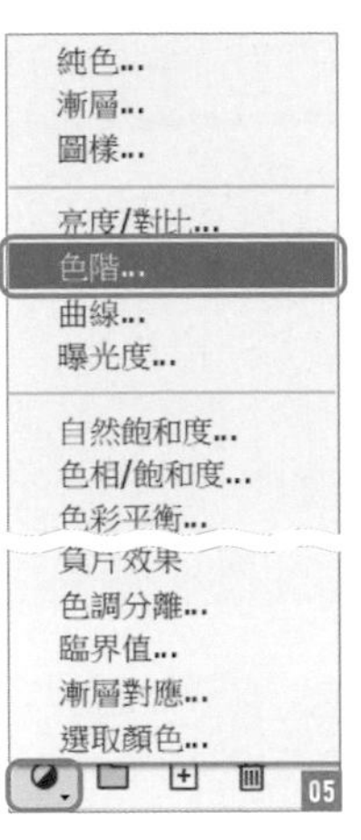

05

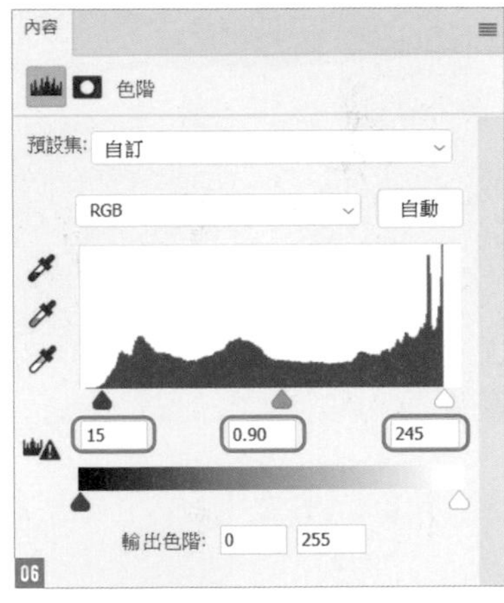

06

07

Recipe

006

後製出主體焦點清楚但背景模糊的照片

這個單元要製作出如同單眼相機的大光圈鏡頭拍攝效果，除了主體以外，其餘背景皆模糊。

Photo retouching

原影像

01 擷取女孩影像

開啟「人物 .psd」，選取**工具**面板中的**筆型工具** 01，沿著女孩的輪廓建立路徑 02。維持選取**筆型工具**的狀態，按滑鼠右鍵，執行『**製作選取範圍**』命令 03。開啟**製作選取範圍**視窗，設定**羽化強度：0 像素**，並勾選**消除鋸齒**，按下**確定**鈕 04，就會建立女孩輪廓的選取範圍 05。

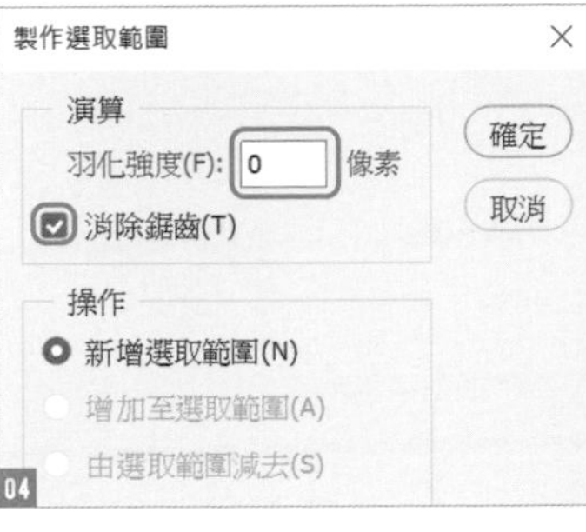

02 反轉選取範圍並利用鏡頭模糊來模糊背景

選取**工具**面板中的選取工具（**矩形選取畫面工具**、**套索工具**、**快速選取工具**等任何一種選取工具都可以），在畫面上按右鍵，執行『**反轉選取**』命令 06，反轉選取範圍，選取女孩以外的部分 07。執行『**濾鏡→模糊→鏡頭模糊**』命令 08，開啟**鏡頭模糊**視窗，設定光圈的**形狀：六角形**、**強度：34**、**葉片凹度：100**、**旋轉：0**，反射的亮部區設定**亮度：48**、**臨界值：255** 09，這樣就能讓背景變模糊 10。

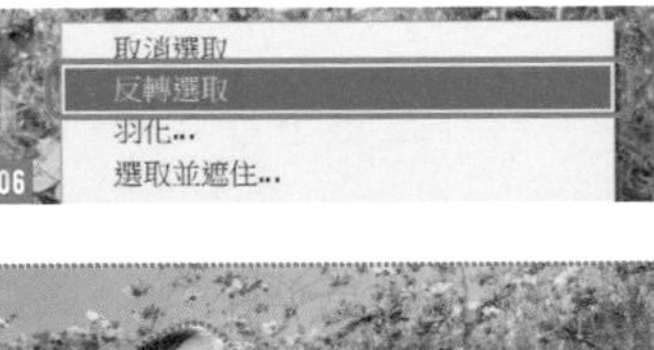

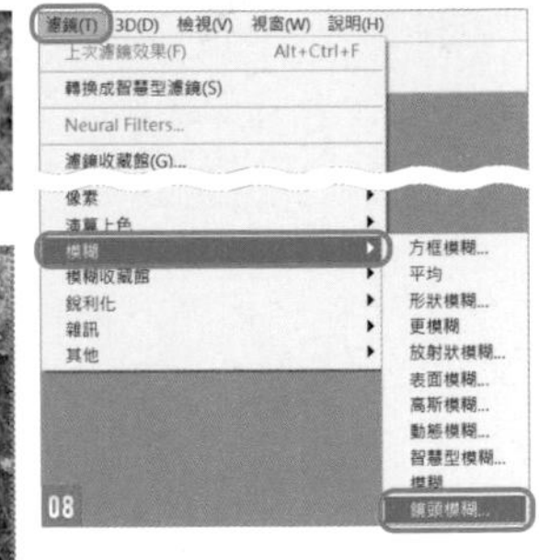

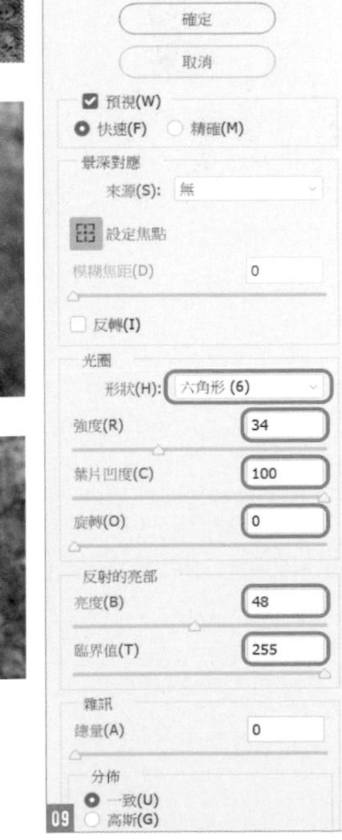

Point

與**高斯模糊**相比，這種技巧可以建立不會影響選取範圍之外（女孩部分）的模糊效果。而且套用**高斯模糊**後，檢視女孩的手臂部分，就會發現產生了如右圖的狀態。

03 使用「模糊工具」調整頭髮及輪廓細節

選取**工具**面板中的**模糊工具** 11，描繪頭髮及輪廓，與背景自然融合，這樣就完成了 12。

Recipe 007 令人印象深刻的「抽色」照片

在黑白照片上只保留部份色彩，可以讓想要強調的重點更加鮮明。

01 使用「物件選取工具」建立選取範圍

請開啟「蘋果 .psd」，選取**工具**面板中的**物件選取工具** 01 。在**選項列**設定**模式：矩形** 02。如圖 03 拖曳出一個範圍框住蘋果，此時 Photoshop 內建的人工智慧「Adobe Sensei」就會自動選取蘋果的輪廓 04 。

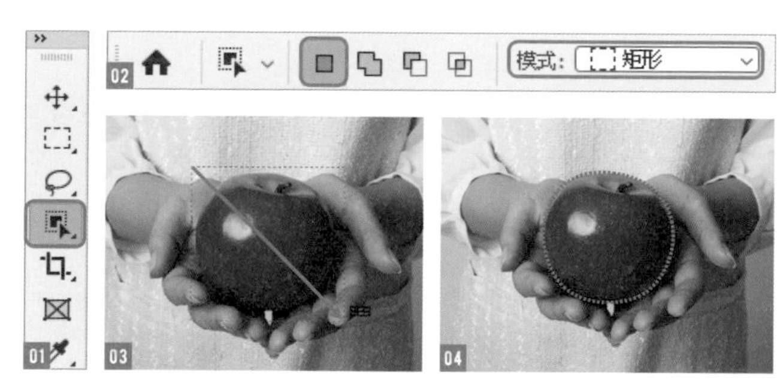

02 點選「快速選取工具」

選取**工具**面板的**快速選取工具** 05 。

Point

如果在**工具**面板中找不到**快速選取工具**，只要按住**物件選取工具**鈕，就會顯示**快速選取工具**了。

03 選取想要保留顏色的部份

將筆刷的尺寸設為 10 像素左右，在蘋果的輪廓拖曳，選取剛才沒有選到的部分 06 07。如果有多選的部分，可以按住 Alt（option）鍵再沿著邊緣塗抹，以取消多選的部份。如果無法精確選取範圍，可以在選取過程中隨時調整筆刷的尺寸，例如改為 5 像素。

06

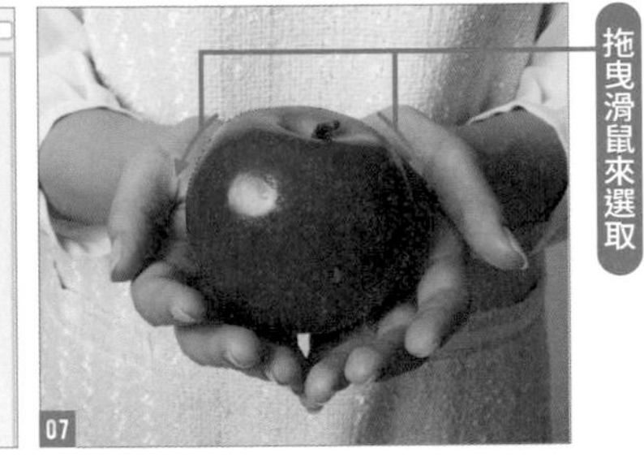

07

04 為選取範圍建立遮罩，區分出黑白與彩色兩部份

選取蘋果範圍後，執行『**選取／反轉**』命令 08，此時選取的範圍便會反轉，從照片四個角落到蘋果外圍都是選取範圍 09，請執行『**圖層／新增調整圖層／黑白**』命令 10，在跳出的交談窗按下**確定**鈕，選取的範圍就會轉換為黑白了 11。

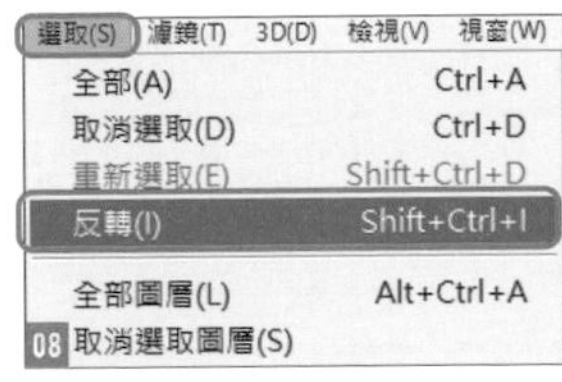

08

09

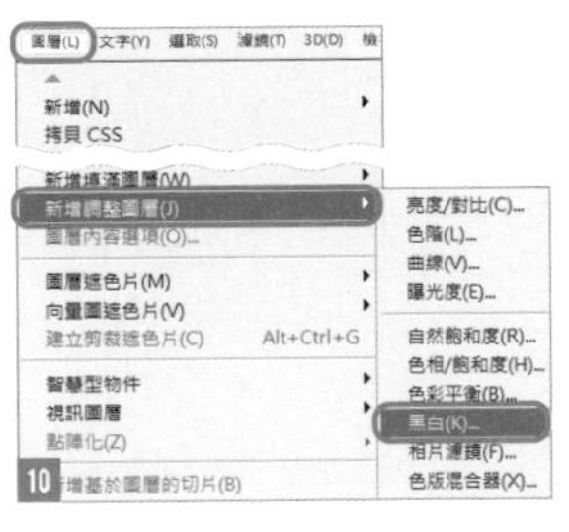

10

11

05 調整亮度、對比，完成編修

選取**背景**圖層，執行『**影像／調整／色階**』命令 12，**輸入色階**區的設定為**陰影：20**／**中間調：1.2**／**亮部：250** 13。

調整色階後，整體的亮度會提升，同時由於**陰影**提升至 **20**，會加深陰影部分，使畫面對比更明顯 14。

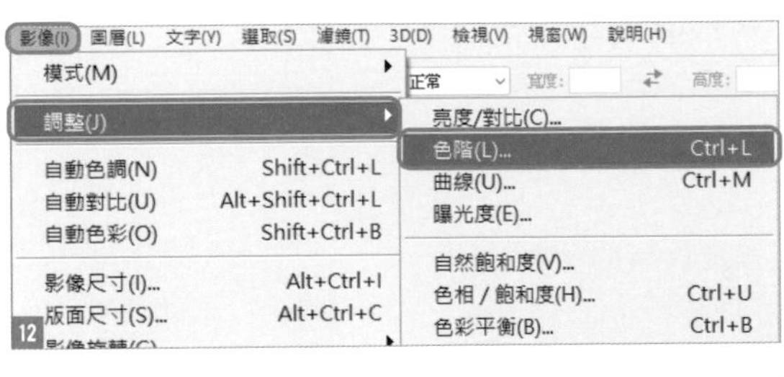

12

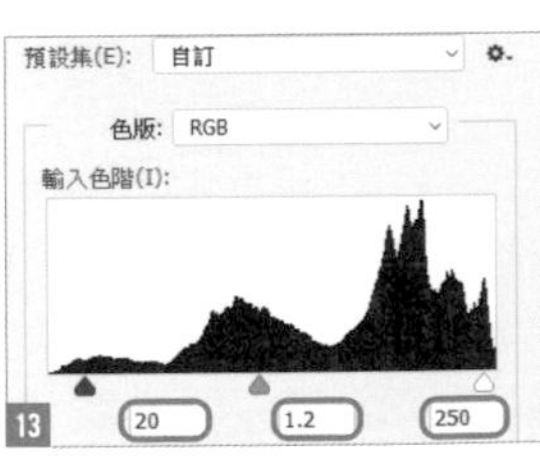

13

14

Point

在黑白照片上只保留部份色彩，會讓人對照片留下深刻的印象，是非常實用的一種處理技巧。建議可以多用在水果或人物作品上，一定會有不同於以往的視覺效果。

Recipe

008

讓食物看起來更美味

只要微調照片的顏色，
就能讓食物看起來更美味。

01 將照片調整為暖色系，提升食物的美味程度

開啟「Pasta.psd」，按下**圖層**面板的**建立新填色或調整圖層**鈕選擇**曲線** 01，開啟**內容**面板後，在曲線中央新增控制點，設定**輸入：121／輸出：137** 02。

將**色版**變更為**紅**色後，在曲線中央新增控制點，設定**輸入：119／輸出：137** 03；再將**色版**變更為**藍**色，在曲線中央新增控制點，設定**輸入：133／輸出：125** 04。這時原本偏冷色調的義大利麵，因為提升了紅色調，看起來就會變得美味許多 05。

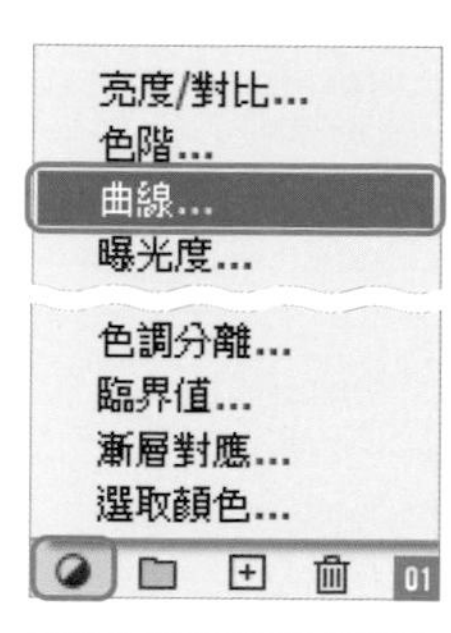

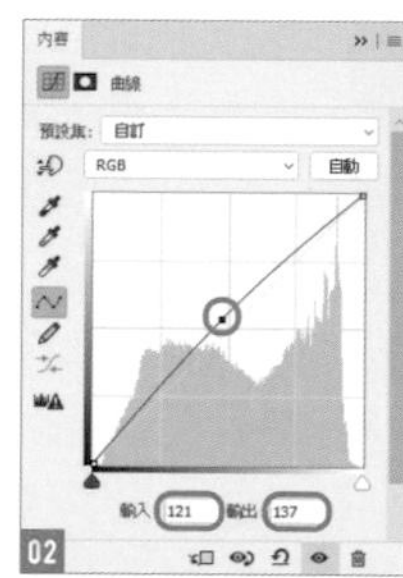

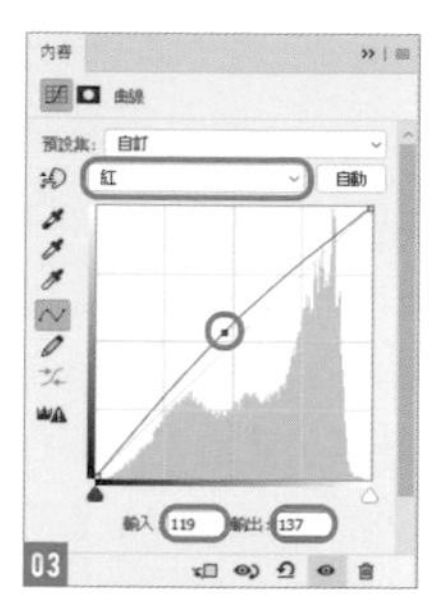

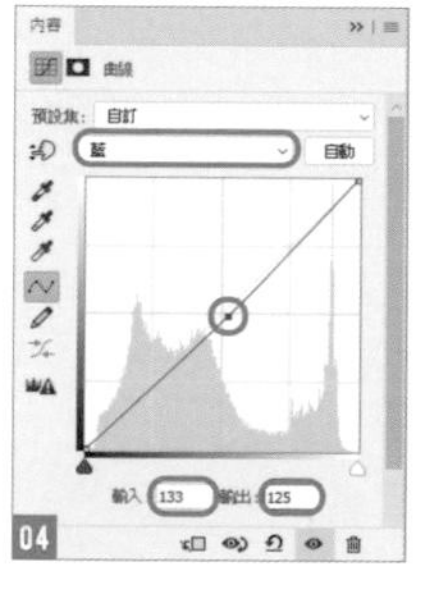

02 加強羅勒葉的顏色完成編修

利用**快速選取工具**或**套索工具**選取畫面中的羅勒葉 06，再按下**圖層**面板的**建立新填色或調整圖層**鈕選擇**色相／飽和度**。在選取羅勒葉的狀態下新增調整圖層，就會自動為選取範圍建立遮色片，在此設定**色相：15** 07。加深羅勒的綠色後，義大利麵也顯得更新鮮美味 08。

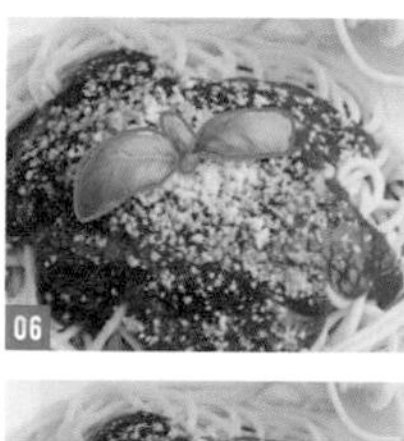

內容
色相/飽和度
預設集：自訂
主檔案
色相：15
飽和度：0
明亮：0
07

Recipe

009

加強食物色調看起來更可口

依食物給人的印象來做色階調整，可以讓照片看起來更有魅力。

01 以強調照片的主角為目的來調整色階

請開啟「Macaron.psd」，雖然照片本身偏暖色系，不過主角馬卡龍不夠鮮明，我們要試著調整色階，讓馬卡龍更加突出。

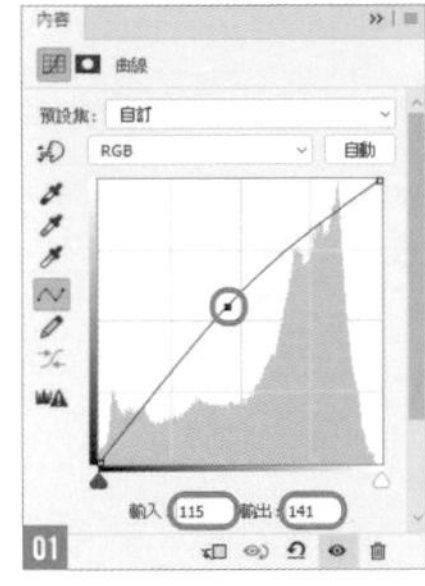

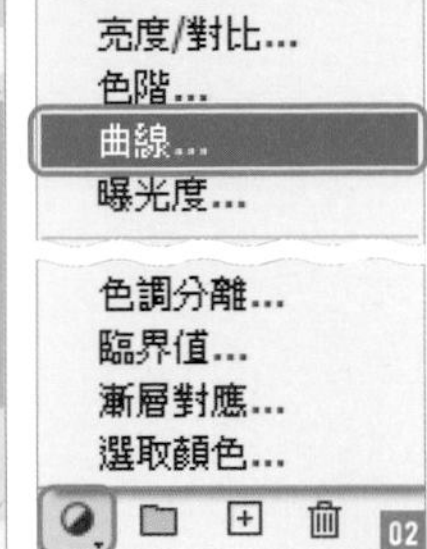

02 降低紅色調，讓畫面看起來清爽

按下**圖層**面板的**建立新填色或調整圖層**鈕選擇**曲線**，在曲線中央新增控制點，設定**輸入：115／輸出：141** 01。再按下**建立新填色或調整圖層**鈕選擇**色彩平衡** 02，在**色調**選取**中間調**，設定 -20：0：+30 03，降低紅色後，整體會變得較為清爽 04。

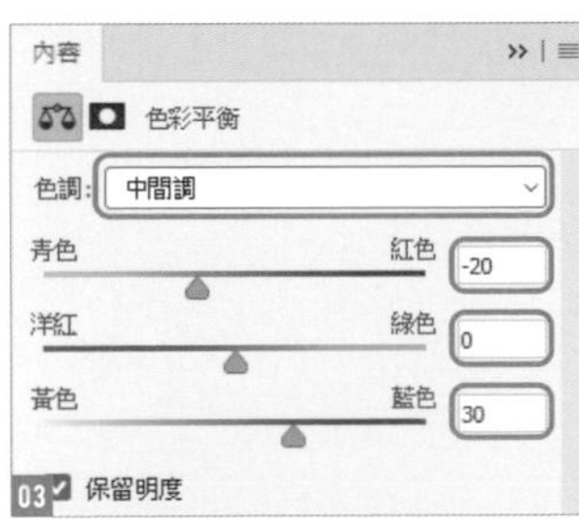

03 強調馬卡龍的顏色完成編修

按下**建立新填色或調整圖層**鈕選擇**自然飽和度** 05。設定**自然飽和度：50／飽和度：5** 06，提高馬卡龍的色彩飽和度就完成了 07。

內容
自然飽和度
自然飽和度： +50
飽和度： +5
06

Point

照片整體的感覺取決於背景色，雖然不是所有的照片都如此，但絕大多數都符合這樣的情況。溫熱的食物偏暖色系，冰冷的食物偏冷色系，依照這個原則來做色階調整，可以將食物的特色完整展現出來。

原影像

Recipe

010

利用色調的濃、淡改變照片給人的印象

只要改變色調的濃、淡，馬上就能讓照片有不同的氛圍。

Photo retouching

01 使用「曲線」功能降低色調濃度

請開啟「沙發 .psd」，按下**圖層**面板的**建立新填色或調整圖層**鈕選擇**曲線** 01，並確認建立的調整圖層位於最上層 02。

選取曲線左下方的控制點，設定**輸入：0／輸出：29**，在曲線中央新增控制點，設定**輸入：110／輸出：142** 03。提升暗部與中間調的亮度，就可以讓整體色調看起來淡一些 04。

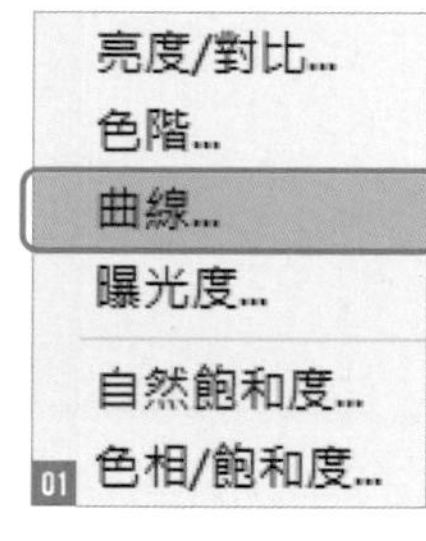

01

02

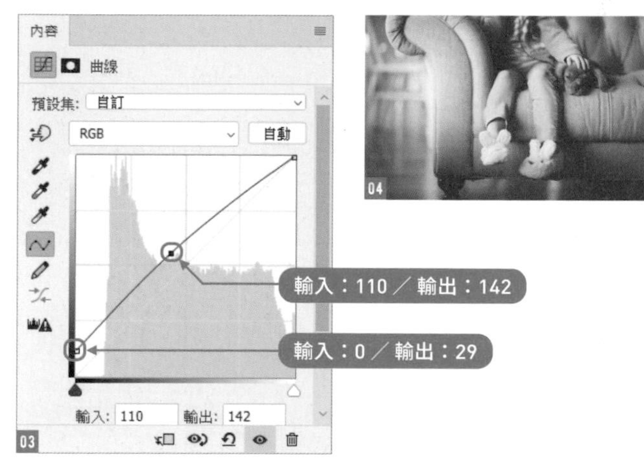

03 04

02 加深色調濃度，讓照片看起來更沉穩

再新增一個**曲線**調整圖層，在**內容**面板中選取左下角的控制點，設定**輸入：22／輸出：0**，在曲線中央新增控制點，設定**輸入：135／輸出：119** 05。將暗部與中間調變暗，會給人一種沉穩的印象 06。

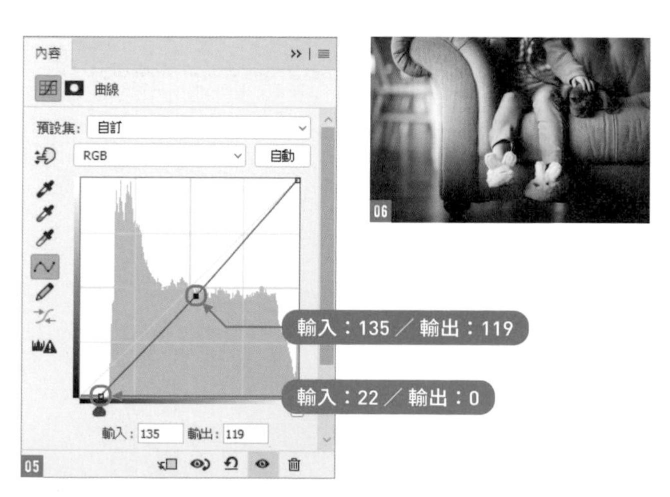

05 06

Recipe

011 讓人印象深刻的夕陽照片

天空中夕陽的橘色調，還有明亮的部份，都可以藉由筆刷修飾，讓照片變得更完美，質感更提升。

Photo retouching

01 製作繪圖用的底部圖層

開啟「風景 .psd」，建立一個新圖層置於最上層，命名為**橘色光** 01，從**工具**面板選擇**筆刷工具** 02。

從**工具**面板開啟**檢色器 (前景色)** 交談窗，設定前景色為 **#ed671e** 03，選取**橘色光**圖層，將圖層混合模式設定為**覆蓋** 04。

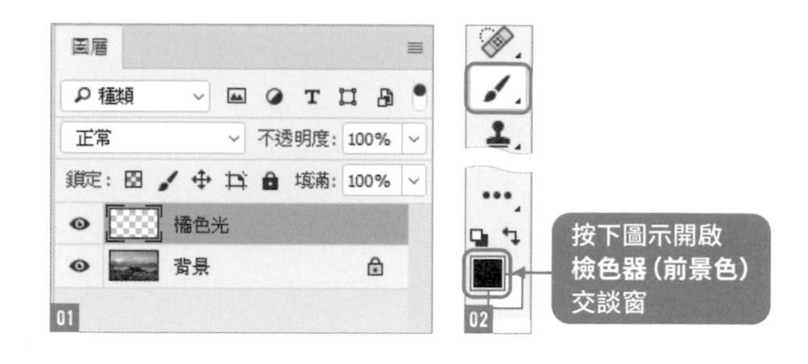

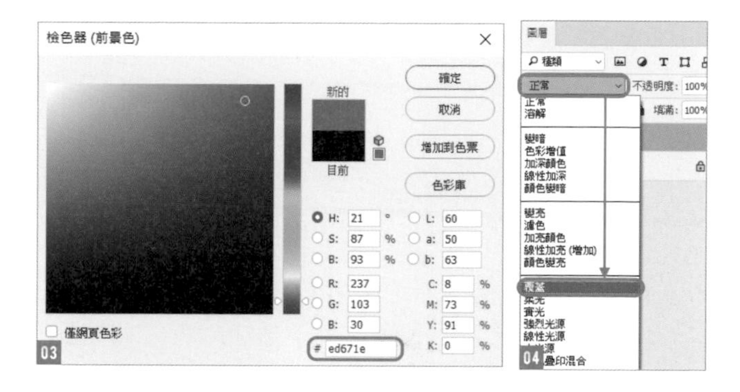

02 使用筆刷工具，補強夕陽的光線

在**筆刷**面板中設定筆刷**尺寸**與**不透明度** (例如：48%) 05，在想要讓橘色亮一點的地方用筆刷塗抹，可參考圖 06 的塗抹範圍。

調整**橘色光**圖層的**不透明度：58%**，讓塗抹的顏色與照片看起來更融和 07，夕陽灑落在芒草上的部份就完成了 08。

03 製作漸層效果的圖層

建立一個新圖層，命名為**漸層**，放置在最上方 09，從**工具**面板中選取**漸層工具** 10。

04 使用「漸層工具」強調天空的夕陽

按下**選項列**中的漸層長條 11，開啟**漸層編輯器** 12，將左側的色標設定為 **#9197a4** 13；右側的色標設定為 **#e86a25** 14。

設定右下方的色標**位置：50%** 15，再選取右上方的色標，設定**不透明度：0%** 16，按下**確定**鈕後，從畫面上方拖曳滑鼠至下方，如圖 17。夕陽的色彩就更加明顯了 18。

選取**漸層**圖層，將圖層的混合模式設定為**覆蓋**，強調夕陽的顏色 19。

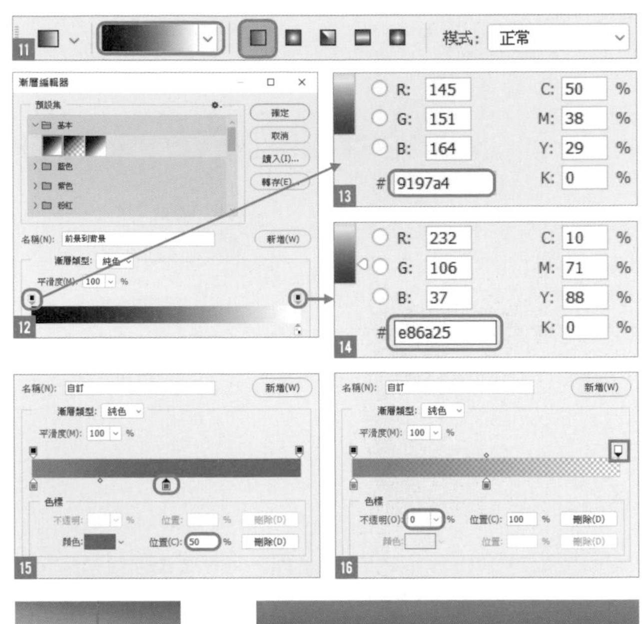

05 使用「筆刷工具」加強亮部

建立新圖層，命名為**加強亮部**並移至最上層 20。選取**加強亮部**圖層，設定圖層的混合模式為**覆蓋**。與步驟 01 相同，由**工具**面板選擇**筆刷工具**設定前景色為 **#ffffff**。

依塗抹的範圍調整筆刷的尺寸與不透明度，修飾照片中的部份亮度，如圖 21，為照片上的夕陽及部份芒草提升亮度。修飾完成後，再設定圖層的**不透明度：59%**，讓整體更自然。加上光線後，為畫面增添了夢幻感，一張美麗的夕陽照片就完成了 22。

Recipe

012 為剪裁的圖案套用羽化效果，讓畫面更自然

如果把剪下來的照片直接貼上，邊緣的部份通常會很明顯，且跟周圍不協調。這時可以試著為素材套用羽化效果，畫面看起來會更加自然。

Photo retouching

原影像

01 沿著花瓣把花剪下來

開啟「花 .psd」，從**工具**面板選擇**筆型工具** 01，再用**筆型工具**沿著畫面右上角的花瓣輪廓選取花朵 02。

選好後請按滑鼠右鍵，執行『**製作選取範圍**』命令 03，開啟**製作選取範圍**交談窗，套用**羽化強度：0** 像素 04。選取範圍就建立好了 05。

選取**工具**面板中的任一選取工具（**矩形選取畫面工具**、**套索工具**、**魔術棒工具**等），在選取範圍內按右鍵，執行『**拷貝的圖層**』命令 06。

到此為止，最上方的圖層便是剛才選取、複製的花朵 07。

Point

在選取的狀態下，按下 Ctrl（⌘）＋ J 快速鍵，與按右鍵選取**拷貝的圖層**結果是相同的。

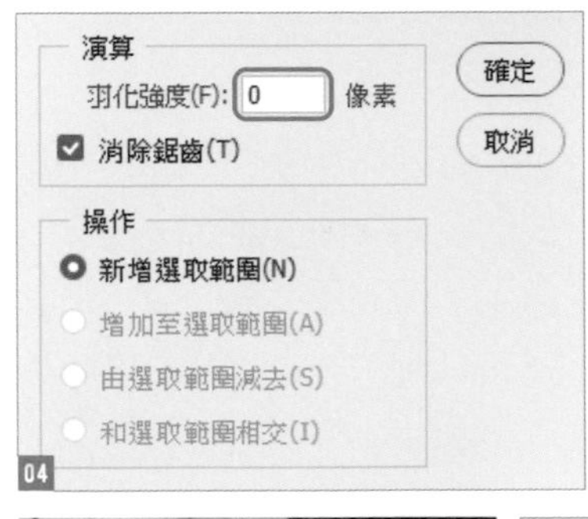

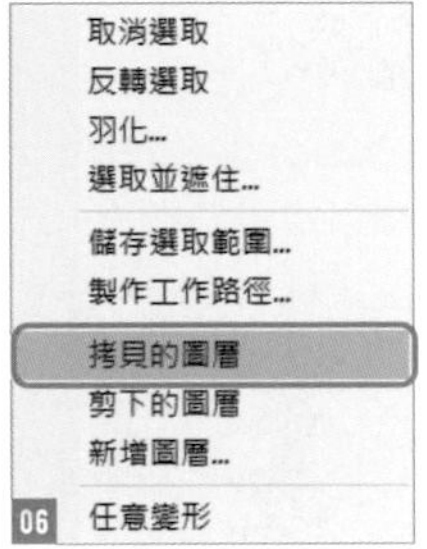

02 移動剪下來的花

將剪下來的花移到左下方 08。

03 在複製後的花，套用「羽化」，提升融和程度

先按住 Ctrl（⌘）鍵，然後在圖層縮圖上按一下滑鼠左鍵，就會在畫面上建立選取範圍 09 10。

執行『**選取／修改／縮減**』命令 11 縮小選取範圍，設定**縮減：1 像素**後，按**確定**鈕套用 12。

選取範圍會往花瓣內側縮減 1 像素 13，執行『**選取／修改／羽化**』命令 14，設定**羽化強度：1** 像素後，按**確定**鈕套用 15。

執行『**選取／反轉**』命令 16，按下 Delete 鍵刪除不要的部份。與套用羽化效果前的照片相比較 17，花瓣輪廓會與周圍較融和且自然 18。

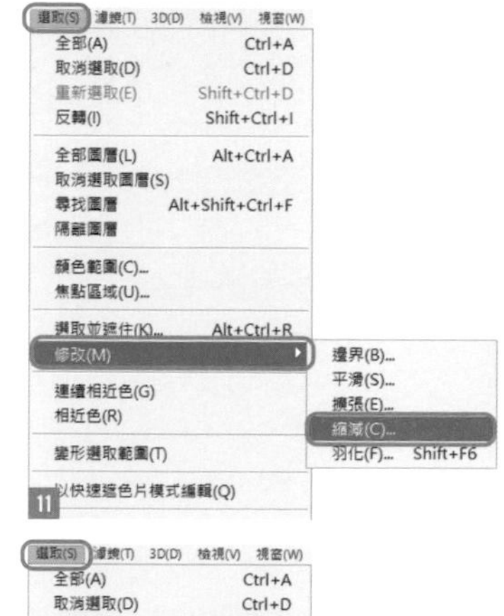

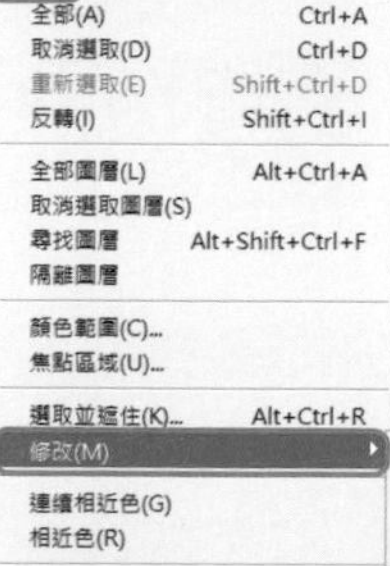
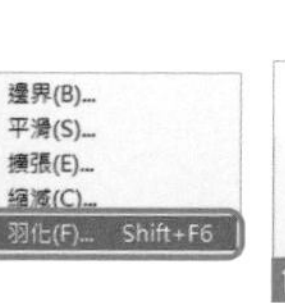

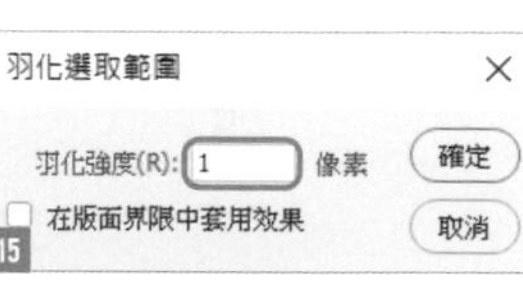

Point

左圖未套用羽化效果，右選套用了羽化效果，右側的圖案顯得較自然。

Recipe

013

改變照片中的光線

變化照片中的光線，就能給人不同的印象，在影像合成、編修時，是很常用的手法。

Photo retouching

原影像

01 複製素材再剪裁

開啟「水果 .psd」，複製**背景**圖層，將上方圖層命名為**水果**，下方圖層命名為**背景** 01。接著選取**水果**圖層裡的背景影像。

雖然可用**筆型工具**或**魔術棒工具**等來選取，但由於背景單純，我們使用**快速選取工具** 02 來操作會比較容易選取 03。

將**水果**圖層中選好的背景範圍刪除（為了方便讀者理解，我們把**背景**圖層設為不顯示）04。

02 準備調整亮部與暗部的圖層

按下**圖層**面板裡的**建立新圖層**鈕 05，在**水果**圖層的上方建立 2 個新圖層，上圖層命名為**光**，下圖層命名為**影** 06。

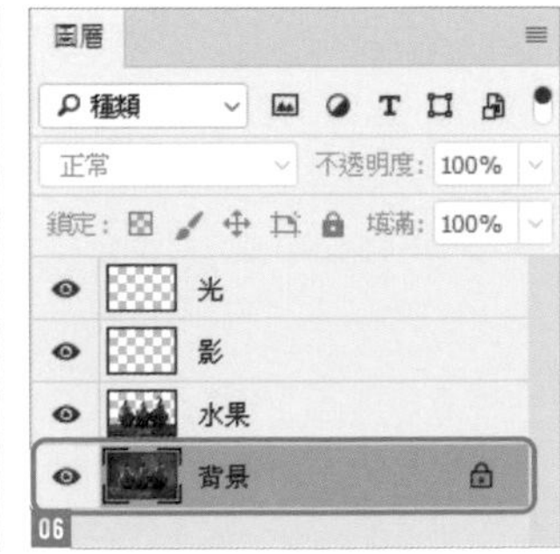

03 為「水果」圖層套用剪裁遮色片

將**光**圖層的混合模式設定為**覆蓋** 07，**影**圖層設定為**柔光** 08。

同時選取**光**、**影** 2 個圖層（按住 Ctrl（⌘）鍵再點選圖層，就可以同時選取多個圖層），然後按滑鼠右鍵選取**建立剪裁遮色片** 09，其結果就會套用在下方的**水果**圖層內。

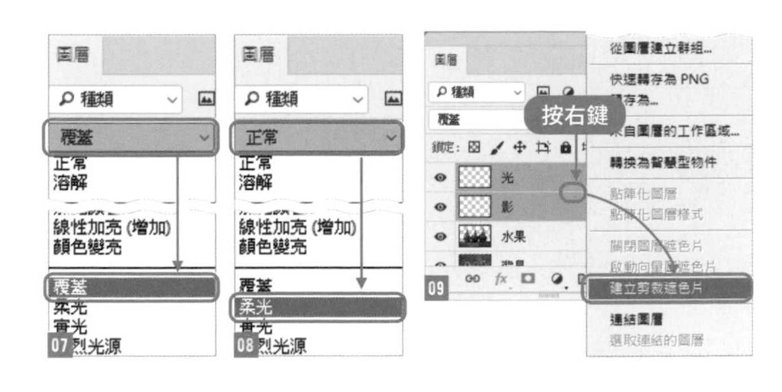

04 描繪光、影，試著改變打光的方式

選取**光**圖層，再選取**筆刷工具** 10，設定前景色：**白 #ffffff**。

留意光是從水果的右方打過來，再如圖 11 塗抹要打亮的範圍。

由於**水果**圖層已套用了剪裁遮色片，所以就算塗抹到超出水果的範圍也沒關係。請用相同的手法加深暗部，選取**影**圖層，再選取**筆刷工具**，設定前景色：**黑 #000000**，如圖 12 塗抹要變暗的範圍。

10

11

12

05 調整光、影的不透明度，讓調整結果更自然

將**光**圖層的**不透明度**設成 **70%** 13；**影**圖層的**不透明度**設成 **50%** 14。到此就完成光線從水果右側照射過來的效果了 15。

15

Recipe

014

建立選取範圍，改變花朵的顏色

我們可以依不同的主體，分別使用各種選取工具來建立選取範圍，只要選取的範圍仔細、平順，那麼編修的完成度與整體的自然性將會大幅地提高。

Photo retouching

01 將花瓣以外的部份建立成選取範圍

開啟「花 .psd」，選取**魔術棒工具**後，在**選項列**設定**容許度：30** 01 02 。

在此我們要選取花朵以外的部份，請在背景的部份按一下滑鼠左鍵，如圖選取背景 03。由於畫面左下角有部份背景沒被選取，請把滑鼠移到未選取的部份，按住 Shift 鍵再點選，就可以新增選取了，完成後如圖 04。根莖部份還沒有選取，請改選**套索工具** 05，按住 Shift 鍵後拖曳選取根莖部份 06，若沒辦法一次選取，可以分多次完成選取。

02 反轉選取範圍，只留下花朵的部份

現在我們所選取的是花朵以外的範圍，所以必須執行『**選取／反轉**』命令 07，改選花朵的範圍 08。

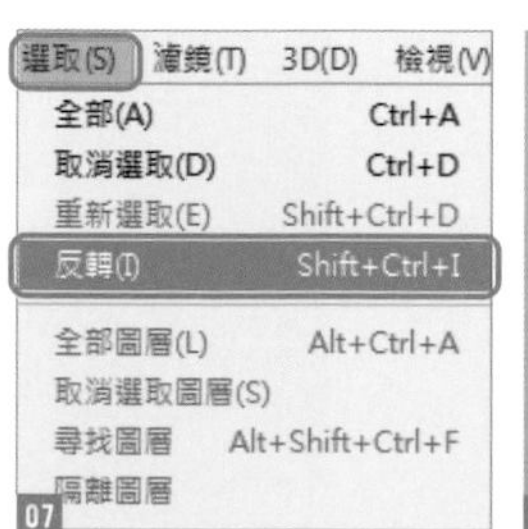

03 使用「快速遮色片」選取花朵的中央部份

此例我們只需要選取花瓣，但連中央的黃色部份也一併選取了。

如果使用**快速選取工具**或**套索工具**來選取，操作上會比較麻煩，所以我們改用**快速遮色片**功能，用筆刷來調整選取範圍。

在花瓣選取的狀態下，按下**工具**面板的**以快速遮色片模式編輯**鈕 09，花瓣以外的區域會變成紅色 10。按下**筆刷工具** 11，確認前景色是黑色，然後塗抹在花朵中心黃色的部份，請設定**柔邊圓形**筆刷，**尺寸：35 像素／不透明度：100%** 12。

把檢視比例放大，可更仔細地完成選取作業 13。另外，請依據描繪區域的大小，視情況變更筆刷尺寸（5～35 像素左右）。

09

10

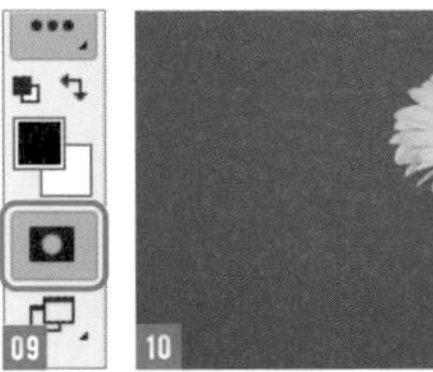

11

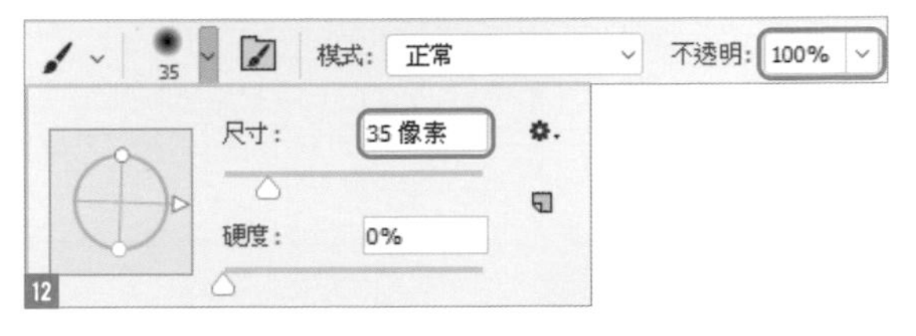

12

13

Point

如果紅色部分不小心塗超過了，可將前景色改成白色，再重新塗抹一次，紅色就會不見了。

04 變更花瓣的顏色就完成了

將花朵中心塗上顏色後，按下**工具**面板的**以標準模式編輯**鈕，畫面中紅色以外的花瓣就會被選取出來 14。在選取的狀態下，按下**圖層**面板中的**建立新填色或調整圖層**鈕選擇**色相／飽和度** 15，最上方會新增一個**色相／飽和度 1** 的調整圖層 16。

在**色相／飽和度**的**內容**面板裡，勾選**上色**，再設定**色相：10／飽和度：75／明亮：-20** 17，花朵就變成鮭魚粉色了 18。

14

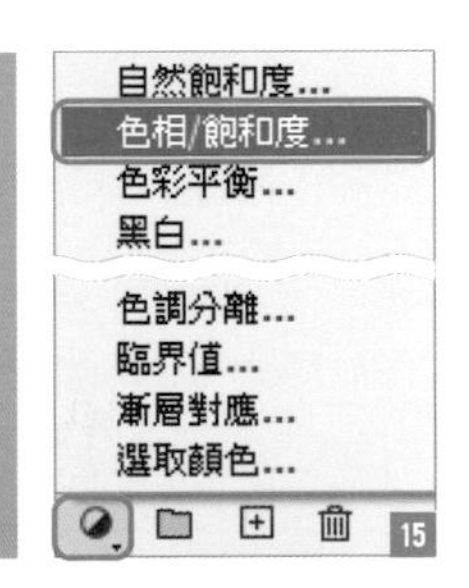

15

16

17

18

19

20

Point

只要調整色相、飽和度，就可以變化出各種顏色。

藍色系

色相：245／飽和度：55／明亮：-20 19。

黃色系

色相：35／飽和度：70／明亮：-20 20。

Recipe

015

只要簡單的步驟，就能製作出老舊的照片風格

將最近拍攝的照片跟老舊或破損的紙張做合成，
就可以讓照片變成有品味的古董照。

Photo retouching

原影像

01 把照片調成深褐色調，去除原本的光澤感

開啟「風景 .psd」，執行『**影像／調整／色相／飽和度**』命令 01，選擇**預設集：深褐色** 02，然後按下**確定**鈕 03。選擇『**影像／調整／曲線**』命令 04，控制點從左至右設定為**輸出：40／輸入：0**、**輸出：45／輸入：43**、**輸出：238／輸入：255** 05。

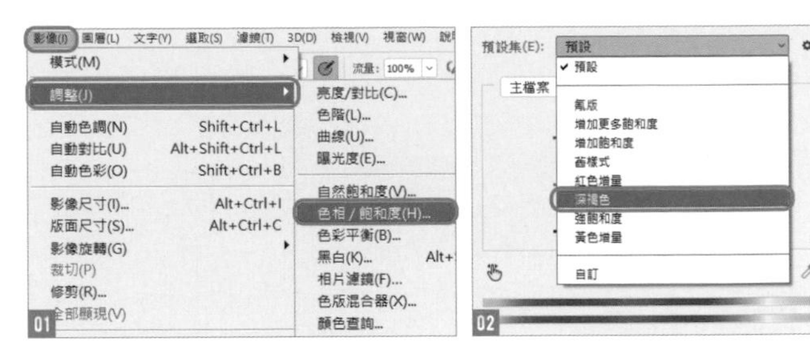

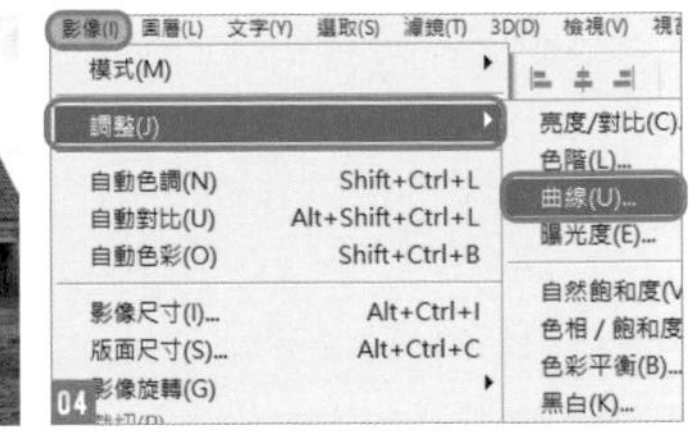

Shortcut

色相／飽和度： Ctrl（⌘）＋U 鍵
曲線： Ctrl（⌘）＋M 鍵

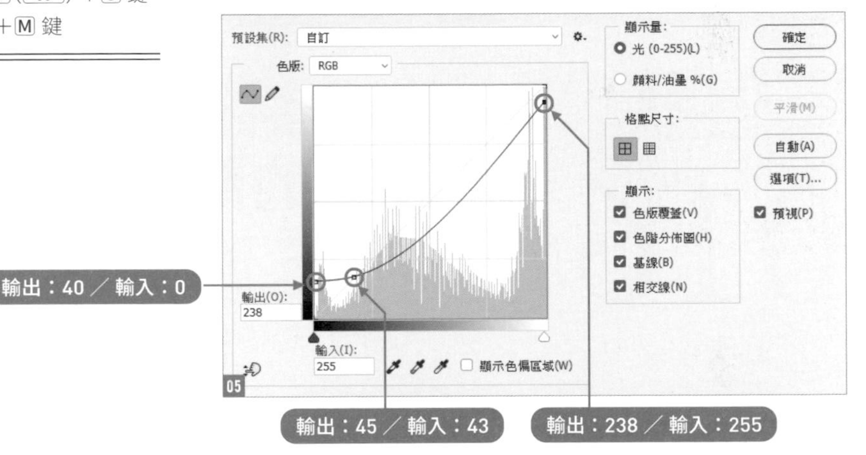

02 與有紋理的影像重疊，營造老舊照片的氛圍

開啟「材質 .psd」，用**移動工具**將影像放到「風景 .psd」中的最上面圖層，將圖層的**混合模式**設定為**濾色** 06／**不透明度：50%** 07。這樣就完成一張復古風的照片了 08。

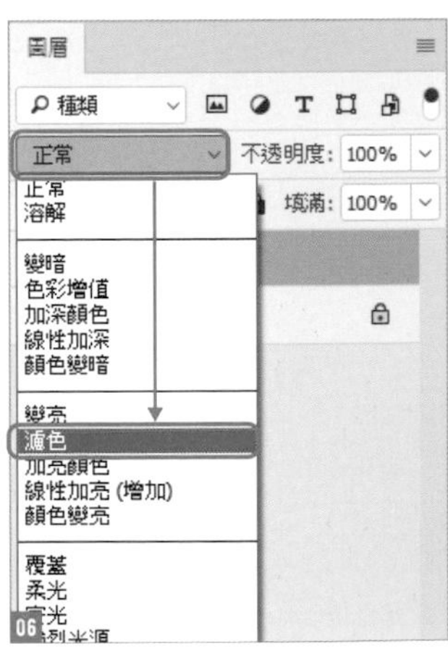

Recipe

016

合成多張不同顏色、亮度的照片

將多張不同時間、地點所拍攝的照片，或是把不同色調的素材與主題，透過編修讓亮度、色調一致，再將景深、雜訊等做適當調整，就可以完成真實照片般的合成效果。

Photo retouching

01 在背景放置浮在半空中的書

請開啟「人物 .psd」 01，再開啟「book01.psd」、「book02.psd」、「book03.psd」、「book04.psd」，將 4 個素材放入「人物 .psd」中。分別執行『**編輯／任意變形**』命令（Ctrl（⌘）＋T 鍵）02，讓書本有漂浮在空中的感覺。調整時要特別注意，書的大小及旋轉角度等，才能營造畫面的節奏感 03。

01

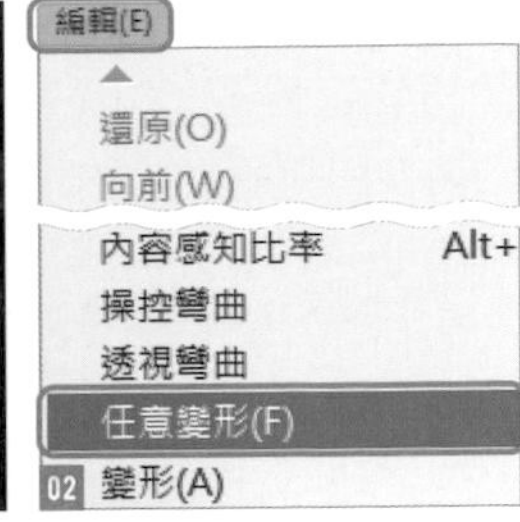

02

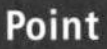
Point

讓「book01.psd」、「book03.psd」有部份跑到畫面外，畫面會比較有遠近與躍動感。

03

02 將書本調成相同色調，與照片更融合

選取畫面右下角的圖層 **book01**，這張圖的飽和度較高，紅色跟黃色比較強烈，請執行『**影像／調整／色相／飽和度**』命令 04，設定**飽和度：-30** 05。接下來執行『**影像／調整／色彩平衡**』命令，然後選取**色調平衡：中間調**，設定**色彩平衡**由左至右為 **-30：-10：+20** 06，改選**色調平衡：亮部**，設定**色彩平衡**由左至右為 **-15：0：+26** 07，降低紅色的飽和度 08。

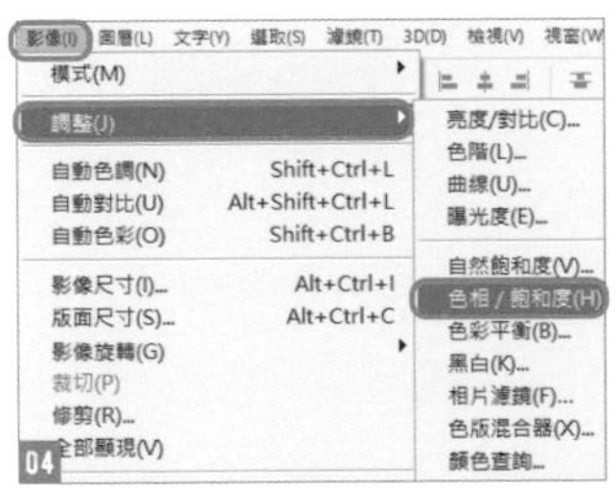

04

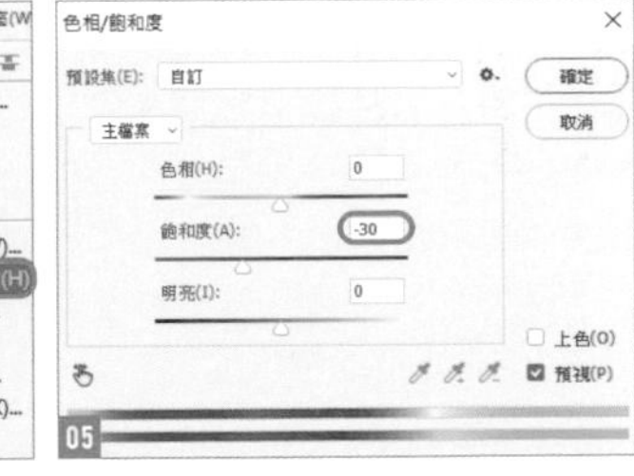

05

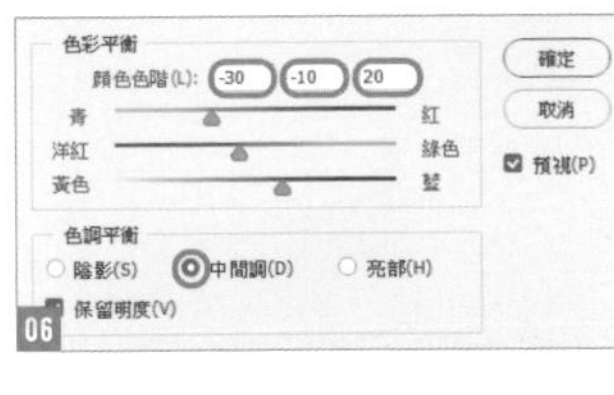

06

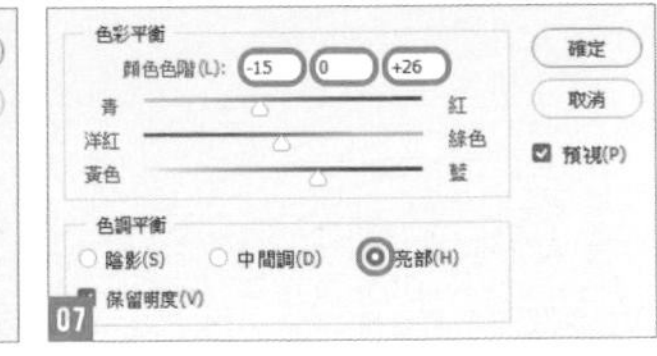

07

08

使用相同的方式，選取 **book04** 圖層，執行『**影像／調整／色彩平衡**』命令，設定**色調平衡：陰影**，**色彩平衡**由左至右設定 **0：0：+26** 09；再設定**色調平衡：中間調**，**色彩平衡**由左至右設定為 **0：0：+15** 10，就會減弱黃色，變得更自然了 11。

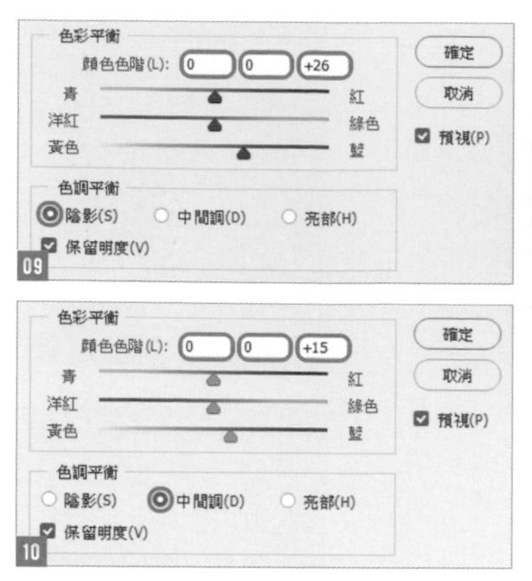

03 依據書本擺放的位置，調整亮度

選取 **book02** 圖層，這張圖要放在畫面中比較暗的位置，所以要依周圍的亮度做調整，來製造距離感。請執行『**影像／調整／色階**』命令 12，將**輸入色階**從左至右設定為 **0：0.75：185**；**輸出色階**從左至右設定為 **0：130** 13。物體變暗，距離感也出來了 14。

接著選取 **book03** 圖層，我們要把它放在比較前面，所以請調整**色階**，將**輸入色階**從左至右設定為 **0：1.00：200** 15。整個畫面的色調跟亮度就調整完成了 16。

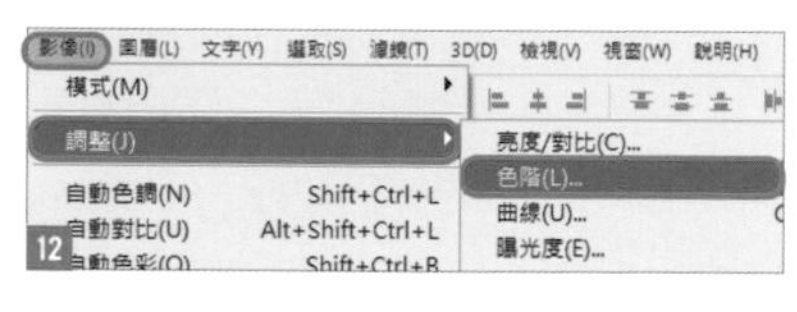

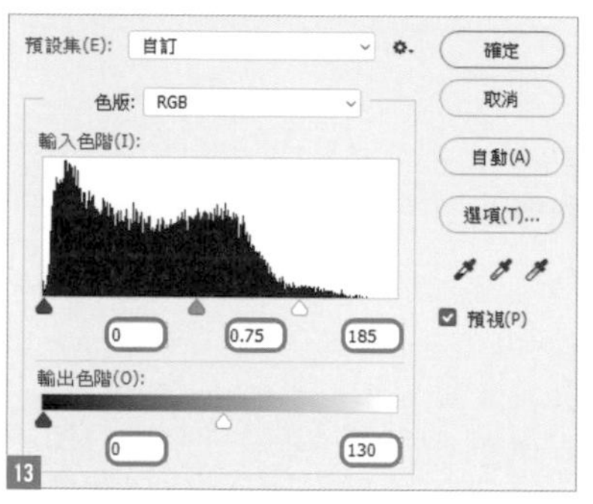

04 根據書本的位置，調整模糊程度來表現距離感

觀察畫面中的人物圖層，再配合書本擺放的位置來套用模糊效果，可以讓照片合成後看起來更真實。

請點選最前方的圖層 **book01**，執行『**濾鏡／模糊／高斯模糊**』命令，設定**強度：10.0** 像素後套用 17。

相同方法，選取 **book04** 圖層，設定高斯模糊濾鏡，套用**強度：5** 像素 18；**book02** 圖層，套用**強度：7.0** 像素 19。**book03** 圖層是畫面中的對焦位置，所以不套用模糊效果。

套用不同程度的模糊效果，就能營造出遠近感，達到類似單眼相機所拍攝出來的對焦與景深效果 20。

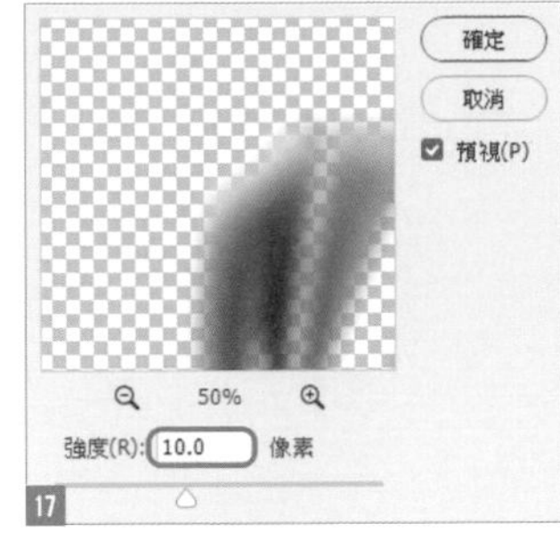

17

18

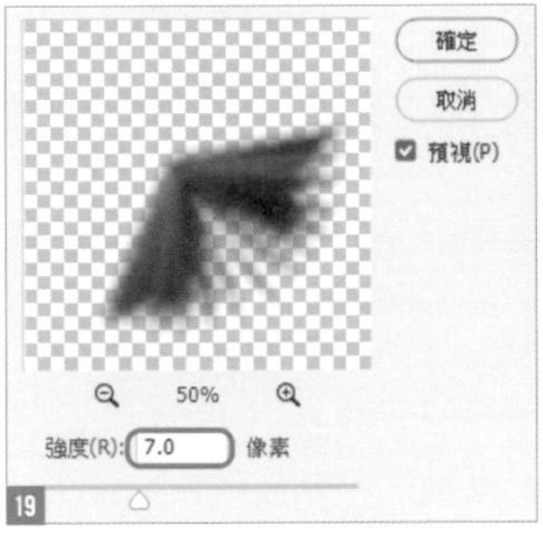

19

20

05 最後，再加強背景與書本的質感，讓畫面更一致

參考人物圖層的質感，再為書本圖層套用**雜訊**濾鏡。分別選取圖層 **book01～04**，執行『**濾鏡／雜訊／增加雜訊**』命令 21，套用**總量：3.25%** 22。

根據素材擺放的位置，再微調顏色、亮度、模糊程度，最後再套用雜訊濾鏡，就可以提升合成的真實感了 23。

濾鏡(T) 3D(D) 檢視(V) 視窗(W) 說明(H)
高斯模糊 Alt+Ctrl+F
轉換成智慧型濾鏡(S)
濾鏡收藏館(G)...
最適化廣角(A)... Alt+Shift+Ctrl+A
Camera Raw 濾鏡(C)... Shift+Ctrl+A
鏡頭校正(R)... Shift+Ctrl+R
液化(L)... Shift+Ctrl+X
模糊收藏館
銳利化
雜訊
其他
瀏覽網上濾鏡...
中和...
去除斑點
污點和刮痕...
減少雜訊...
增加雜訊...

21

22

23

Recipe

017

讓天空看起來更蔚藍

調整特定的顏色與飽和度，就可以
讓天空看起來更清澈蔚藍。

Photo retouching

原影像

01 選取特定色系，讓顏色更鮮明

開啟「天空 .psd」，按下**圖層**面板的**建立新填色或調整圖層**鈕，選擇**選取顏色** 01，確認位置在最上層 02。在**內容**面板中，選取**顏色：青色**，設定**青色：+100%** ／**洋紅：+50%** ／**黃色：0%** ／**黑色：-20%**，並選取**絕對**選項 03。天空中的青色就會更鮮明 04。如果想要讓顏色看起來淡一些，甚至有飄逸感，可降低**洋紅**色調來達成。

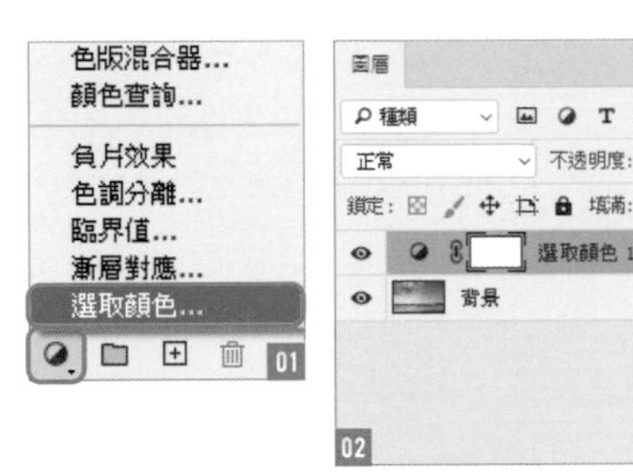

02 調整藍色系

與調整青色時的操作相同，從**選取顏色**的**內容**面板中選擇**顏色：藍色**，設定**青色：+100%**／**洋紅：+50**／**黃色：-100%**／**黑色：-15%**，並選取**絕對**選項 05。青色與藍色看起來都更強烈了 06。

03 調整色彩的飽和度，讓青色再更突顯出來

按下**圖層**面板中的**建立新填色或調整圖層**鈕，選擇**自然飽和度** 07，然後移至最上層 08，設定**自然飽和度：+65**／**飽和度：+20** 09，就可以讓**選取顏色**功能中無法調整到的淡青色、藍色，提升色彩飽和度。完成之後，天空看起來更蔚藍了 10。

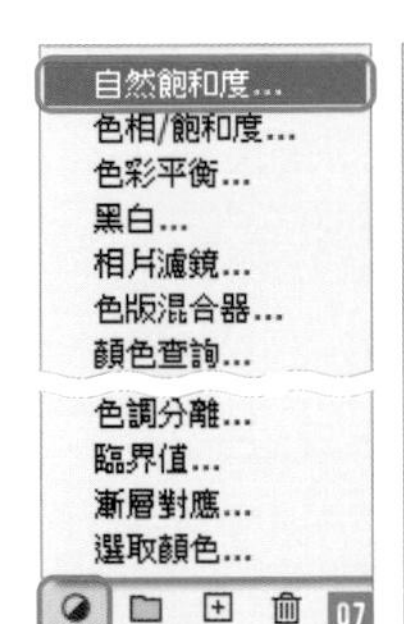

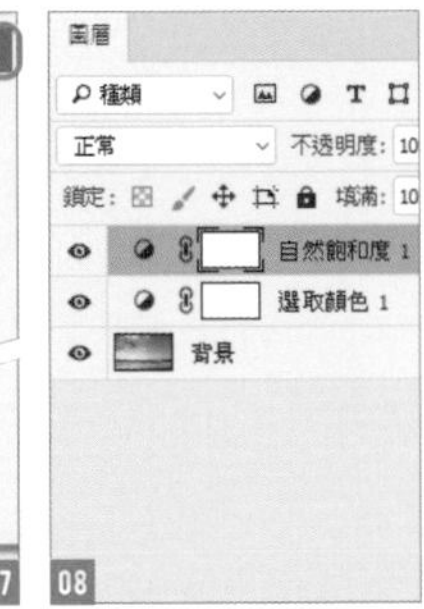

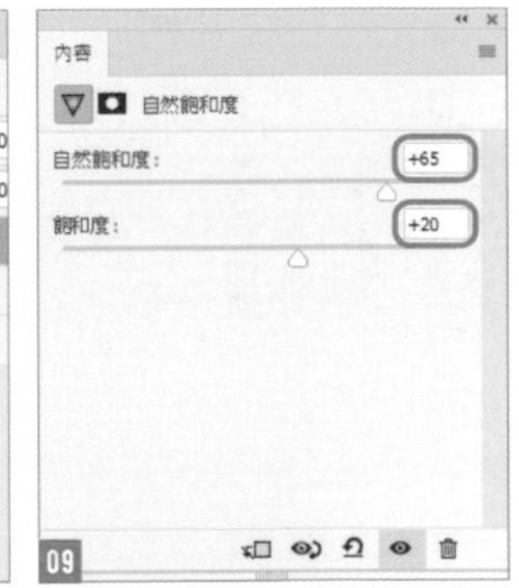

Point

選取顏色中的**絕對**選項，是以滑桿來變換顏色：**相對**選項是依現在的顏色做 % 的變化。在這個單元中，我們希望顏色有分明的變化，所以選取**絕對**選項再執行編修。

Recipe

018

將照片改成棕褐色系

把照片調成棕褐色系，再套用「顏色快調」濾鏡，讓人有清新、明快的印象。

Photo retouching

01 利用色相／飽和度，調整成深褐色

開啟「鏡頭 .psd」，按下**圖層**面板的**建立新填色或調整圖層**鈕（以下稱作「調整圖層」），選擇**色相／飽和度** 01，並將圖層移至最上層 02。開啟**色相／飽和度**的**內容**面板後，選擇**預設集：深褐色** 03，簡單就完成變化色調的步驟了 04。

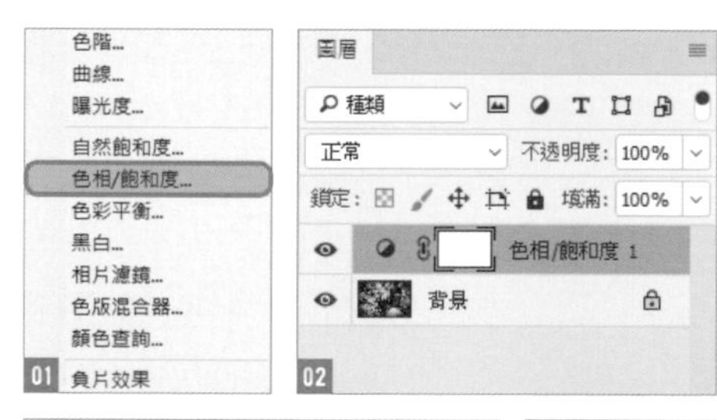

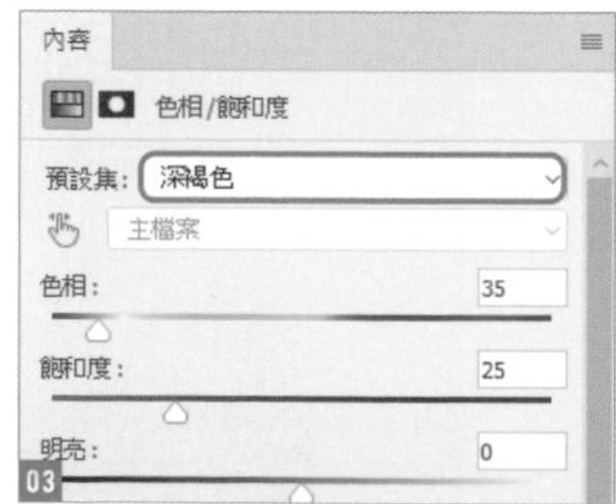

02 使用「曲線」功能，強調復古風格

按下**建立新填色或調整圖層**鈕選取**曲線** 05，並移至**背景**圖層上 06。開啟**曲線**的**內容**面板，選取左下角控制點設定**輸入：0／輸出：15** 07；新增中央控制點，設定**輸入：30／輸出：30** 08。藉此將陰影調亮，中間調調暗降低對比，營造出復古風格 09。

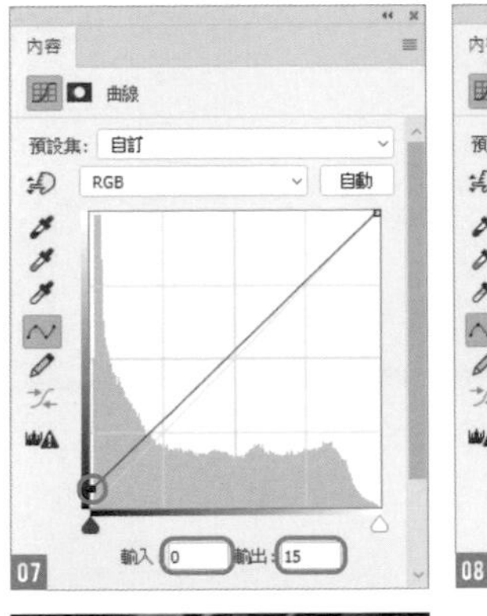

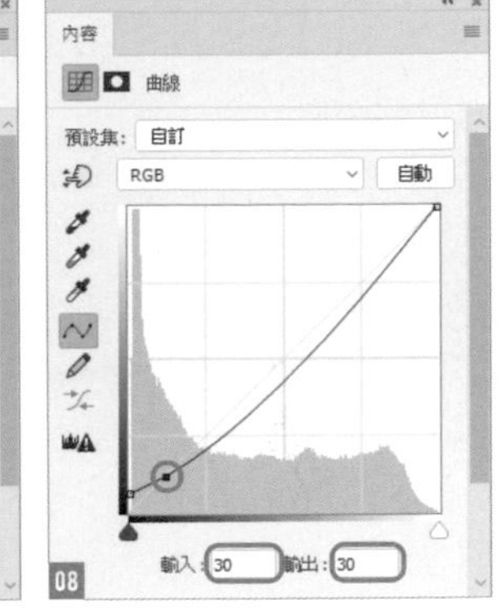

03 利用「顏色快調」濾鏡，突顯輪廓線條

複製**背景**圖層，移至最上層 10，執行『**濾鏡／其它／顏色快調**』命令 11，設定**強度：3.0 像素** 12 13。

將圖層的混合模式設為**覆蓋**，畫面中的線條輪廓會變得明顯突出 14。

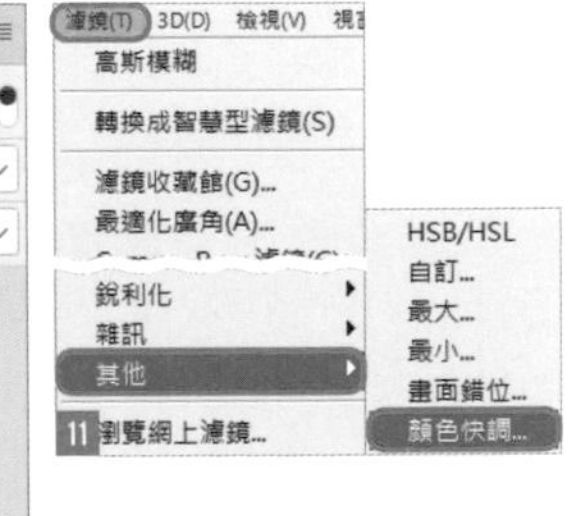

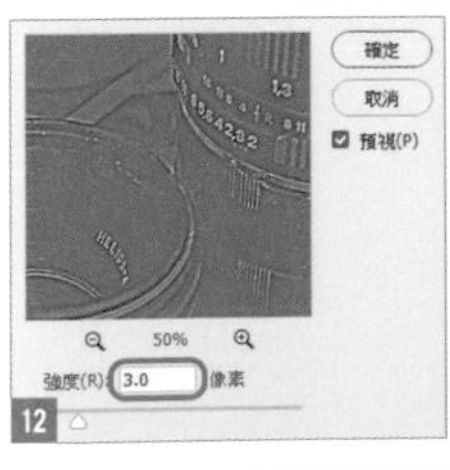

Recipe

019

將照片變成水彩畫

只要簡單的步驟就可以將照片變成水彩畫風格。

01 複製圖層並轉換為智慧型物件

開啟「靜物 .psd」，複製圖層後將圖層名稱改為**濾鏡** 01，在**濾鏡**圖層上按右鍵，選取**轉換為智慧型物件** 02。

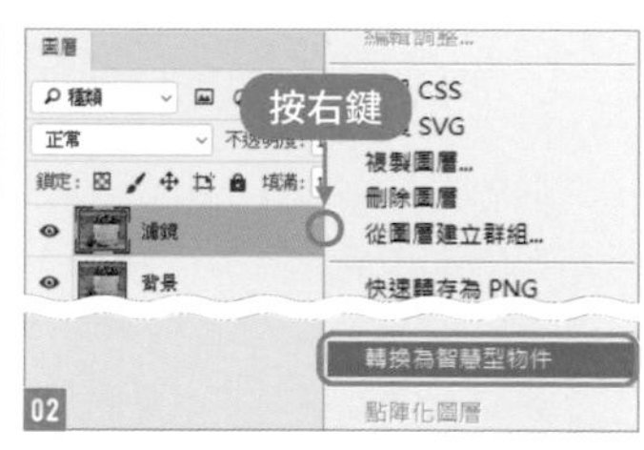

02 套用「負片效果」、設定「色相／飽和度」

選取**濾鏡**圖層，執行『**影像／調整／負片效果**』命令 03 04。

接下來，執行『**影像／調整／色相／飽和度**』 05，設定**飽和度：-100** 後套用 06 07。

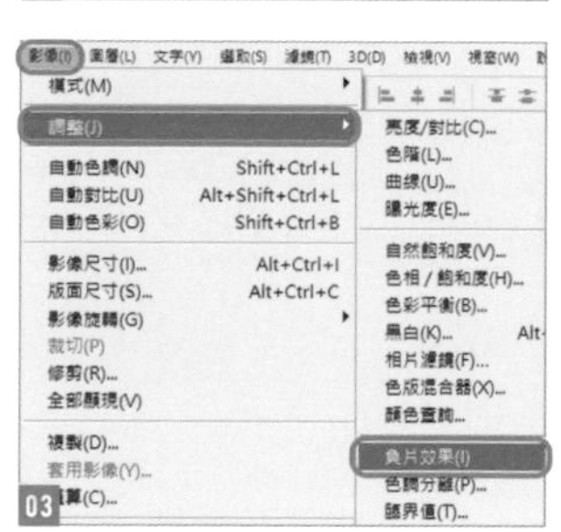

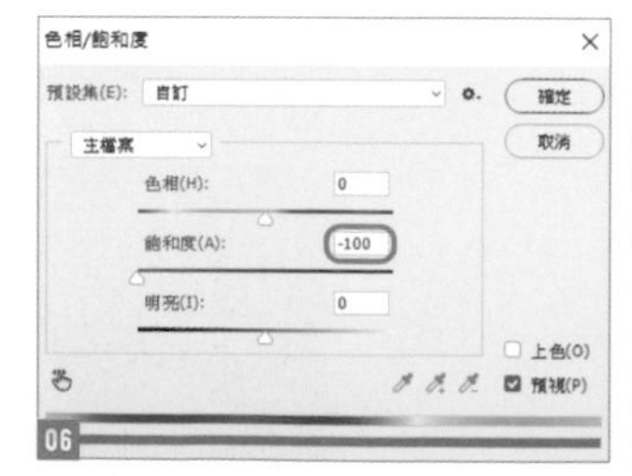

03 利用「濾鏡收藏館」套用水彩質感

執行『**濾鏡／濾鏡收藏館**』命令 08，在開啟的視窗中，從濾鏡一覽裡選擇**風格化／邊緣亮光化**，設定**邊緣寬度：1／邊緣亮度：20／平滑度：10** 09。

調整圖層先後順序，靜物的輪廓就會像手繪線條般表現出來 10 11。

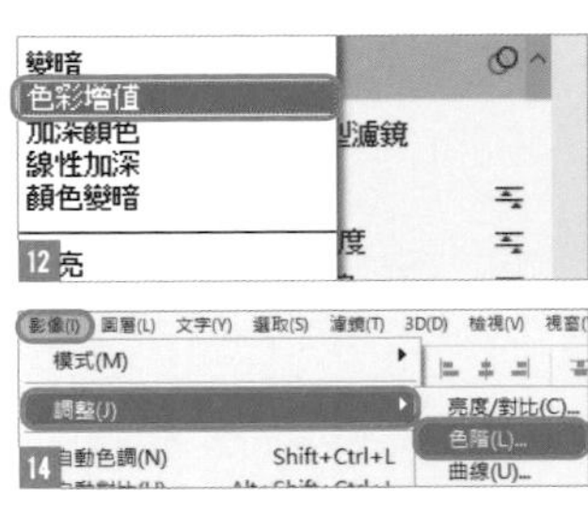

04 變更圖層混合模式，添加水彩質感

選取**濾鏡**圖層，將圖層的混合模式設定為**色彩增值** 12，照片就會變成水彩畫的風格了 13。

調整**濾鏡**圖層的對比，改變畫面的質感。請執行『**影像／調整／色階**』命令 14，將**輸入色階**由左至右設定 **34：0.60：255** 15，讓水彩風格更明顯 16。

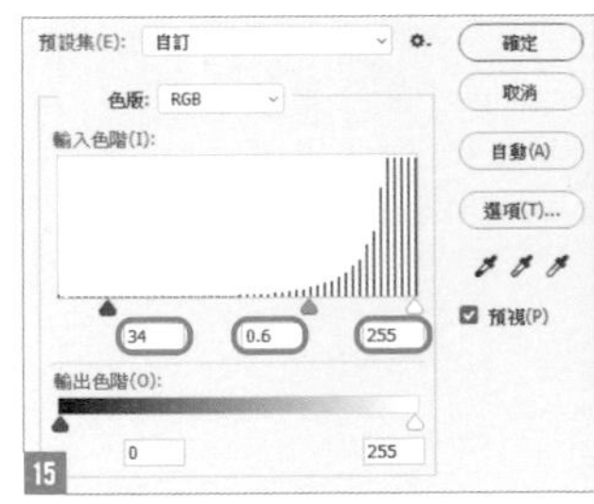

05 重疊水彩紋理，提升水彩風格的整體表現

最後，請開啟素材檔案「水彩筆觸 .psd」，將圖層放入「靜物 .psd」的最上層，設定圖層混合模式為**覆蓋** 17。把真正的水彩筆觸重疊在影像上，表現的結果就更真實了 18。

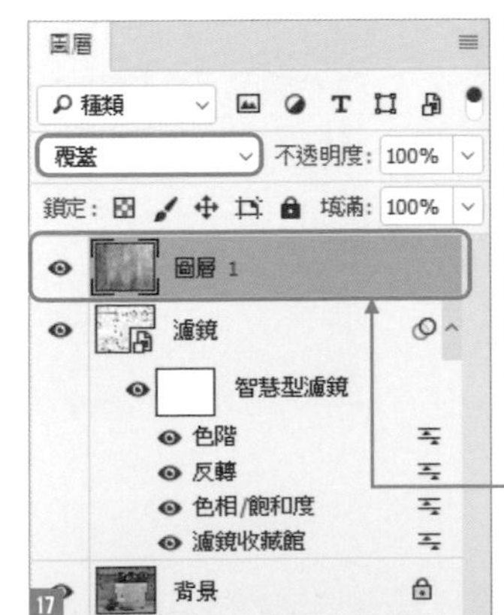

Recipe

020

調暗周圍景物突顯主體

藉著讓周圍景物變暗，突顯主體來營造出高級氛圍。

Photo retouching

01 建立漸層

開啟「狐狸 .psd」。先設定前景色**黑色 #000000** 01。在**圖層**面板執行『**建立新填色或調整圖層→漸層**』命令 02。

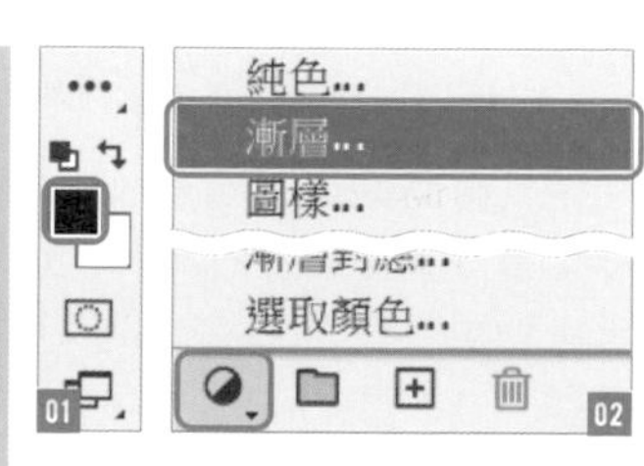

02 調整漸層讓四周變暗

開啟**漸層填色**面板，設定**樣式：放射性**、**角度：90°**、**縮放：150%**、**反轉：勾選** 03。按一下漸層，開啟**漸層編輯器**面板，選取**預設集→基本→前景到透明**，再按下**確定**鈕 04。接著在**漸層填色**面板也按下**確定**鈕。

選取**漸層填色 1** 圖層，設定**混合模式：柔光** 05 06。

03 建立漸層讓中心變明亮

將前景色設定為 **#ffffff** 07。按照步驟 1 的技巧，在**圖層**面板執行『**建立新填色或調整圖層→漸層**』命令。這次要設定**樣式：放射性**、**角度：90°**、**縮放：150%**、**反轉：取消勾選**，再按下**確定**鈕 08。選取**漸層填色 2** 圖層，設定**混合模式：覆蓋**、**不透明度：30%** 09。讓周圍變暗，中心變亮，就完成強調主體的後製效果了 10。

Column

調整滑鼠與滑鼠墊，提升操作性及工作效率

滑鼠與滑鼠墊是每天要長時間使用的物品，對於 Photoshop 這種需要精密操作的軟體而言，這兩種物品會直接影響操作性及工作效率。由於每個人的使用手感差異甚大，請實際體驗，找到壓力較少，符合自己的滑鼠及滑鼠墊。筆者建議選擇重量輕、感測器較敏銳的滑鼠，這樣只要用極輕的力道，就能把游標移動到目標位置。滑鼠墊的材質包括布料、塑膠、矽膠、金屬等，各有特色，每個人的喜好不同，建議實際使用後，選擇適合的產品。

Recipe

021 自然地增加花朵數量

當我們要用多項素材來合成時，可依擺放的位置調整素材的模糊與亮度，合成的效果就會讓人感覺自然。

Photo retouching

01 選取想要複製的部份

開啟「花 .psd」，先選取想要複製的部份 01。從**工具**面板中選取**筆型工具** 02，把要複製的花朵依輪廓描繪出路徑 03。

在**筆型工具**仍選取的狀態下，按右鍵選取**製作選取範圍** 04。設定**演算**中**羽化強度：0** 像素，再選取**操作**區中的**新增選取範圍** 05，要複製的部份就建立好了 06。

01

02

03

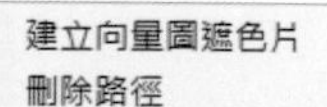

04

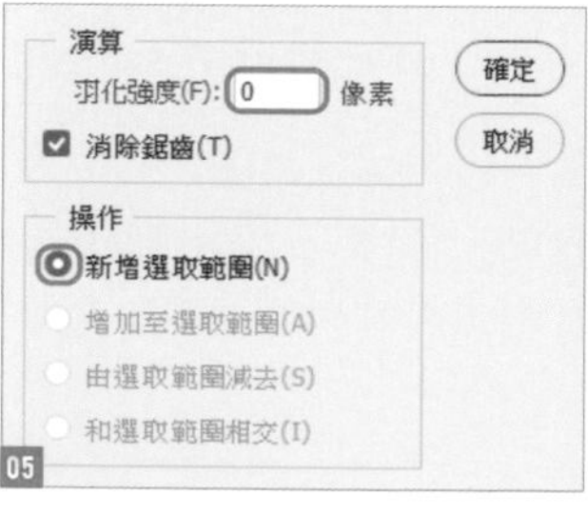

05

06

02 複製剛才選取的花朵

建立選取範圍後，請按下**矩形選取畫面工具** 07，在影像中按滑鼠右鍵選取**拷貝的圖層** 08，就會將剛才的選取範圍複製一次。確認下層圖層名稱為**背景**，上層圖層名稱更改為**花 01** 09，再複製一次**花 01** 圖層，並移至下層，命名為**花 02** 10。

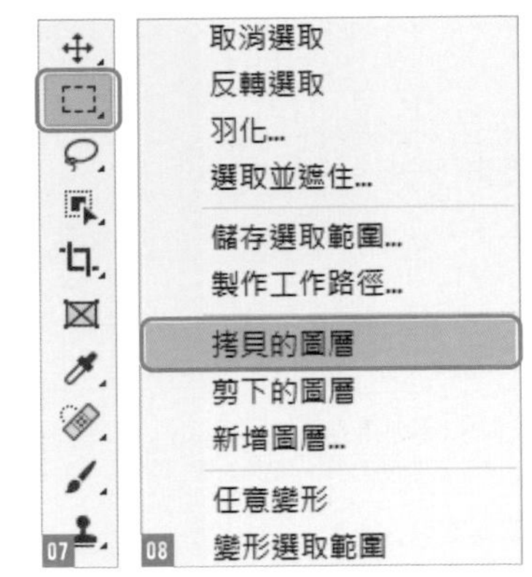

03 調整花的位置，讓花朵看起來變多

選取**花 02** 圖層，執行『**編輯／任意變形**』命令 11。

畫面中顯示邊界 12 後，將花朵往左拉曳再按右鍵選擇**水平翻轉** 13，稍微調整位置，讓畫面看起來更自然 14，調好後按下 Enter 鍵。

再次拷貝**花 02** 圖層，移至下層位置，圖層命名為**花 03** 15，同樣執行**任意變形**，尺寸縮小至約 **80%**，放到如圖 16 的位置。

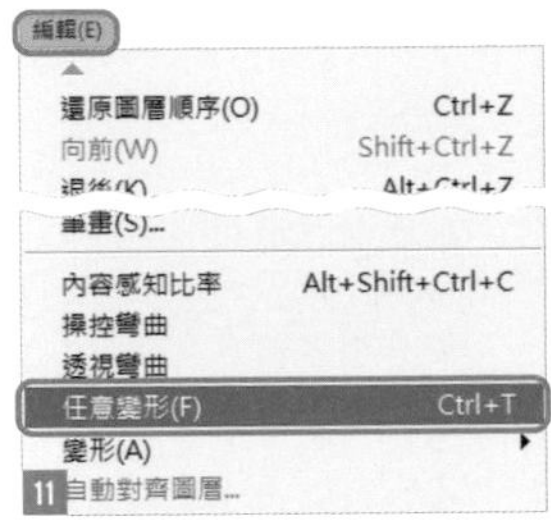

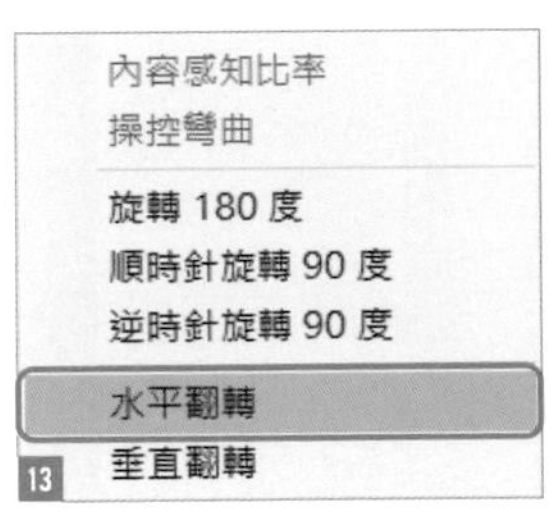

04 變換花的位置，讓花朵看起來變多

用相同的方法拷貝圖層，在下方建立**花 04** 圖層，調整至適當的位置 17。再拷貝一個 **花 05** 圖層，也是調整至適當位置 18。圖層組成內容如圖 19。

17

18

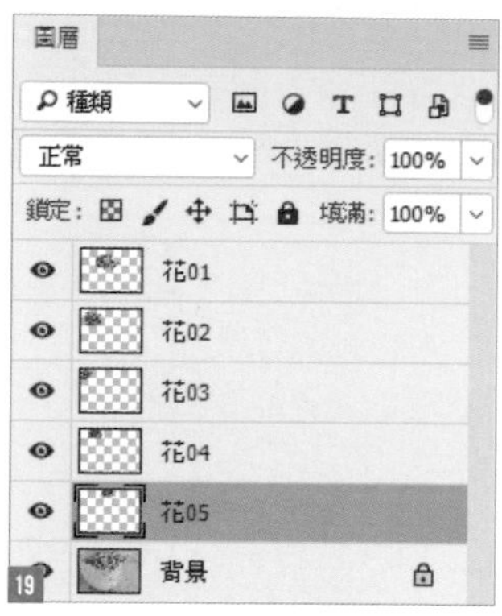

19

05 根據花的位置做飽和度、模糊程度的調整

目前的影像看起來還不夠自然，所以我們要增加一點亮度跟模糊，讓畫面看起來更不露痕跡。

選取**花 03** 圖層，再選取『**濾鏡／模糊／高斯模糊**』命令 20，設定**強度：5.0** 像素 21。

花 04、**花 05** 圖層要配置在後面一點的位置，所以要提高模糊程度，再把顏色調淡。

花 04 圖層套用**高斯模糊**，**強度：7.5** 像素 22。再執行『**影像／調整／色階**』命令 23，設定**輸出色階：25**，色調變淡後可以表現出距離感 24。

花 05 圖層也同樣套用**高斯模糊**與**色階**。這樣，合成後的結果就會看起來很自然 25。

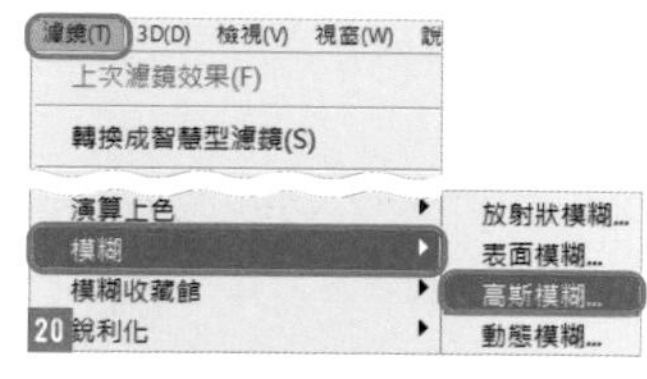

20

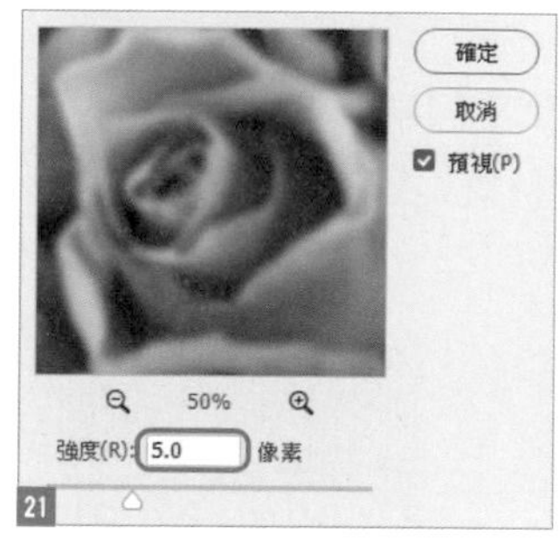

21

22

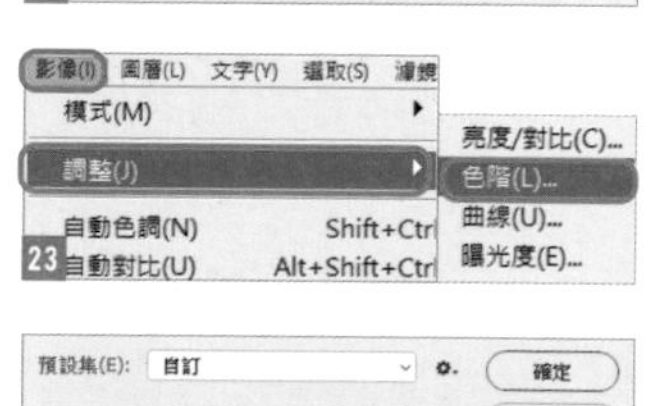

23

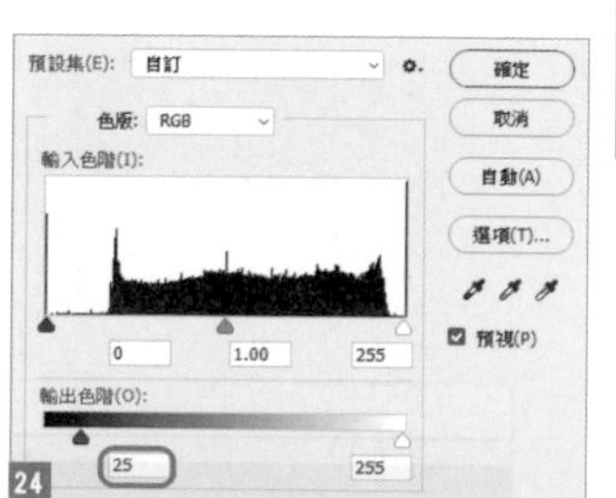

24

25

Recipe

022 使用彎曲變形部分影像

使用**彎曲**可以移動照片內的部分影像或變形部分內容。

01 轉換成一般圖層，並使用「彎曲」分割

開啟「背景 .psd」。**背景**圖層預設有鎖頭符號，請在**背景**圖層上按兩下轉換成**圖層 0** 圖層。※ 沒有轉換成一般圖層就無法使用**彎曲**功能。

請執行『**編輯→變形→彎曲**』命令 01，在**選項列**中選取**水平分割彎曲** 02。移動滑鼠，如 03 所示，在酒瓶與玻璃杯的邊緣按一下，分割成兩個部分。分割第二個地方時，要先再次選取**水平分割彎曲**。

02 使用彎曲把酒瓶、手、酒杯往上移

按照 04 的箭頭拖曳，往上拖曳到略高於酒瓶瓶口的位置。維持酒瓶與玻璃杯的大小及比例，只變形啤酒，延伸水流。同樣把玻璃杯的泡沫往上拖曳 05，就能讓玻璃瓶變細長，不會影響到其他部分 06 07。

03 選取並變形水流

按住 Alt（option）鍵不放並按一下水流的中心附近 08。往右下方拖曳剛才建立的控制點，就能如 09 所示，只變形水流，這樣就完成了 10。

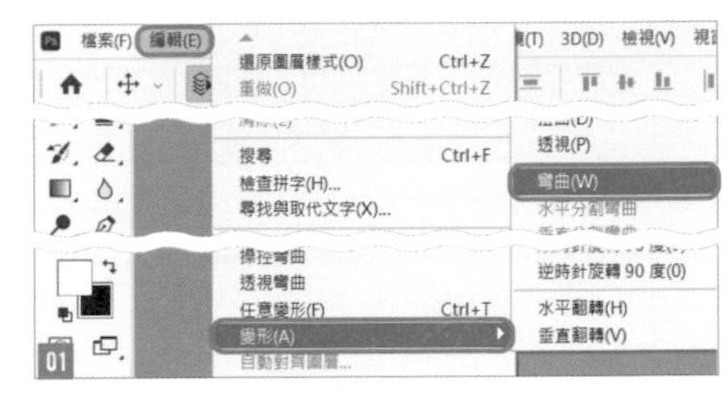

02 分割: 格點: 預設 彎曲:

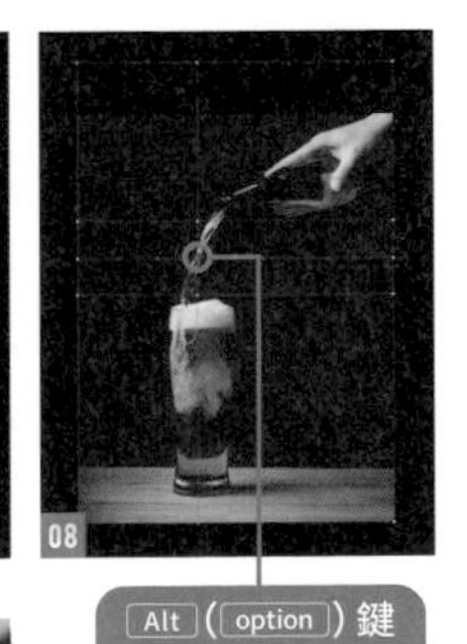

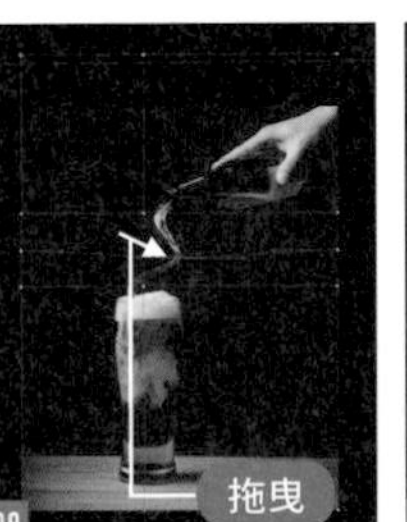

Recipe

023

實用的光線特效

這個單元要介紹單獨強調照片中的光線並上色的技巧。

01 選取高對比的色版

開啟「風景 .psd」，並選取**色版**面板 01。分別點選「紅」、「綠」、「藍」色版，選擇其中暗部比例最高的色版。

Point

要選取含有較多光線成分的色版，就得選擇高對比的色版。

在此選擇**紅**色版 02。 03 是單獨選取**紅**色版的狀態，按住 Ctrl (⌘) 鍵＋按一下**紅**色版的**色版縮圖**，載入選取範圍 04 05。

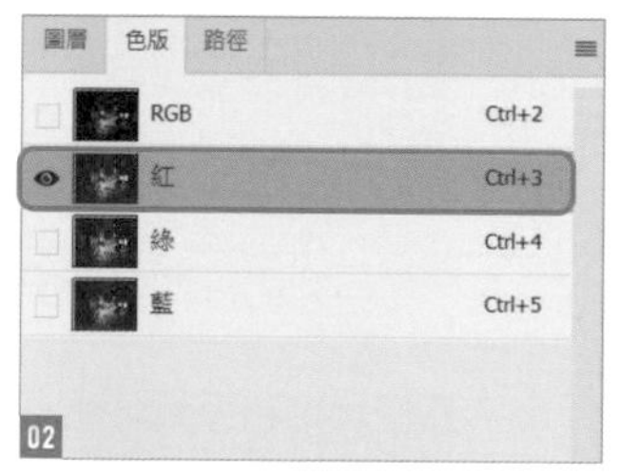

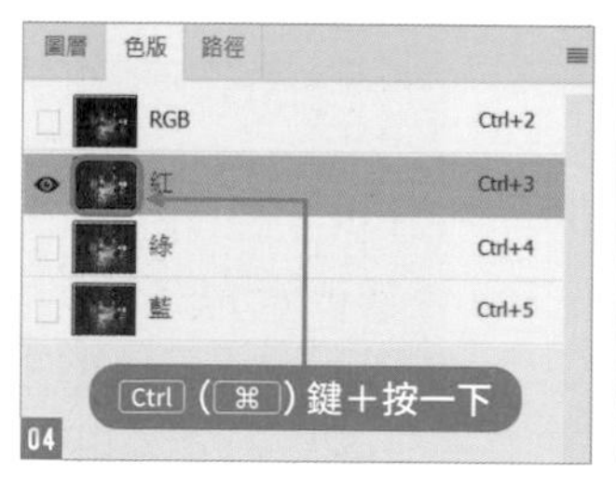

02 填滿選取範圍並設定「混合模式：覆蓋」

在載入選取範圍的狀態，選取**圖層**面板，執行『**建立新填色或調整圖層→純色**』命令 06。開啟**檢色器(純色)**面板，設定**白色 #ffffff**，按下**確定**鈕 07 。

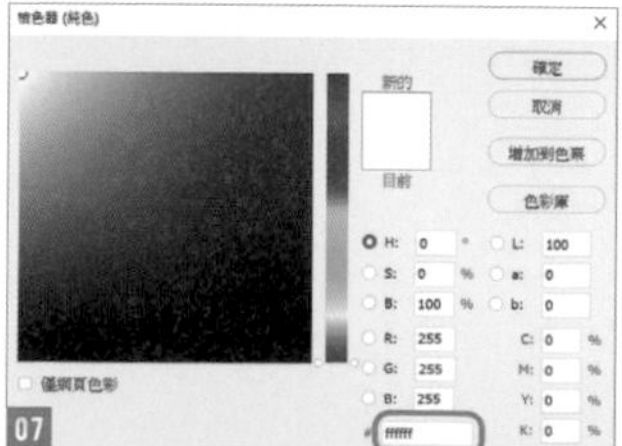

選取**色彩填色 1** 圖層，設定**混合模式：覆蓋** 08 09。

03 讓光線變柔和

選取**色彩填色 1** 圖層的**圖層遮色片縮圖** 10。執行『**濾鏡→模糊→高斯模糊**』命令 11，設定**強度：50 像素** 12。套用模糊後，就完成了強調柔和光線的編修效果 13。

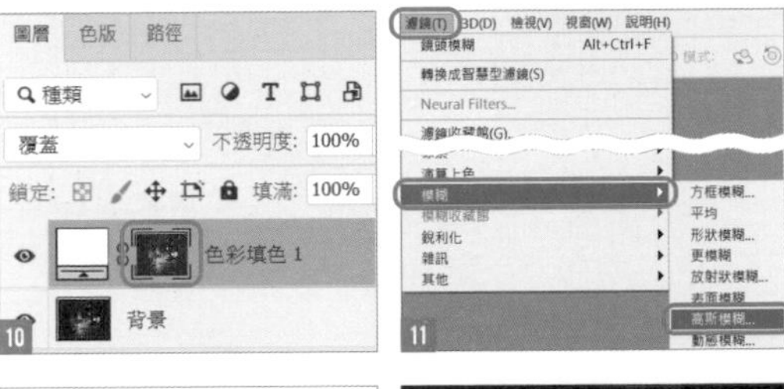

04 替光線上色

如果想改變色調，請在**色彩填色 1** 圖層的圖層縮圖上按兩下 14，利用**檢色器**面板挑選顏色。這個範例設成 **#ff9600**，套用黃色系 15 16。假如覺得光線太淡，可以拷貝**色彩填色 1** 圖層，調整**不透明度**，就能加強光線 17。這個範例調整成**不透明度：50%** 18。

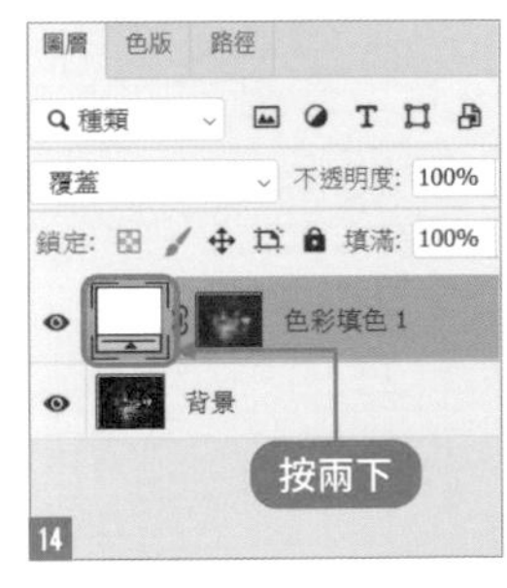

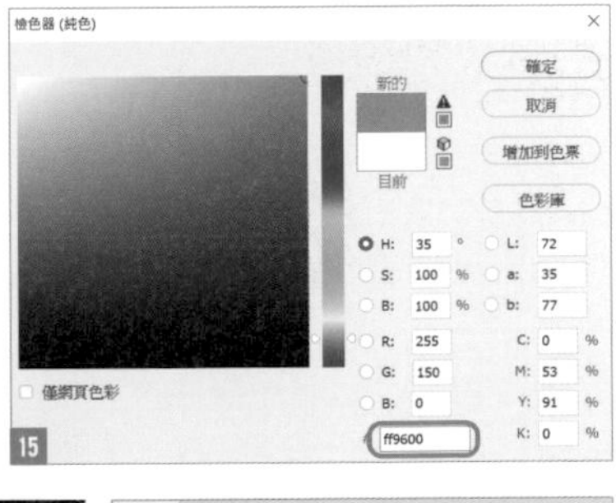

Recipe

024

製作有故事性的畫面

用一張照片當作背景，製作出令人充滿想像的故事性畫面。

Photo retouching

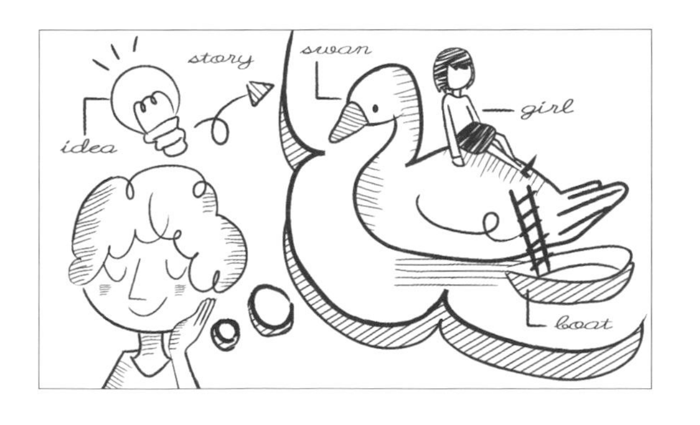

01 從一張照片 來思考它的故事性

要製作一個有故事性的作品時，首先要先設定作品的定位。
這次使用的是一張天鵝的照片，想要表現出『女孩在天鵝背上休息』的情境作品。

02 將女孩放在天鵝背上，湖面擺放船與梯子

開啟素材「天鵝 .psd」，從「素材 .psd」裡把**女孩**放在天鵝的背上；把**船**、**梯子**放在天鵝右側的湖面上 01。

01

03 要讓女孩看起來是坐在上面，必須添加影子

在**女孩**圖層下建立一個新圖層，命名為**影** 02。選取**筆刷工具** 03，設定前景色為**黑色 #000000**，筆刷尺寸與不透明度則不特別指定，請依要繪製的地方來改變 04。光線會從女孩的右方照射過來，所以影子要描繪在左側 05。繪製影子時，女孩跟天鵝的接觸面要比較暗、深，愈遠則顏色愈淡，這樣就能畫出影子的感覺了。

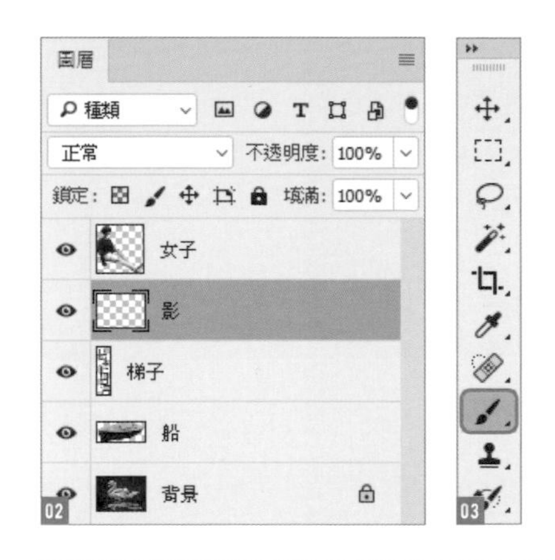

02 03

模式: 正常 不透明: 30% 流量: 100%

04

05

04 用「筆型工具」來選取範圍

將**梯子**圖層設為不顯示 06，再用**筆型工具** 07 來製作路徑。在**筆型工具**仍選取的狀態下按滑鼠右鍵選擇**製作選取範圍**，設定**羽化強度：0** 像素 08 09。

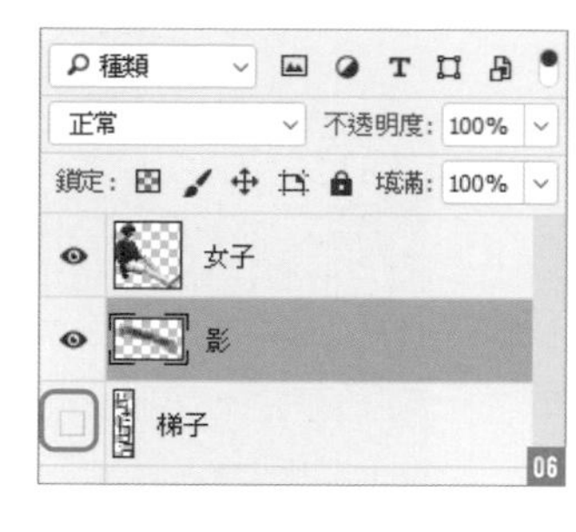

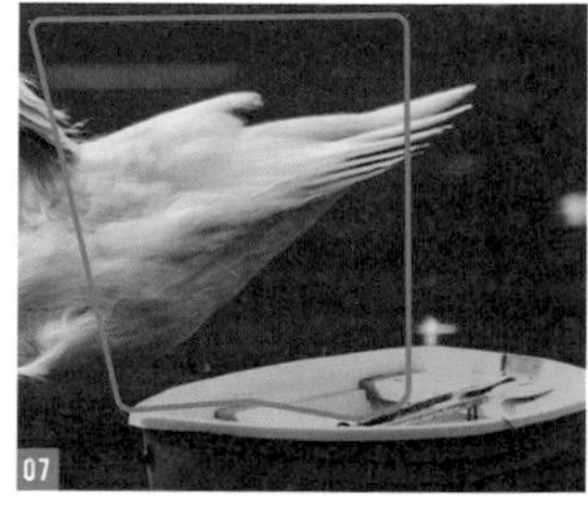

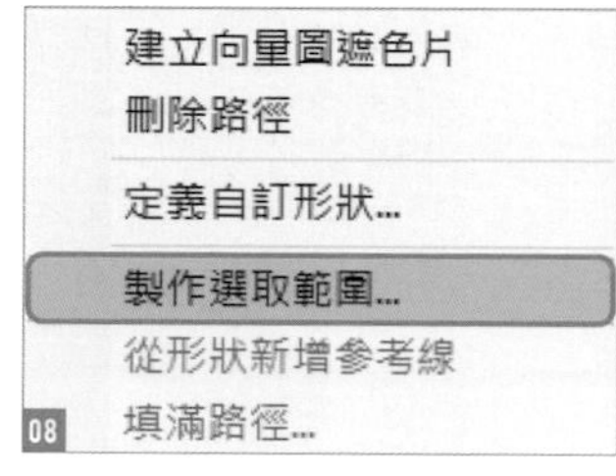

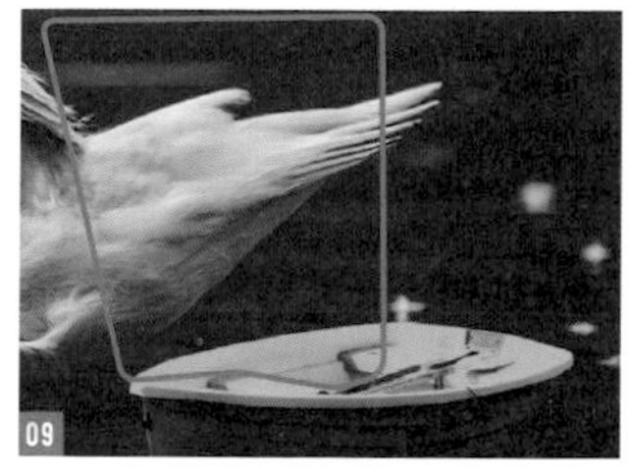

05 利用遮色片讓梯子像放在船上

選取**梯子**圖層 10，按下**圖層**面板中的**增加圖層遮色片**鈕 11，**梯子**圖層套用了遮色片效果 12，看起來就會像是放在船上 13。

與步驟 03 製作女孩影子的方法相同，請在**梯子**圖層的下方建立一個新圖層，命名為**梯子影**，再用筆刷描繪出影子 14。

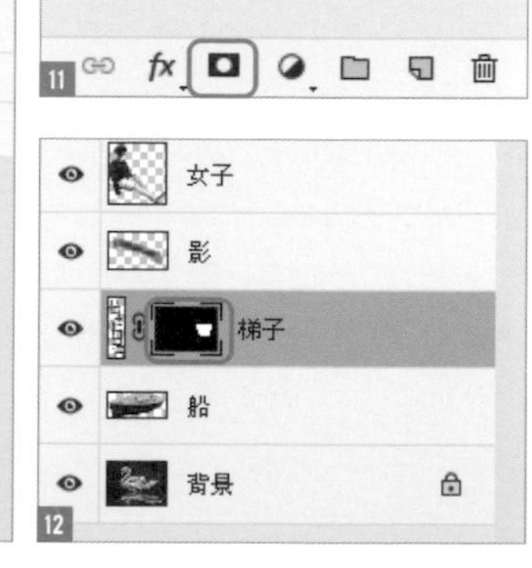

06 製作船在湖面上的倒影

目前湖面上沒有船隻的影子，顯得相當不自然 15。請在**船**圖層的下方建立一個新圖層，命名為**船倒影** 16，選擇**船倒影**圖層後，再選擇**套索工具** 17。

想像船隻映在湖面上的倒影來建立選取範圍 18，然後選取**油漆桶工具** 19，設定前景色**黑 #000000**，將選取範圍塗滿 20。

設定圖層的混合模式為**柔光／不透明度：65%** 21 22。

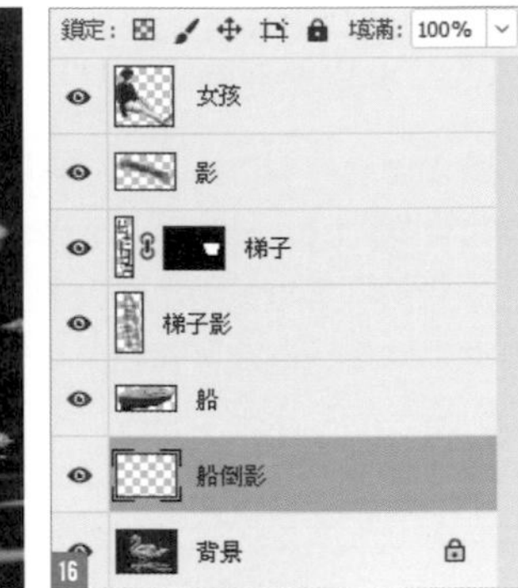

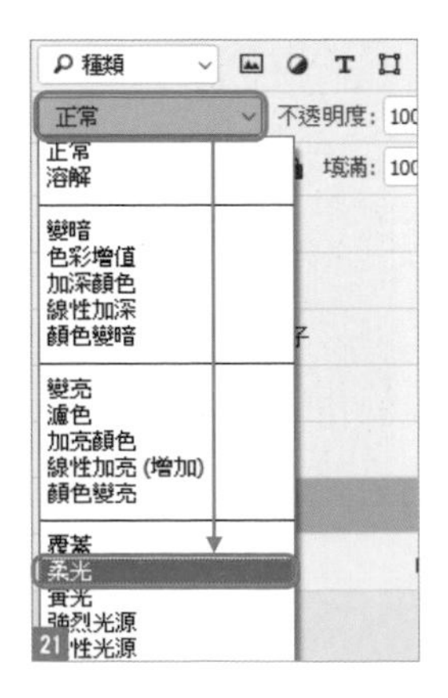

07 變形船隻的倒影，讓它看起來更自然

選取**船倒影**圖層，再執行『**濾鏡／液化**』命令 23。

開啟**液化**視窗後 24，在左方的工具面板按下**向前彎曲工具**鈕，在右側的**內容**面板設定**尺寸：20／壓力：100／濃度：100／速率：0**。想像水流動的樣子，利用筆刷左右塗抹來表現出船的倒影 25，完成後套用。重現水面上波紋的合成照片就完成了 26。

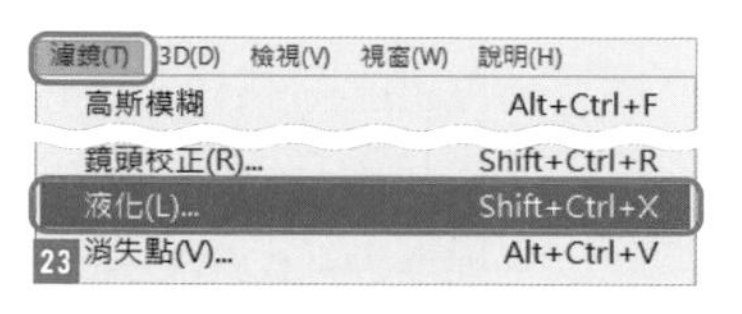

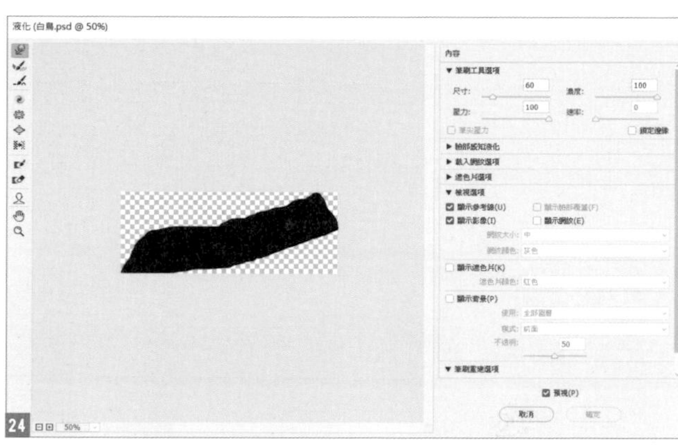

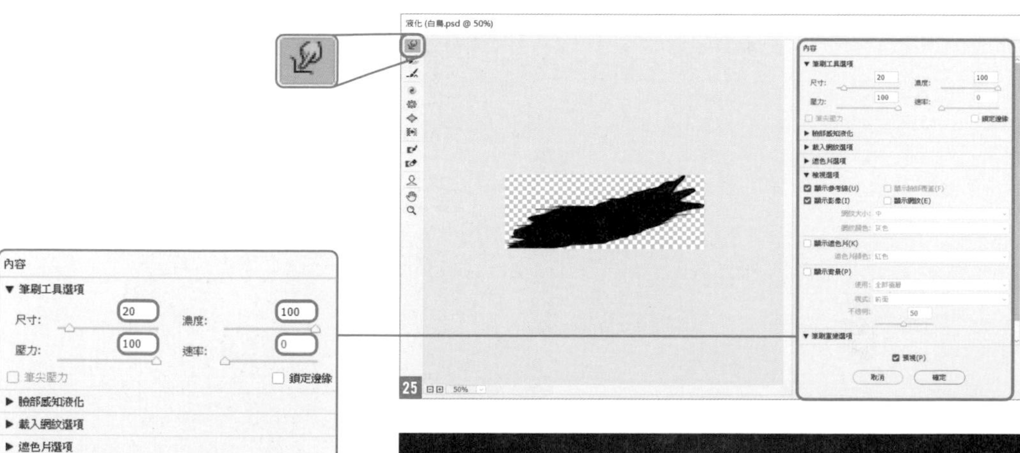

Column

認識圖層混合模式

圖層的**混合模式**是指改變上層圖層的設定，就可以對下層圖層執行各種合成的設定模式。本書中，我們在陰影描繪上大部份都套用**覆蓋**、**柔光**；在重疊紋理時，會套用**變暗**、**變亮**；其它還有可以使用在光線效果的**濾色**等，在編修影像時都可以試試各種混合模式再決定要套用的效果。以下示範混合模式所展現的效果，並做一個比較。

這裡將**下圖層**的色調以「底色」、**上圖層**的色調以「混合色」來說明。

下圖層
原影像。以下範例將在這個影像上重疊**上圖層**

上圖層
由左而右加進了白、灰、黑、紅、黃綠、藍，這個影像將重疊在**下圖層**之上

正常
在**下圖層**直接重疊**上圖層**

變暗
與底色比較，混合色較亮時顏色會變暗，混合色較暗時顏色沒有變化

色彩增值
底色與混合色重疊的部份做相乘運算，影像會變暗，白、黑色沒有變化

加深顏色
底色較暗，將提升底色與混合色對比，白色無變化

顏色變暗
混合色與底色比較，顯示較暗的顏色

變亮
混合色與底色比較，混合色較暗時顏色會變亮，混合較亮時顏色沒有變化

濾色
混合色與底色反轉後運算，影像會變亮，黑色沒有影響，白色也沒有變化

顏色變亮
混合色與底色比較，顯示較亮的顏色

覆蓋
維持底色的亮度，重疊混合色的顏色。亮的部份更亮；暗的部份更暗

柔光
混合色比 50% 灰色亮的話就是**加亮顏色**；比 50% 灰色暗的話就是**加深顏色**

Chapter 02

風景編修技巧

本章我們將介紹讓天空更通透、海水更湛藍，以及強調夕陽氛圍等的基本風景編修技巧，還會說明營造遠近距離感、空氣感的表現手法，進而合成多種素材，呈現出理想的畫面等，這些豐富的編修技巧可讓風景照片更加出色。

Photoshop Recipe

01 調整「曲線」降低紅色調、加強藍色調

請開啟「背景 .psd」，按下**圖層**面板上的**建立新填色或調整圖層**鈕選擇**曲線** 01。在**曲線**調整圖層的**內容**面板中，設定**藍**色調，再選取左下角的控制點(暗部)，設定**輸入：0／輸出：22**，加強照片中的藍色 02。接著改選**紅**色調，在曲線中央按一下新增控制點，設定**輸入：146／輸出：110**，降低照片中的紅色 03。到目前為止，照片整體會偏藍 04。

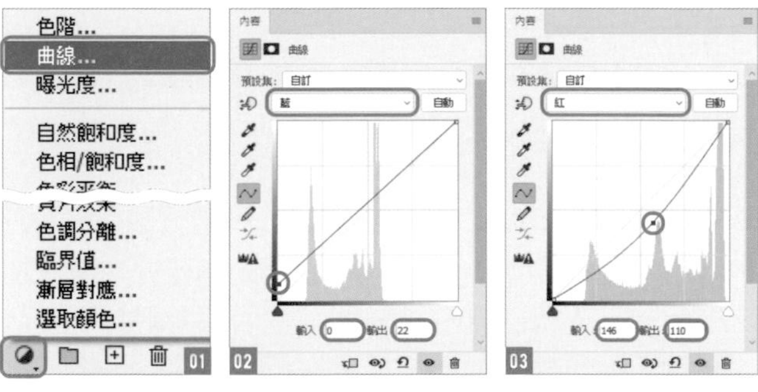

Recipe

025

清晨的空氣感

利用多個漸層和鏡頭濾鏡，
就能讓照片重現清晨薄霧的效果。

Photo retouching

02 套用濾鏡，提升整體藍色調

按下**圖層**面板的**建立新填色或調整圖層**鈕選取**相片濾鏡** 05，在**內容**面板的**濾鏡**列示窗中選擇 **Cooling Filter (80)／密度：30%** 06。
讓照片增加藍色調，更接近早晨的氣氛 07。

※ 在不同的作業系統或是不同的 Photoshop 版本，**Cooling Filter (80)** 的名稱會顯示為**冷色濾鏡 (80)**。

03 套用「漸層」調整圖層

請按下**圖層**面板的**建立新填色或調整圖層**鈕選取**漸層** 08，並將圖層移至最上層 09。雙按**漸層填色 1** 圖層的圖層縮圖，開啟**漸層填色**交談窗，設定**樣式：線性／角度：-90／縮放：100%**，再勾選**對齊圖層** 10。接著按一下漸層長條開啟**漸層編輯器**交談窗，展開**基本預設集**中的**前景到背景**，按一下漸層左側的色標，設定**顏色：#3a87bd／位置：0%**；再設定漸層右側的色標，**顏色：#ffffff／位置：50%** 11。

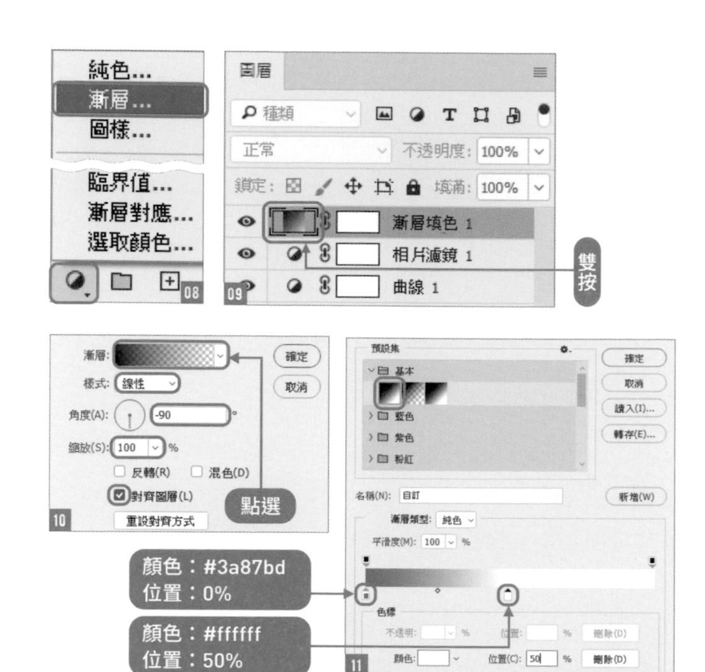

04 套用「柔光」混合模式，營造出清晨薄霧的空氣感

目前**漸層填色 1** 圖層位於最上層，所以看起來會如圖 12。請選取**漸層填色 1**，將圖層混合模式設為**柔光** 13 14。

12

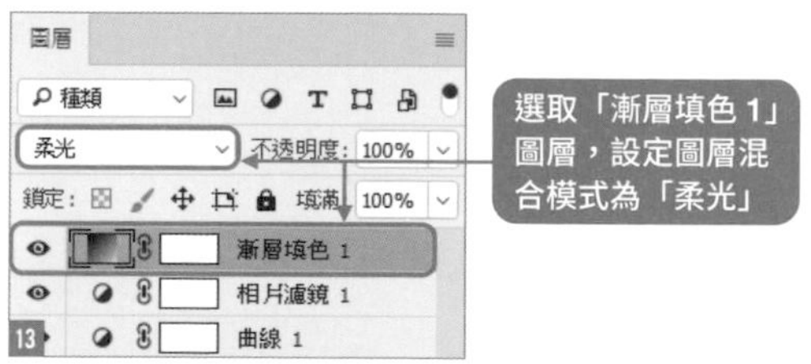

05 新增「漸層」調整圖層，加強清晨的空氣感

如同步驟 03，按下**圖層**面板中的**建立新填色或調整圖層**鈕選擇**漸層**，並確認已移至最上層 15。開啟**漸層填色**交談窗後，設定**樣式：反射性／角度：90／縮放：100%** 16。按下漸層長條，開啟**漸層編輯器**交談窗，展開**預設集**中的**基本**，選取**前景到透明**，漸層色會顯示為白色到透明 17。

15

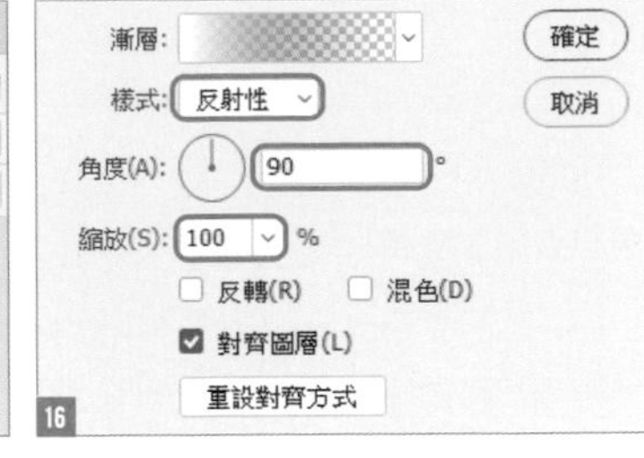

16

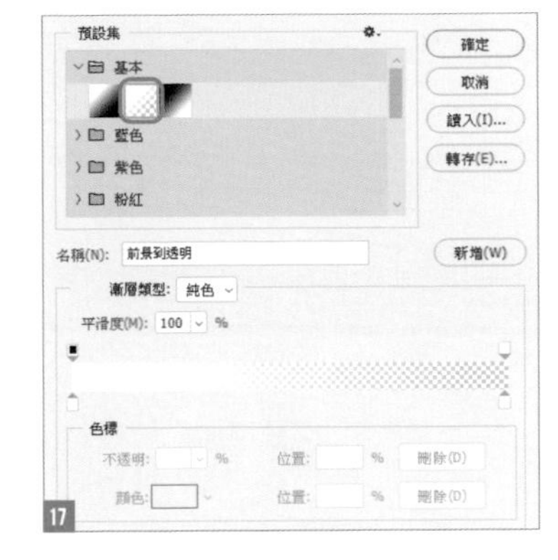

17

Point

預設集中的漸層會依目前**工具**面板中設定的**前景色**、**背景色**，而反應出不同的漸層效果，如上例就是將**前景色**設為白色 **#ffffff** 的漸層結果。

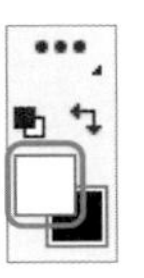

06 套用白色漸層 再設定「柔光」混合模式

設定好漸層色後請按下**確定**鈕，回到**漸層填色**交談窗，如圖 18 會在畫面中央拉曳出白色漸層。

最後將圖層混合模式設定為**柔光**就完成了 19。

18

19

Point

如果覺得漸層的位置不理想，也可以重新拖曳漸層來調整（但在**漸層填色**交談窗仍開啟的狀態下才有作用），如下圖是將漸層拉曳在畫面下方的位置。

Recipe

026 將照片打造成玩具模型效果

只要套用模糊濾鏡，就能讓照片具有玩具模型的效果。

Photo retouching

01 套用模糊收藏館濾鏡，打造玩具模型般的效果

請開啟「風景 .psd」。為了能套用濾鏡與微調，請先在圖層上按右鍵，選取**轉換為智慧型物件**，將圖層轉換為智慧型物件，並將圖層命名為**風景** 01。

執行『**濾鏡／模糊收藏館／光圈模糊**』命令 02，接著會開啟設定交談窗，利用圓圈如圖 03 調整畫面中想變模糊的範圍。

依選擇的照片不同，可適當改變套用的數值。此例展開**光圈模糊**選項，設定**模糊：15 像素** 04。

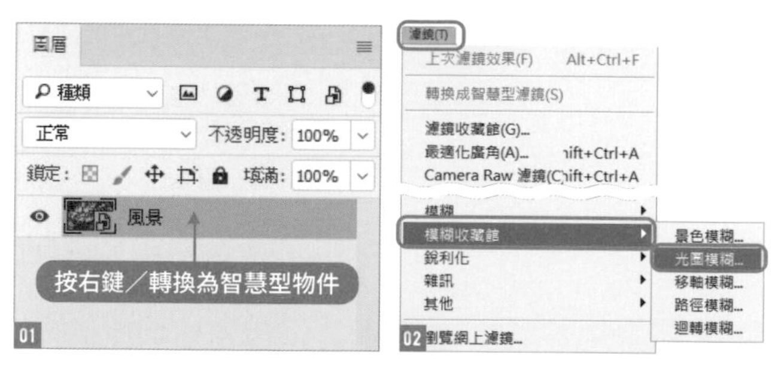

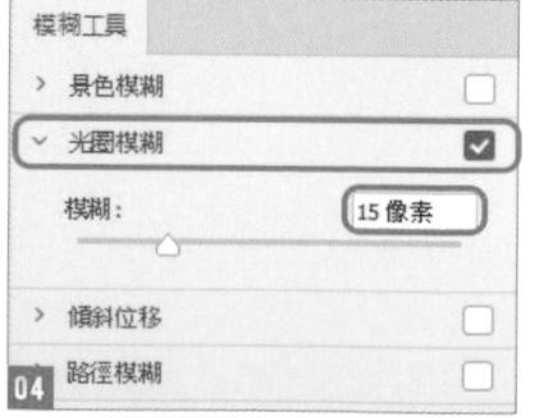

02 繼續增加模糊濾鏡

如果覺得步驟 01 的模糊效果已經足夠，請直接進行步驟 03。

這裡要讓畫面中沿海的道路、房屋等，與畫面更融合，因此重複步驟 01，執行『**濾鏡／模糊收藏館／光圈模糊**』命令，展開**傾斜位移**選項，參考圖 05 調整模糊的範圍，再設定**模糊：20 像素／扭曲：0%** 06。這樣就完成以畫面中心為焦點的玩具模型照片了 07。

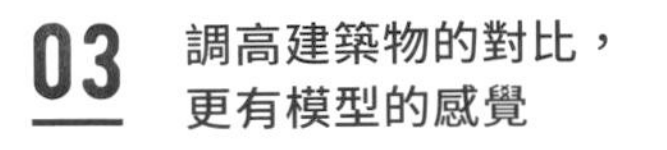

03 調高建築物的對比，更有模型的感覺

提升房屋的對比，再讓照片的色調更接近玩具的質感。

執行『**影像／調整／色相／飽和度**』命令 08，先選取**紅色**，再設定**飽和度：+50** 09。

最後按下**圖層**面板的**建立新填色或調整圖層**鈕選擇**自然飽和度** 10，確認已移至最上層，再設定**自然飽和度：+60／飽和度：0** 11，提升整體畫面的飽和度之後，綠色就會給人模型般的強烈印象了 12。

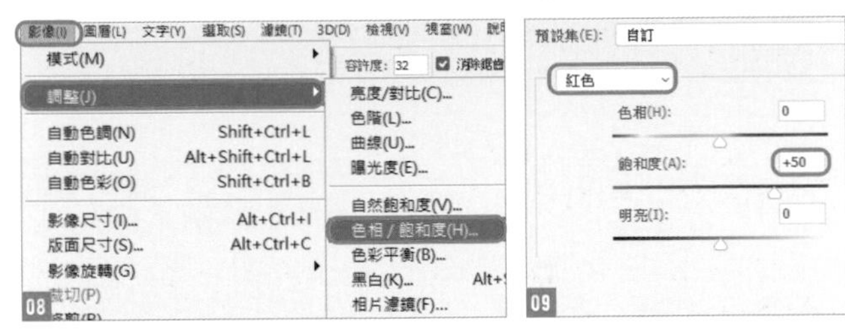

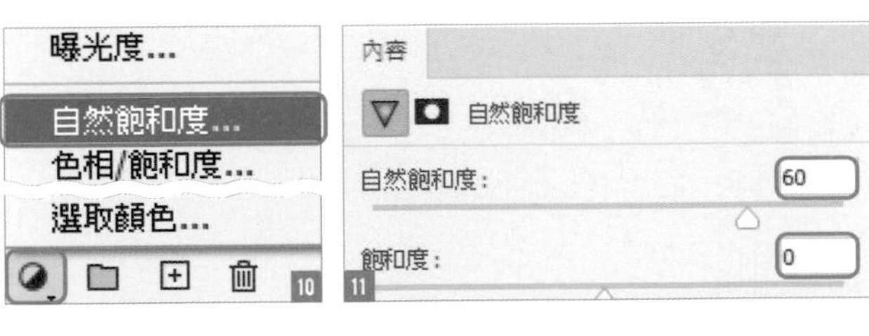

Recipe

027

讓海水更湛藍

原本平淡無奇的照片，透過編修就可以變成明亮、清新的海景照片。

Photo retouching

01 使用「曲線」功能 調整出明亮的青色

開啟「海 .psd」，按下**圖層**面板的**建立新填色或調整圖層**鈕選擇**曲線** 01，確認位於上面圖層 02。

開啟**曲線**調整圖層的**內容**面板後，新增中央控制點，設定**輸入：123**／**輸出：133** 03。為了要表現出海水鮮明的青色，請將 **RGB** 變更為**藍**，將左下控制點設定為**輸入：0**／**輸入：18** 04，設定後可以提升整體影像的藍色調 05。

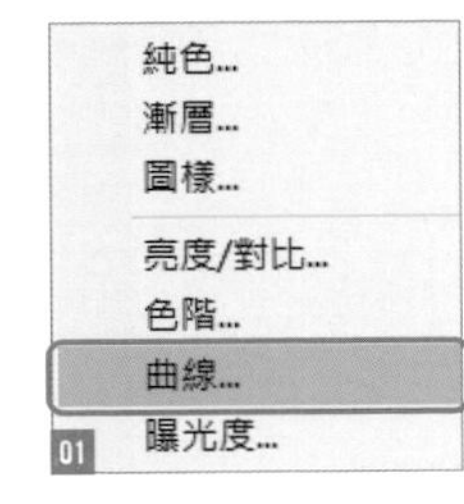

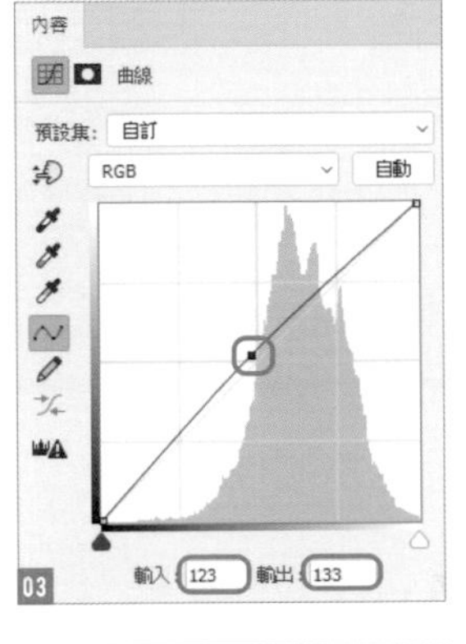

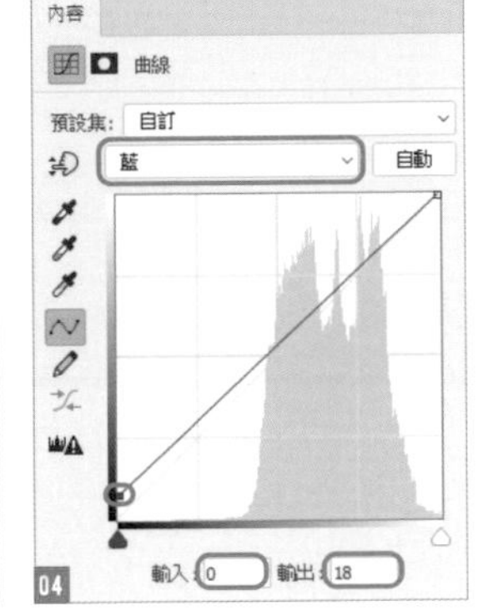

02 使用「選取顏色」功能 調整沙灘的顏色

按下**圖層**面板的**建立新填色或調整圖層**鈕選擇**選取顏色** 06，確認位於上面圖層 07。

開啟**選取顏色**的**內容**面板後，選取下方的**絕對**選項，設定**顏色：紅色**／**青色：-30%**／**黑色：+35%** 08。接下來設定**顏色：黃色**／**黃色：+51%**／**黑色：+20%** 09。降低了沙灘中紅、黃色調中的青色，可以讓黃色更突顯出來 10。

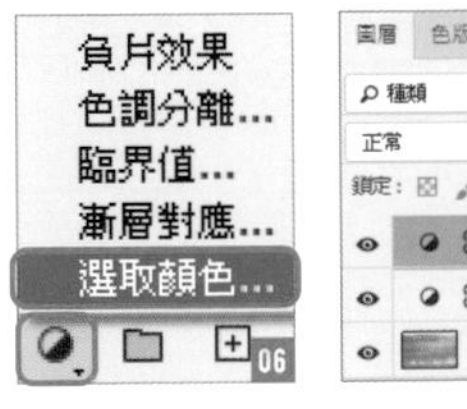

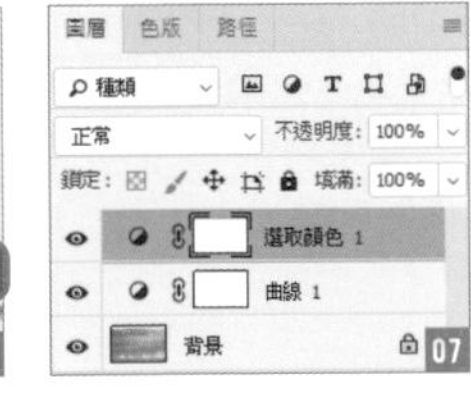

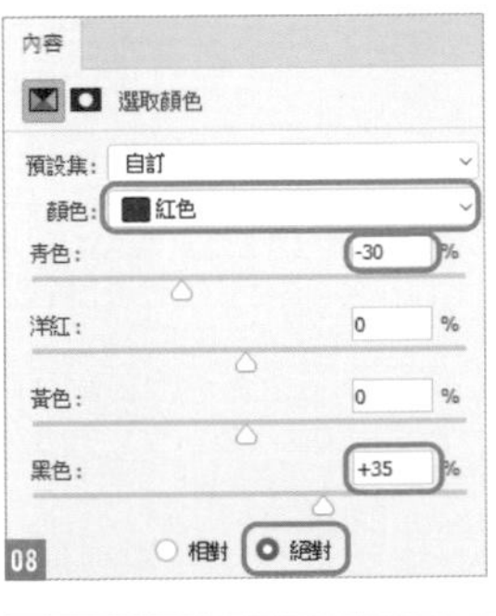

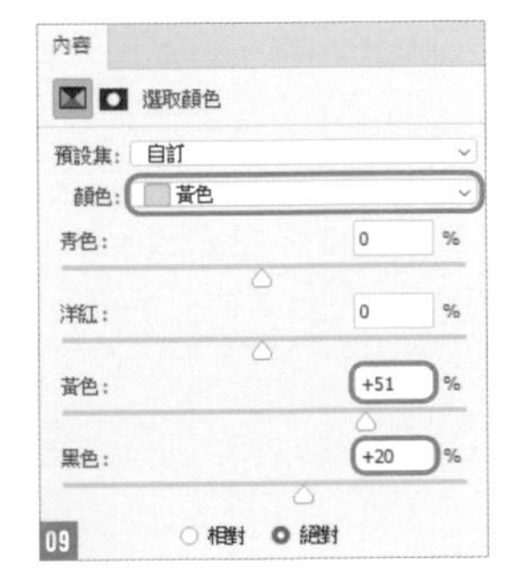

03 使用「選取顏色」功能重現清徹的海與藍天

選取**顏色**：**青色**，設定**青色**：**+30%**／**洋紅**：**-20%**／**黃色**：**-50%**／**黑色**：**+20%** 11。

顏色：**藍色**，設定**黃色**：**-45%** 12。

顏色：**白色**，設定**黑色**：**-10%** 13。

顏色：**中間調**，設定**青色**：**+5%** 14。

由於只調整了特定的顏色，所以不影響其它顏色就能重現海與藍天 15。

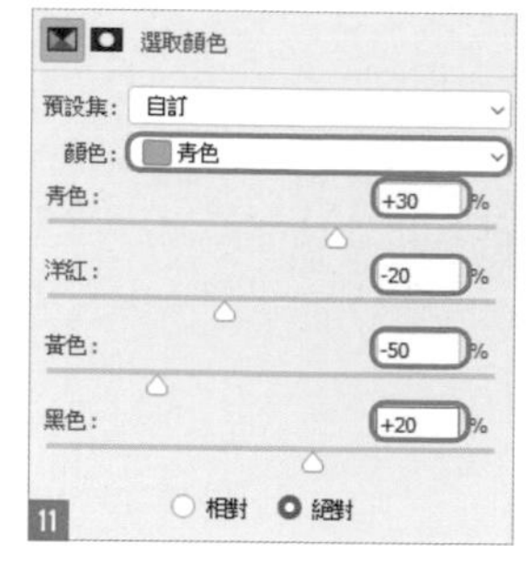

11

12

13

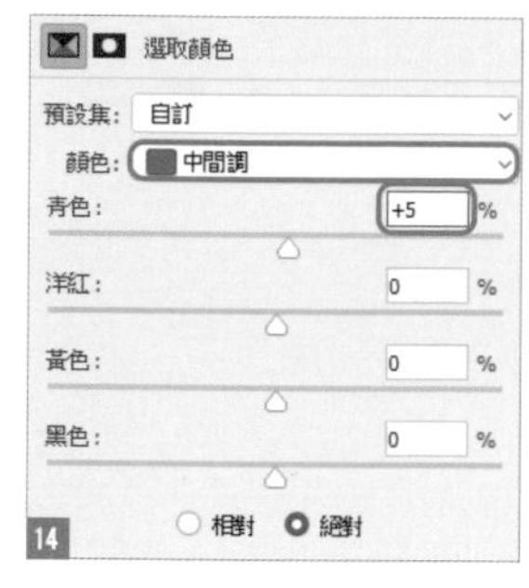

14

04 使用「自然飽和度」提升色彩濃度

按下**建立新填色或調整圖層**鈕選擇**自然飽和度** 16，配置在最上層 17。開啟**自然飽和度**的**內容**面板後，設定**自然飽和度**：**+45%**／**飽和度**：**+5%** 18。藉此補足**選取顏色**功能中無法提升的色彩飽和度，原來平淡的顏色也變鮮明了 19。

15

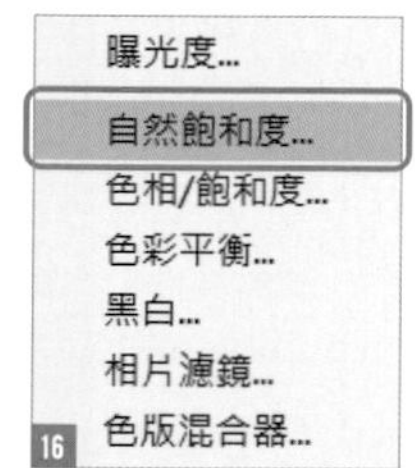

16

17

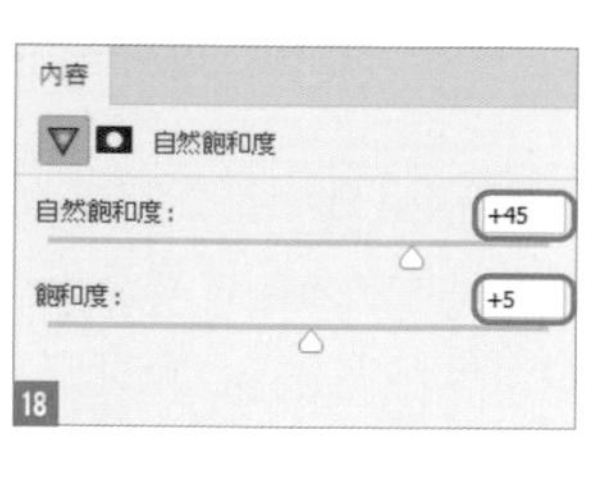

18

19

Recipe

028

在晚霞的照片中加上落日

使用「反光效果」濾鏡就能做出自然的落日，重現落日映在水面上的美景吧！

Photo retouching

原影像

01 使用「反光效果」濾鏡製作落日

開啟「風景 .psd」，建立一個新圖層並命名為**落日**，配置在上層位置 01。選取**工具**面板中的**油漆桶工具**，設定前景色**黑 #000000** 02。

在畫面上填滿黑色 03，執行『**濾鏡／演算上色／反光效果**』命令 04。在**反光效果**交談窗的預視窗中點一下會出現光源，拖曳光源可以改變光的方向。

移動預視窗中的圓形光源至中央的位置，設定**亮度：100%／鏡頭類型：50-300 釐米變焦** 05，就完成一個圓形光源了 06。將圖層混合模式設為**濾色** 07，再配置到畫面的右上方位置 08。

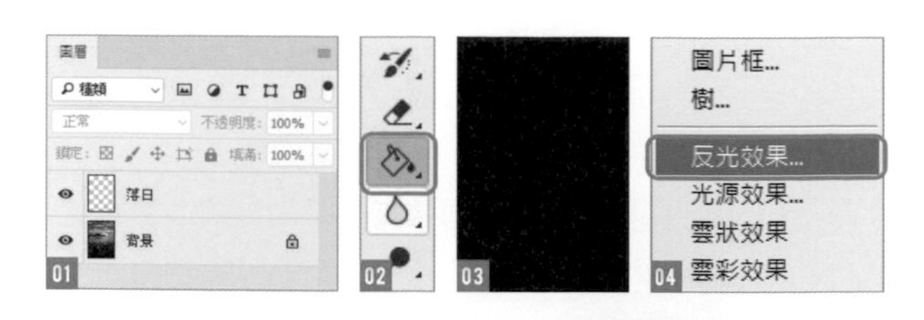

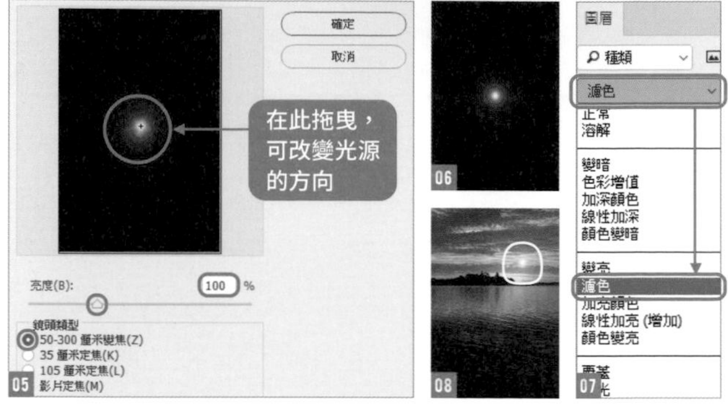

02 調整落日的尺寸與光暈

為了讓落日的光更強烈，請執行『**影像／調整／色階**』命令 09，設定輸入色階為 **25：0.75：209** 10，對比提高，光也變強烈了 11。

接著要讓落日的尺寸再大些，請執行『**編輯／任意變形**』命令 12。

畫面上會出現矩形框線 13，任選四個角落的控制點，按住 Alt（Option）鍵再拖曳變形框 13，會以中心點為基準來放大或縮小。此例以中心點為基準，向外拖曳放大圓形光的尺寸 14。

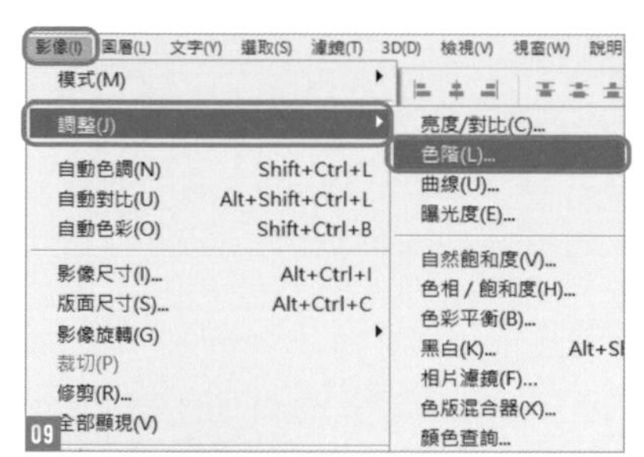

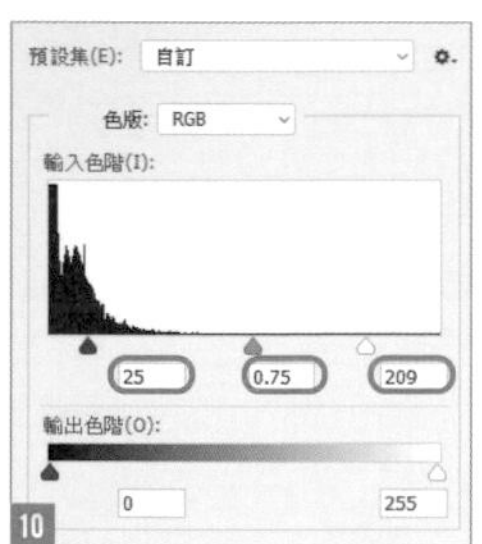

Point

按住 Alt（Option）鍵再拖曳變形框，會以中心點為基準來進行縮放。

03 製作落日在水中的倒影

複製**落日**圖層，再命名為**落日倒影** 15。與步驟 02 相同技巧，執行『**任意變形**』命令，顯示變形框後，大小保持不變，將落日往地平線下移動 16。接著按住 shift + Alt（Option）鍵，由左或右側的控制點往內側拖曳 17。

現在落日會呈橢圓狀 18，請執行『**濾鏡／扭曲／波形效果**』命令 19。設定**產生器數目：5／波長：最小：1／最大：20／振幅：最小：1／最大：17／縮放：水平：100%／垂直：1%** 20。

再調整至適當位置，就完成了水面搖曳的落日倒影 21。

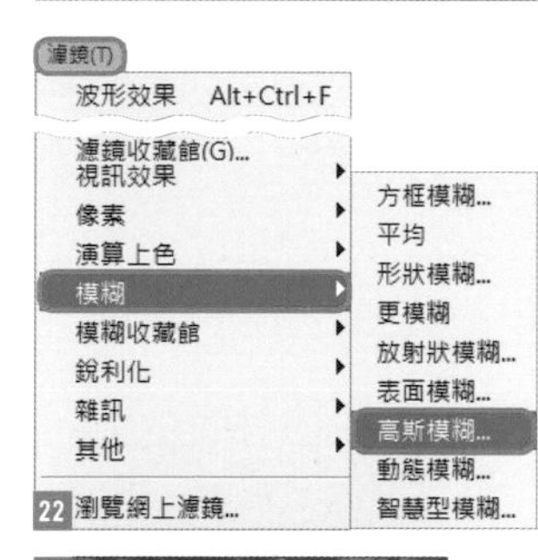

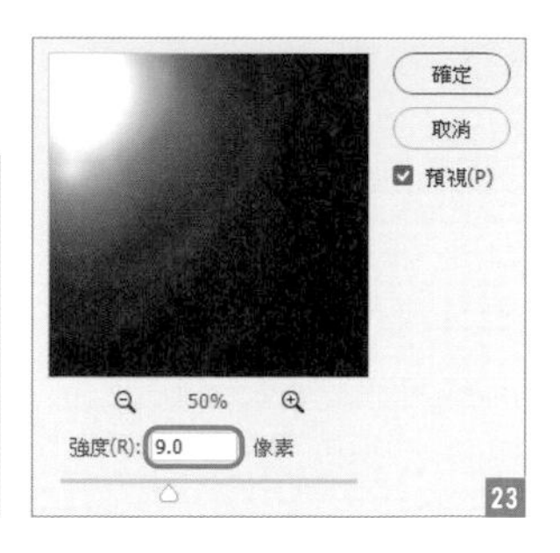

04 為落日套用模糊濾鏡完成編修

選取**落日**圖層，執行『**濾鏡／模糊／高斯模糊**』命令 22，設定**強度：9.0** 像素後套用 23。

這樣就完成自然的落日風景照了 24。

Point

我們最後才為**落日**圖層套用**高斯模糊**濾鏡，是因為要用清楚的落日來套用**波形效果**濾鏡，作出水面倒影。如果套用了模糊濾鏡再套用波形效果，水面的倒影也會變得模糊。

Recipe

029

倒映在水面上的風景

當風景倒映在水面上時，會是一幅令人
印象深刻的風景照。

Photo retouching

原影像

01 使用筆型工具將要反射風景的範圍建立成路徑

開啟「風景 .psd」，並複製圖層。將上層圖層命名為**風景**，下層命名為**水面**，再將**水面**圖層隱藏起來 01。從**工具**面板中選取**筆型工具** 02。

沿著水面製作路徑 03，完成後按滑鼠右鍵選取**製作選取範圍** 04，設定**羽化強度：0 像素** 05，水面的選取範圍就建立好了 06。

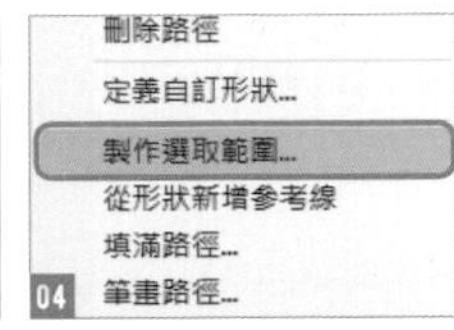

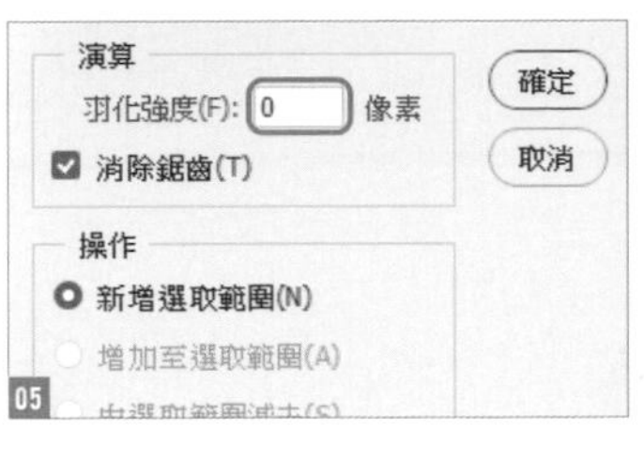

02 選取樹林間殘留的水面

選取**風景**圖層，由**工具**面板按下**矩形選取畫面工具** 07，再按下**選項列**上的**選取並遮住**鈕 08。

切換到**選取並遮住**的操作畫面後，在右側的面板中設定**透明度：100%**，會如圖 09 的狀態。

接著在**內容**面板中按下**整體調整**區下方的**反選** 10。選取的範圍就會反轉如圖 11。

由**工具**面板選取**調整邊緣筆刷工具**，設定筆刷尺寸 **20 像素** 12，如圖 13 塗抹樹林間殘留的水面，調整結果如圖 14。完成後按下 Enter（return）鍵套用，就可以選取水面以外的部份了 15。

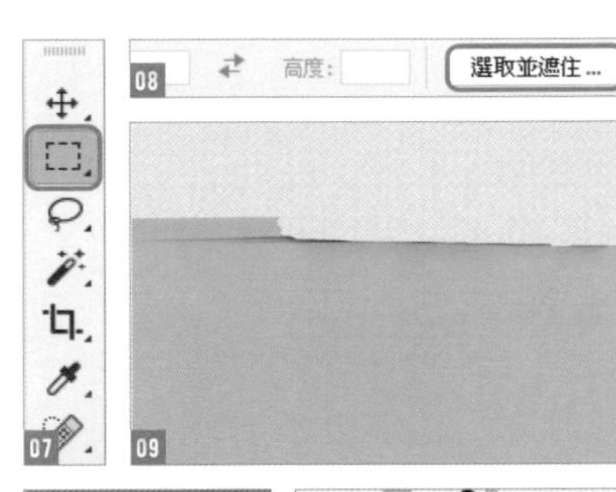

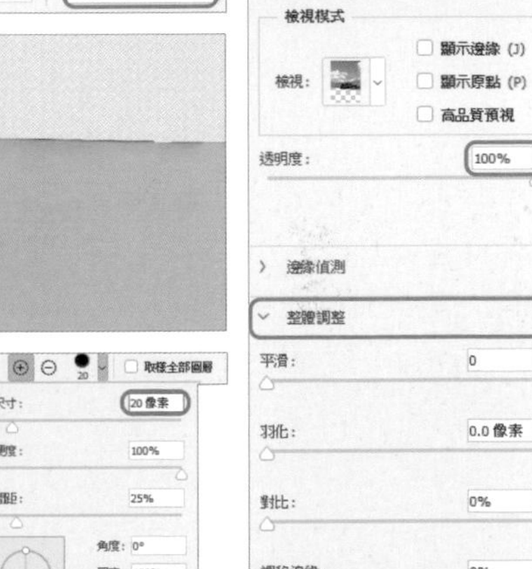

03 在「風景」圖層建立遮色片

建立選取範圍後，選取**風景**圖層，按下**圖層**面板的**增加圖層遮色片**鈕 16，圖層就會套用遮色片 17，如圖 18 只會顯示水面以外的部分。請在圖層遮色片縮圖上按右鍵，選擇**套用圖層遮色片** 19。

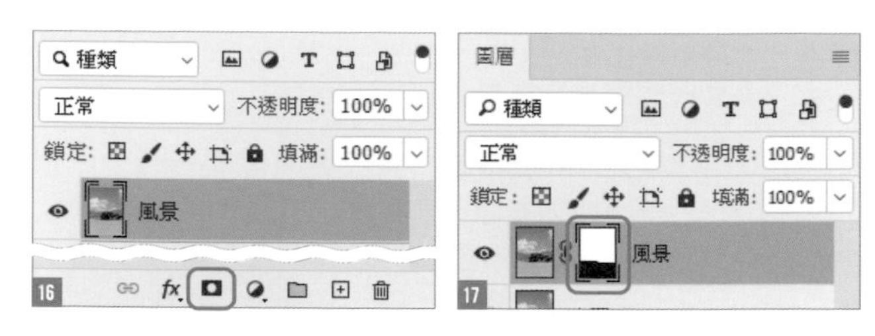

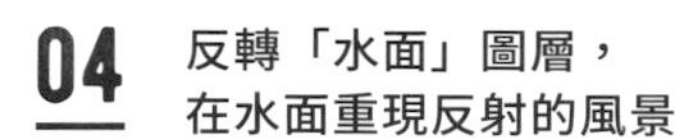

04 反轉「水面」圖層，在水面重現反射的風景

將**水面**圖層重新顯示出來，執行『**編輯／變形／垂直翻轉**』命令 20。如圖 21 向下移動已垂直翻轉的風景，調整的位置可參考圖 22。

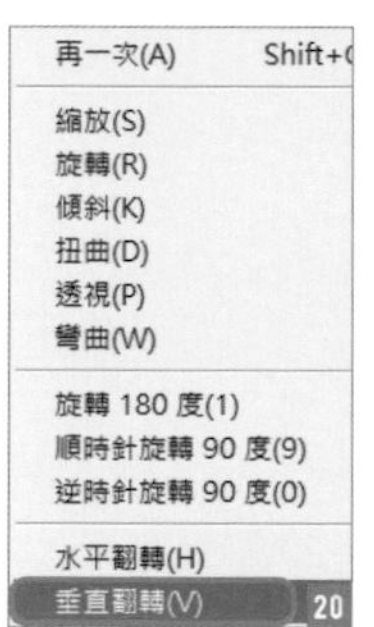

05 讓樹林的倒影更真實

現在前方的樹林和車的倒影，看起來不太自然，所以我們要將前方的影像選取出來，再調整其反射效果。請再次將**水面**圖層設為不顯示，然後選取**風景**圖層，由**工具**面板選取**快速選取工具**鈕 23，再如圖 24 選取樹林。建立選取範圍後按右鍵，選取**拷貝的圖層** 25，將圖層配置在**風景**圖層下層，圖層命名為**樹林** 26。與垂直翻轉**水面**圖層時操作相同，也將**樹林**圖層翻轉並調整至適當的位置 27。

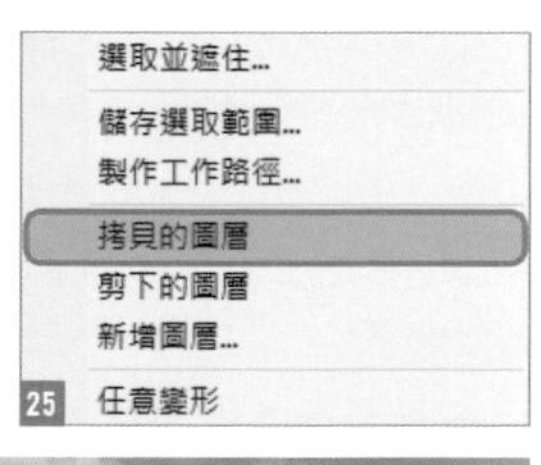

06 增加水面倒影的傾斜角度

選取**樹林**和**水面**圖層，按滑鼠右鍵選取**合併圖層** 28，將圖層重新命名為**水面**。

執行『**濾鏡／扭曲／波形效果**』命令 29，設定**產生器數目：30／波長：最小：1、最大：15／振幅：最小：1、最大：15／縮放：水平：10%、垂直：1%** 30。增加些微的傾斜 31。

接著執行『**濾鏡／模糊／動態模糊**』命令 32，設定**角度：90／間距：10 像素** 33。

執行『**影像／調整／色彩平衡**』命令 34，選取**色調平衡：中間調**，設定**色彩平衡**由左至右 **-50：+15：+50** 35，水面的部份就調好了 36。

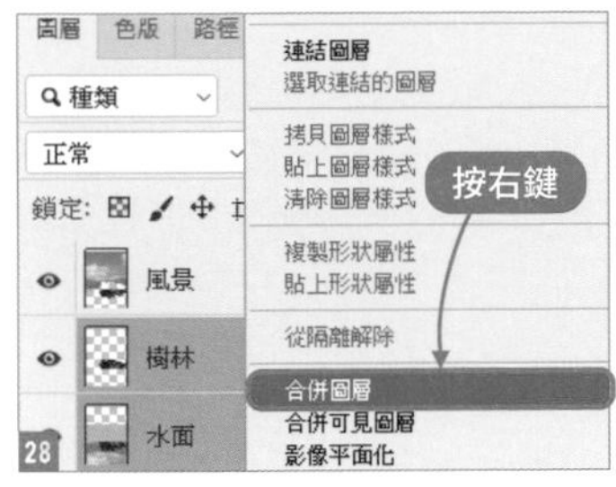

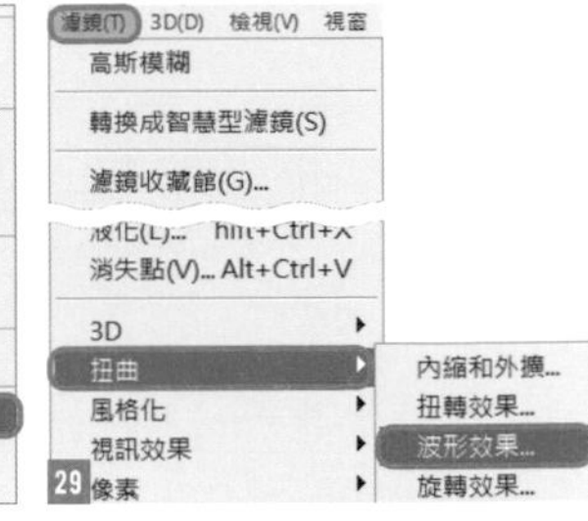

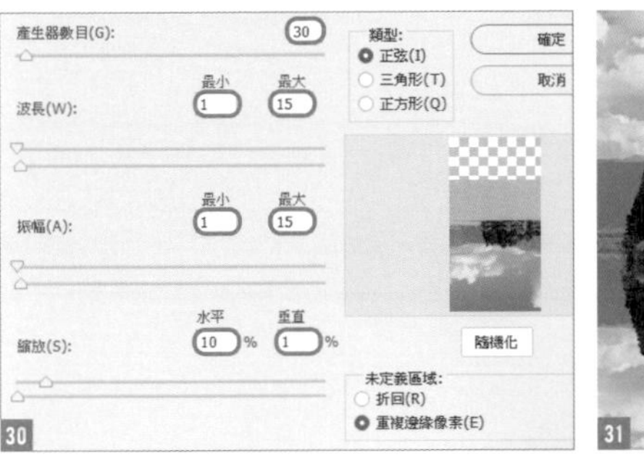

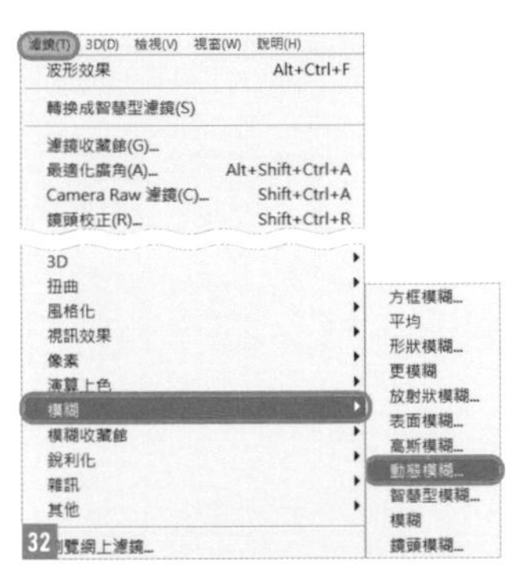

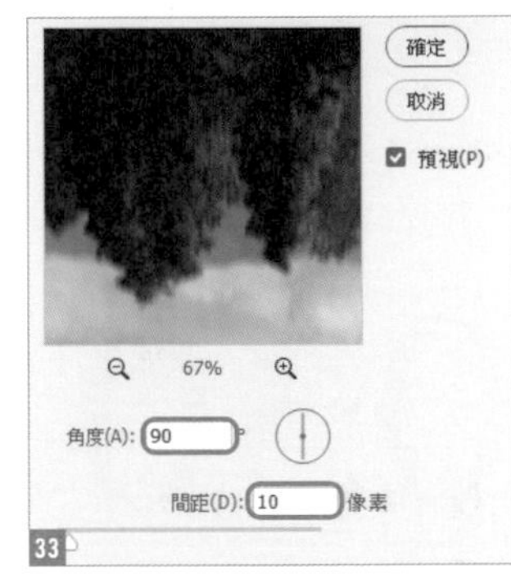

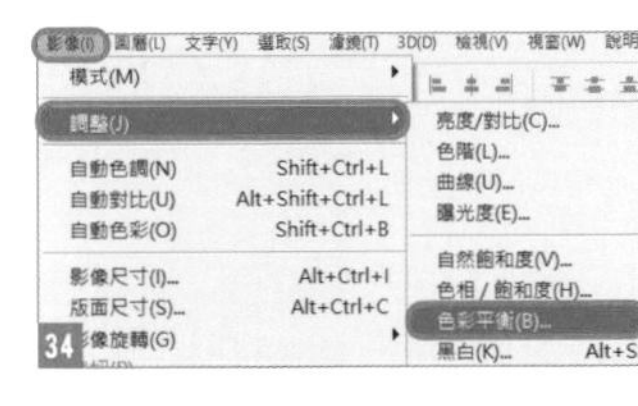

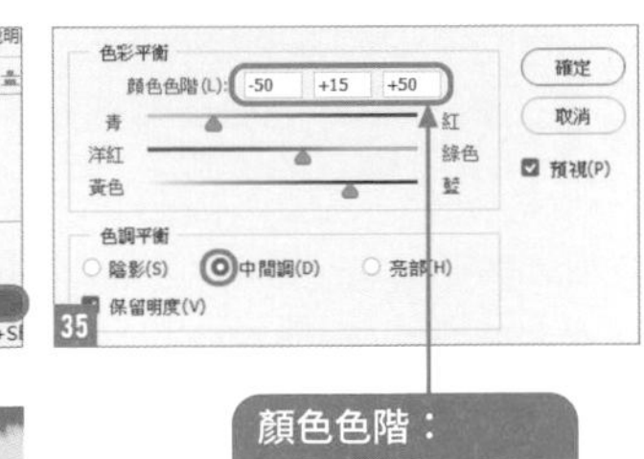

Recipe

030 修正照片中傾斜、變形的建築物

使用「鏡頭校正」濾鏡，就可以修正照片中傾斜的建築物。

Photo retouching

01 觀察照片中建築物的傾斜狀態，思考修正的方向

開啟「風景 .psd」，由於是廣角鏡頭拍攝的照片，畫面左右的建築物有明顯傾斜的情況 01。依遠近感做垂直方向的修正，就可以讓建築物看起來較為筆直。

02 用「鏡頭校正」濾鏡修正

執行『**濾鏡／鏡頭校正**』命令 02，開啟**鏡頭校正**視窗後，勾選左下方的**顯示格點**選項，接著在視窗右側切換到**自訂**頁次 03。

濾鏡(T) 3D(D) 檢視(V) 增效模組 視窗(W) 說明(H

動態模糊	Alt+Ctrl+F
轉換成智慧型濾鏡(S)	
Neural Filters...	
濾鏡收藏館(G)...	
最適化廣角(A)...	Alt+Shift+Ctrl+A
Camera Raw 濾鏡(C)...	Shift+Ctrl+A
鏡頭校正(R)...	Shift+Ctrl+R
液化(L)...	Shift+Ctrl+X
消失點(V)...	Alt+Ctrl+V

02

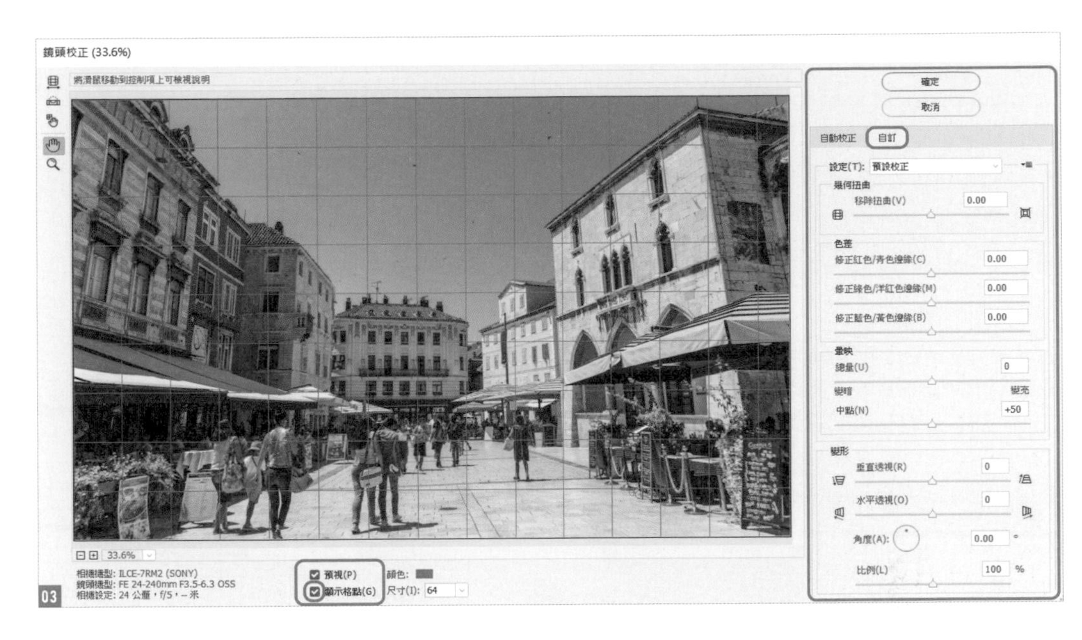

03 參考畫面中的格線修正建築物

在**變形**區設定**垂直透視：-25** 04，接著要修正畫面周圍的傾斜，在**幾何扭曲**區設定**移除扭曲：+7.00** 05。經過幾個簡單的步驟，就能修正照片中傾斜的建物了 06。

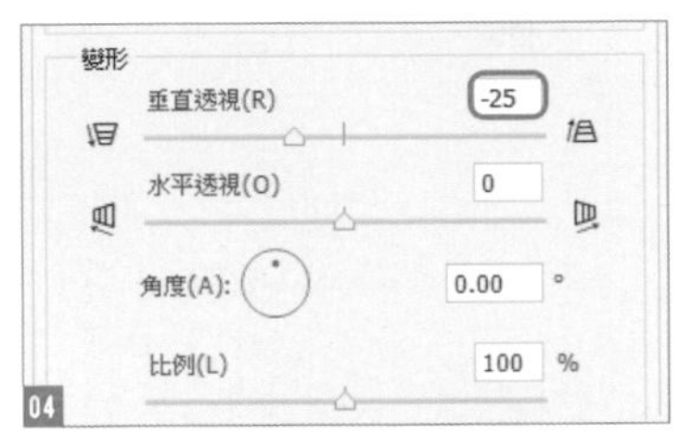

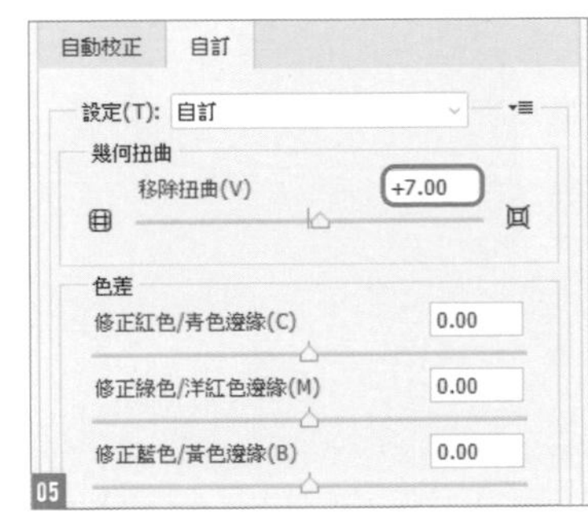

Point

鏡頭校正濾鏡若設定得太過頭，可能會讓影像變得不自然。此外，修正傾斜時，通常會裁切掉周圍的部份，因此要顧及影像整體的效果來進行修正。

Recipe

031 合成多張天空照片，讓天空更有深度

在合成風景照片的天空時，若組合多張不同的天空照片，能為照片營造出特別的氛圍。

Photo retouching

01 用遮色片選取天空以外的區域

開啟「風景 .psd」，由**工具**面板選擇**筆型工具**，為天空以外的部份製作路徑 01，並建立選取範圍 02，按下任一選取工具，再按下**選項列**的**選取並遮住**鈕 03。

按下**調整邊緣筆刷工具** 04，仔細調整人物的頭髮、遠山，以及畫面右側的樹林等 05，完成後按下**確定**鈕，選取範圍就修改好了。選取**背景**圖層，按下**圖層**面板的**增加圖層遮色片**鈕 06，套用圖層遮色片 07，就只會顯示背景以外的部份 08。

選取並遮住、**調整邊緣筆刷工具**的使用方法，請參考 P.85 的說明。

01

02

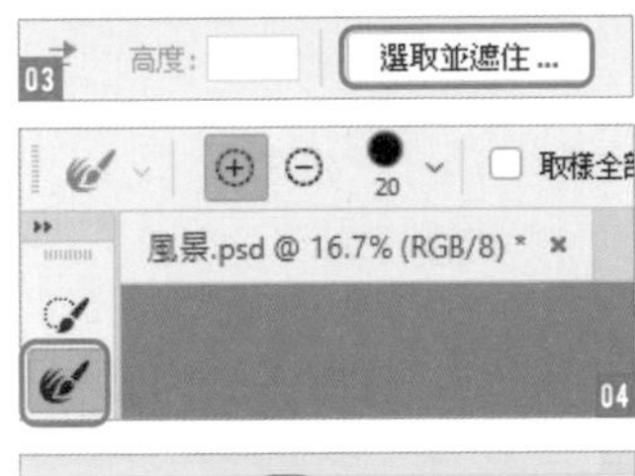

03
04

05

06
07

08

02 使用圖層混合模式，讓影像重疊出獨特的氛圍

開啟素材「天空 1.psd」、「天空 2.psd」，如圖 09 將圖層配置於**背景**圖層之下。將**天空 1** 的圖層混合模式設定為**濾色** 10。

設定**濾色**圖層混合模式，可以重疊顯示兩張天空，創造出獨特的氛圍。

09

10

03 配合天空的顏色，修正海的顏色

在**背景**圖層上建立新圖層，設定圖層混合模式為**覆蓋**，再按下**筆刷工具**，設定前景色 **#a1def6** 11。

在塗抹海的部份時，視需要調整筆刷的尺寸與不透明度。如果塗抹的過多，可改用**橡皮擦工具**將其刪除。最後設定圖層**不透明度：75%** 12 13。

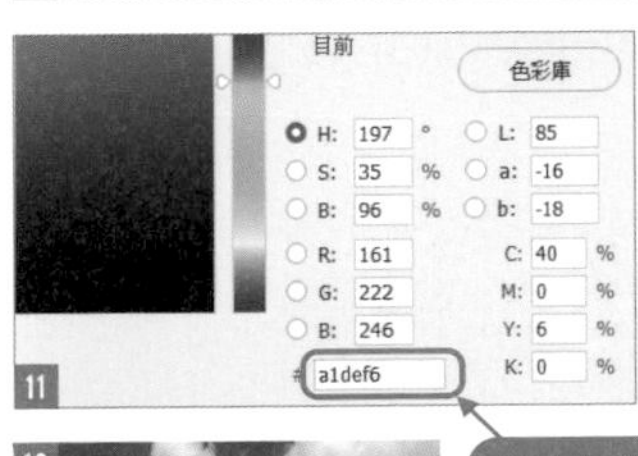

11

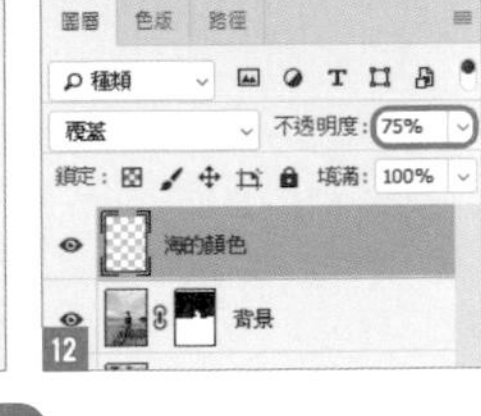

12

13

做出讓人印象深刻的光線

強調照片中的光線，可以讓它成為吸引人的照片。

Photo retouching

01 建立新圖層並設定顏色

開啟「風景 .psd」，在其上建立一個新圖層，圖層命名為**夕陽** 01。由**工具**面板選取**筆刷工具** 02，再按下**工具**面板的前景色圖示，開啟**檢色器**視窗，設定前景色 **#d77951** 03。

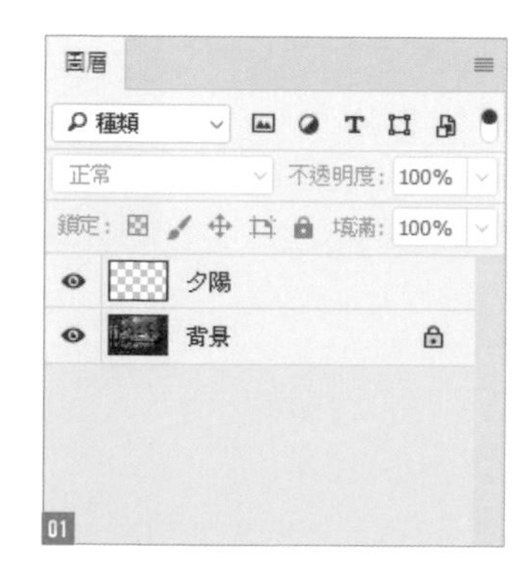

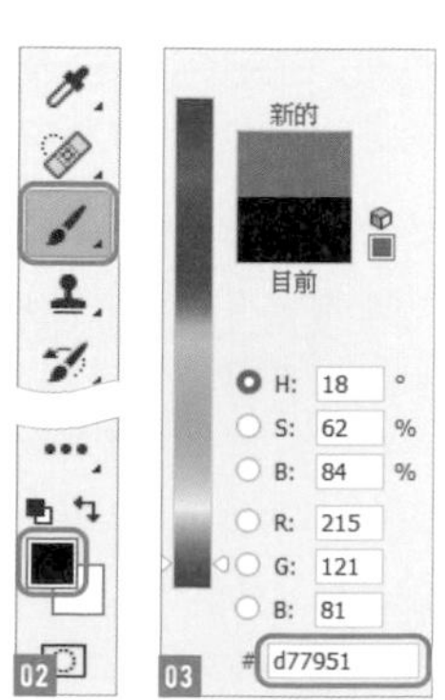

02 使用「筆刷工具」加強橘色光線

選取**夕陽**圖層，將圖層混合模式設定為**覆蓋** 04。由**選項列**設定筆刷的尺寸 05，塗抹在太陽的周邊，補足橘色光線，以提升太陽的橘色光 06。

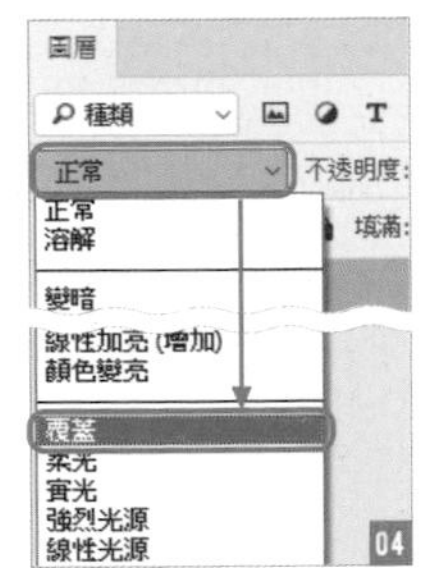

04

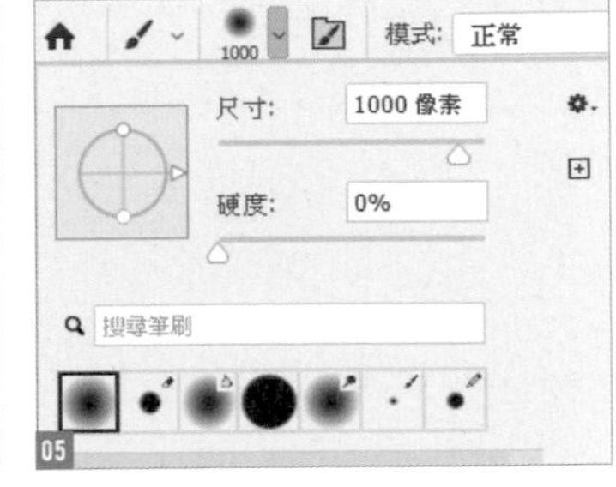

05

Shortcut

調小筆刷尺寸：[鍵
調大筆刷尺寸：] 鍵

06

03 使用「筆刷工具」繪製亮光

建立一個新圖層並置於上層，圖層命名為**亮部**，圖層混合模式設為**覆蓋** 07。由**工具**面板按下**筆刷工具**，前景色設為**白 #ffffff** 08。在太陽的周圍塗上白色光，讓陽光更為強烈。

07

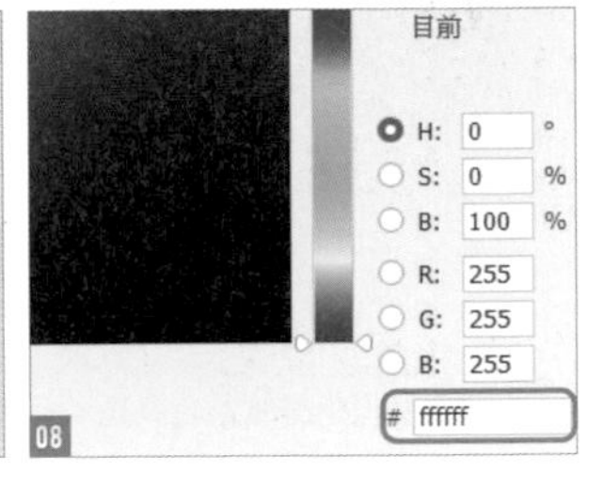

08

04 使用「曲線」功能調整顏色

按下**圖層**面板的**建立新填色或調整圖層**鈕選擇**曲線** 09。將左下控制點設為**輸入：23／輸出：15** 10。在中央新增控制點，設定**輸入：70／輸出：53** 11。將右上控制點設為**輸入：216／輸出：255** 12。完成後會做出一張周圍較暗、強調光線，又令人印象深刻的照片 13。

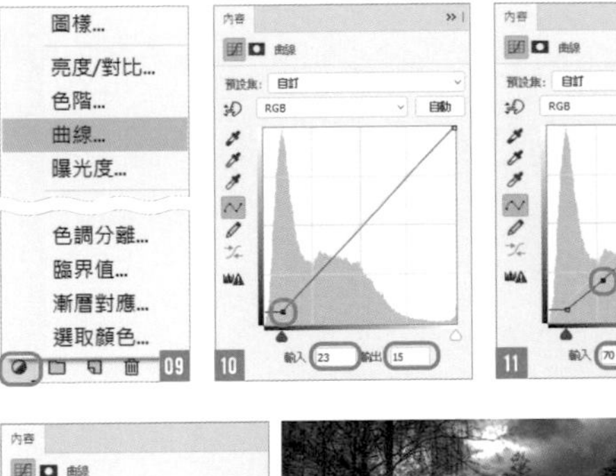

09 10 11

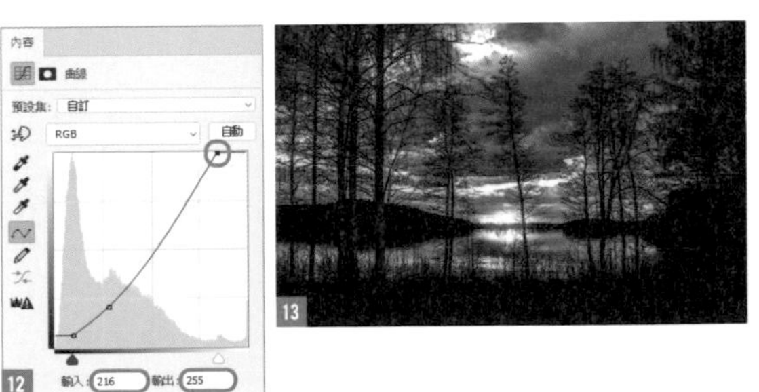

12 13

Recipe

033 在風景中合成彩虹

使用 Photoshop 內建的漸層工具，
就能為風景照片加上彩虹。

Photo retouching

原影像

01 用「漸層工具」製作彩虹

開啟「風景 .psd」，建立一個新圖層並命名為**彩虹** 01。由**工具**面板選取**漸層工具** 02，在**選項列**按下漸層長條 03，開啟**漸層編輯器**視窗，由**預設集**中展開**舊版漸層**／**舊版預設漸層**選取**透明七彩**漸層 04。

在畫面上按一下，由上往下拖曳幾釐米的距離就會建立彩虹了 05。

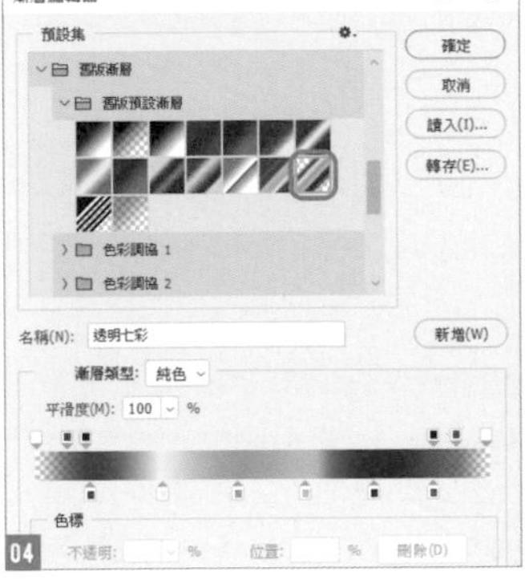

Point

Photoshop CC 2020 之後的版本，在預設情況下，**漸層編輯器**視窗中沒有**透明七彩**漸層，請執行『**視窗**／**漸層**』命令，開啟**漸層**面板，在面板右上角的選項中加入**舊版漸層**。

02 使用「變曲工具」調整彩虹的形狀

執行『**編輯**／**任意變形**』命令 06，顯示預視框後按滑鼠右鍵，選取**彎曲** 07。在**選項列**上選取**弧形** 08。彩虹就會自動變成圓弧狀了 09，上下拖曳彩虹中央的控制點，可以調整彩虹的弧度。

到此階段完成的結果請參考圖 09，然後按下 Enter（return）鍵套用。

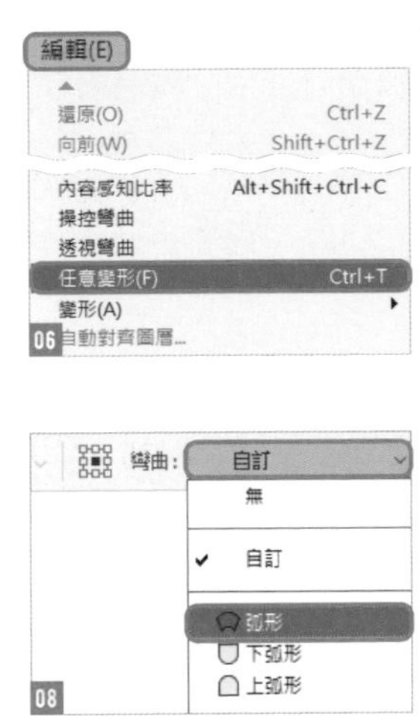

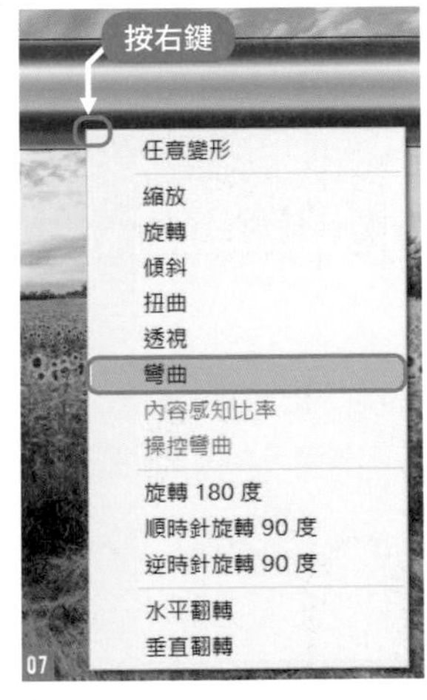

03 調整彩虹

選取**彩虹**圖層，將圖層混合模式設定為**濾色／不透明度：75%** 10 11。請再次使用**任意變形**功能調整尺寸與位置 12。

前方與花田重疊的部份，請用**橡皮擦工具**擦除 13。

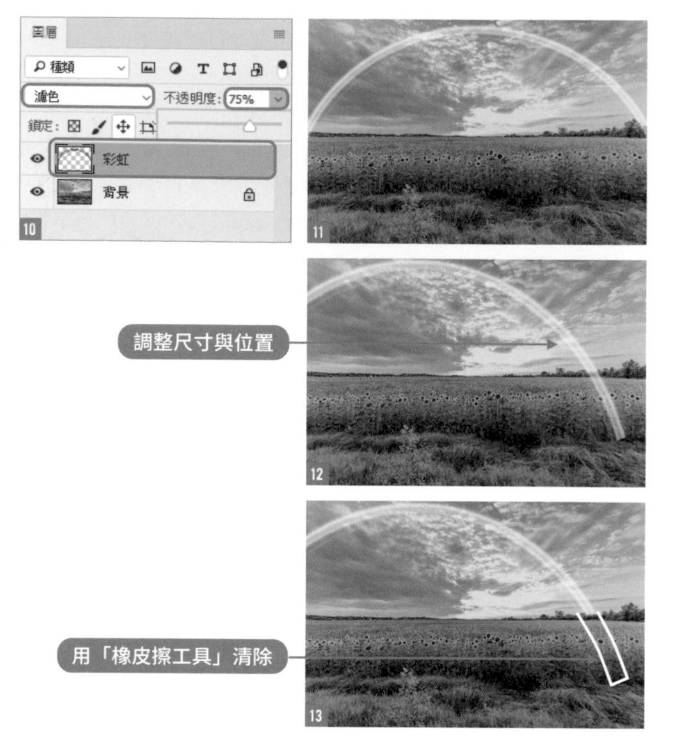

04 套用「高斯模糊」讓彩虹與天空更融合

目前彩虹還顯得太生硬，請執行『**濾鏡／模糊／高斯模糊**』命令 14，設定**強度：8.0 像素** 15，效果就會自然多了 16。

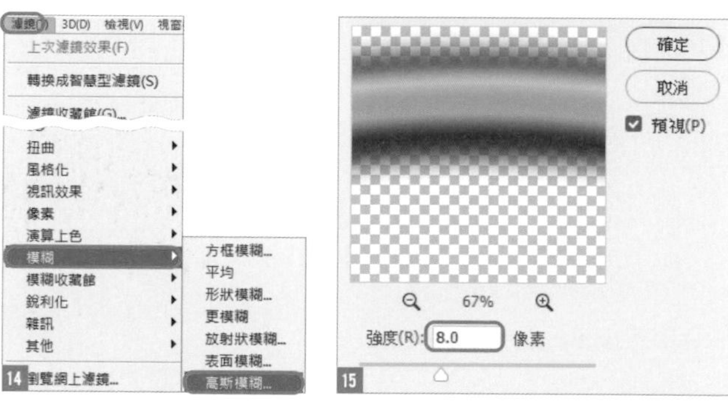

原影像

Recipe

034

內容感知填色

利用背景填滿選取範圍的元素，
讓人物消失。

01 建立人物的選取範圍

開啟「人物 .psd」。使用**工具**面板的**套索工具**概略建立人物的選取範圍 01。接著執行『**編輯→內容感知填色**』命令 02。

建立選取範圍

01

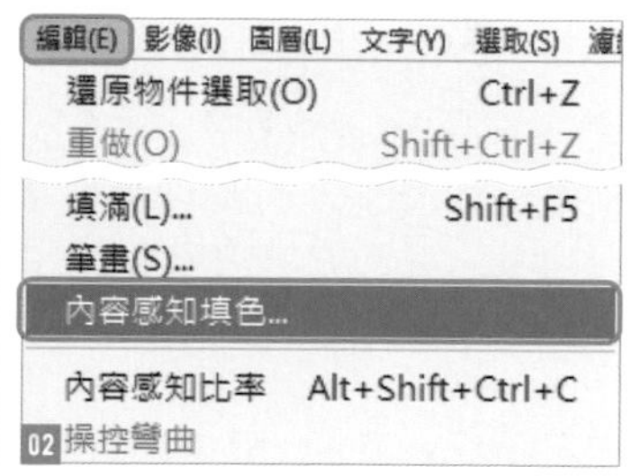

02

02 確認效果

接著，畫面會顯示左右兩個視窗，右側顯示的是預覽結果，如果沒有問題，就按下**確定**鈕 03，選取範圍就會與背景融合並填滿 04。查看**圖層**面板，可以看到建立了新圖層 05。

03

04

05

※ **編註**：選取人物時，不需要仔細沿著人物邊緣描繪，概略選取人物的輪廓，執行**內容感知填色**後的效果會比較好；若是太精確地選取人物，在執行**內容感知填色**後，反而會留下明顯的邊緣及殘影。

Recipe

035 在風景中合成瀑布

這個單元我們將把風景和瀑布做一個自然的合成，再使用筆刷重現瀑布濺起的水花。

Photo retouching

原影像

01 調高影像的對比

開啟「瀑布 .psd」，我們要將瀑布的部份抽取出來。請執行『**影像／調整／色階**』命令 01，設定輸入色階 34：0.90：235 02，就可以調高影像的對比了 03。

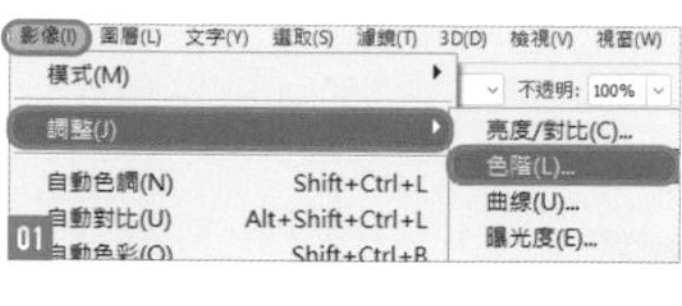

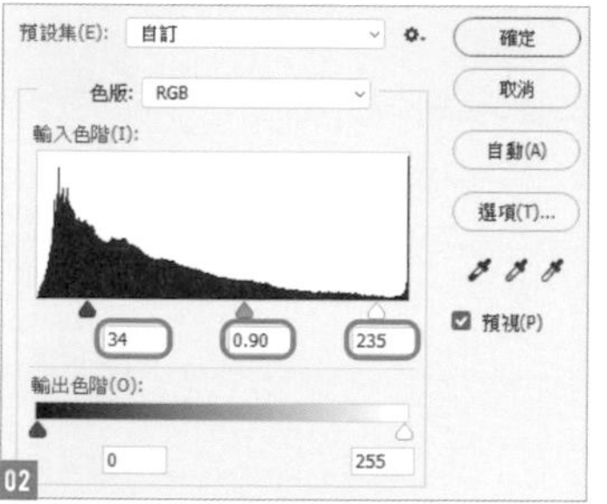

02 將瀑布由風景中取出

執行『**選取／顏色範圍**』命令 04，選取瀑布中央，就會一併選取瀑布及顏色相近的部分。參考圖 05 指定的顏色範圍。點選時會自動選取滴管工具，請在要選取的地方按一下（白色瀑布），並調整容許值，此例設定**朦朧：130** 05，就可以建立選取範圍了 06。

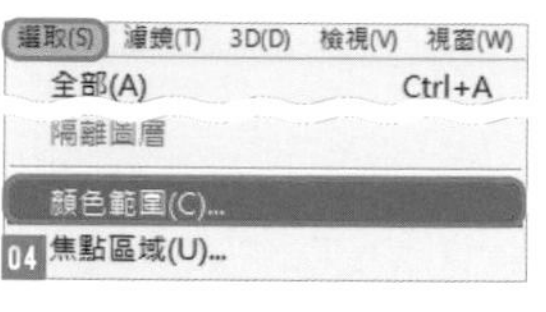

Point

在**顏色範圍**視窗中，要新增選取的顏色時，可按住 Shift 鍵（或是改選 鈕）再點選影像；想要取消選取的顏色時，可按住 Alt（Option）鍵（或是改選 鈕）再點選。

03 刪除瀑布以外的部份

由於天空、前方的岩石和樹林等明亮的部分，與選取的瀑布顏色相近，所以會一併被選取，請使用**矩形選取畫面工具**或**套索工具**，配合按住 Alt（Option）鍵點選來取消選取。調整到只選取瀑布的部份 07。

執行『**選取／反轉**』命令，再按下 Delete 鍵刪除瀑布以外的部份 08，到此就完成選取瀑布的步驟了 09。

目前瀑布的影像看起來有點灰暗，我們將在合成後再加以調整，這裡先維持現狀不調整顏色。

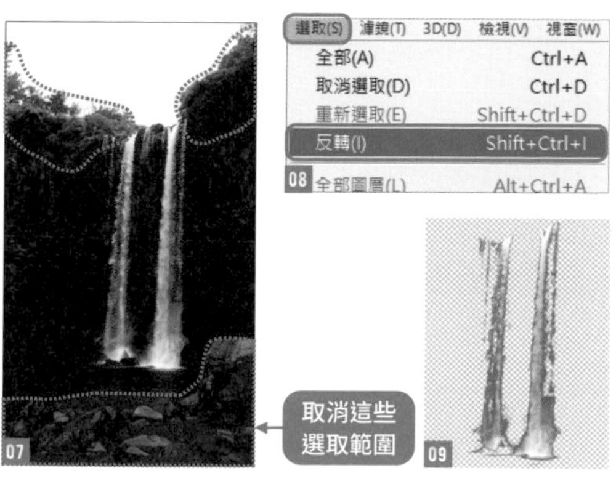

04 將瀑布合成到風景中

開啟「風景 .psd」，將剛才取出的瀑布重疊上來 10，圖層命名為**瀑布 1** 11。

選取**瀑布 1** 圖層，執行『**編輯／任意變形**』命令 12，調整長寬後將瀑布放置於右側的岩石上 13。將**瀑布 1** 圖層的圖層混合模式設為**濾色** 14 15。

05 刪除瀑布中不要的部份

選取**橡皮擦工具** 16，如圖 17 刪除不要的部份。為了讓影像有更強烈的視覺效果，這裡再調整一點亮度。請開啟**色階**交談窗，設定輸入色階 **0：1.60：255** 18 19。

06 複製瀑布，配置到左側的岩石上

複製**瀑布 1** 圖層，圖層命名為**瀑布 2** 20。與步驟 04 相同選取**任意變形**，顯示變形預視框後，按右鍵選取**水平翻轉**來改變瀑布方向 21，如圖 22 將瀑布配置於左側的岩石上。目前左側併排了複製的瀑布看起來很不自然，請使用**矩形選取畫面工具**或**橡皮擦工具**，將右側的瀑布清除 23。

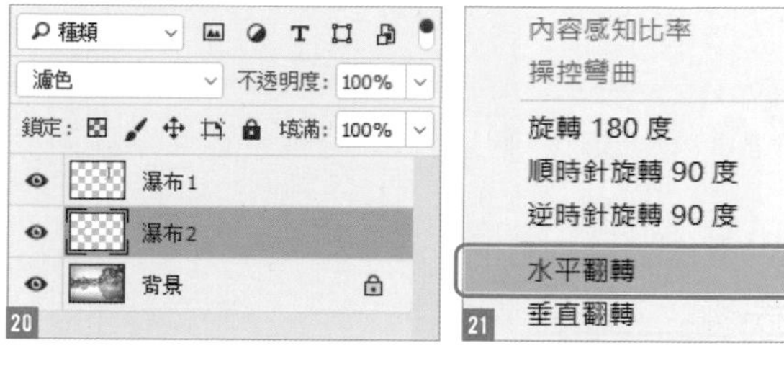

22

23

07 使用「筆刷工具」新增瀑布濺起的水花

建立新圖層並移至最上層，圖層命名為**水花** 24。選取**筆刷工具**，設定前景色**白 #ffffff**，用來繪製瀑布濺起的水花。請將筆刷設定為 **150 像素**左右的大尺寸筆刷，不透明度降低到 **10% ~ 30%** 之間，再進行繪製 25 26。繪製好之後，再調整**水花**圖層的不透明度，此例設定**不透明度：90%**。

26

25 150 模式: 正常 不透明: 10%

08 反轉瀑布，製作在水面上的倒影

選取**瀑布 1** 和**瀑布 2** 圖層，按滑鼠右鍵選取**合併圖層**，將兩圖層合併。

合併之後圖層的混合模式會變更回**正常**，請再次套用**濾色**，圖層名稱會以上層圖層的**瀑布 1** 命名。請複製一次**瀑布 1** 圖層，配置在下層並命名為**瀑布倒影** 27。

接著，使用**任意變形**功能，在顯示變形預視框後按滑鼠右鍵選擇**垂直翻轉**，如圖 28 配置。最後將圖層的**不透明度**設定為 **30%** 就完成了 29。

合併瀑布 1 和瀑布 2 圖層，複製合併後的瀑布 1 圖層再移至下層

28

將瀑布垂直翻轉做出倒影

29

Recipe

036

斜射光的表現

利用「雲狀效果」製作出斜射光，再改變圖層的混合模式，就能製作出逼真的光線。

Photo retouching

原影像

01 讓光照射到窗戶變得明亮

開啟「風景 .psd」，使用**筆型工具**將右側的窗戶建立成選取範圍 01。
建立新圖層並移至上層，圖層命名為**窗光**。選取**油漆桶工具**，設定前景色：**白 #ffffff**，在選取範圍內填入白色 02。
將**窗光**圖層的混合模式設定為**覆蓋**，圖層的**不透明度**變更為 **60%** 03。

02 套用「雲狀效果」濾鏡

取消剛才的選取狀態，建立新圖層並置於上層，圖層命名為**斜光** 04。
將前景色和背景色回復至預設狀態 05。執行『**濾鏡／演算上色／雲狀效果**』命令 06。整個畫面都會套用雲狀效果 07。
執行『**影像／調整／臨界值**』命令 08，設定**臨界值層級：128** 09。

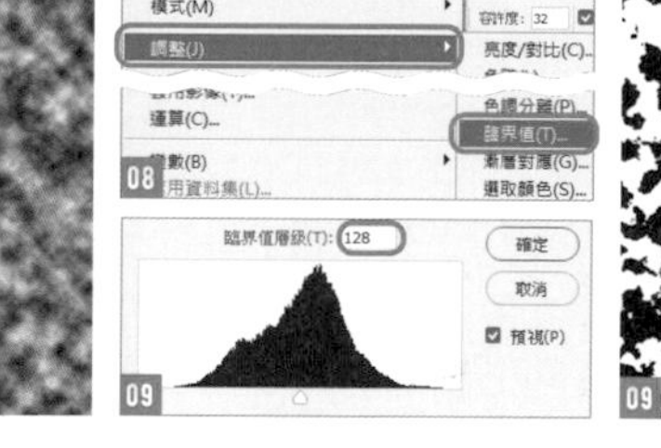

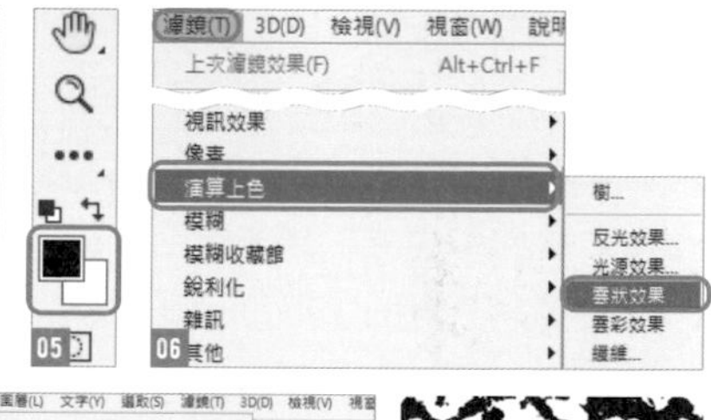

03 製作斜光

執行『**濾鏡／模糊／放射狀模糊**』命令 10。設定**總量：100／模糊方法：縮放**，在預視窗中將模糊的中心向右上角拉曳，完成後套用 11 12。
再次套用 10、11。套用兩次**放射狀模糊**後，不規則的圖樣就變少了 13。
圖層混合模式請設定為**濾色** 14。

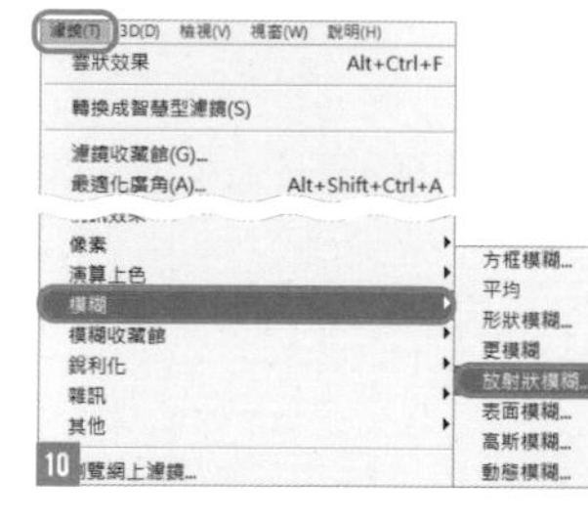
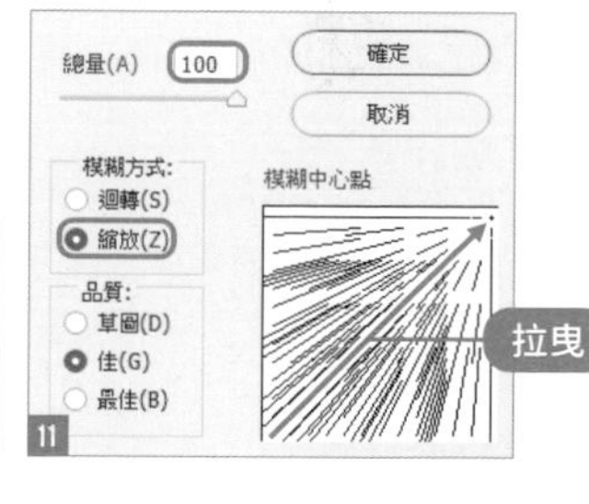

04 為斜射光製作遮色片

將**斜光**圖層設為不顯示，再用**筆型工具**將想要顯示斜射光的部分製作成路徑，光線會由窗戶射進來，如圖 15 製作出路徑，再按滑鼠右鍵選取**製作選取範圍**。

將剛才隱藏的**斜光**圖層再次顯示，按下**圖層**面板的**增加圖層遮色片**鈕 16，建立的光線路徑就會套用遮色片了 17。

15

16 17

05 調整斜射光，讓光線更加逼真

目前圖層遮色片的輪廓太過清楚，可套用**模糊**濾鏡讓光線看起來更自然。請選取**斜光**圖層的遮色片縮圖 18，執行『**濾鏡／模糊／高斯模糊**』命令，套用**強度：10** 像素 19 20。

由**工具**面板選取**漸層工具**，漸層的顏色選擇**黑 #000000** 到透明（**預設集**中的名稱為**前景到透明**）21。

選取**斜光**圖層的遮色片縮圖，從影像底部開始拖曳到畫面的中央位置 22，再執行『**影像／調整／色階**』命令，將**輸出色階**設定為 **0：110** 23。調整色階後，光線看起來就更真實了 24。

18

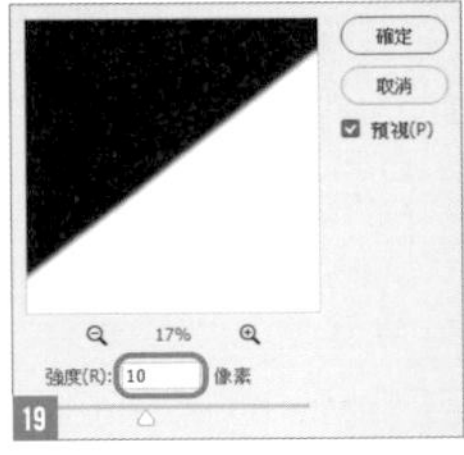

19

20

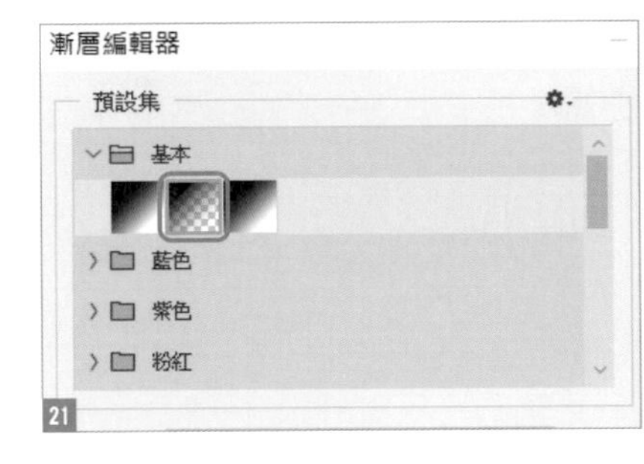

21

22

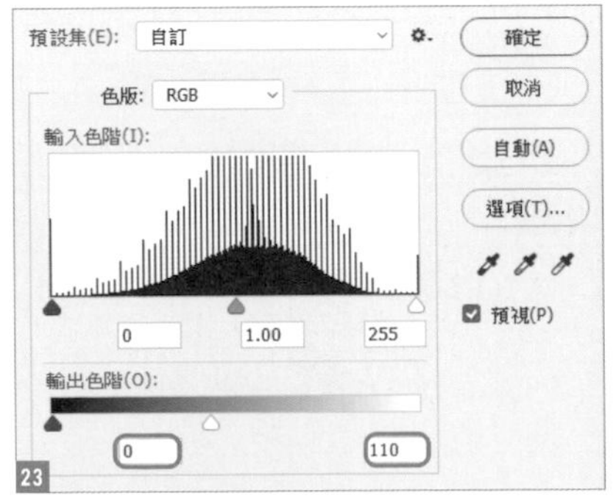

23

24

06 調整光線的強度和顏色

接著要調整光線的強度，我們想要讓光線更強烈，再加強黃色調。請先複製**窗光**圖層，再配置於下層。

開啟**色相／飽和度**視窗，勾選**上色**選項後，設定**色相：30／飽和度：80／明亮：-30** 25。

複製一次**斜光**圖層，並移至下層，這裡設定圖層的**不透明度：100%**，圖層混合模式設定為**加亮顏色**。

開啟**色相／飽和度**視窗，勾選**上色**選項後，設定**色相：40／飽和度：70／明亮：0** 26。

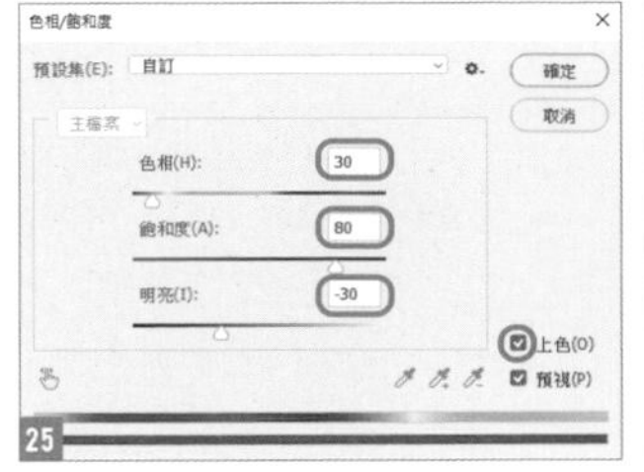

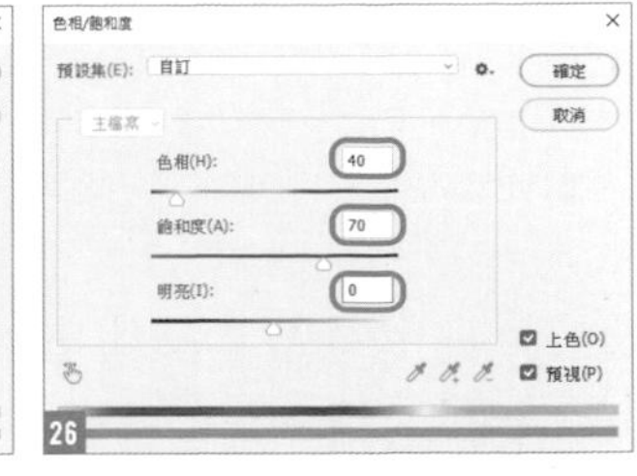

07 描繪出地板上窗戶的光影

建立一個新圖層，將圖層混合模式設為**覆蓋** 27，選取**筆刷工具**，描繪出光線被牆面遮蔽所以較暗，以及光線穿透窗戶映到地板上的光影 28。

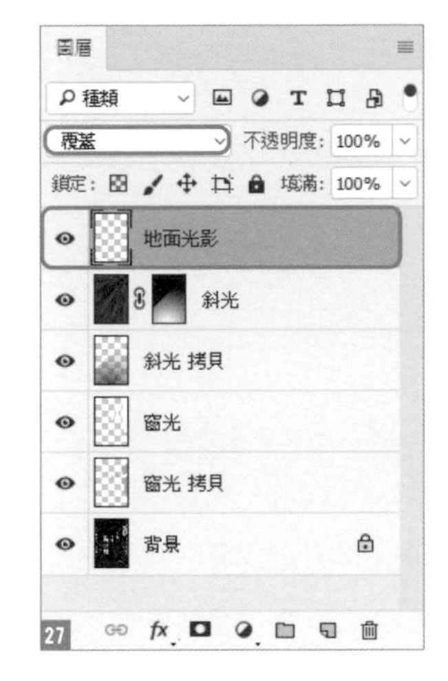

Column

推薦多螢幕系統

習慣使用 Photoshop 之後，漸漸就會感覺畫面都被面板佔據了，主要編輯畫面也變得擁擠又狹窄。若是使用多螢幕系統，主要螢幕可以顯示文件的編輯視窗，延伸螢幕則配置各式面板，不但使用起來方便，寬裕的編輯畫面更能有效提升工作效率。

如果螢幕環境可以設置得這麼完善，就如同使用適合的滑鼠與滑鼠墊，會讓編輯工作更順手。筆者目前使用的是三螢幕系統，平時的工作狀態是左邊螢幕並列各式素材與資料；中間的螢幕是文件編輯視窗；右邊螢幕則放置了各種面板。

※ 有些電腦必須配有支援多螢幕的顯示卡或作業系統等，才能順利安裝多螢幕，在購入前請依據使用的電腦設備，做好事前的評估與確認。

Recipe

037

透視彎曲

利用「透視彎曲」功能可以改變建築物的立體感，甚至是相機的拍攝位置等，會讓影像看起來截然不同。

Photo retouching

01 使用「透視彎曲」改變建築物的視角

開啟「建築物 .psd」，執行『**編輯／透視彎曲**』命令 01。確認**選項列**設定為**版面** 02。

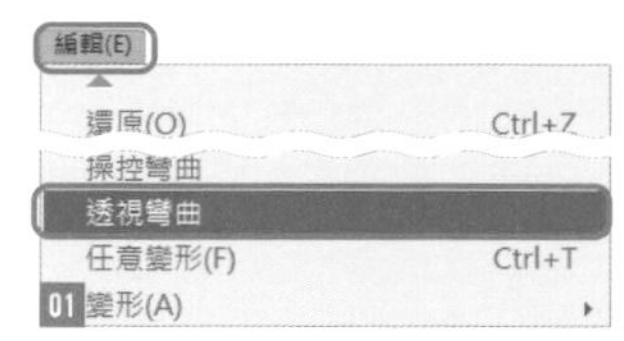

02 設定建築物的參考線

首先要依據建築物的三維外觀建立參考線。參考線的設定方法，是在畫面上點按後再拉曳即可建立。要使用**透視彎曲**功能來調整建築物，建立的參考線必須要有 2 個以上的平面，如圖 03。

03 依建築物的立體外觀建立參考線

先在建築物中央設置參考線，然後往左拖曳建立左側的平面 04。
再來要建立建築物右側的平面。按一下畫面會產生一個新的平面，當拖曳控制點靠近左側參考線的控制點時，會自動貼合參考線，如圖 05 在建築物的左右兩側建立 2 個平面。
配合建築物的透視拖曳調整控制點。拖曳控制點時不要太貼合建物的輪廓，而是要像圖 06，讓參考線與建築物保持相當的距離。

04

05

06

04 改變建築物的立體感

在**選項列**選取**彎曲** 07，這些控制點都是可以個別調整的，請按住 Shift 鍵再選取中心線，參考線會顯示為黃色 08。將上或下的控制點往左側移動 09，確定後請按下 Enter（return）鍵套用。

07

08

09

05 使用「裁切工具」裁剪周圍的畫面完成編修

請由**工具**面板選取**裁切工具** 10，將歪斜和不完整的部份從畫面中裁切 11。
這樣照片的拍攝角度就像是改由建築物的右側來拍攝了 12。

10

11

12

Recipe

038

做出逼真的煙

製作煙霧的方法有很多種，只要幾個步驟就能做出逼真的煙。

01 藉由雲的影像來建立筆刷

開啟「雲 .psd」，雙按**背景**圖層，開啟交談窗後直接按下**確定**鈕，轉換為一般圖層。使用**套索工具**不規則地選取部份的雲，建立選取範圍，如圖 01，按 Ctrl + J 鍵複製新圖層，命名為**雲**圖層，並隱藏**背景**圖層。接著，要將剛才的選取範圍製作成**筆刷** 02。使用**色階**功能調整雲的對比，此例設定輸入色階 20：0.50：210 03 04。

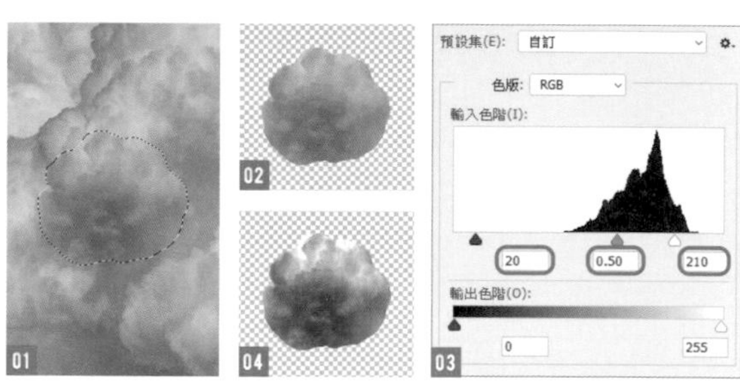

02 製作獨創的筆刷

目前**雲**圖層的背景是透明的，請執行『**編輯／定義筆刷預設集**』命令 05。開啟**筆刷名稱**交談窗後，設定**名稱：雲筆刷** 06。

03 建立新圖層，選取雲筆刷，並指定筆刷的角度快速變化值

開啟「工廠 .psd」，建立一個新圖層並置於上層，圖層命名為**煙**。選取**筆刷工具**，並將前景色設為**黑**，然後選取剛才建立的**雲筆刷**，設定**尺寸：30 像素** 07。如圖 08 開啟**筆刷設定**面板，勾選**筆刷動態**頁次，再設定**角度快速變化：30%**。指定了筆刷的角度快速變化值後，塗抹時筆刷就會旋轉。

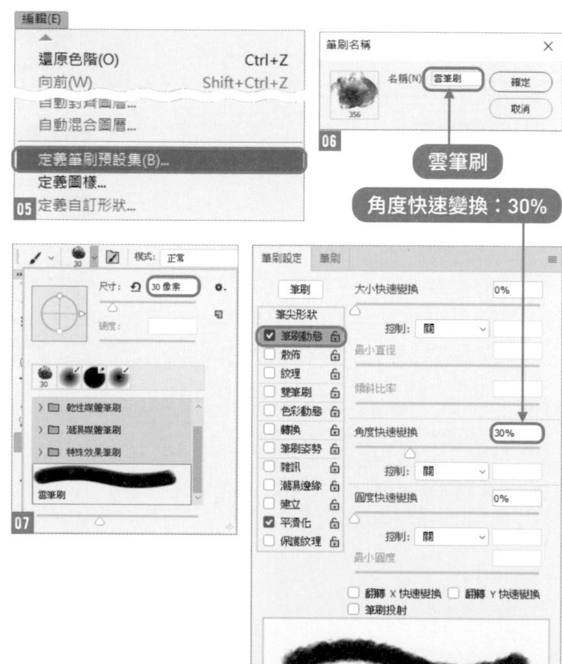

04 從煙囪的頂端開始塗繪出煙

由於煙會由下往上開始擴散，以此為原則，由煙囪的頂端慢慢加大筆刷向上繪製 09。

繪製時不要直接拉曳直線，而是要以點按的方式，畫出不規則的樣子 10。

09

10

05 套用「雲狀效果」濾鏡，調整形狀

選取**煙**圖層，按住 Ctrl（⌘）鍵再點選圖層縮圖，快速將剛才繪製的煙建立成選取範圍 11。執行『**濾鏡／演算上色／雲狀效果**』命令 12 13。

接著執行『**濾鏡／模糊／高斯模糊**』命令，套用**強度：2.0** 像素 14。

為增加不規則感，請選取**橡皮擦工具**，設定**不透明：30%** 左右，塗抹在煙的輪廓，讓煙更接近真實 15。

11

12

13

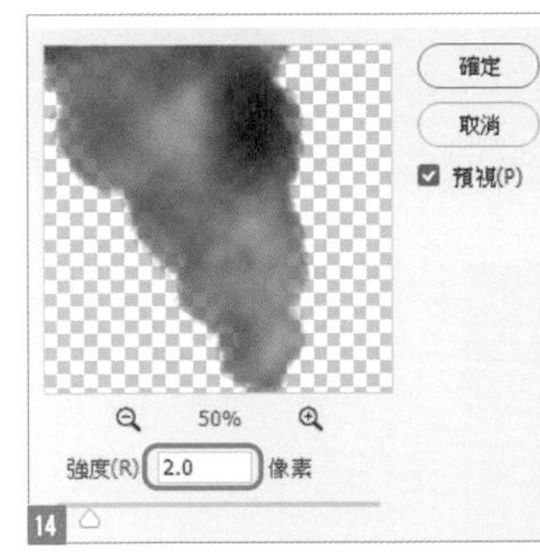

14

15

06 為煙加上陰影

在**工具**面板選取**加亮工具**來提升亮度 16。

接著在**選項列**設定**範圍：中間調／曝光度：100%** 17，在煙的右側不規則處塗抹 18。

在**工具**面板選取**加深工具**以加強陰影部分 19。在**選項列**設定**範圍：中間調／曝光度：100%** 20，塗抹在煙的左側。

再重新檢視塗抹的成果，用**加亮工具**、**加深工具**調整亮度、陰影；用**橡皮擦工具**調整成不規則的形狀，編修工作就完成了 21。

16 17 18 19 20 21

飄浮在水面上的月亮

將月亮影像套用濾鏡再加以變形，就可以重現在水面搖曳的景像。

Photo retouching

01 將月亮影像變形，並合成到水面

開啟「風景 .psd」，再將「月亮 .psd」中的月亮移至其中 01。執行『**編輯／任意變形**』命令，顯示變形預視框後按右鍵，選取**任意變形** 02。如圖 03 變形月亮，使其像水面的倒影一般。

※ **編註**：如果無法變形成如圖 03 的樣子，請在執行**任意變形**命令後，按下**選項列**的**維持長寬等比例**（鎖鏈形狀）鈕，使其不要呈按下狀態。

02 為月亮添加水面波紋

執行『**濾鏡／液化**』命令 04，展開視窗右側的**筆刷工具選項**，設定**尺寸：50**，在月亮上塗抹出如水面波紋般的圖樣 05。

設定圖層的混合模式為**濾色**，就能重現月亮倒影在水面搖曳的景像了 06。

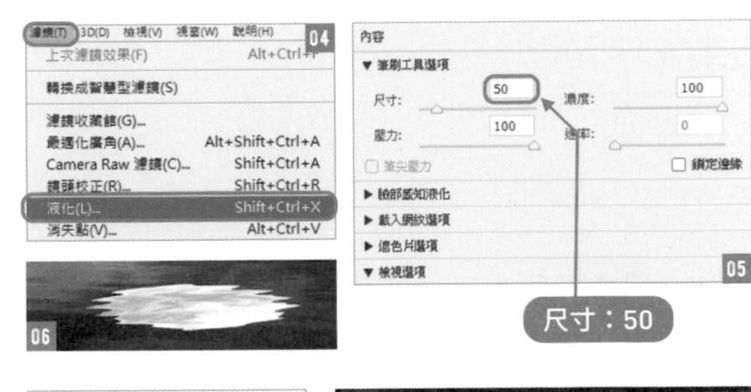

03 添加月光

建立一個新圖層並移至上層，圖層命名為**月光 1**，接著在其上建立**月光 2** 圖層，然後將兩個圖層的混合模式設定為**覆蓋** 07。

在**月光 1** 圖層，用**白色 #ffffff** 的**筆刷工具**描繪月亮的輪廓，製作出月亮的光暈，再設定圖層的**不透明度：60%** 08。

接著**月光 2** 圖層，同樣也用白色筆刷，在更外圍的部份塗抹出月亮的光暈，此圖層設定**不透明度：60%** 09。

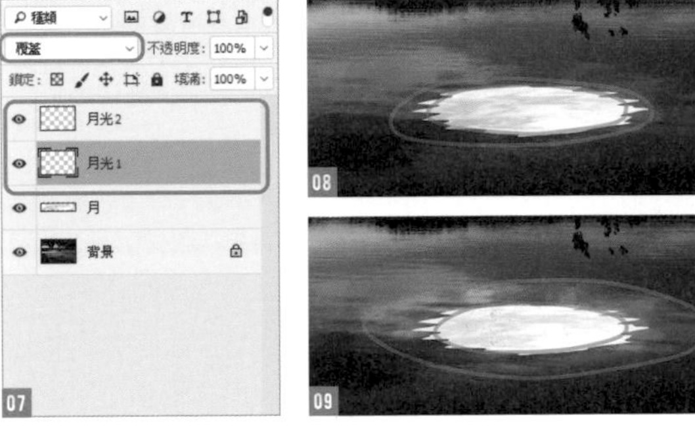

04 讓月亮與水面更加融合

選取**月亮**圖層，執行『**影像／調整／色彩平衡**』命令，選取**色調平衡**中的**陰影**，再設定**顏色色階**為 **-40：0：+70** 10，在陰影部份提升青色調。接著執行『**影像／調整／色階**』命令，設定**輸入色階**為 **0：0.5：255**，提升影像對比 11。

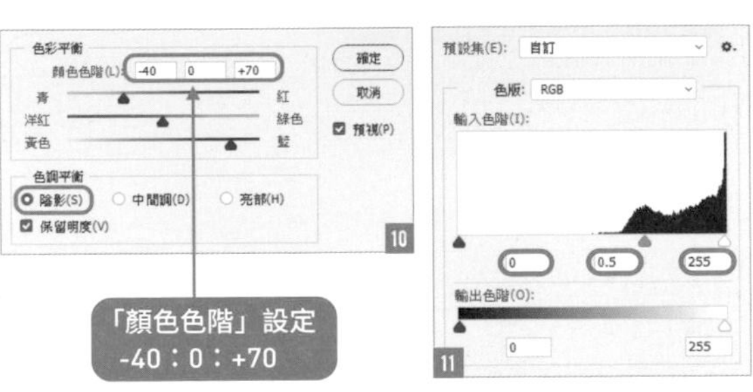

目前月亮的輪廓還是太明顯，請執行『**濾鏡／扭曲／波形效果**』命令 12，設定**產生器數目：20／波長：最小：1、最大：60／振幅：最小：1、最大：80／縮放：水平：100、縮放：垂直：1** 13。

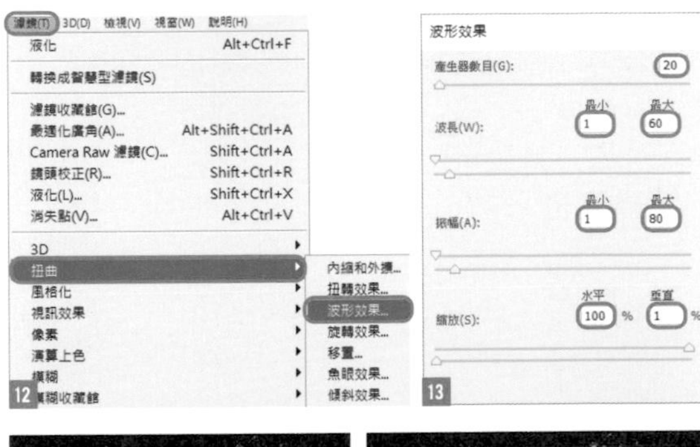

雖然步驟 02 已經套用了**液化**濾鏡，這裡要再添加細微的波紋 14，讓效果更逼真。

最後，請設定圖層的**不透明度：65%**，整個範例就完成了 15。

Recipe

040

用隨風飛散的花瓣表現遠近距離

利用飛散的花瓣就可以表現距離的遠近感，只要依位置套用模糊濾鏡、變化亮度，就能做出有空間感的風景照片了。

Photo retouching

原影像

01 初步決定花瓣的尺寸與位置

開啟「背景 .psd」，再開啟「花瓣 .psd」，將**花瓣 1～6** 圖層移動配置在畫面上，如圖 01。使用**任意變形**功能，個別將花瓣放大、縮小、旋轉、翻轉等，初步決定花瓣的尺寸與位置 02。

Shortcut

任意變形：Ctrl（⌘）＋ T 鍵。

02 依位置套用不同程度的「動態模糊」濾鏡

選取**花瓣 1** 圖層，執行『**濾鏡／模糊／動態模糊**』命令 03。要做出花瓣飛舞的感覺，這裡我們設定**角度：45°／間距：40** 像素 04。

接著將花瓣旋轉成 45 度 05。

選取**花瓣 2** 圖層，同樣套用**動態模糊**濾鏡，設定**角度：-45°／間距：20** 像素，改變移動的方向，再變化模糊的距離 06。

在設定**動態模糊**時，不需設定相同的角度，可依整體畫面的氛圍來變化。

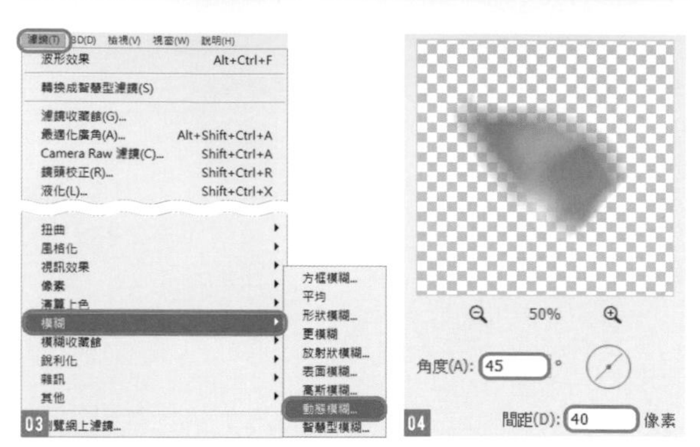

03 為配置在暗部區域的花瓣調整模糊程度與亮度

接著選取配置在畫面右下角的**花瓣 4** 圖層，由於位處於樹木的陰暗部，應該配合背景調整成較暗的顏色。

首先套用**動態模糊**濾鏡，設定**角度：-68°／間距：20** 像素 07。

接著再執行『**影像／調整／色階**』命令，設定輸出色階 **0：125** 08，就能做出花瓣在樹蔭下該有的色調表現了 09。

請繼續增加花瓣的數量、調整尺寸，並套用模糊程度、調整亮度，做出如圖 10 的畫面。

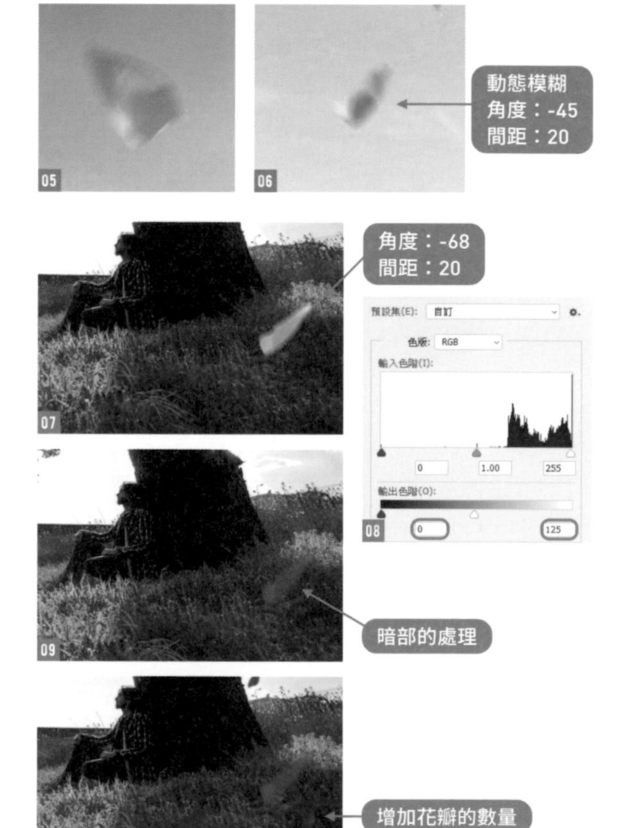

04 用「彎曲」功能，做出花瓣飛舞的樣子

選取配置在左下方的**花瓣 3**，執行**任意變形**功能，顯示變形預視框後按右鍵，選取**彎曲**。進入彎曲的編輯模式後 11，拖曳控制點為花瓣做出各種想要的形狀。此例要做出花瓣飛舞的樣子，所以用**彎曲**功能為前面的花瓣做出捲曲的變形 12。完成後同樣套用**動態模糊**濾鏡，設定**角度：73／間距：30** 13。

05 讓遠處的花瓣顏色變淡，強調距離感

選取**花瓣 6** 圖層，使用**任意變形**功能將花瓣縮小做出距離感，調整至如圖 14 的大小與位置後，開啟**色階**交談窗，設定輸出色階 **140：235** 15，再套用**動態模糊**濾鏡，設定**角度：-60°／間距：7** 像素，就能營造出遠距離的感覺了 16。

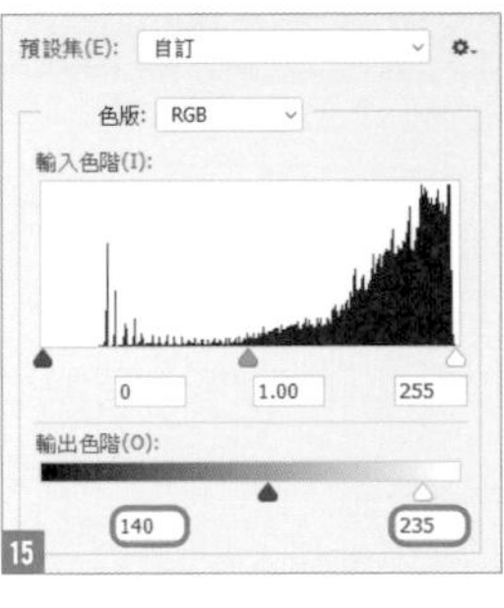

06 重複步驟 02～05 的操作，調整畫面中花瓣的狀態

使用**任意變形**、**彎曲**等工具來變形，再使用**模糊**、**色階**功能，做出花瓣飛舞的畫面 17。配置花瓣時，可以櫻花樹為中心，圍著樹木以漩渦狀來旋轉、配置花瓣。

全部都調整好後，請合併所有的花瓣圖層，圖層名稱命名為**花瓣**，按下**圖層**面板上的**建立新填色或調整圖層**鈕，選擇**自然飽和度**，設定**自然飽和度：+90／飽和度：+3**，接著再新增**曲線**調整圖層，在曲線中央新增控制點，設定**輸入：120／輸出：137** 18 19，整個範例就完成了。

Point

在配置花瓣時，並不是隨意的放置，而是想像已在畫面上繪製了參考線並有規則的安排。此外，要在前方安排大尺寸的花瓣，位於陰暗處的花瓣如果較難掌握明暗度的變化，可以重新檢視整體畫面，再視情況移動花瓣的位置、調整顏色等，較容易做出節奏一致的畫面。

Recipe

041

合成水中與陸地的素材，創作充滿奇幻感的作品

這個單元我們要合成水中與陸地的素材，做出奇幻的風景畫面。

Photo retouching

01 使用「漸層工具」將背景做成夜空

開啟「風景 .psd」，按下**圖層**面板的**建立新填色或調整圖層**鈕選擇**漸層**，開啟**漸層填色**交談窗後，設定**樣式：放射性／角度：90°／縮放：300%** 01，按下**漸層**列示窗的漸層長條，開啟**漸層編輯器**交談窗 02。

為了要重現真實的夜空，先選取左側的色標，設定**位置：0%／顏色：#8476a2**，新增**位置：17%／顏色：#1f1f76**，新增**位置：32%／顏色：#060617**。再將**位置：0%** 及**位置：100%** 的**不透明**設定為 **100%**，完成後按下**確定**鈕，回到**漸層填色**交談窗，會做出淺紫到濃紫、由中央向外圍放射的漸層 03，圖層名稱會自動命名為**漸層填色 1**。

將**漸層填色 1** 圖層移至下方圖層後，雙按漸層調整圖層的縮圖，再次開啟**漸層填色**交談窗，如圖 04 在燈塔和島的後方，由水平線開始拖曳漸層。若對位置或漸層不滿意，可重新拖曳漸層位置進行調整。

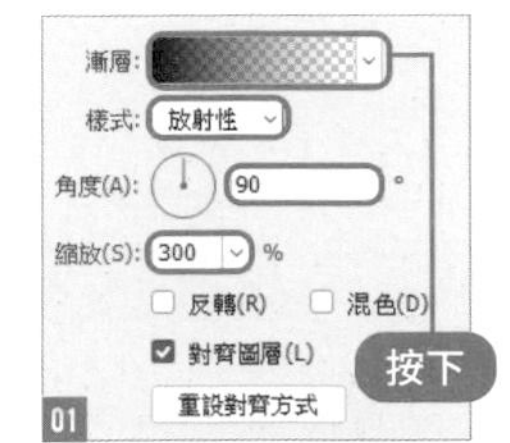

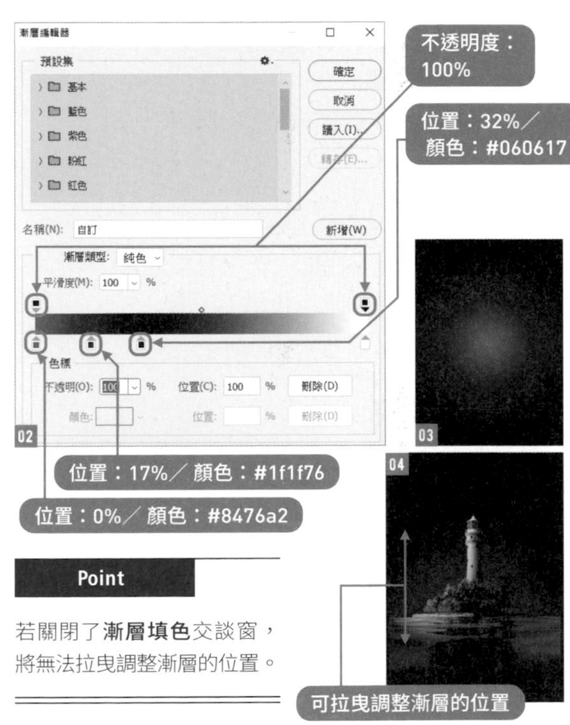

Point

若關閉了**漸層填色**交談窗，將無法拉曳調整漸層的位置。

02 重疊漸層

選取**漸層填色 1** 圖層，與步驟 01 相同，按下**圖層**面板的**建立新填色或調整圖層**鈕選擇**漸層**，位置會自動置於**漸層填色 1** 的上層，圖層名稱則是**漸層填色 2** 05。開啟**漸層填色**交談窗，設定**樣式：線性／角度：90°／縮放：100%** 06。

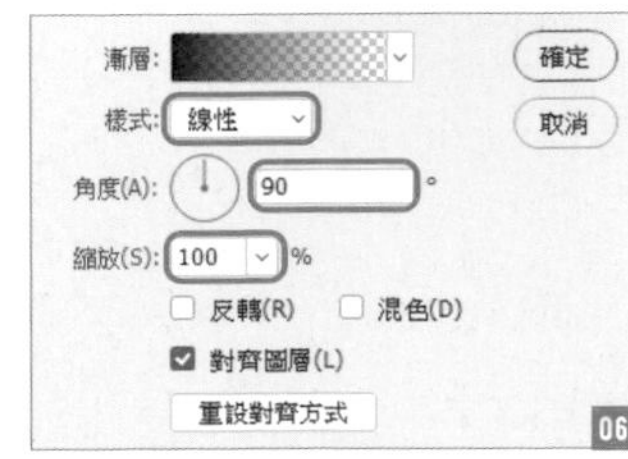

按下**漸層**列示窗的漸層長條，開啟**漸層編輯器**交談窗，設定左側色標**位置：0%／顏色：#fdc6b3**，將**位置：0%** 的色標設定**不透明：100%**，**位置：12%** 的色標設定**不透明：0%**，完成後按下**確定**鈕 07。

回到**漸層填色**交談窗，在水平線上拖曳，如圖 08 調整位置。

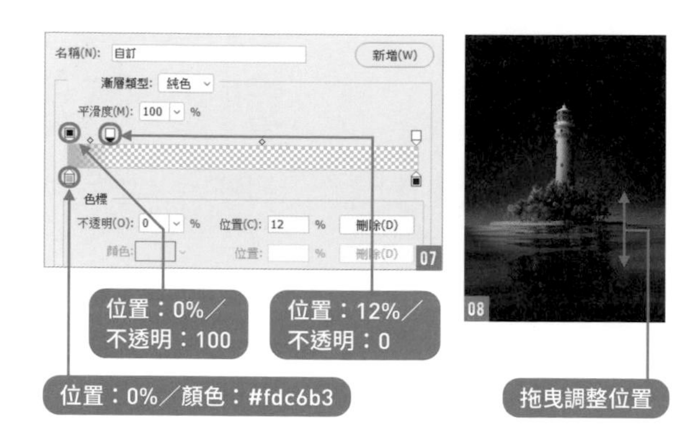

03 為夜空添加星星

在**風景**圖層下方建立一個新圖層，圖層命名為**星星** 09。選取**油漆桶工具**設定前景色**白 #ffffff**，然後塗滿 10。

再由**工具**面板設定前景色**白 #ffffff**，背景色**黑 #000000** 11。

執行『**濾鏡／濾鏡收藏館**』命令 12，選取**素描**類別下的**網狀效果**，設定**密度：45／前景色階：0／背景色階：0** 13，套用之後再調整**色階**，設定輸入色階 **43：0.69：121** 14。對比調高之後，小的白色顆粒會變淡，大的白色顆粒則變得顯眼 15。目前顆粒的輪廓都太明顯，請再套用**高斯模糊**濾鏡，設定**強度：0.5** 像素 16。

將**星星**圖層的混合模式設定為**濾色**，就會與步驟 02 製作的夜空更契合了 17。

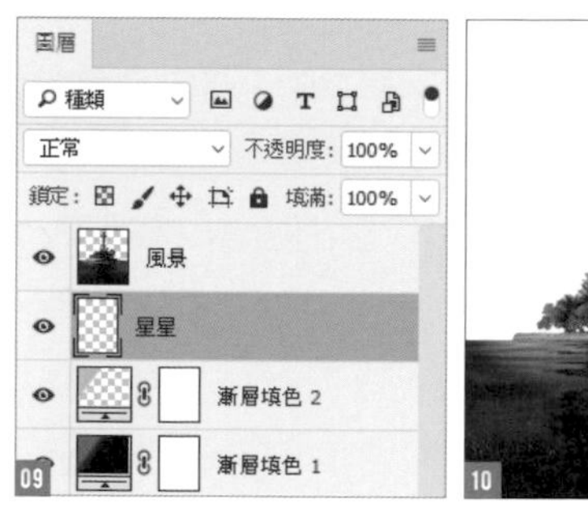

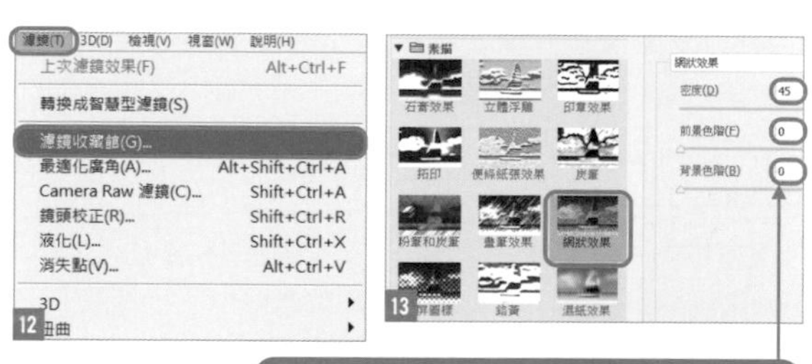

04 合成水中的影像

開啟「素材集 .psd」，將**水中**圖層移至「風景 .psd」最上層，並配置在畫面的下方 18。目前水面與陸地的界線很不自然，請選取**水中**圖層，使用**套索工具**做出波浪般的選取範圍 19。按下**圖層**面板的**增加圖層遮色片**鈕，將選取範圍建立成遮色片 20 21。

接著在上面新增一個圖層，圖層命名為**邊界線** 22。選取**筆刷工具**，設定前景色白色後，描繪在水面與陸地的界線上。適時變化筆刷的尺寸與不透明度，在邊界線上不規則的重複塗抹，也可以選用**橡皮擦工具**，透過不透明度的變化來清除塗抹的邊界線，增加塗抹的不規則性 23。

Point

如果不滿意筆刷的塗抹結果，可按下 Ctrl（⌘）+ Z 鍵來取消操作並重新塗抹。

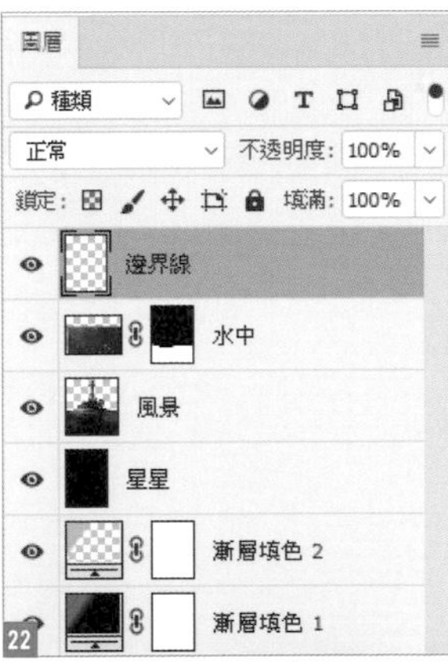

05 利用遮色片讓岩石只出現在水面下

從「素材集 .psd」中，將**岩石**圖層移至「風景 .psd」**水中**圖層之上 24。

為了讓岩石只出現在水面下，請選取**水中**圖層的圖層遮色片縮圖，然後按住 alt（option）鍵再拖曳遮色片縮圖至**岩石**圖層上，圖層遮色片就複製完成了 25。

Point

請解除圖層與圖層遮色片間的連結關係（按下兩者間的鎖頭圖示）。當兩者具連結關係時，移動圖層時遮色片也會一起移動。

06 調整水的顏色，變化不透明度呈現水中的景像

將**岩石**圖層垂直翻轉，再調整至如圖 26 的位置，像燈塔島在水中的樣子。

但目前岩石還不像是在水中，請調整**色彩平衡**，設定**色調平衡：陰影／色彩平衡：-20：0：+30** 27，再選擇**色調平衡：中間調／色彩平衡：0：0：+50** 28，提升了暗部處的青、藍色調，中間調則添加了藍色調。

調整好色彩平衡後，請將圖層的**不透明度**設定為 **70%**，海的顏色就調整好了 29。

請將「素材集 .psd」中的**龜**、**魚**圖層也配置到畫面上 30。

如上操作調整**色彩平衡**及不透明度，素材在畫面上的配置要有遠近距離感，**岩石**圖層要保持在所有素材的後面，這是配置素材的基本原則。

此例我們將**龜**圖層配置在畫面的最前面，所有的色調及不透明度的調整都要降低，可以和同樣在前面的**魚**圖層相同。配置好素材的位置及色調後，會完成如圖 31 的畫面。

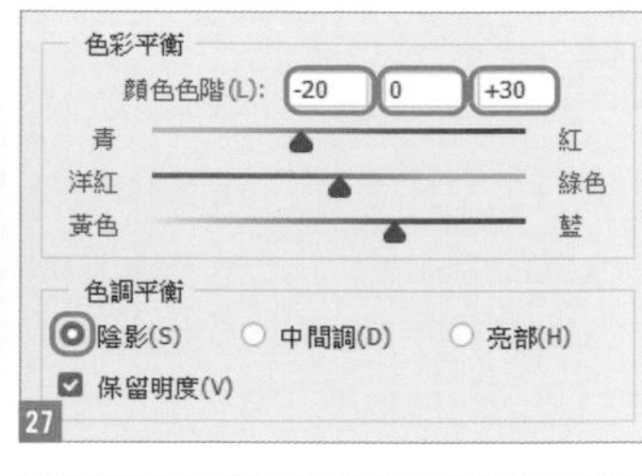

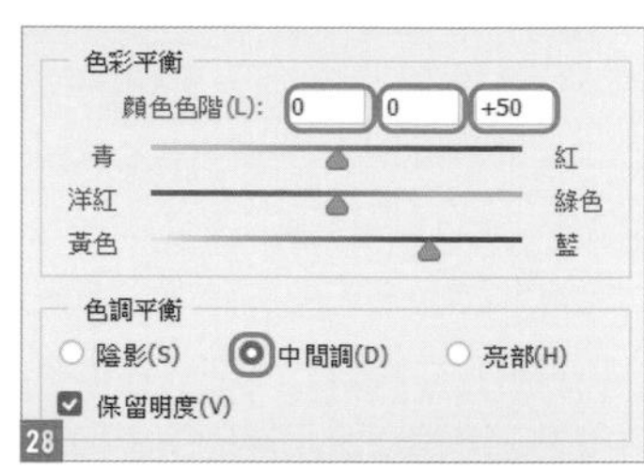

07 將素材配置到喜歡的位置完成編修

使用**色彩平衡**功能為**風景**圖層提升黃、紅色調，開啟**色彩平衡**交談窗，設定 **-55：0：+65** 32 33。

各素材的位置都確定後，再依整體的效果調整亮度及色彩平衡 34。

建立新圖層，然後用**筆刷工具**描繪雲，圖層的混合模式設定為**覆蓋**，讓夜空中呈現雲彩的光影，到此就完成此單元的編修了 35。

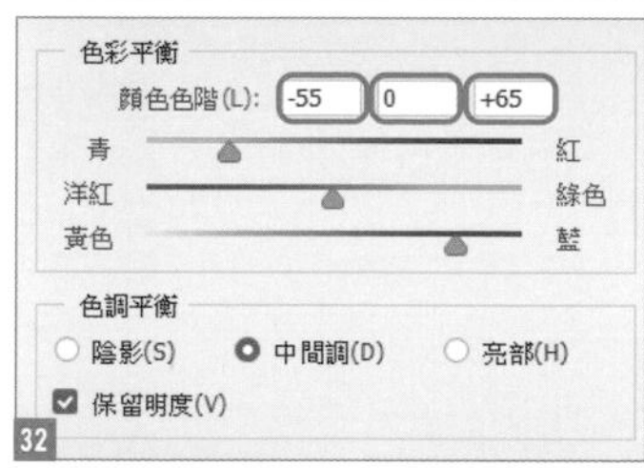

Chapter 03

人像編修技巧

人像照片只要經過仔細地編修，就能有效提升照片、海報的質感。這一章我們將介紹人像的編修技巧，例如改善膚質、變化唇色、改變髮色等，以及針對單一部位的微整。照片中的人像經過這樣的加工後，將會有更完美的表現。

Photoshop Recipe

Recipe

042

編修出光線柔和的質感照片

這個單元我們要讓照片的光線呈現柔和、霧面的感覺，這也是時尚雜誌很常用的表現手法。

Photo retouching

原影像

01 新增「曲線」調整圖層

請開啟「人像 .psd」，接著執行『**圖層／新增調整圖層／曲線**』命令 01，開啟交談窗後直接按下**確定**鈕，新增曲線調整圖層 02。

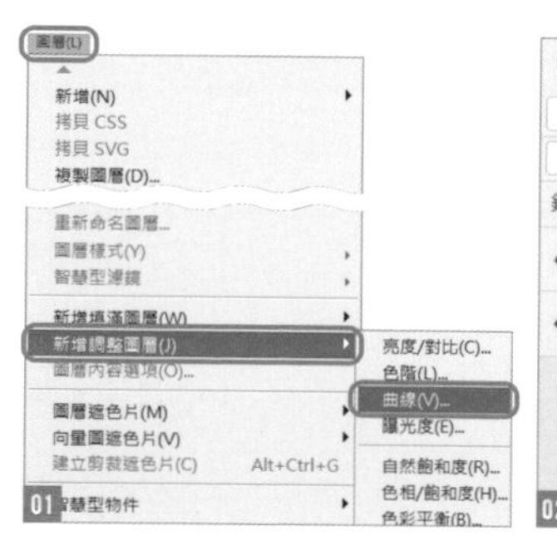

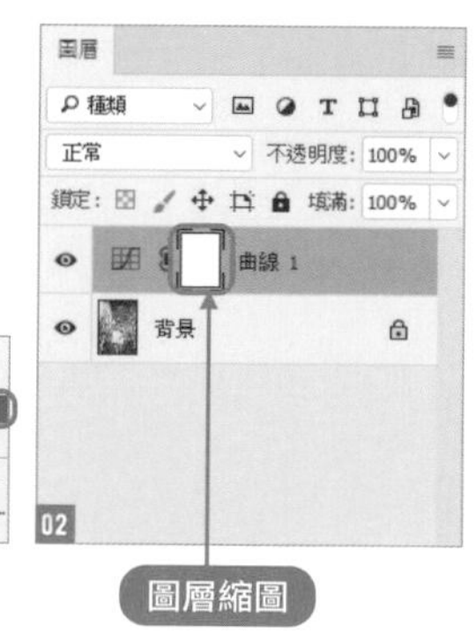

Point

新增調整圖層時，可利用『**圖層／新增調整圖層**』命令，或是按下**圖層**面板下方的**建立新填色或調整圖層**鈕，這兩種方法來新增。

02 利用曲線調亮照片

雙按**曲線 1** 圖層的圖層縮圖，開啟曲線調整圖層的**內容**面板 03。首先將左下角的控制點向上移動，設定**輸出：50** 04，此時暗部會往亮部移動，照片就會變亮 05。

調整後照片顯得過亮，可以在暗部新增控制點把顏色拉回來一些，請設定**輸入：70／輸出：70** 06。在暗部新增控制點的作用，就是讓照片能保持明亮，又可以保留暗部，加強照片的對比 07。

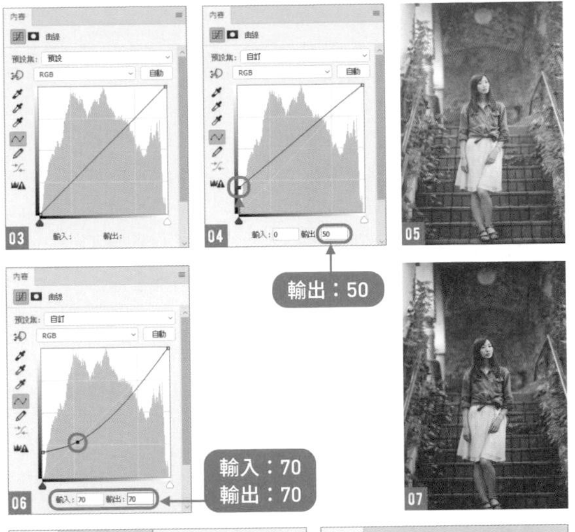

03 降低自然飽和度的值

按下**圖層**面板下方的**建立新填色或調整圖層**鈕，點選**自然飽和度** 08，新增**自然飽和度**調整圖層 09。

雙按**自然飽和度 1** 圖層的圖層縮圖，開啟**內容**面板，設定**自然飽和度：-15** 10，就完成了光線柔美的雜誌風照片了 11。

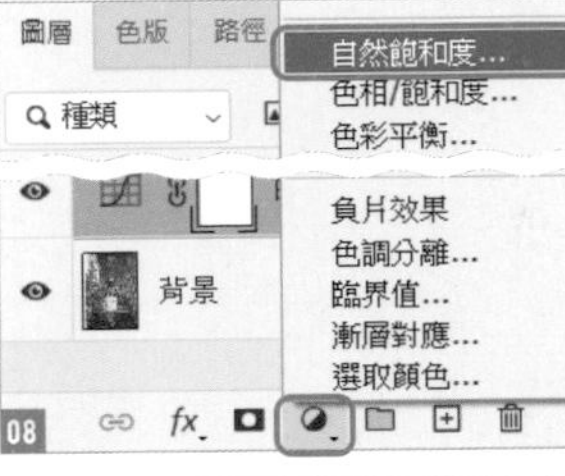

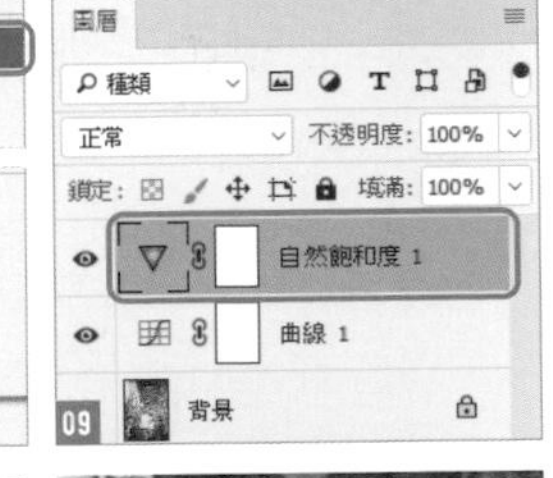

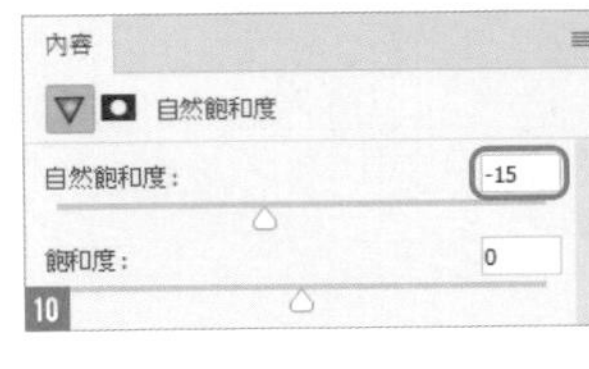

Column

「飽和度」和「自然飽和度」

飽和度會統一調整影像整體的顏色濃度，**自然飽和度**則是會讓飽和度高的顏色影響較小，並調整飽和度低的顏色。因此，若要調整低飽和度、顏色多等照片的飽和度，使用**自然飽和度**的效果會比較好。

原影像

飽和度：100%
照片整體的飽和度都會提升

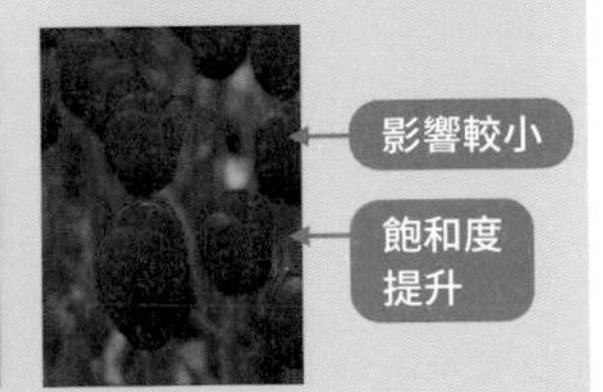

自然飽和度：100%
飽和度原本就高的紅花影響較小，綠葉的飽和度則明顯提升

Recipe

043 調出品味獨特的黑白照片

適度調整照片中的亮部與暗部，
讓黑白照片看起來更有味道。

Photo retouching

01 套用「漸層對應」轉換成黑白照片

開啟「人像 .psd」，按下**圖層**面板下方的**建立新填色或調整圖層**鈕，選擇**漸層對應** 01 。按下漸層長條開啟**漸層編輯器**交談窗，在**預設集**中選擇**黑、白**漸層 02 ，照片就會轉換成黑白色調了 03 。

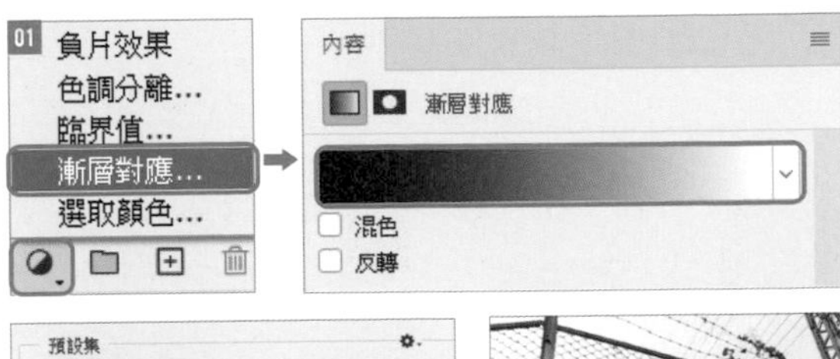

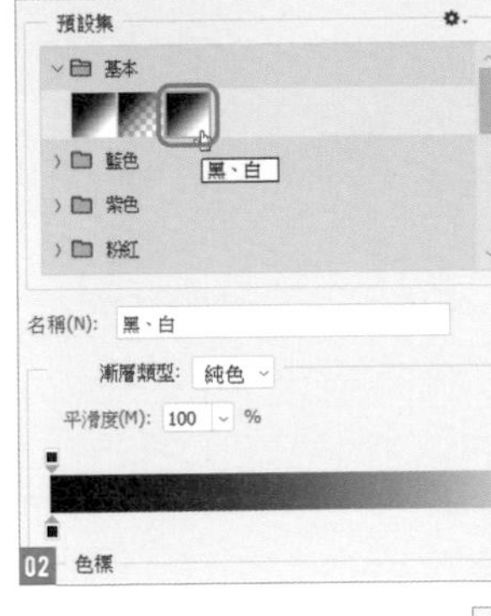

02 套用「選取顏色」讓黑白照片更有味道

按下**建立新填色或調整圖層**鈕，選擇**選取顏色** 04 ，開啟**內容**面板後，設定**顏色：白色／黑色：-40%** 05 ，避免臉部過亮。

接著設定**顏色：中間調／黑色：-15%** 06 ，提升整體的明亮度；再設定**顏色：黑色／黑色：10%** 07 ，讓黑色調表現得更流暢。

與單純套用『**影像／模式／灰階**』命令相比 08 ，用以上的技巧來調整，更能展現黑白照片獨有的深度與味道 09 。

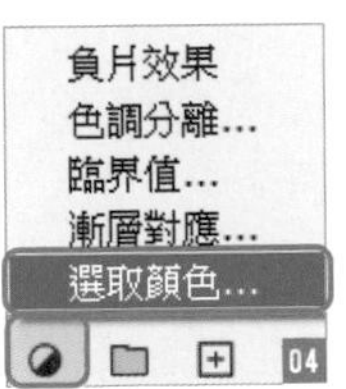

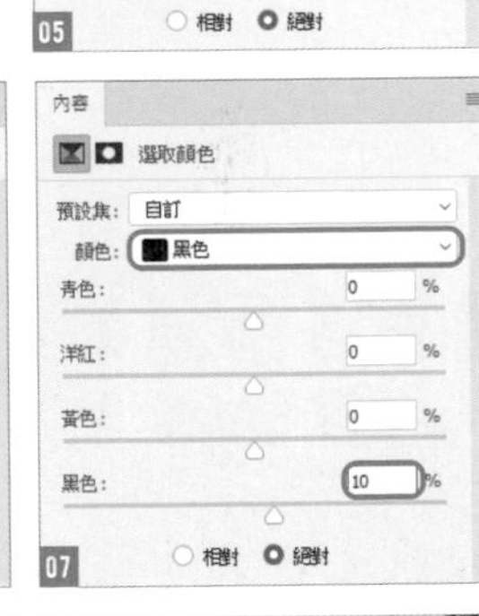

Recipe

044

用對比強烈的 HDR 風格，呈現男性魅力的陽剛照片

為人像照片加強明暗對比並提升細節，
就能營造強烈的男性魅力。

Photo retouching

原影像

01 提高照片明暗對比

請開啟「人像 .psd」，執行『**影像／調整／色階**』命令 01，先設定**輸入色階**的部份，**陰影：15／中間調：1.00／亮部：235** 02。

這時若把對比調得太高，會顯得不自然 03，請依照片的內容與使用目的適度修正。

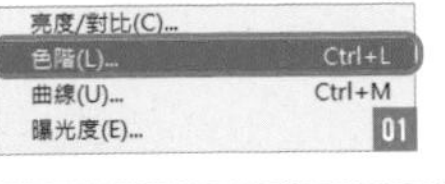

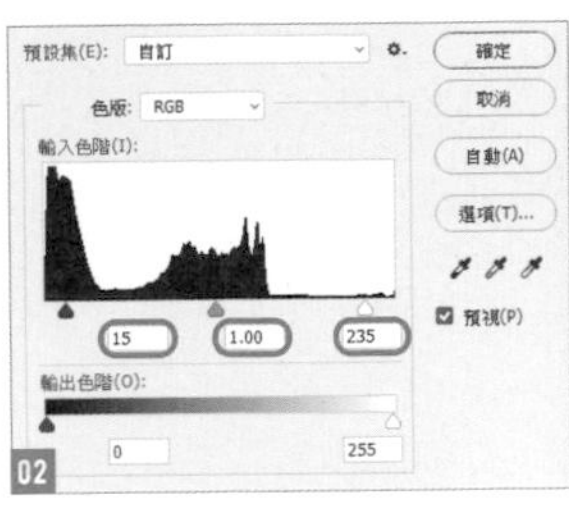

02 降低飽和度，讓照片感覺更為內斂

執行『**影像／調整／色相／飽和度**』命令 04，設定**飽和度：-35** 05，降低照片的色彩濃度，讓照片看起來內斂而成熟 06。

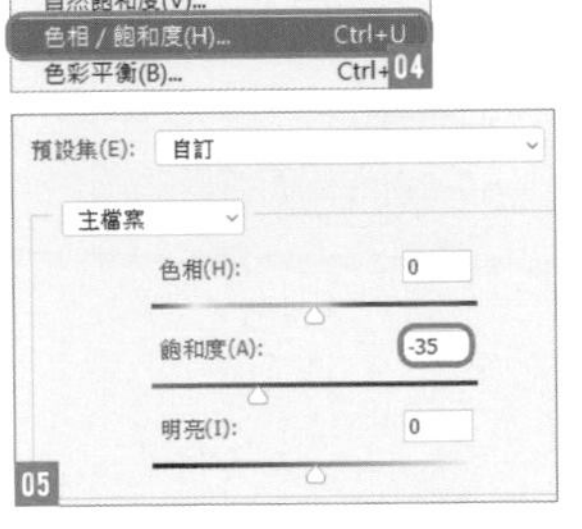

03 用 HDR 風格加強照片的陽剛感覺

請先複製圖層，將新圖層命名為 **HDR** 07。選取 **HDR** 圖層，再執行『**濾鏡／其他／顏色快調**』命令 08，在能清楚看見人像輪廓及細節的基準下，調整套用的強度，這裡我們設定**強度：9.0 像素** 09。

選取 **HDR** 圖層，設定圖層的混合模式為**覆蓋** 10。照片整體的 HDR 效果就調整完成了 11。

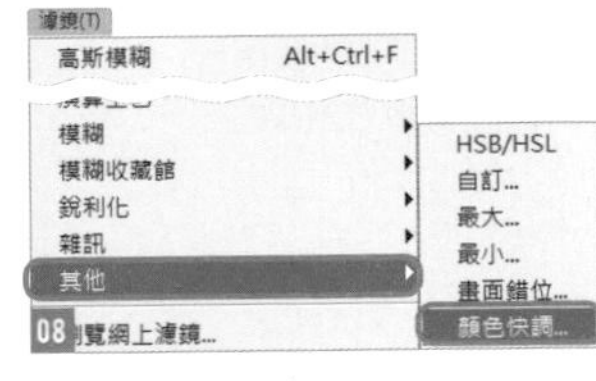

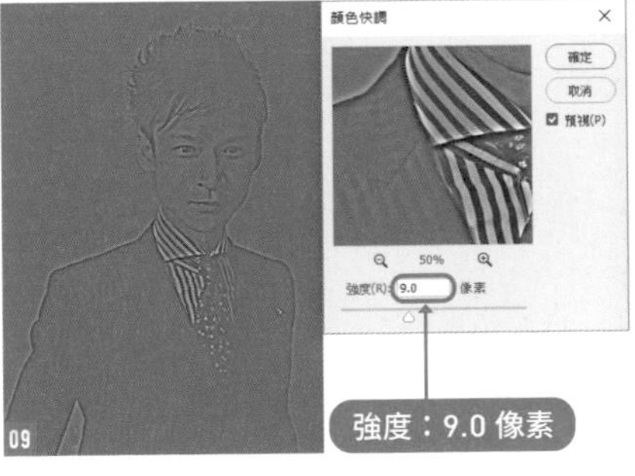

04 套用「遮色片銳利化調整」完成編修

此範例要讓模特兒的髮絲更為銳利，請選取**背景**圖層，執行『**濾鏡／銳利化／遮色片銳利化調整**』命令 12，設定**總量：75%／強度：1.5 像素** 13，套用後，頭髮、皮膚等細節看起來會更銳利 14。

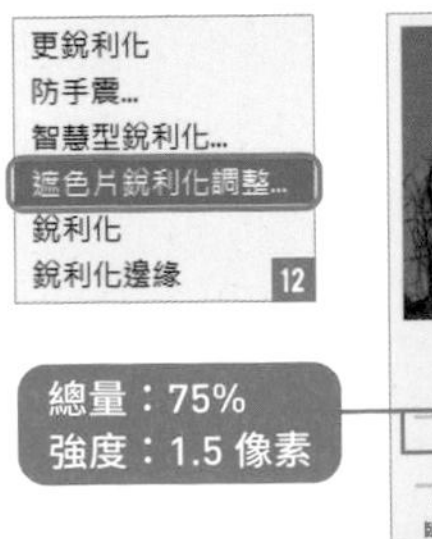

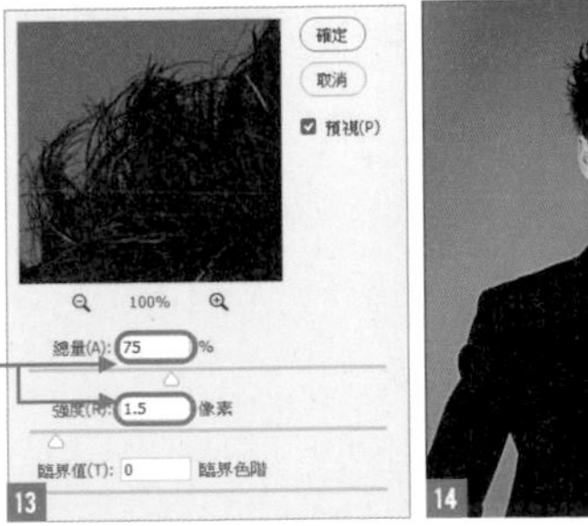

Recipe

045

調出健康、紅潤的好膚質

只要為照片添加暖色調，就能讓膚色看起來更健康。
在這個單元中，我們要提升照片質感，為主角調出好氣色。

Photo retouching

原影像

01 微調照片的亮度

請開啟「人像 .psd」，在圖層上按右鍵選取『**轉換為智慧型物件**』命令，再將圖層命名為**人像** 01 。

接著選取『**影像／調整／曲線**』命令 02 ，將**色版**設定為 **RGB**，在曲線的中央按一下新增控制點，設定**輸出：144／輸入：115** 03 ，提升照片亮度 04 。

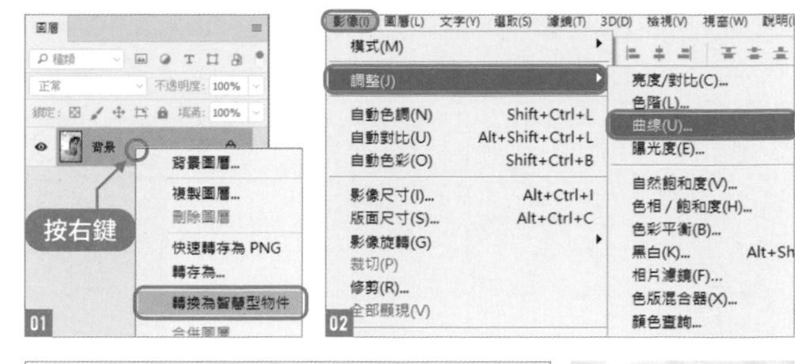

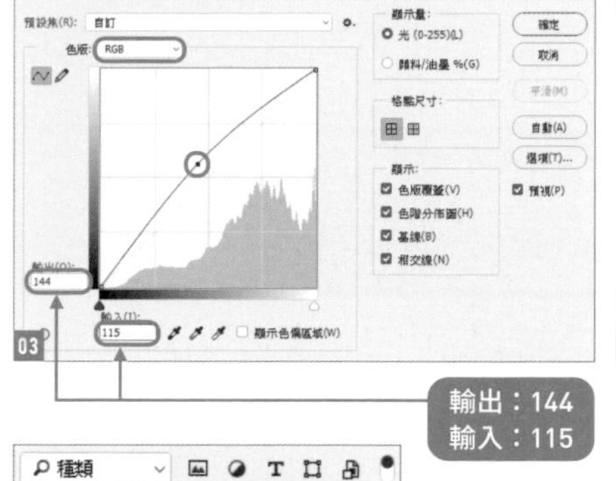

02 提升紅色調，讓膚色看起來更紅潤

雙按**智慧型濾鏡**圖層下的**曲線**圖層 05，再次開啟**曲線**交談窗，這裡要提升紅色調，好讓膚質看起來更紅潤。將**色版**設定為**紅**，將右上角的控制點往左側微調，設定**輸出：255／輸入：242** 06，提升紅色調。

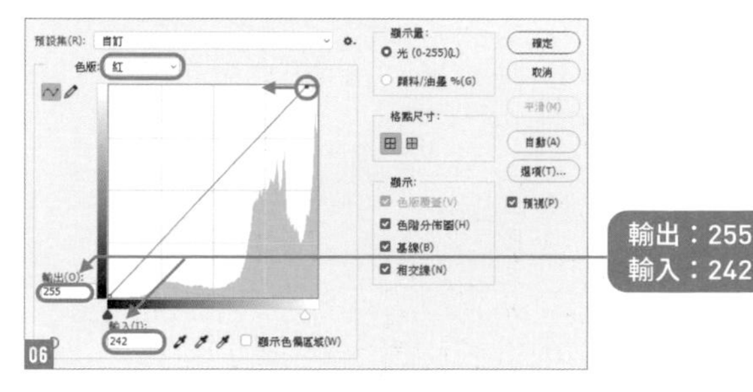

03 降低暗部的藍色調

設定**色版：藍**，將左下角的控制點向右微調，設定**輸出：0／輸入：12**，這個設定會降低頸、肩等較暗部分的藍色調 07。提升照片的暖色調後，可以呈現更健康且紅潤的膚色，進而提升照片的質感 08。

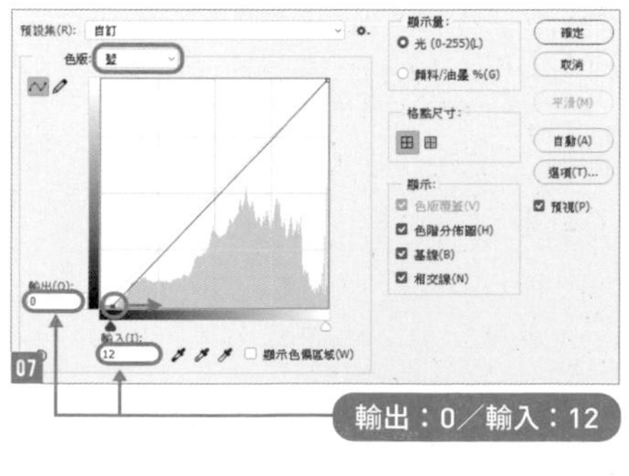

Point

如果想要讓照片呈現透明、清新的感覺，可以試著提升藍色調。不過，強調藍色後，有可能會讓人像的肌膚變得暗沉，這是編修時要特別注意的地方。

Recipe

046

模擬逆光拍攝效果讓畫面更有故事性

套用「反光效果」濾鏡，讓照片更有戲劇化效果。

Photo retouching

原影像

01 製作逆光素材

開啟「湖 .psd」，在上層建立新圖層，圖層名稱命名為**逆光**。選取**逆光**圖層，將**前景色**設成**黑色 #000000**，使用**油漆桶**工具填滿整個畫面。執行『**濾鏡／演算上色／反光效果**』命令 01，設定**亮度：100%**、**鏡頭類型：50-300 釐米變焦**，在預視視窗內拖曳，形成圓形的反光效果 02。

建立圓形光線後 03，選取**逆光**圖層，設定**混合模式：濾色** 04。

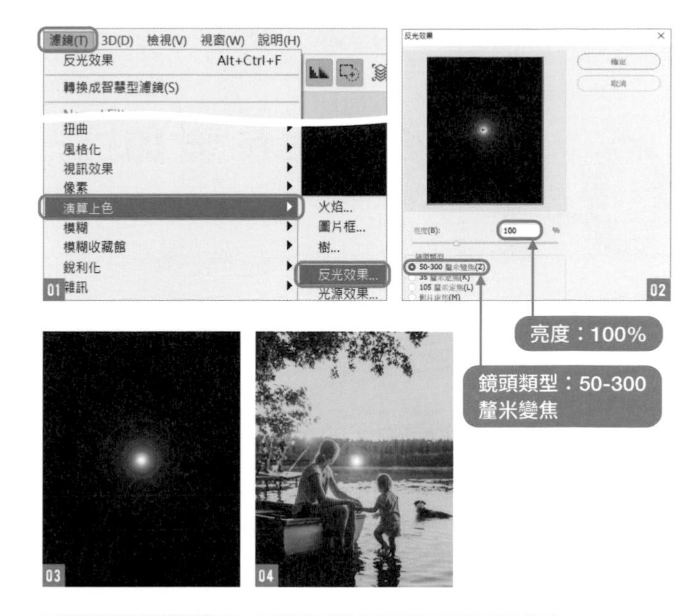

02 調整反光大小，與影像融合

選取**逆光**圖層，利用**任意變形**放大至「500%」左右 05，接著把中心放在畫面左上方（底圖影像的夕陽位置），將圖層的**不透明度**設定為「75%」 06 07。

執行『**濾鏡／模糊／高斯模糊**』命令，設定**強度：20 像素** 08。套用模糊效果能讓**反光效果**濾鏡的銳利圓形線條變自然，與背景融合 09 10。

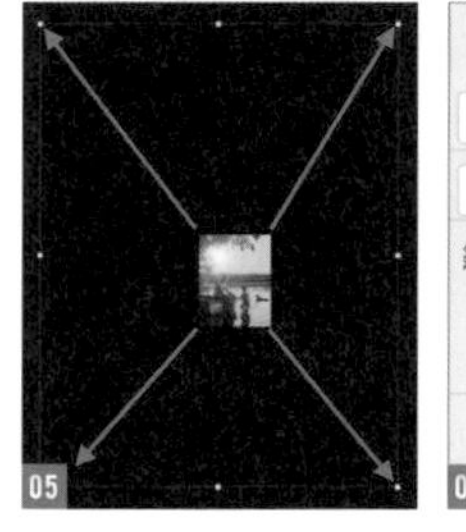

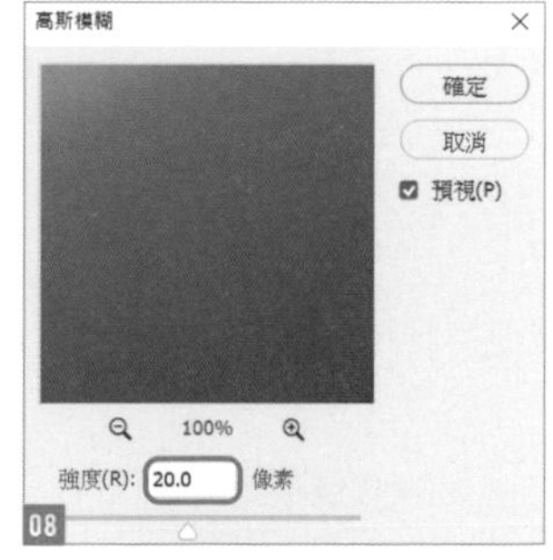

Recipe

047

讓唇色更美更豐潤

本單元將介紹改變唇色，以及讓唇色看起來更豐潤的編修技巧。

Photo retouching

01 消除唇紋

請開啟「人像 .psd」，然後選取**污點修復筆刷工具** 01 來消除唇紋，仔細沿著明顯的唇紋描繪，來修出自然的效果 02。

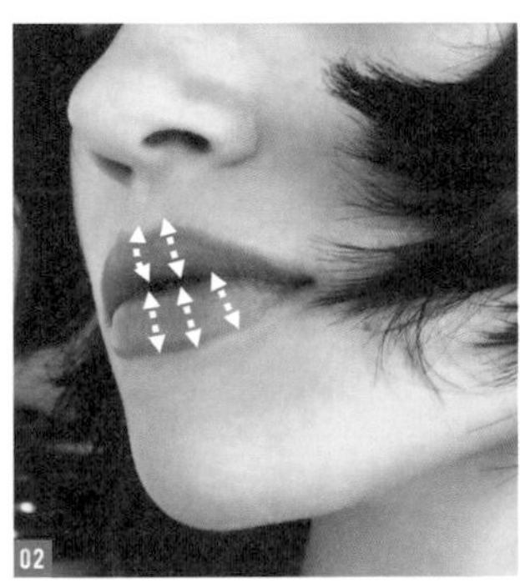

02 選取唇的範圍，建立新圖層

按下**工具**面板的**快速選取工具** 03，請將筆刷尺寸設定在 10 像素左右，然後仔細選取嘴唇的範圍 04，在選取範圍顯示閃爍虛線的狀態下，按下右鍵執行『**拷貝的圖層**』命令 05，並將複製的圖層命名為**唇** 06。

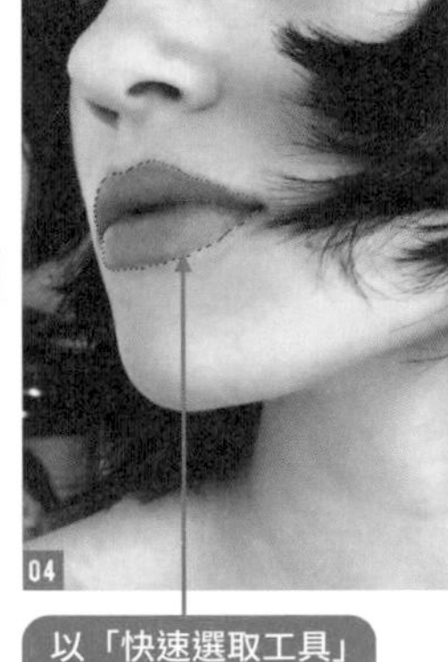

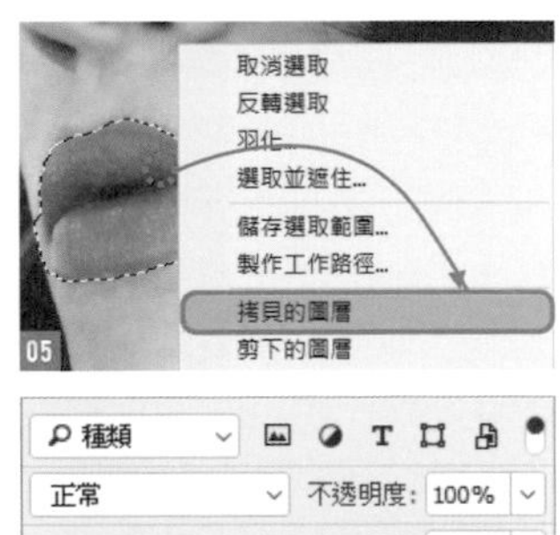

03 提升唇色的飽和度

選取**唇**圖層，再執行『**影像／調整／色相／飽和度**』命令 07，首先我們要提高紅色的飽和度，請設定**色相：15／飽和度：15** 08 09。

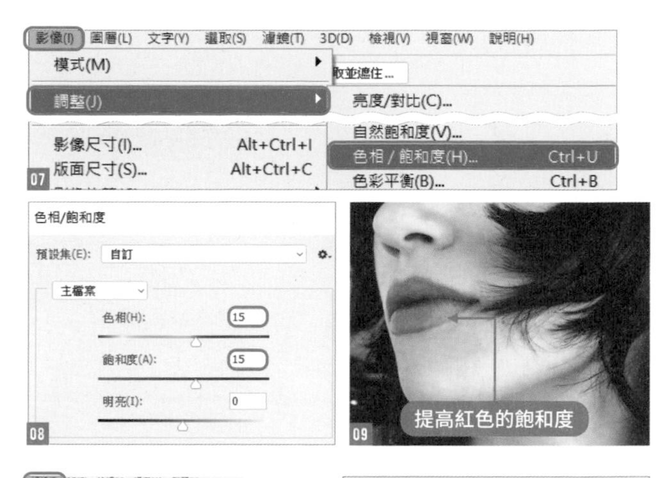

04 套用「表面模糊」濾鏡讓唇看起來更光滑

選取**唇**圖層，執行『**濾鏡／模糊／表面模糊**』命令 10，設定**強度：15** 像素／**臨界值：10** 臨界色階 11。

與套用**高斯模糊**濾鏡的效果相比，套用**表面模糊**濾鏡能減少外側邊緣的模糊，只將效果套用在唇的表面上 12。

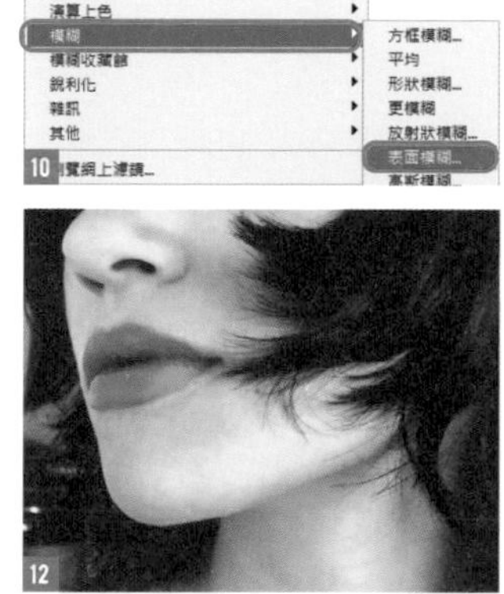

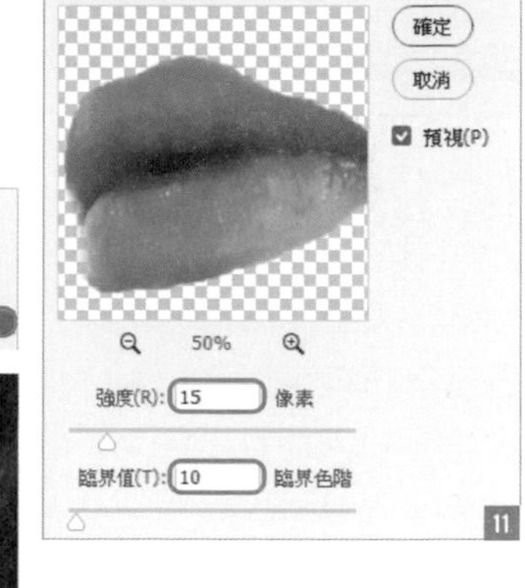

05 提高亮度，豐潤的美唇就完成了

建立一個新圖層並移至最上層，將圖層命名為**亮光**，設定圖層混合模式為**覆蓋** 13，接著選取**筆刷工具**，設定前景色為**白 #ffffff** 14。

選取**亮光**圖層，參考唇上原有的亮光再用筆刷稍加塗抹，讓亮光更明顯。調整時可依位置、顏色適時調整筆刷尺寸與不透明度 15。

塗抹之後如果覺得太亮，可降低圖層的不透明度，此例我們將**不透明度**降到 **60%**。這樣就完成自然、豐潤的唇色了 16。

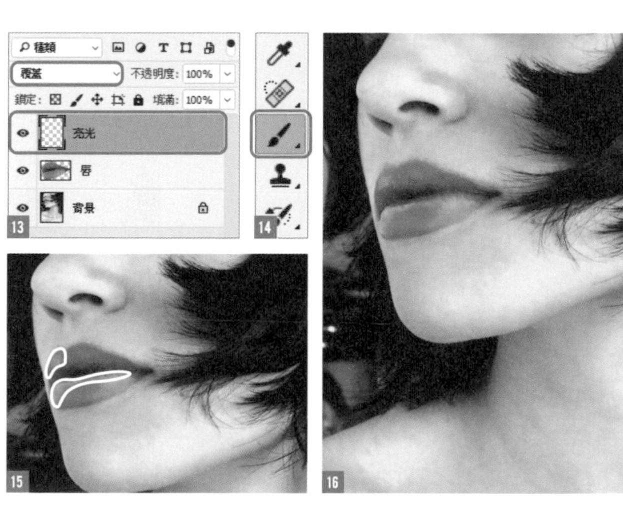

Recipe 048

微調臉型、變化表情

「液化」功能中的「臉部感知液化」，讓我們只要透過幾個步驟就能微調臉型、改變表情，在編修人像時是簡單又強大的好用功能哦！

01 開啟「液化」面板

請開啟「人像 .psd」，執行『**濾鏡／液化**』命令 01。這裡要利用**液化**面板中右側的**臉部感知液化**功能來微調臉型與表情 02。

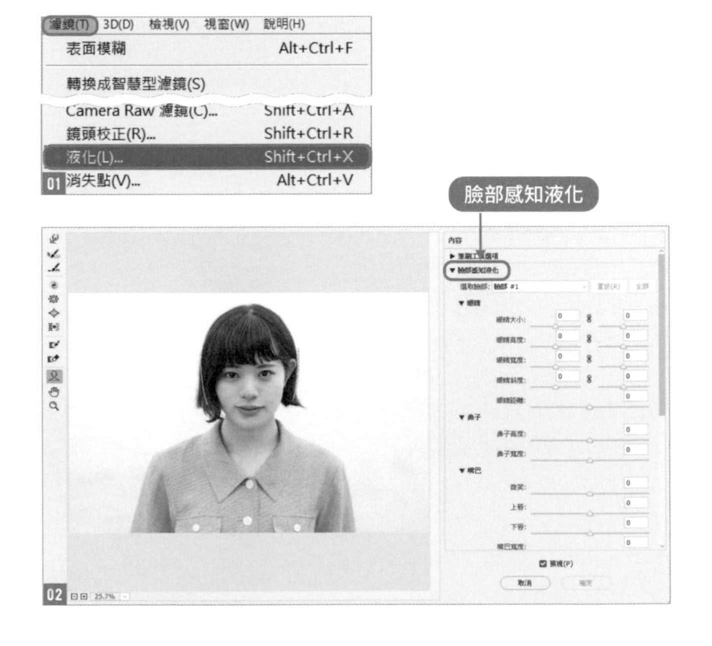

02 調整臉型

首先要微調下巴，讓臉變小。請展開**臉部形狀**設定選項，設定**下巴高度：100／下巴：-46／臉部寬度：-55** 03。

▼ 臉部形狀
額頭： 0
下巴高度： 100
下巴： -46
臉部寬度： -55

03 調整嘴型

想要有微笑的表情，請展開**嘴巴**設定選項，設定**微笑：15**。接著仔細調整臉的輪廓，讓嘴巴變小，設定**上唇：-20／下唇：25／嘴巴寬度：-30／嘴巴高度：-52** 04。

▼ 嘴巴
微笑： 15
上唇： -20
下唇： 25
嘴巴寬度： -30
嘴巴高度： -52

04 微整鼻子

鼻子也要配合臉型，稍微調小一點。請展開**鼻子**設定選項，設定**鼻子高度：25／鼻子寬度：-75** 05。

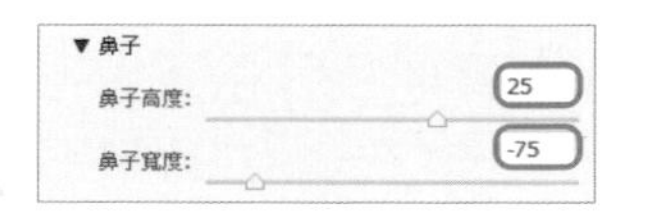

05 修整眼睛尺寸，完成微整

以畫面上的右側眼睛（模特兒的左眼）為基準，來調整畫面上的左側眼睛。

請展開**眼睛**設定選項，設定左側眼睛的**眼睛高度：30／眼睛寬度：30**，根據整體畫面再設定**眼睛距離：-10** 就完成了 06 07。

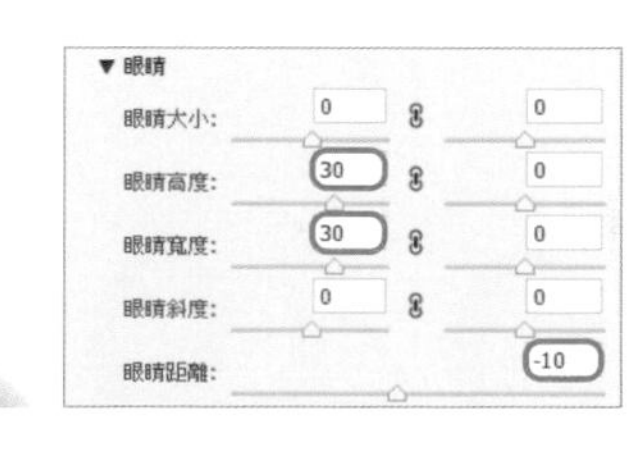

Point

本單元我們是直接在面板內的**臉部感知液化**輸入數值來調整，也可以直接選取面板左側的**臉部工具**，然後配合要調整的各部位，適時調整筆刷大小後，透過點按、拖曳的方式直覺操作，來變化五官的大小或角度。調整時如果覺得拖曳滑桿很難微調，就可以利用上述的方法來編修。雖然這是很好用的功能，但修整過頭會讓表情不自然，請務必適度使用。

Recipe

049

強調女性的溫柔魅力

只要將銳利的影像和模糊的影像巧妙重疊，就能表現出女性獨有的溫柔特質。用此技巧也能製作出如「柔焦」般的效果。

Photo retouching

原影像

01 準備基本圖層

開啟「人像 .psd」，在圖層上按右鍵，執行『**轉換為智慧型物件**』命令 01。拷貝轉換成智慧型物件的圖層，將上面的圖層命名為**濾鏡**，下面的圖層命名為**底圖** 02。先暫時隱藏**濾鏡**圖層，選取**底圖**圖層，執行『**濾鏡／銳利化／遮色片銳利化調整**』命令，設定**總量：100%**、**強度：2.0 像素**、**臨界值：0 臨界色階** 03。這樣就完成當作底圖的銳利照片 04。

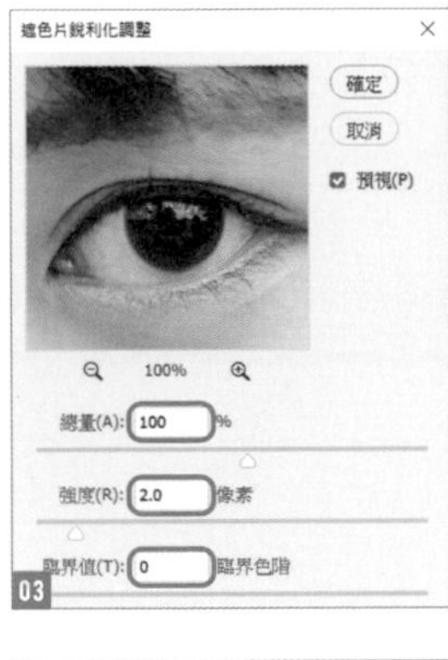

02 改變亮度及清晰度，讓印象變柔和

顯示並選取**濾鏡**圖層 05。

執行『**濾鏡／Camera Raw 濾鏡**』命令 06。首先調整亮度，設定**曝光度：+0.30**。這次希望同時控制陰影的對比，營造出柔和感，所以設定**黑色：+30**。接著設定**清晰度：-100**，呈現朦朧感 07。

選取**濾鏡**圖層，設定**不透明度：70%** 08，這樣就能保留下方**底圖**圖層的銳利度，同時結合**濾鏡**圖層的輕柔印象，完成不會過於模糊，柔和又有魅力的照片 09。

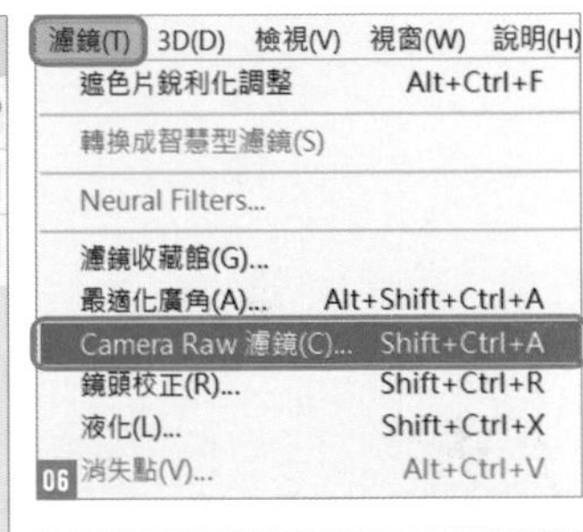

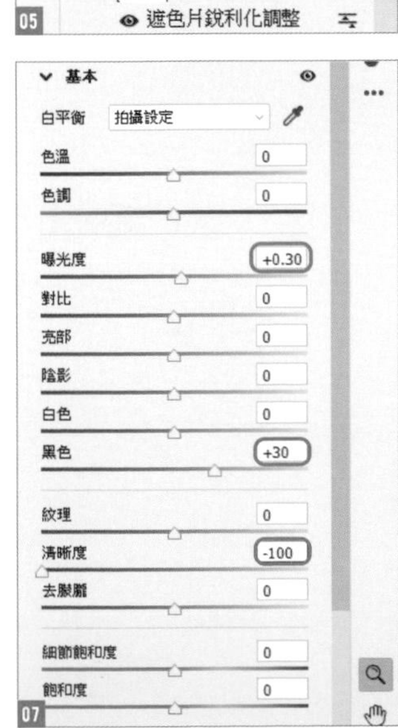

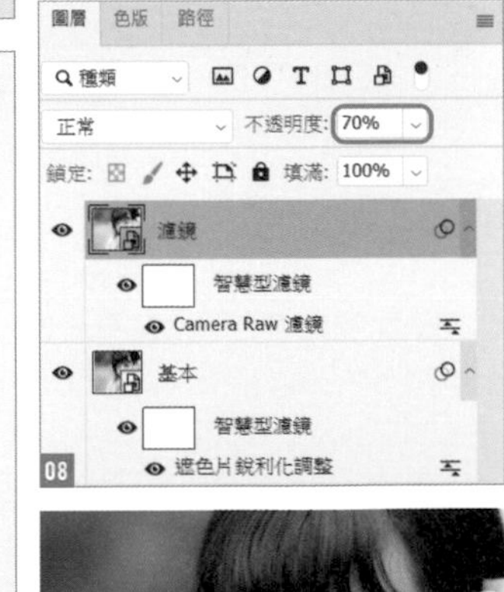

Point

使用其他影像時，請依照該影像調整亮度及圖層的不透明度。

Recipe

050

用操控彎曲改變姿勢

利用「操控彎曲」功能就能改變照片中人物的姿勢。

Photo retouching

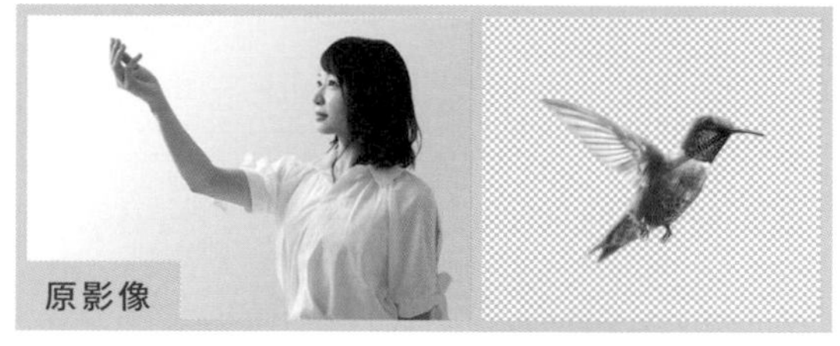

01 選取人物

請開啟「人像 .psd」，複製**背景**圖層，並將新圖層命名為**人物**。利用**筆形工具**或**快速選取工具**等圈選並剪裁出人像的部份 01。

02 建立漸層背景

按下**工具**面板中的**漸層工具** 02，我們要在背景填入漸層色。請按下**選項列**上的漸層長條 03，開啟**漸層編輯器**交談窗 04。

03 調整漸層色

選擇**基本預設集**中的**前景到背景**，設定兩色的漸層效果。為了取得原影像的背景色，請先選取漸層左側**位置：0%** 的色標，按下**顏色**色塊開啟**檢色器（色標顏色）**交談窗。此時移動指標到影像上，指標會呈滴管狀，點選照片背景中最明亮的顏色，就可以自動設定點選的顏色了。此例我們點選畫面左上角的顏色 **#fdf7f1** 05。

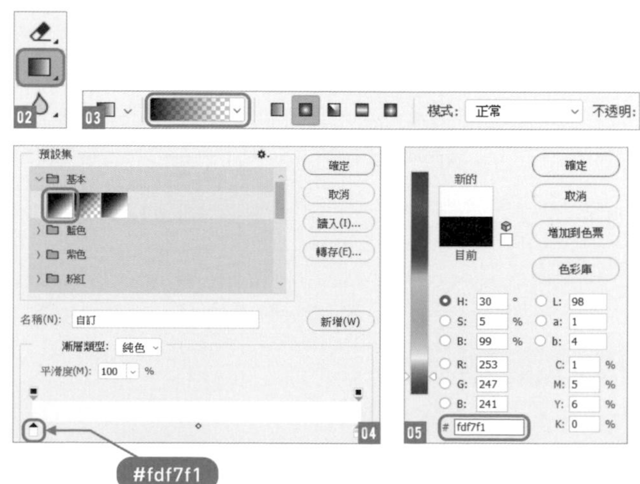

回到**漸層編輯器**交談窗，選取右側**位置：100%** 的色標，同樣按下**顏色**色塊，開啟**檢色器（色標顏色）**交談窗，這次要點選畫面背景中最暗的顏色。此例點選的顏色是 **#e7d5c6** 06。

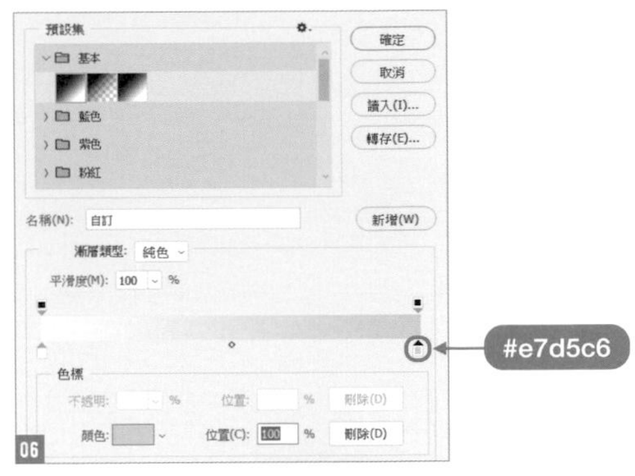

04 填入背景色

在**人物**下方建立一個新圖層，然後選取**漸層工具**，參考原影像由左上到右下的光源，從左上到右下拉曳出漸層填色 07，並將圖層命名為**背景**。

到目前為止，我們已經將人像和背景拆解成 2 個圖層了 08。

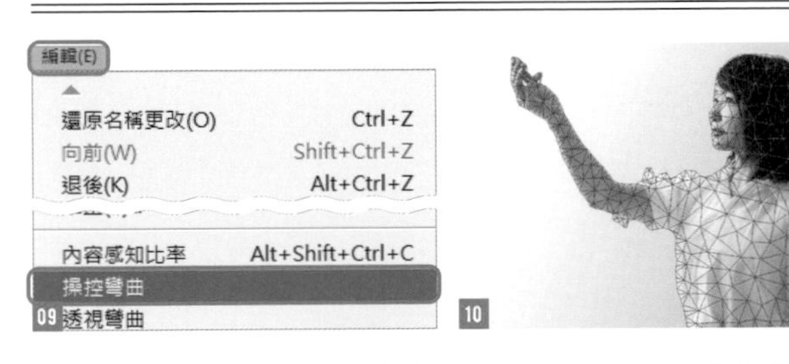

Point

在使用**漸層工具**填色時，若**選項列**勾選了**反向**，那麼拉曳時會填入相反的漸層色，填色前請特別注意。

05 使用「操控彎曲」改變人像的姿勢

選取**人物**圖層，執行『**編輯／操控彎曲**』命令 09。顯示預視線後，請在關節的部份新增變形點 10，此例分別在手腕、手肘、腋下、頭、頸、腰等處新增變形點 11。移動變形點調整姿勢時，眼神要看向左上方、手的姿勢則是要向下調整，讓手心接近水平 12。調整好姿勢後，開啟「蜂鳥 .psd」素材，將其中的**蜂鳥**配置在畫面中就完成了 13。

Point

在使用**操控彎曲**功能時，變形點設定的位置非常重要。如果將變形點設置在不該會動的地方，調整起來就容易歪斜，無法呈現自然的效果。此外，若是想要移除變形點，請按住 Alt（Option）鍵，此時指標會呈剪刀狀，點選變形點就能移除了。

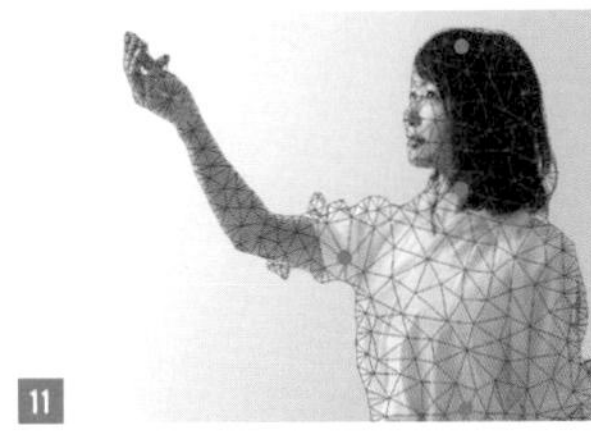

Recipe

051

改變髮色

想要編修頭髮、動物的皮毛等複雜的內容時，能不能完美的建立選取範圍，一向是影響成果的重要因素。雖然選取是很花時間的工作，但多花點時間選取，編修後的結果才會令人滿意！

Photo retouching

01 概略地選取頭髮範圍

開啟「人像 .psd」，按下**快速選取工具** 01，先粗略地選取頭髮範圍，選取大面積時，可設定 **15 像素**的筆刷尺寸；選取細微的部份，可將筆刷尺寸設為 **5 像素** 02。

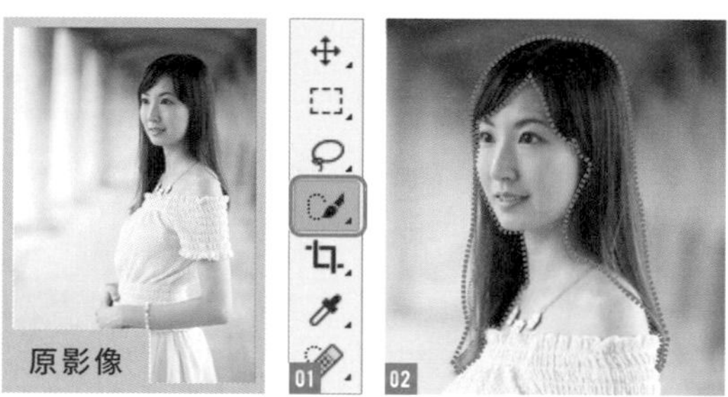

02 使用「調整邊緣筆刷工具」選取頭髮輪廓

在**快速選取工具**仍在選取的狀態下，按下**選項列**上的**選取並遮住**鈕 03，就會開啟專用的設定畫面 04。請選取**調整邊緣筆刷工具** 05，然後用筆刷沿著頭髮的輪廓移動，自動修正選取的邊界 06。

想要移除多選的範圍時，只要按住 Alt (Option) 鍵再用筆刷沿著輪廓描繪，就能清除多選的部份。萬一清除了太大的範圍，可以改選**筆刷工具** 07，重新塗抹頭髮輪廓，再次加入選取範圍。

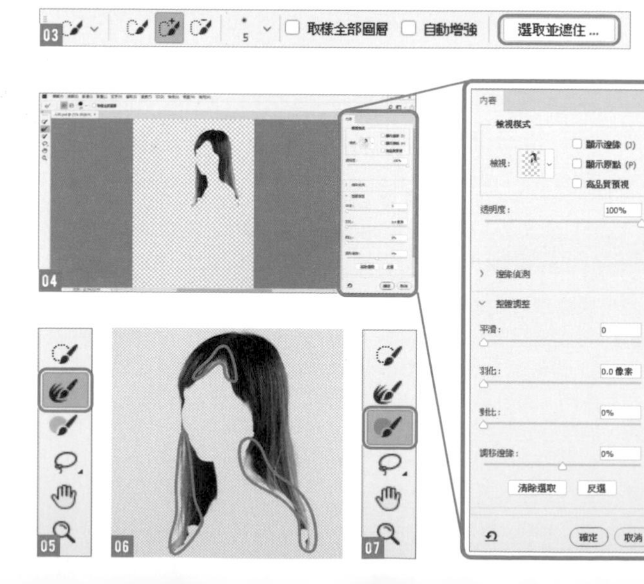

在右側面板中可改變顯示的模式，例如按下**檢視**右側的向下箭頭，選取**黑白** 08，就能清楚檢視選取的邊緣 09。檢視完之後，再切換回**洋蔥皮**模式（預設為**洋蔥皮**模式）繼續選取或清除。調整好後，請按下**確定**鈕，就完成頭髮的選取範圍了 10。

08

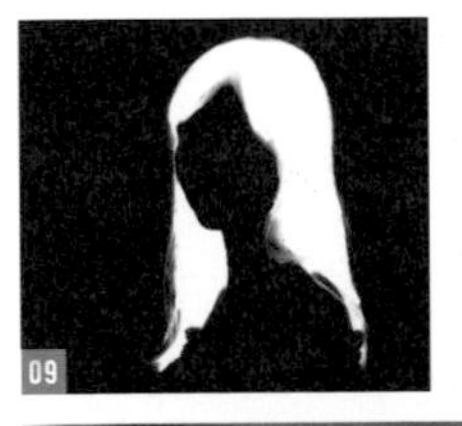
09

10

03 調整髮色

確認目前頭髮為選取的狀態，執行『**圖層／新增調整圖層／色相／飽和度**』命令 11，新增**色相／飽和度**調整圖層後，請將圖層命名為**髮色**。雙按**髮色**圖層的縮圖 12，開啟**內容**面板，勾選**上色**選項，再設定**色相：0／飽和度：50／明亮：0** 13，髮色就會呈現紅色效果了 14。

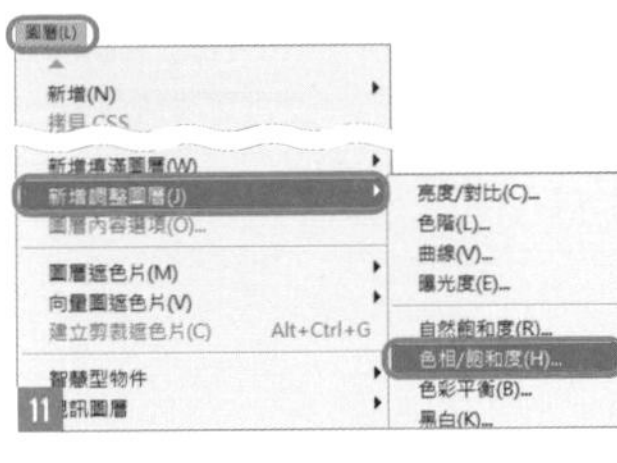

11

12

13

14

04 髮際線與頸部等髮絲的細部編修

選取**髮色**圖層中的遮色片縮圖，再選取**筆刷工具**，將影像放大顯示，接著由**選項列**調整筆刷工具的尺寸和不透明度，稍後將進行塗抹工作 15。

臉頰和頸部因為有頭髮的陰影，套用調整圖層後會有不自然的紅色塊，請用黑色筆刷塗抹，為其建立遮色片範圍 16。

接著，要編修髮際線和其它細髮的部份，請設定**尺寸：1** 像素／**不透明度：100%**，再用白色筆刷塗抹 17，仔細塗抹出要呈現出來的髮絲。

如上操作之後，如果覺得線條太過明顯，可以再使用**模糊工具**讓線條稍微模糊 18。

15

16

17

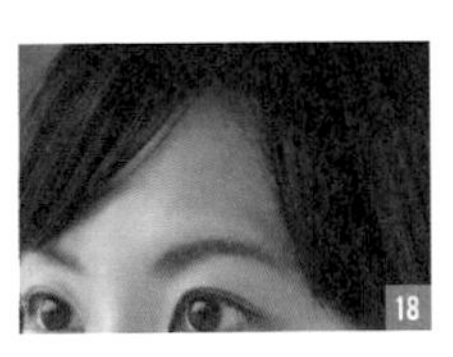
18

05 變換其它髮色

也可以配合膚色，變化出其它喜歡的髮色 19。

19

Recipe

052 在手臂上完美合成刺青

在皮膚上合成插圖，並使用「彎曲」功能讓插圖符合手臂的形狀，可讓刺青看起來更為自然。

Photo retouching

01 將要放置刺青圖案的範圍建立成路徑

請開啟「人像 .psd」，選取**筆型工具**後，沿著要配置刺青的手臂建立路徑 01。完成後請在**路徑**面板將其命名為**手臂** 02。

圖層 路徑

手臂

02

02 配置插圖，調整出手臂的弧度

開啟「玫瑰 .psd」，將玫瑰插圖配置到**人像**檔案中 03。切換到**路徑**面板，先按住 ctrl （command）鍵，再點選手臂的路徑縮圖 04，手臂路徑就能建立成選取範圍了 05。選取**玫瑰**圖層，按下**圖層**面板的**增加圖層遮色片**鈕 06，建立遮色片 07。接著按一下圖層縮圖與遮色片間的連結圖案，關閉兩者的連結關係。選取『**編輯／任意變形**』命令，調整插圖的大小與角度 08，在插圖上按右鍵選取『**彎曲**』命令 09，依手臂的形狀進行彎曲變形 10。

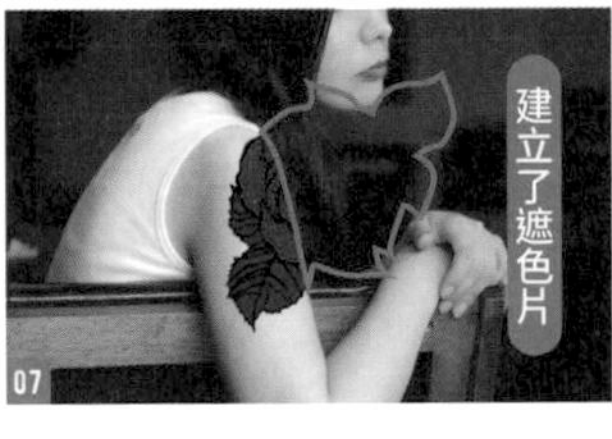

03 提升插圖質感

執行『**濾鏡／濾鏡收藏館**』命令 11，在面板內選取**紋理：粒狀紋理**，設定**強度：65／對比：50** 12。

套用之後執行『**濾鏡／模糊／高斯模糊**』命令，設定**強度：0.6 像素** 13。接著設定圖層的**不透明度：80%**，再將圖層混合模式設定為**色彩增值** 14。

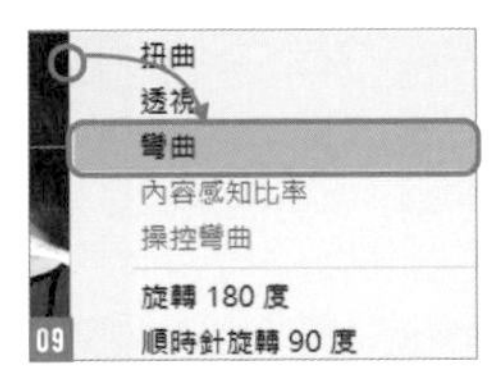

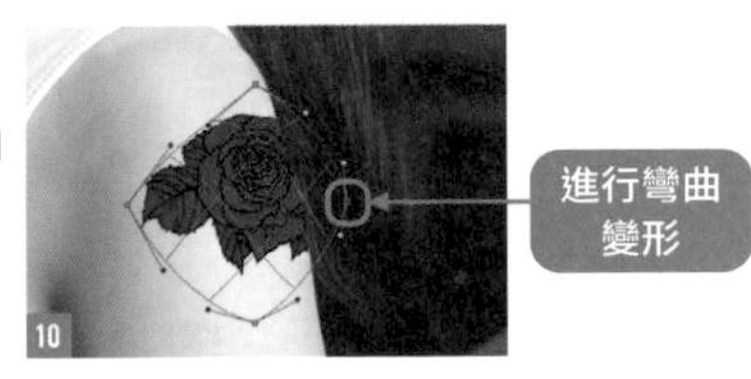

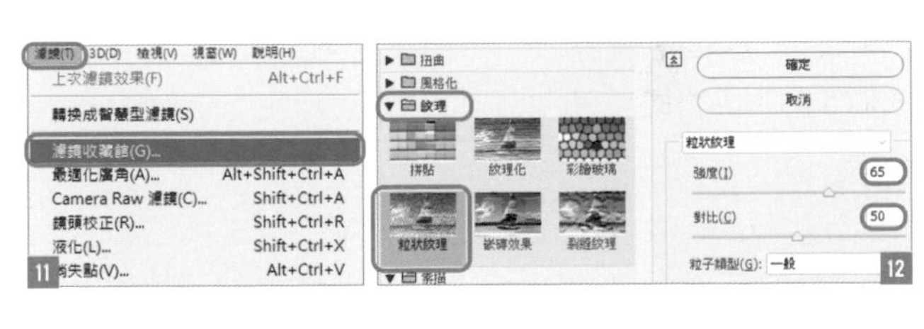

04 組合其它素材完成刺青圖案

將「玫瑰 .psd」素材檔中的其它素材移至「人像 .psd」中，如步驟 02 所教的技巧，利用圖層遮色片、任意變形、彎曲等，重新組合刺青圖案 15。最後，依光線的方向調整各素材的**色階**。光線強烈的右側，素材會比較明亮；反之，位於暗部的素材色調會比較暗，稍加調整就完成了。

Recipe

053

修整亂翹的髮絲

不論是亂翹的頭髮，或是被風吹到臉上的髮絲，都可以用筆刷來輕鬆編修，讓主角再次呈現清新的感覺。

Photo retouching

01 用「污點修復筆刷工具」修除亂翹的頭髮

請開啟「人像 .psd」，我們要修除右側亂翹的頭髮 01。選取**污點修復筆刷工具** 02，放大影像，仔細沿著亂翹的髮絲塗抹，就能修除了 03。

筆刷的尺寸可設定在 **10 像素**左右，只要塗抹一次，就能修除亂翹的髮絲，如果還有想修除的部份，請再次放大影像來仔細編修。

編修的過程可能會覺得一直重複的動作很繁鎖，但經過這樣細心的編修，效果才會自然 04。

在放大檢視的狀態下，可能無法掌握整體的編修結果，因此在編修時務必隨時回到整體畫面的狀態下檢視，以免修過頭了。

01

02

03

04

沿著亂翹的髮絲移動筆刷

02 清除眼睛周圍的髮絲

同樣使用**污點修復筆刷工具**，這裡要修除眼睛周圍的髮絲 05。前額的髮絲不容易完全修除，只要在自然的前提下稍微修掉就可以了 06。

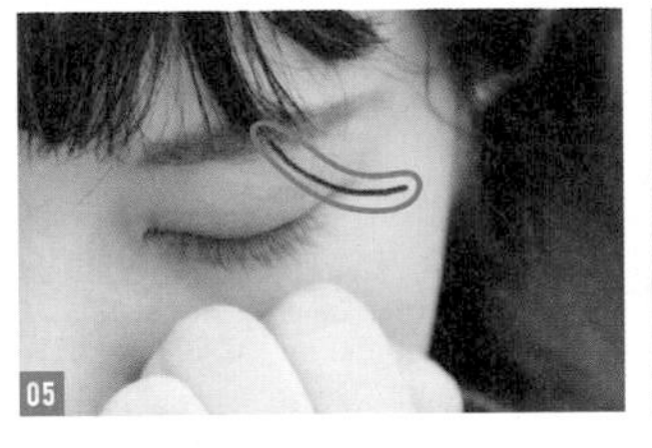
05

06

03 修除臉上的髮絲

接著要用筆刷來消除臉上的髮絲。請建立一個新圖層，並移至最上層，將圖層命名為**額** 07。選取**筆刷工具**，再設定**柔邊圓形**筆刷，尺寸可依修正的部份加以調整 08。確認已選取**筆刷工具**，按住 Alt（Option）鍵，這時指標會從筆刷變成滴管狀，只要在欲編修的地方點一下膚色，就能將筆刷設定該顏色。設定好後放開 Alt（Option）鍵，指標會由滴管再次變回筆刷狀。用筆刷塗抹髮絲時，可調整筆刷的**不透明**度並多次塗抹，就能編修出自然的效果了。塗抹時可依不同的位置隨時切換滴管與筆刷，才能讓塗抹的顏色與原來的膚色相同。若是塗抹過頭了，請改選**橡皮擦工具**來調整 09。完成後請將**額**圖層的**不透明度**變更為 70% 10。

07

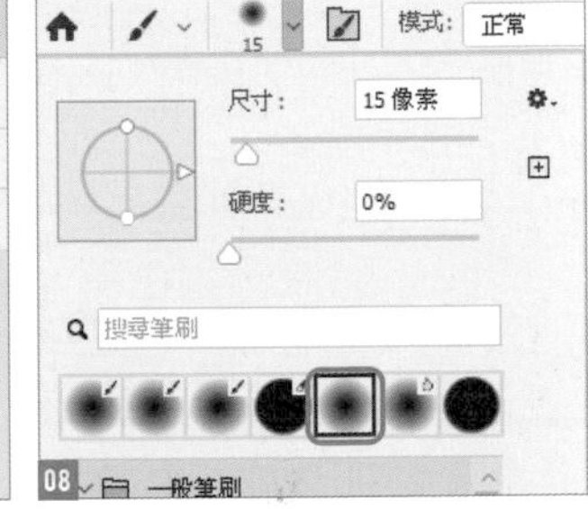

08

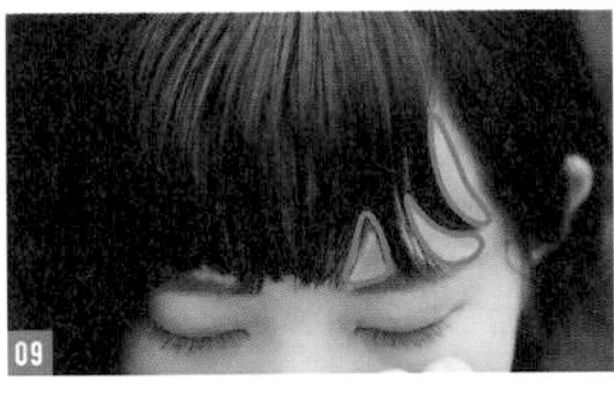
09

10

04 加強睫毛效果 完成編修

建立新圖層並更名為**右眉**，與步驟 03 的操作相同，將右眉上的髮絲用**筆刷工具**、**橡皮擦工具**修除。接著再建立新圖層並更名為**睫毛**，移至最上層 11。設定**睫毛**圖層的圖層混合模式為**柔光** 12。設定前景色為黑色 #000000，沿著睫毛塗抹。請從根部往末梢塗抹，能有較自然的效果。最後設定**睫毛**圖層的**不透明度：70%** 就完成了 13。

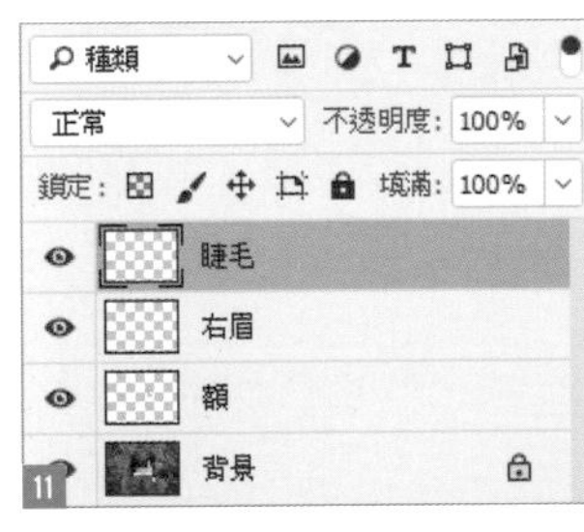

11

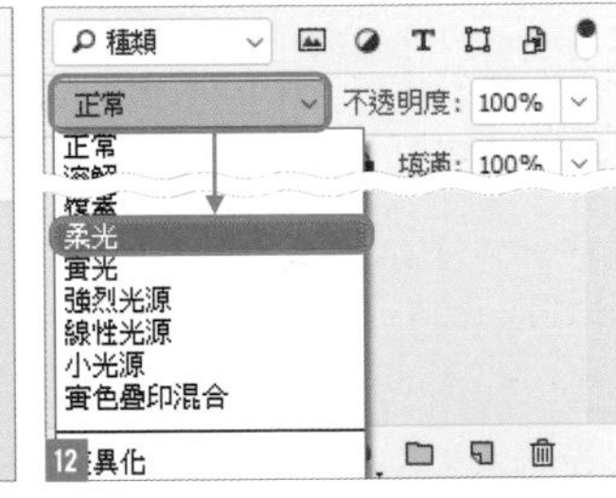

12

13

Recipe

054 將部分身體變透明

只要一張影像，就能將人物的其中一部分變透明。

Photo retouching

01 拷貝圖層

開啟「人像 .psd」。拷貝**背景**圖層，將上層圖層命名為**人物**，下層圖層命名為**背景**，先暫時隱藏**人物**圖層 01。選取**背景**圖層，再選取**工具**面板中的**污點修復筆刷工具** 02，在選項列設定**筆刷尺寸：250 像素**、**類型：內容感知** 03。

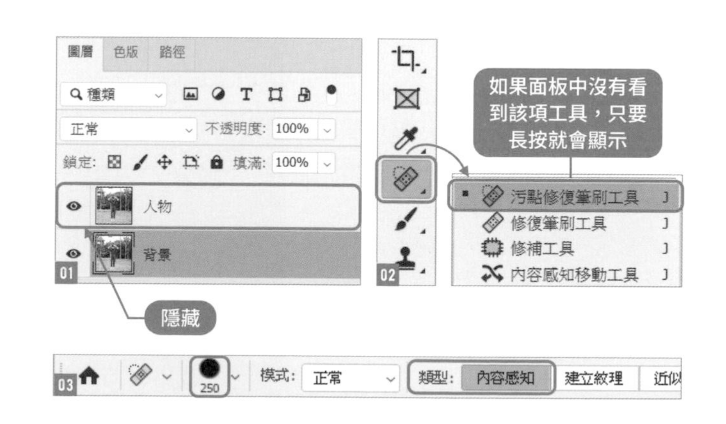

02 使用污點修復筆刷工具

使用**污點修復筆刷工具**在人物上塗抹，如圖 04 所示。塗抹人物後，即會變成沒有人物的影像，如圖 05。倘若影像中有明顯的落差或是不協調感，就再次使用**污點修復筆刷工具**選取、融合該部分。

04

05

03 在人物圖層套用遮色片

選取**人物**圖層，按下**圖層**面板上的**增加圖層遮色片**鈕 06。在選取圖層遮色片縮圖的狀態，建立人物胸口到下方的選取範圍 07。
選取**油漆桶工具**，將**前景色**設為：**黑 #000000**，並填滿剛才選取的範圍 08。

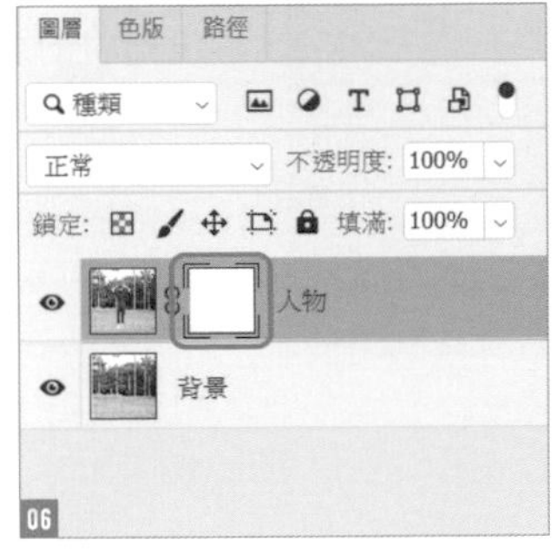

06

07

08

04 調整遮色片的位置

取消**人物**圖層的鎖鍊圖示（圖層遮色片與圖層的連結）09。選取圖層遮色片縮圖，移動到適合的位置即完成。這個範例是將遮色片旋轉 **-15°** 10，在遮色片的邊界畫線，使用文字**字體：Futura PT、字體樣式：Light**※ 裝飾後就完成了。

※ 這是 Adobe Fonts 的字體。關於 Adobe Fonts 請參考 P.249 下面的 Point 說明。

09

10

Point

取消圖層遮色片的鎖鍊圖示，就能單獨移動或變形遮色片。此外，整合多張影像的群組也能套用圖層遮色片，以及開啟、關閉鎖鍊圖示，這種方法適合想一次在多張影像套用遮色片的情況。

Recipe

055

編修出如同玩具相機拍攝的效果

調整影像的對比，就能編修出像是用玩具相機拍攝出來的照片效果了。

Photo retouching

原影像

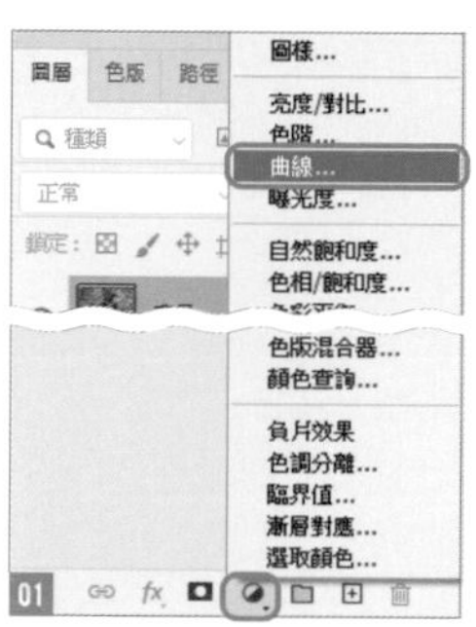
01

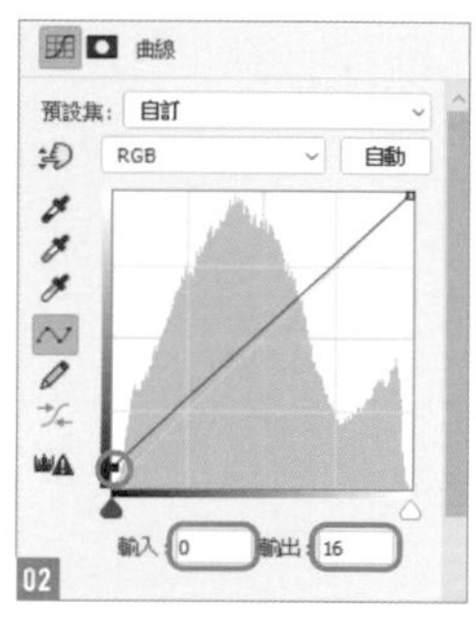
02

01 使用「曲線」提升影像對比

開啟「人像 .psd」，再按下**圖層**面板的**建立新填色或調整圖層**鈕，選擇**曲線** 01。開啟**內容**面板後，將左下的控制點設為**輸入：0／輸出：16** 02。

新增 3 個控制點，由左而右設定為**輸入：69／輸出：57** 03、**輸入：128／輸出：129** 04、**輸入：185／輸出：199** 05。這樣就能提高影像的對比了 06。

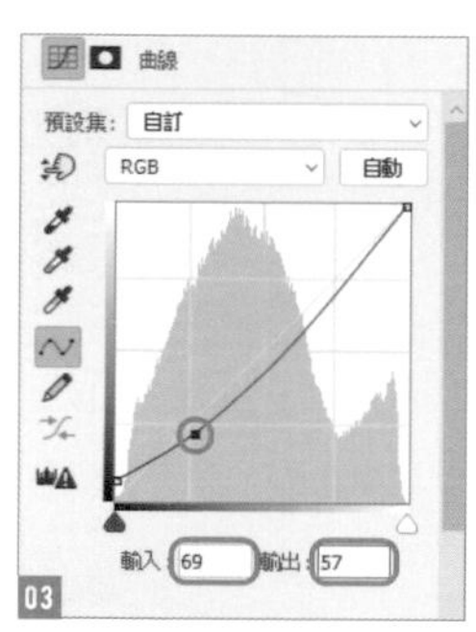
03

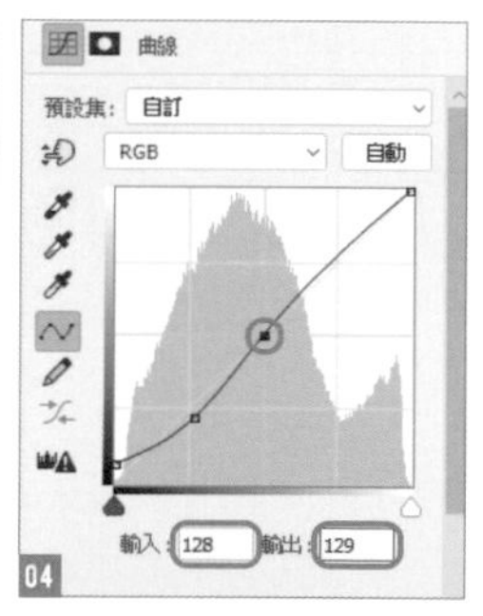
04

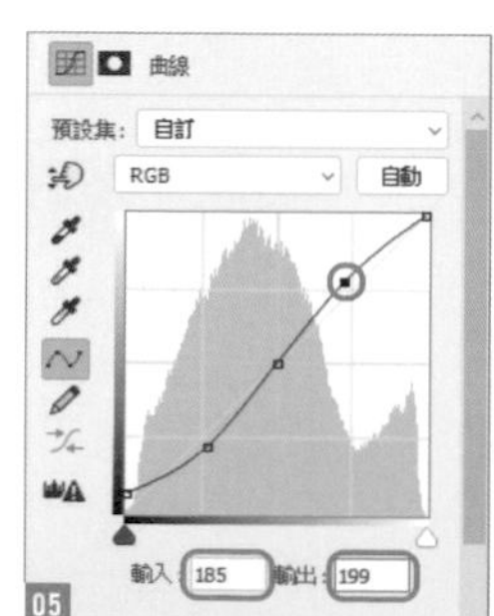
05

06

02 使用「曲線」調整紅色調

在**曲線**調整圖層的**內容**面板中，將 RGB 色版改選為**紅**色。接著要新增 3 個控制點，先設定左下的點為**輸入：74／輸出：57** 07，接下來 2 個點分別設定為**輸入：128／輸出：126** 08、**輸入：179／輸出：196** 09。紅色就調整完成了 10。

07

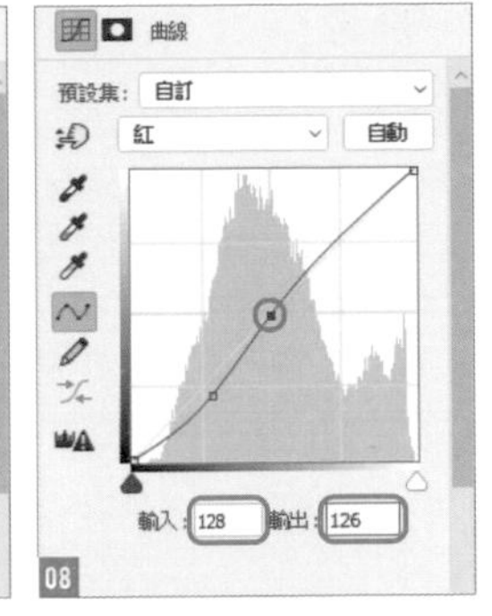

08

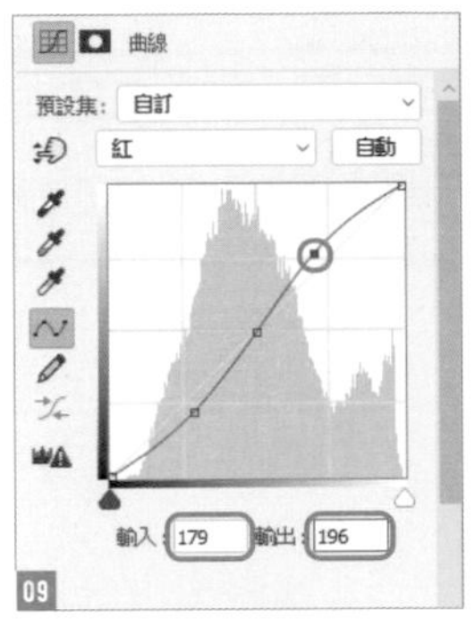

09

10

03 使用「曲線」調整綠色調

在**曲線**調整圖層的**內容**面板中，將色版改選為**綠**色。接著要新增 3 個控制點，先設定左下的點為**輸入：70／輸出：57** 11，接下來 2 個點分別設定為**輸入：128／輸出：128** 12、**輸入：184／輸出：203** 13。綠色調就調整完成了 14。

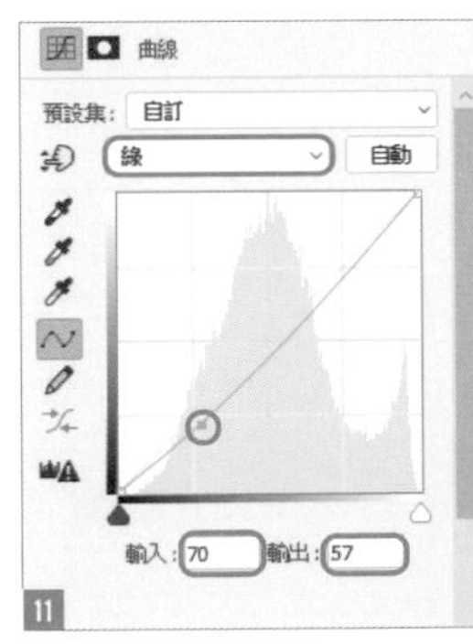

11

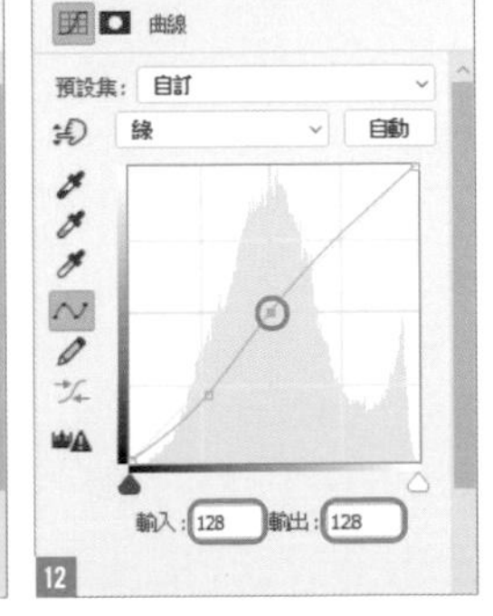

12

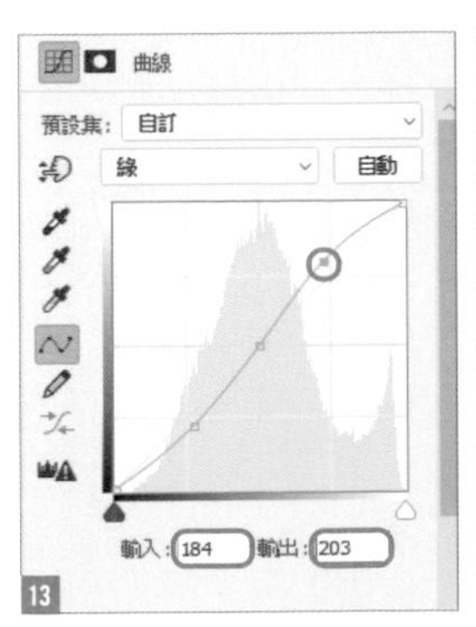

13

14

04 使用「曲線」調整藍色調

在**曲線**調整圖層的**內容**面板中，將色版改為**藍色**。接著新增 3 個控制點，先設定左下的點為**輸入：62／輸出：77** 15，接下來 2 個點分別設定為**輸入：125／輸出：127** 16、**輸入：200／輸出：188** 17。藍色就調整完成了 18。

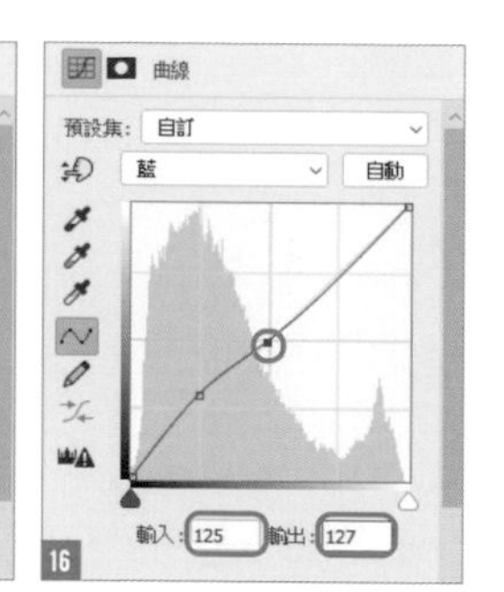

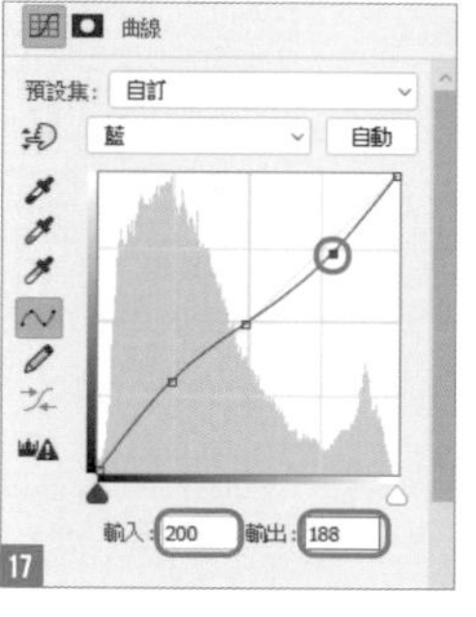

05 使用漸層為照片四周加上暗角

按下**圖層**面板的**建立新填色或調整圖層**鈕，選取**漸層**。開啟**漸層填色**交談窗後，請按下漸層長條 19。

開啟**漸層編輯器**交談窗後，將漸層長條左側的色標顏色設定為 **#762f8a** 20。回到**漸層填色**交談窗中，設定**樣式：放射性**，並勾選**反轉**選項 21。

照片的四周就會填入紫色 22，請將**漸層填色 1** 的圖層混合模式變更為**柔光** 23。這樣的色調就像用玩具相機拍出來的 Lome 效果了 24。

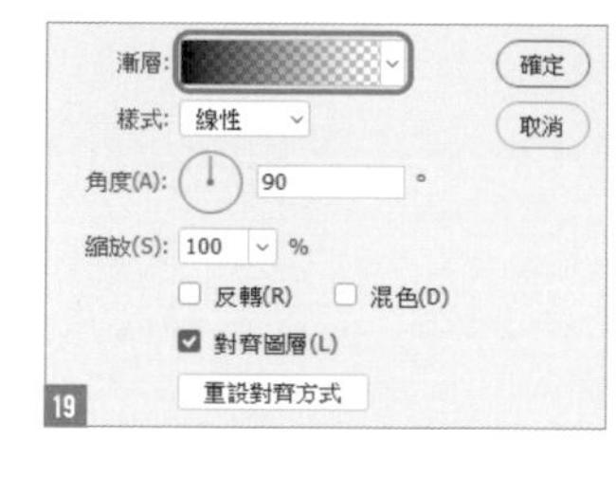

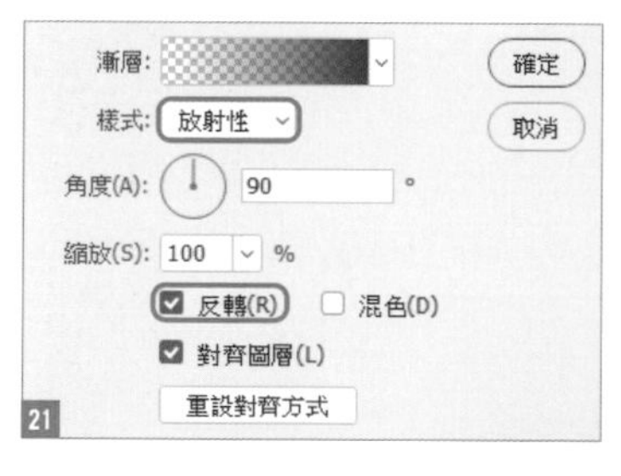

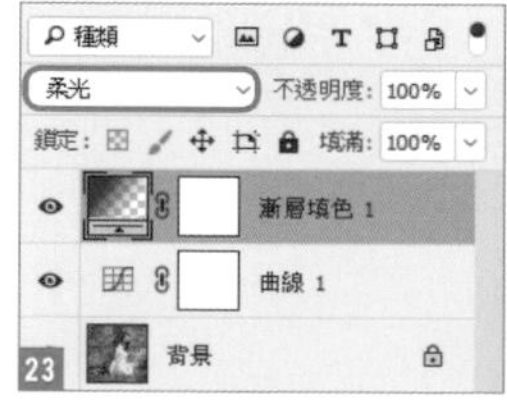

Recipe

056

淡化臉上的皺紋

使用「污點修復筆刷工具」和「仿製印章工具」，就能自然地淡化臉上的皺紋。

Photo retouching

01 消除斑點、黑痣與清除細小的紋路

請開啟「人像 .psd」，選取**工具**面板中的**污點修復筆刷工具** 01，點選主角臉上的斑點、黑痣與細紋等將其清除 02。在塗抹時可依要清除的對象變更筆刷的尺寸，細小的痣或毛孔等，只要設定點狀的筆刷就能消除了。

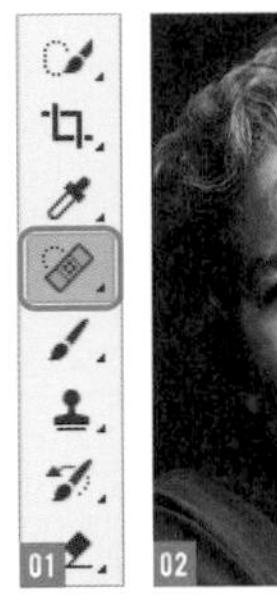

02 使用「仿製印章工具」提升肌膚質感

選取**仿製印章工具** 03，為了使複製的部分接近原來的膚質，請先按住 Alt（option）鍵再選取與編修處相同的顏色與質感（通常都是選取編修處附近的部份），接著再點選要修復的地方 04。編修時可適時調整筆刷大小及不透明度，使編修結果更自然。

03 依整體畫面仔細完成編修

重複步驟 01、02 的操作進行修復。若是對**污點修復筆刷工具**的效果不滿意，可以再用**仿製印章工具**來改善，或是將工具使用的順序反過來也可以。最後再編修手指上的皺紋就完成了 05。

Point

要編修毛孔等細微的部分時，通常都會放大影像以方便作業，但操作過程中一定要時常回到整體畫面檢視編修的結果，與原影像相互對照，以免因為修過頭，讓影像失真、不自然。

Column

使用「濾鏡收藏館」

執行『**濾鏡／濾鏡收藏館**』命令，裡面有許多影像特效可以套用，若是套用多種效果，還能讓影像有更多不同的變化，以下介紹部分的濾鏡效果。

※ 素描類濾鏡，會套用前景色與背景色的設定來變化效果，這裡統一設定前景色：白 (#ffffff)、背景色：黑 (#000000)。

Chapter 04

—

可愛與童話風格的合成技巧

本章我們收集了許多復古素材與少女風格的範例照片，讓這些照片經由編修、合成，化身為可愛且有質感的作品。
以下將介紹許多可以應用在各種類型的編修手法，如果可以熟練並牢記，對於日後的影像編修工作一定會大有幫助。

Photoshop Recipe

Recipe

057 合成玻璃瓶裡的風景

把動、植物等素材合成在玻璃瓶裡，創造出獨特的微型世界。

原影像

01 增加瓶身透明感

開啟「玻璃瓶 .psd」，先處理去背的瓶身圖層。選擇**玻璃瓶**圖層，設定**色階**的**輸入色階**為 **0：1.00：235**，加強亮部增加玻璃瓶的透明感。這時瓶子的右側會變得比較白，請將**輸出色階**設定為 **0：245**，恢復原本瓶身的輪廓 01 02。

在**色彩平衡**中的**色調平衡**選取**亮部**，**顏色色階**的數值設為 **0：0：+10**，加強藍色 03。接下來，選取**色調平衡**中的**陰影**，**顏色色階**設定為 **+10：0：0**，加強土壤的紅色調 04 05。

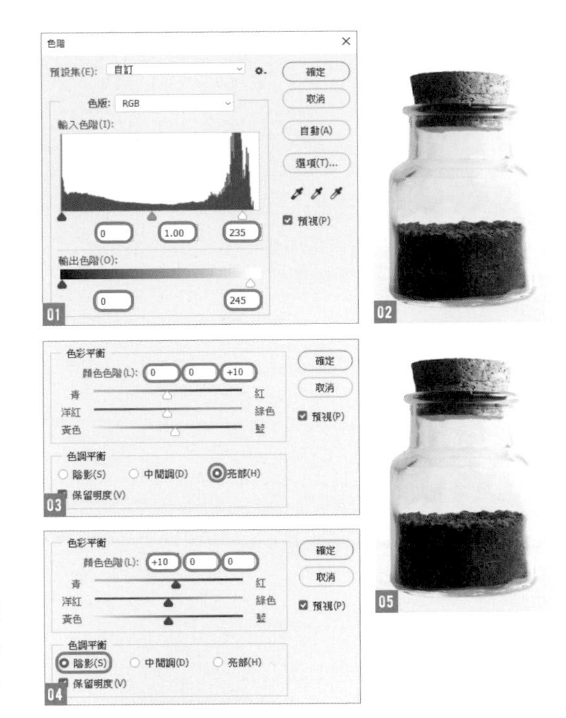

02 替放進玻璃瓶內的素材建立路徑

選擇**筆型工具**，在瓶子裡建立路徑。請參考圖 06，並思考素材要擺放的位置，以及各素材的前後位置。開啟**路徑**面板，將建立好的路徑命名為**瓶內側** 07。

03 製作草地花園

將「素材集 .psd」裡**花田**圖層移至最上層 08。按住 Ctrl 鍵再選取步驟 02 建立好的**瓶內側**路徑縮圖，即可建立選取範圍 09。

建立好選取範圍後選取**花田**圖層，按下**圖層**面板中的**增加圖層遮色片**鈕 10。

由於花田後面的直線顯得不自然，請選取遮色片縮圖，再按下**筆刷工具**，利用前景色**黑 #000000** 來加以修正，參考圖 11。修正好後，在選取遮色片縮圖的狀態下，選擇**工具**面板中的**模糊工具**來模糊界線。

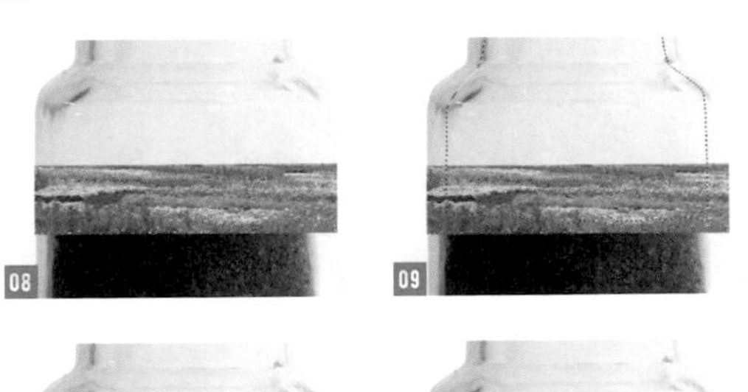

Point

無論是使用**筆刷工具**還是**模糊工具**，都不要以直線方式來操作，可視需要來改變筆刷的種類、不透明度等，在操作的同時要邊思考如何能讓畫面看起來更自然。

04 在畫面上方新增樹葉

與步驟 03 的方法相同，移動**樹葉**圖層至上層，再將步驟 02 製作的路徑建立成選取範圍後，套用圖層遮色片 12。

同樣選取遮色片縮圖，再用**筆刷工具**設定前景色**黑 #000000** 來修正遮色片。為了要讓樹葉看起來像是在玻璃瓶內，在建立遮色片時，瓶身的兩側要用**筆刷工具**編修成半透明的感覺，所以塗抹時要隨時調整筆刷的不透明度與筆刷尺寸來操作 13。

05 放置動物、樹木等素材

將「素材集 .psd」裡的**鹿**圖層移至畫面中。我們想讓鹿看起來像是站在花田中間，所以請在**圖層**面板中按下**增加圖層遮色片**鈕，利用筆刷把鹿腳周圍做細微編修，讓它看起來跟周圍的花草更融和 14 15。

同樣的操作方法，請由「素材集 .psd」中挑選素材，放置在喜愛的位置 16。

06 加上光線與陰影完成編修

在圖層最上方建立一個新圖層，命名為**玻璃瓶光線**，設定圖層混合模式為**覆蓋**，再用**筆刷工具**來描繪光線。

從瓶口的軟木塞來看，可以知道光線來源為右側，所以要利用**筆刷工具**，設定白色，在瓶身的右側加上光線 17。

在**背景**圖層之上建立一個新圖層，圖層命名為**玻璃瓶陰影**。選取**筆刷工具**後，設定黑色，參考圖 18 為玻璃瓶描繪陰影，瓶身與地面接觸的地方，陰影顏色最深；離地面愈遠的部份，顏色會較淺。

Recipe

058

調整景深來強調照片中的主角

這個單元將說明如何使用淺景深來強調照片中的主角。

Photo retouching

01 思考想要的畫面，再擺放素材的位置

開啟「風景 .psd」和「素材集 .psd」，移動「素材集 .psd」裡的**人物**、**狗**、**菇**到風景照中。擺放時要注意素材與背景的距離，並思考如何擺放才能看起來自然 01。

02 將素材群組化，再使用筆刷建立陰影

將素材**人物**、**狗**、**菇**群組化，群組名稱設為**角色**。在群組裡的最下方建立一個新圖層，命名為**陰影** 02。為了方便辨識，可將群組標示為紅色。選取**陰影**圖層，設定前景色**黑 #000000**，想像左上方有太陽，利用筆刷在女孩與狗的腳邊、菇的右側加上陰影 03。圖層的不透明度設定為 **65%**，讓它跟草原融為一體 04。

03 配合草原，建立圖層遮色片

選取**角色**群組，再按下**增加圖層遮色片**鈕 05 06。在選取遮色片縮圖的狀態下，點選**筆刷工具**，由筆刷預設集裡選擇**草** 07（參見下一頁的 **Point** 說明），前景色與背景色都設定為**黑 #000000** 08。為了要讓繪製的草看起來像是從土裡長出來的，所以才新增圖層遮色片。將筆刷尺寸調整為 **30～130** 像素，然後在圖層遮色片上塗抹 09。步驟 02 繪製的陰影部份，別忘了要套用此遮色片喔！

04 利用照明效果調整人物的光線

選取**人物**圖層，再按右鍵選取**轉換為智慧型物件**。執行『**濾鏡／演算上色／光源效果**』命令 10。點選面板上的**聚光燈**，把預視框的聚光燈設為圓形，拖曳到女孩的左側 11。在面板裡設定**強度：45／聚光：20／曝光度：30／光澤：-100／金屬：-100／環境光：35** 12。

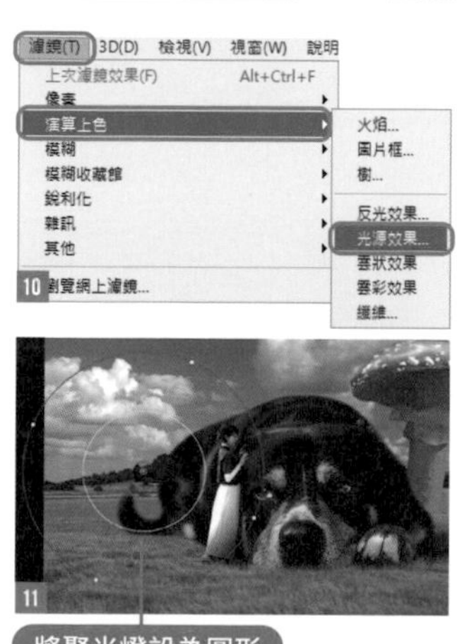

05 替背景加上模糊效果

選取**背景**圖層，按右鍵選取**轉換為智慧型物件**。執行『**濾鏡／模糊收藏館／光圈模糊**』命令 13。

為了讓照片看起來是對焦在人物與狗 14，所以將模糊的範圍調整為**模糊：12 像素**。

13 14

06 調整菇的光線，加上模糊效果

選取**菇**圖層後，按右鍵選取**轉換為智慧型物件**。

同步驟 04 的方法，執行『**濾鏡／演算上色／光源效果**』命令，把聚光燈拖曳到菇的左上方 15。

在面板裡設定**強度：20／聚光：20／曝光度：0／光澤：-100／金屬：-100／環境光：25** 16。

接著，執行『**濾鏡／模糊／高斯模糊**』命令，套用**強度：7 像素** 17。

15

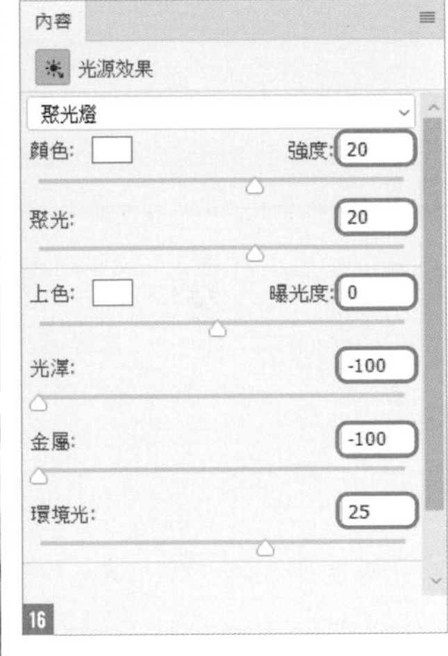

16

17

07 調整狗的對比，完成編修

選取**狗**圖層，按右鍵選取**轉換為智慧型物件**。執行『**影像／調整／色階**』命令。將**輸入色階**設定為 **0：0.85：230**，調高對比 18。製造出淺景深的效果，可讓主角脫穎而出 19。

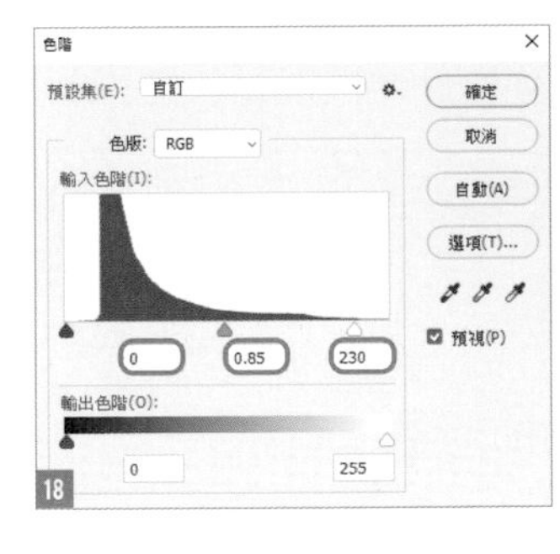

18

19

Point

如果找不到**草**筆刷，請執行『**視窗／筆刷**』命令，開啟**筆刷**面板，按下右上角的 ≡ 鈕，選擇**舊版筆刷**，將舊版筆刷加入預設集，即可展開**預設筆刷**裡的**草**筆刷 。

Point

要使用**光源效果**、**模糊收藏館**等濾鏡時，把要執行的圖層轉換成**智慧型物件**，就可以針對圖層套用濾鏡，或進行其它的調整操作。

Little Red Riding Hood

POP-UP BOOK

Recipe

059

拼貼風格海報

幫素材加上一點粗糙的邊界，再新增陰影，照片看起來就會像是紙工藝般的拼貼風格。

Photo retouching

01 使用「筆型工具」繪製形狀

開啟「背景 .psd」，建立新圖層。選取**筆型工具**，將**選項列**的**檢色工具模式**設為**形狀**，**填滿**設定茶色系的 **#655f53** 01。想像草皮的樣子，參考圖 02 畫出不平整的地面，圖層命名**地面 1**。

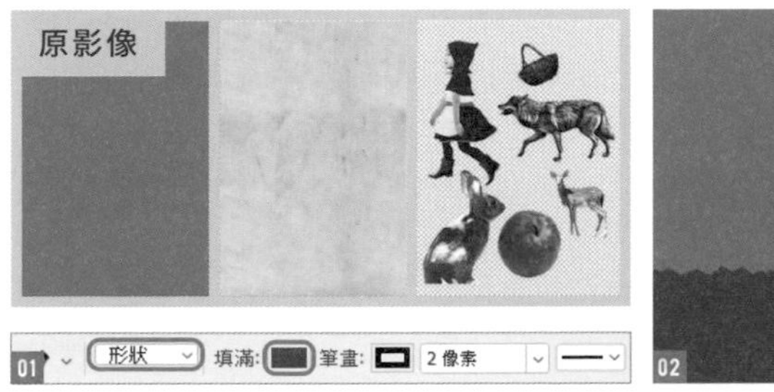

02 複製圖層，穿插配置

複製**地面 1** 圖層，命名為**地面 2**，移至下方位置 03。雙按**地面 2** 的圖層縮圖，開啟**檢色器**交談窗，設定**白 #ffffff** 04。

選取**移動工具** 05，利用鍵盤的 ↑ 方向鍵，將**地面 2** 圖層稍微往上移動，露出白色部分 06。

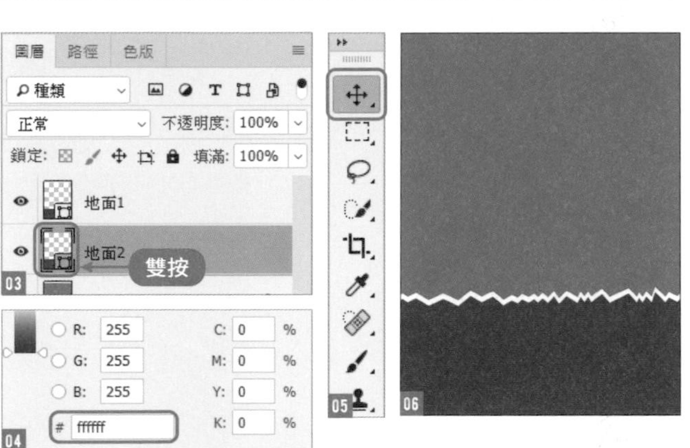

03 用「圖層樣式」增加陰影，做出立體感

選取**地面 2** 圖層，在圖層名稱右側雙按，開啟**圖層樣式**交談窗 07。預設會開啟在**混合選項**頁次，請勾選**陰影**頁次，再設定**角度：45°**／**尺寸：30 像素** 08。

白色形狀的外框會加上陰影，看起來會更有立體感 09。

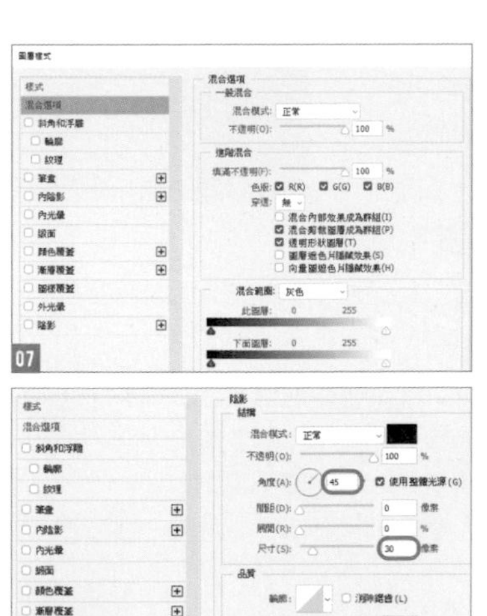

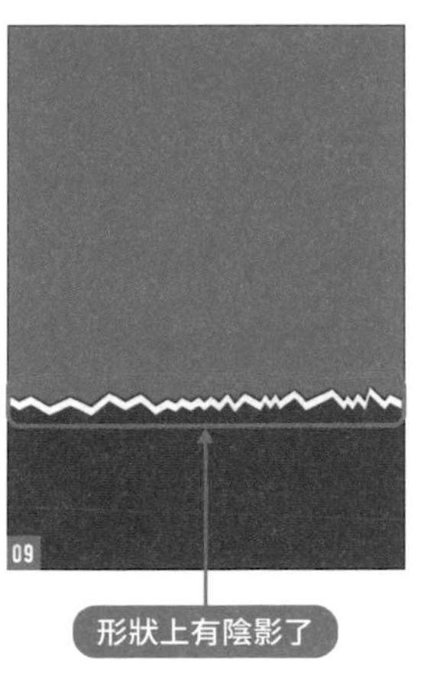

04 建立葉子輪廓

接著，我們要建立一個有粗邊的複雜形狀。如同步驟 01 的操作，在選項列設定填滿為 **#e5bd41**，參考圖 10，在上半部描繪出比剛才更密的線條路徑，使綠色部分的形狀接近扇形，將圖層命名為**葉 1**，並移到**背景**圖層上方。

如同步驟 02 做出白色的邊界線。為了要讓線條更有隨意的自然感，在**葉 1** 圖層之下，做出更複雜且隨意的線條感 11，圖層名稱為**葉 2**。可以依照步驟 03 開啟**圖層樣式**交談窗來設定陰影，不過圖層樣式是可以複製的，因此這裡改在**地面 2** 圖層上按右鍵，選擇**拷貝圖層樣式** 12，再於**葉 2** 圖層按右鍵選擇**貼上圖層樣式**，就會套用一樣的圖層樣式了 13。

10

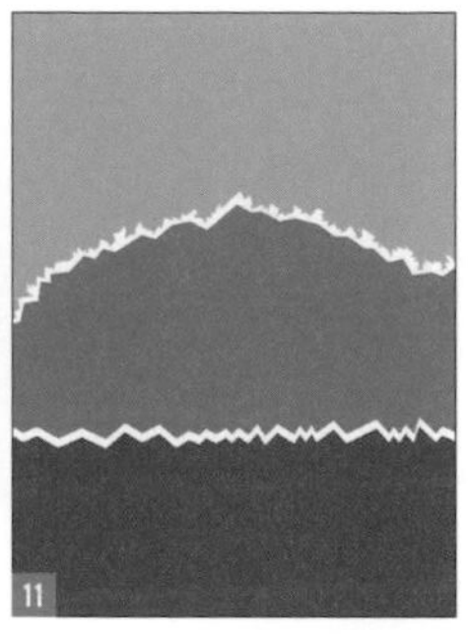
11

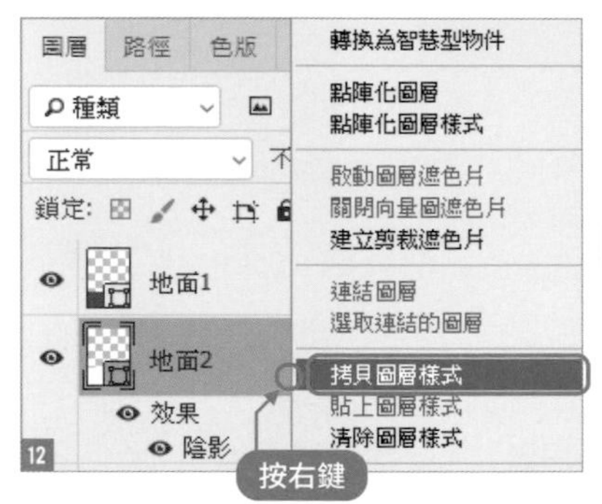

12

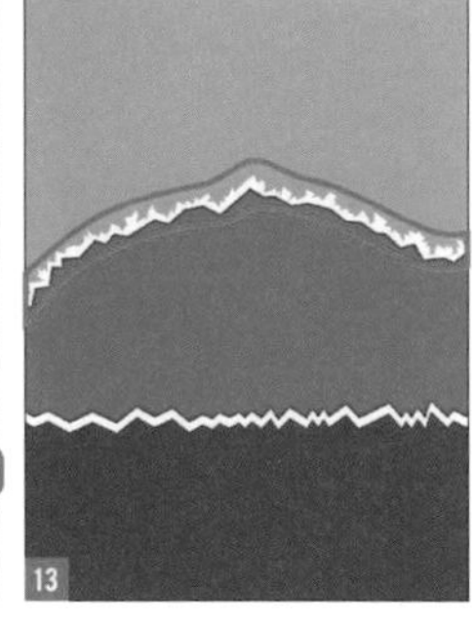
13

05 安排女孩及動物等素材的位置

從「素材集 .psd」裡移動所有的素材，放到適合的位置 14。

與步驟 04 相同步驟，為每個素材進行**在下層圖層建立白色不規則邊緣的形狀→為每個白色形狀的圖層名稱加上 2** 方便辨識→執行**圖層樣式「陰影」**的複製與貼上 15。

14

15

Point

如果想要刪除竹籃中間的部份，請在**竹籃 2** 圖層及白色邊界圖層（已設定陰影）選取的狀態下，從**工具**面板選取**筆型工具**後，將**選項列**設定為**路徑**，再將**路徑操作**設定為**去除前面形狀** 16，然後把想要去除的形狀建立出來就可以了 17。此外，**路徑操作**預設為**新增圖層**，操作時可依用途另做變更。

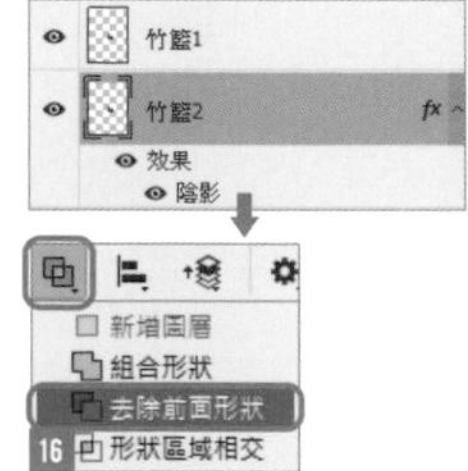

16

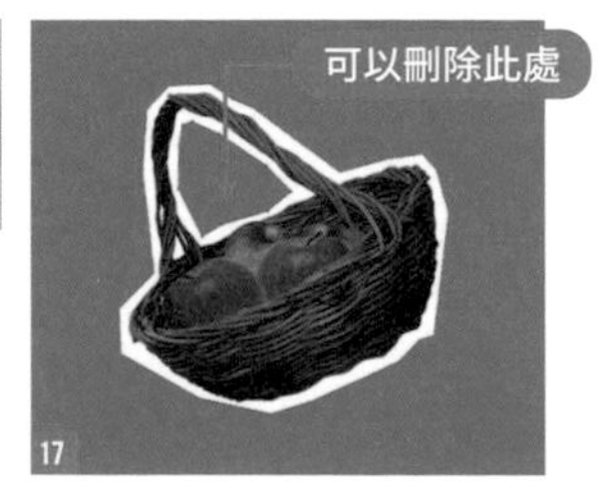

17

06 為群組套用遮色片，讓女孩手拿竹籃

請按下**圖層**面板的**建立新群組**鈕 18，將**竹籃 1**、**竹籃 2** 圖層拉曳到群組裡，群組命名為**竹籃** 19。

將竹籃移至女孩的手中 20。選取**竹籃**群組圖層後按下**移動工具**再拉曳，群組就會一起移動。另外，也可以利用方向鍵來微調位置。

選取**竹籃**圖層，再新增圖層遮色片 21。使用**筆刷工具**、**套索工具**，塗抹蓋住女孩手部與竹籃重疊的部份 22。

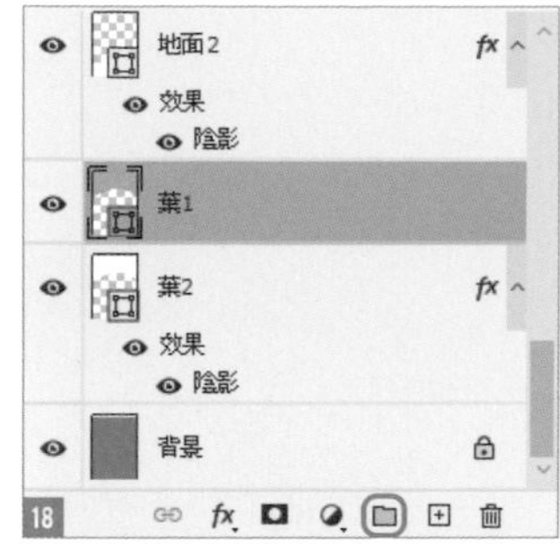

Point

把**竹籃 1**、**竹籃 2** 圖層群組化後，要移動或建立遮色片時，都可以一併套用，操作上會方便許多。

07 繪製樹木、複製蘋果完成畫面配置

利用形狀工具來繪製樹木，再複製多個蘋果，整個畫面就完成了 23。所有的操作只要重覆步驟 01～04 就可以了。

08 使用紙張效果，讓畫面有復古紋理的質感

開啟「紋理 .psd」，移至最上層，將圖層的混合模式設為**色彩增值**，增加畫面質感，作品就完成了 24。此例想像的作品是一本復古風格的繪本，完成的作品將會再加上文字內容。

Recipe

060

彩繪水泥牆效果

我們可以利用編修的手法，模擬出水泥牆上的彩繪插畫。技巧是使用**圖層樣式**讓圖畫像是被磨擦撕裂的感覺。

Photo retouching

01 在圖層上雙按，開啟「圖層樣式」交談窗

開啟「風景 .psd」，範例中已把**人物**、**雨**、**傘**、**彩虹**等素材拼貼在畫面上 01。**圖層**面板會顯示如圖 02 的狀態。在**雨**圖層的名稱右側雙按，開啟**圖層樣式**交談窗。

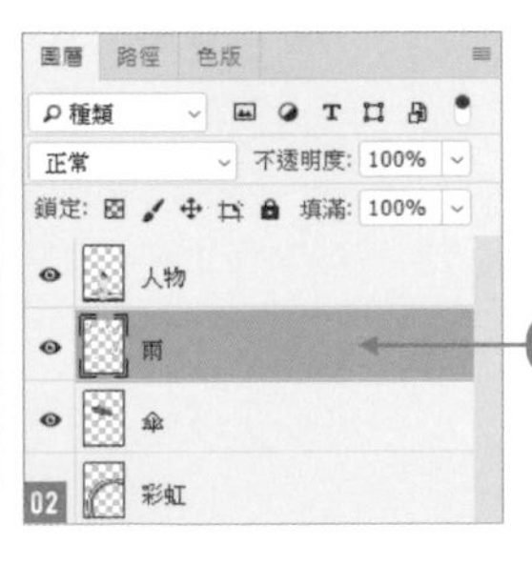

02 套用圖層樣式，讓素材跟牆面更融合

選取**混合選項**，將**混合範圍**區的**下面圖層**設定為 **140：218** 03。按住 Alt（option）鍵再點選右側調整點的左側，就會分割調整點，拖曳後設定為 **140：197／218** 04 05。

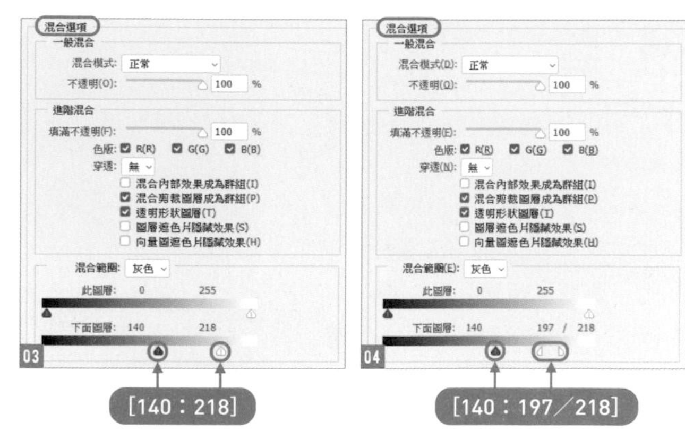

03 為各圖層套用圖層樣式

如同步驟 01、02 的操作，選取**彩虹**圖層，將**混合範圍**區的**下面圖層**設定 **180／200：210／215**，圖層的**不透明**為 **80%** 06。

傘圖層的**下面圖層**設定為 **135／163：197／218** 07，**草**圖層的**下面圖層**設定為 **140：197／218** 08 設定完成如圖 09。

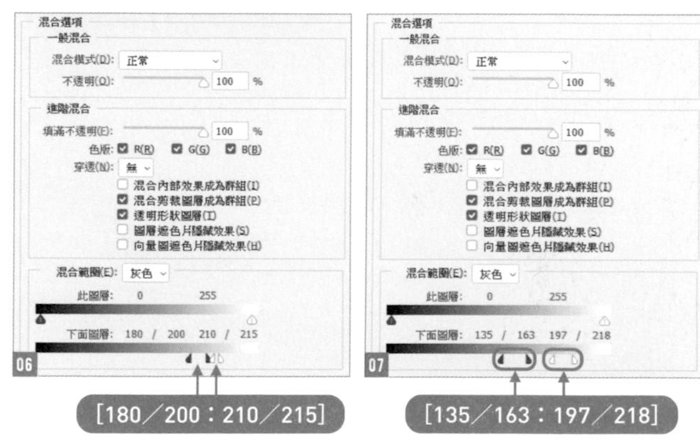

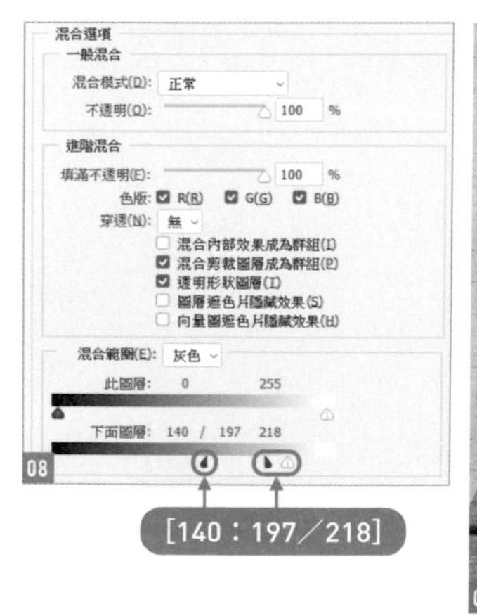

Point

在**混合範圍**區將調整點分割成 2 個時，其間的色階會以漸層與背景自然融合，這是因為各調整點的外側有遮色片的關係。此例中的**雨**圖層，在**下面圖層**中色階陰影側為 **0（最小）～140**，與亮部側 **218～255（最大）**已建立遮色片，**197～218** 則利用漸層來自然融合。調整**下面圖層**時，可以一邊拖曳調整點，一邊觀察，進而找出看起來最自然的設定值。

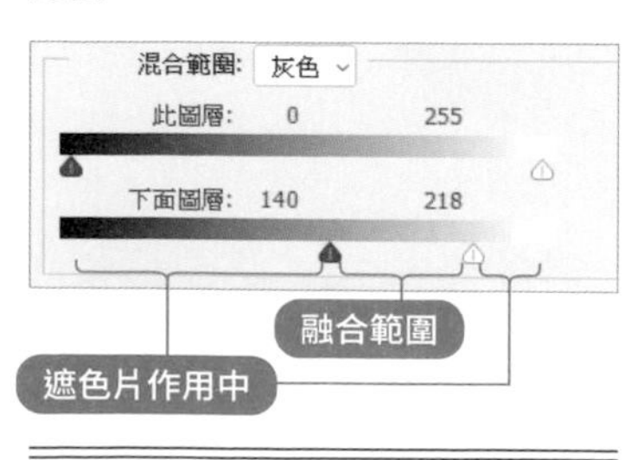

04 為彩虹加上遮色片就完成了

目前傘與彩虹是重疊的，我們要在**彩虹**圖層做出傘的遮色片。

按住 Ctrl（command）鍵再點選**傘**圖層縮圖，建立選取範圍 10。

執行『**選取／反轉**』命令 11，在**彩虹**圖層選取的狀態下，點選**圖層**面板裡的**增加圖層遮色片**鈕 12，雨傘形狀的遮色片就建立好了 13。

最後，再加上文字就完成整個作品了 14。

10

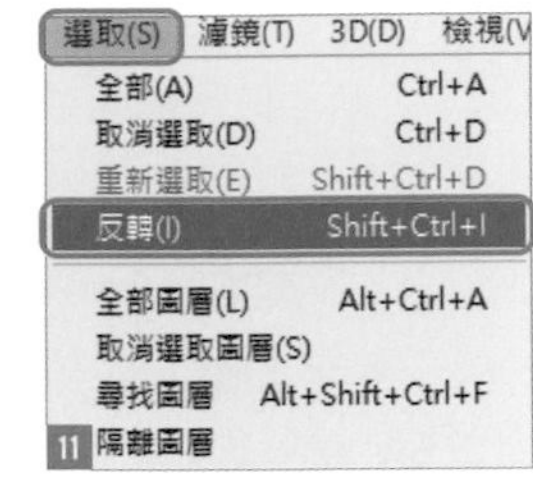

11

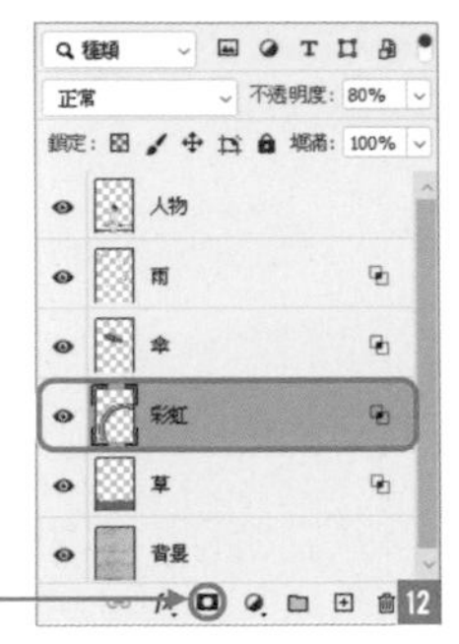

按下「增加圖層遮色片」鈕 12

13

14

Column

蒐集照片素材與拍照時的重點

若要製作平面照片的拼貼合成作品，在蒐集素材時要注意素材的輪廓，還有素材本身的顏色與質感等。合成時所使用的各種素材，是否具有相同的光影、顏色、質感等，與作品拼貼的成敗有很大的關係。

如右圖，筆者純粹只是把個人喜好的素材直接貼上，完全沒有考慮遠近與立體感。

此外，如果是要與現實生活中的風景進行照片合成，則要配合路徑來收集素材或是攝影拍照。如右圖，就要考慮背景與照片素材的關係，再來思考新素材的角度是要往上，還是向下？該放前面，還是放後面？像這樣的細節都必須事先構想，才能順利蒐集所需要的素材。

Recipe

061

製作粉嫩柔美，充滿少女情懷的照片

只要透過數次的編修再重疊漸層，並套用圖層的混合模式，就可以讓照片表現出單一編修功能所無法表現的少女風格。

Photo retouching

01 使用「曲線」增加照片質感及調整色調

開啟「人像 .psd」。從**圖層**面板按下**建立新填色或調整圖層**鈕，選取**曲線** 01。將左下角的控制點設為**輸入：0／輸出：21**，新增節點，設為**輸入：21／輸出：33** 02。選取**綠**色版再新增 2 個控制點，分別設為**輸入：71／輸出：53**，及**輸入：135／輸出：122** 03。照片會變為無光澤的質感，抽出一些綠色之後，強調出酒紅色調 04。

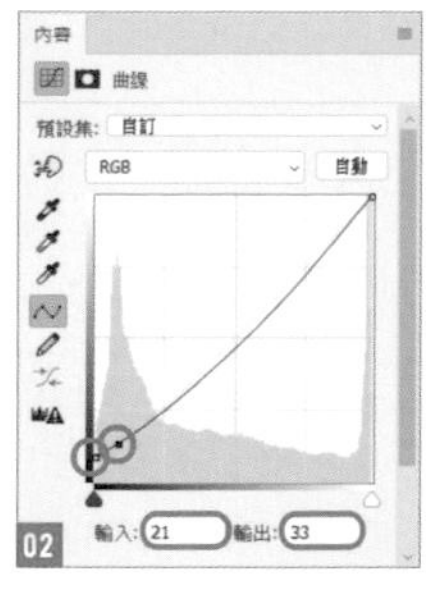

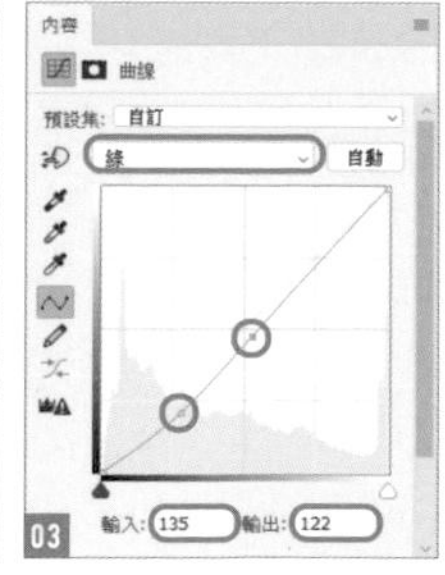

02 套用漸層，為整體影像增加淡粉色與黃色

從**圖層**面板中按下**建立新填色或調整圖層**鈕，選取**漸層**並移至最上層。

在開啟的交談窗中按下漸層長條，開啟**漸層編輯器**交談窗。將左側色標設為 **#f4ead3**，右側色標設為 **#dfa4bd**。上方的不透明度設為 **100%**（建議選取預設的**前景到背景**來變更顏色，會比較容易操作）05。

如圖 06，套用漸層色後，再將圖層的混合模式設為**柔光** 07。

03 替圖層填色，再套用「色彩增值」融合照片

按下**圖層**面板的**建立新填色或調整圖層**鈕，選取**純色**，再移至最上層。雙按調整圖層縮圖，開啟**檢色器（純色）**交談窗設定填入 **#cea96b** 08。

完成後將圖層的混合模式設為**色彩增值**，圖層的**不透明度**設為 **10%** 09。

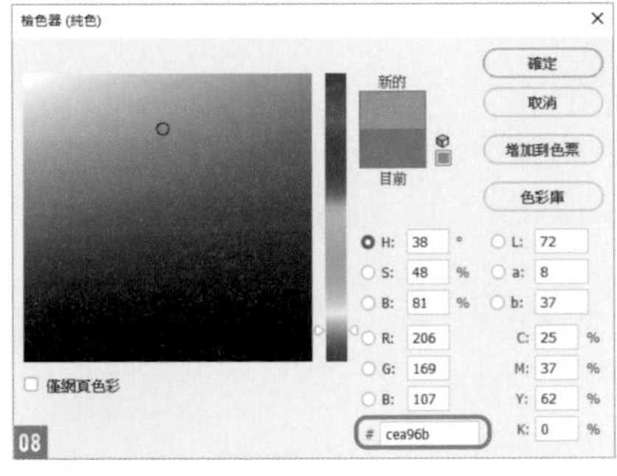

04 為整體重疊淡淡的白色漸層

在前景色**白 #ffffff** 的狀態下，按下**圖層**面板的**建立新填色或調整圖層**鈕，選取**漸層**並移至最上層。開啟**漸層填色**交談窗後，點選漸層長條，開啟**漸層編輯器**交談窗。選取**預設集**中的**前景到透明** 10，按下**確定**鈕後回到**漸層填色**交談窗，設定**樣式：線性／角度：-90°／縮放：100%** 11。

在**漸層填色**交談窗仍開啟的狀態下，在影像中拉曳，以調整漸層的位置。調整好後請將該圖層的**不透明度**設為 **20%** 12。

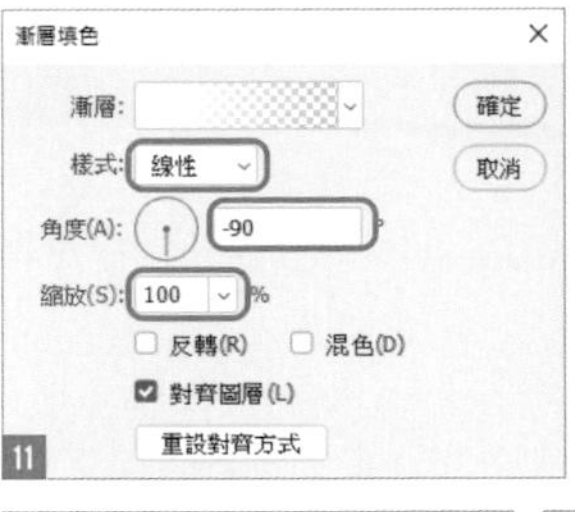

05 選取指定色調，統合整體的顏色後完成編修

由**圖層**面板的**建立新填色或調整圖層**鈕中按下**選取顏色**，並移至最上層。確認**內容**面板選取**相對**後，選取**顏色：黃色**，設定**青色：-100%／黃色：-100%** 13。

選取**顏色：白色**，設定**黃色：+50%** 14。選取**顏色：中間調**，設定**洋紅：+10%／黃色：-20%** 15。

將多個調整圖層加以重疊，照片會變得有少女風格且更有質感 16。

Point

選取**相對**，會依現有顏色的成份變化百分比。選取**絕對**，會增減色彩中指定的百分比。

選取「絕對」時的顏色變化

Recipe

062

仿舊的復古風作品

為照片加上皺褶、破裂及摺痕，可以讓照片看起來富有歷史感。

Photo retouching

原影像

01 用雲狀及雲彩效果做出皺褶感

開啟「花 .psd」。在上方建立新圖層，命名為**皺褶** 01。設定前景色**黑 #000000**、背景色**白 #ffffff**（或是按下**預設的前景和背景色**鈕，也可以回復預設狀態）02。

選取**皺褶**圖層，執行『**濾鏡／演算上色／雲狀效果**』命令 03，再執行『**濾鏡／演算上色／雲彩效果**』命令 04。接著，執行『**濾鏡／風格化／浮雕**』命令，設定**角度：90°／高度：13 像素／總量：75%** 05，像皺褶般的紋理就完成了 06。請將圖層的混合模式設定為**覆蓋**，讓紋理與背景融合 07。

01

02

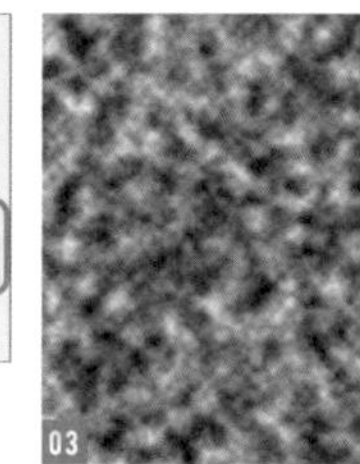
03

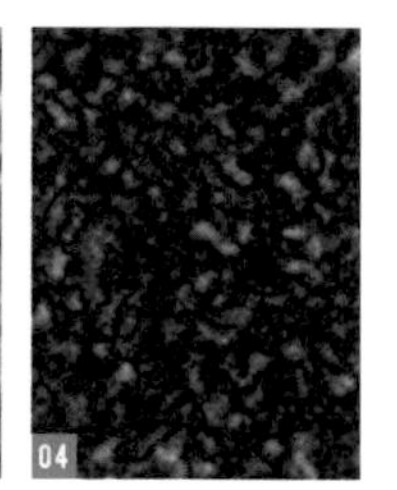
04

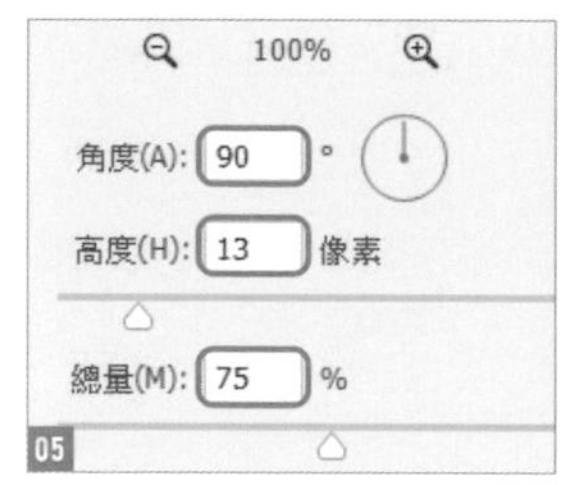

05

06

07

02 與使用過的紙做結合

開啟「紙 .psd」，移至**皺褶**圖層的下方 08，圖層命名為**紙**，設定圖層的混合模式為**色彩增值** 09。

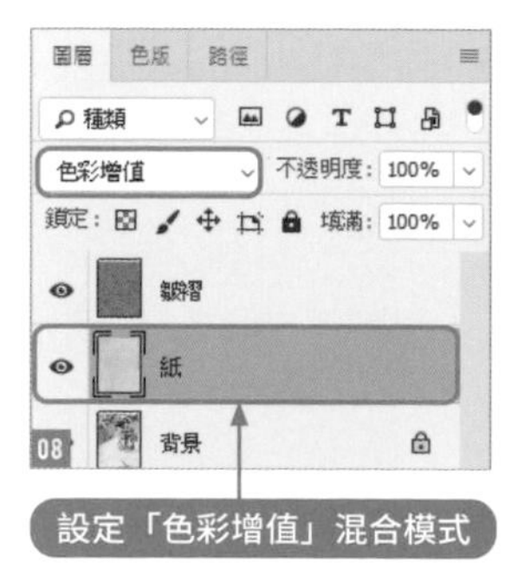

08

設定「色彩增值」混合模式

09

03 套用漸層，重現紙張的摺痕效果

在最上方建立一個新圖層，圖層名稱為**摺線** 10。按下**漸層工具**，在**選項列**裡設定漸層為白色到透明（可先設定**前景色**為**白**，再選取**前景到透明**），漸層種類為**線性漸層**／**模式：正常** 11。利用**選取工具**將左半部建立為選取範圍 12。

從選取範圍的右側開始往左拖曳，建立漸層 13。反轉選取範圍，漸層色改為黑色到透明，這次從選取範圍的左側往右拖曳，建立漸層 14。白與黑的漸層寬度大致相同。接著，取消選取範圍，再將圖層的混合模式設為**覆蓋**，**不透明度：40%** 15。

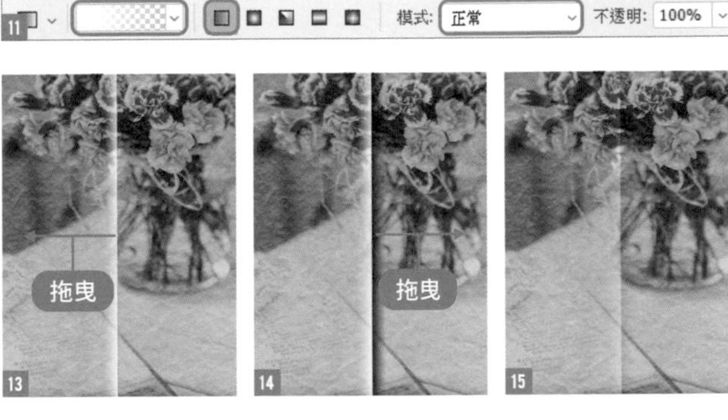

04 複製摺痕，在紙張的四邊加上破損

複製**摺線**圖層，變更角度及尺寸後配置在畫面上 16。將所有的圖層群組化，群組名稱為**效果**。在**圖層**面板按下**增加圖層遮色片鈕** 17。在群組外的下方建立名為**背景**的新圖層，用**油漆桶工具**填滿白色 18。最後，要為紙張的四邊做出有破損的加工。選取**效果**圖層的遮色片縮圖，點選**筆刷工具**。筆刷形狀選取**舊版筆刷**下**預設筆刷**的**粉筆：60 像素** 19 。在**筆刷設定**面板裡設定**筆刷動態**的**角度快速變換：30%** 20 ，就可以畫出紙張破損的感覺了。紙張的四個角落用筆刷遮色片後，把角落與摺痕的遮色片稍微往內側移動，破損的效果會更逼真。範例是重疊了復古印章素材後所完成的作品 21 。

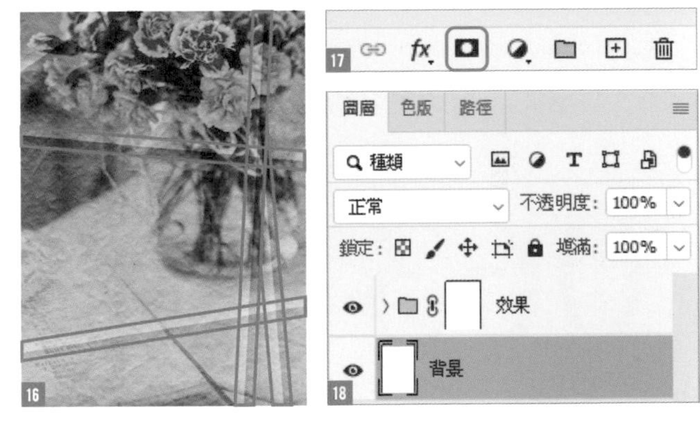

Recipe

063

為照片加上閃亮的裝飾元素

用筆刷來幫照片加上閃亮的裝飾吧！自訂筆刷後，就可以應用在各種畫面。

Photo retouching

原影像

01 建立顆粒狀且不規則擴散的筆刷

開啟「人像 .psd」。選取**筆刷工具**，再執行『**視窗**／**筆刷**』後，開啟**筆刷設定**面板 01 02。直接選取預設裡的**柔邊圓形**筆刷。點選**筆尖形狀**，設定**尺寸：20 像素**／**間距：200%** 03。接著，選取**筆刷動態**，設定**大小快速變換：100%** 04。選取**散佈**，設定**散佈：1000%** 05。
大小不一擴散狀的圓點筆刷就完成了。把建立好的筆刷儲存起來，方便日後使用。選取**筆刷**面板右下角的**建立新筆刷**鈕，再為筆刷命名就完成了。

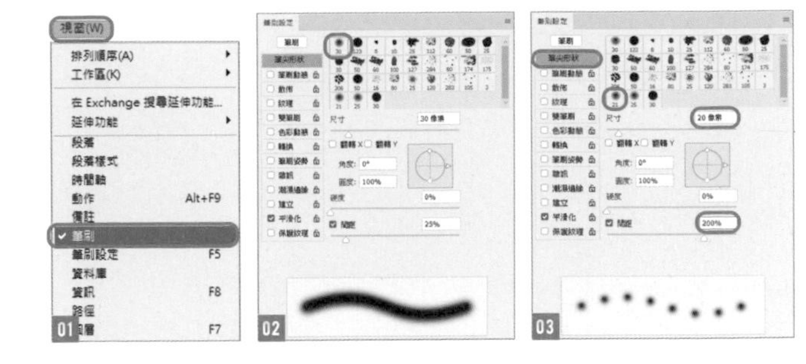

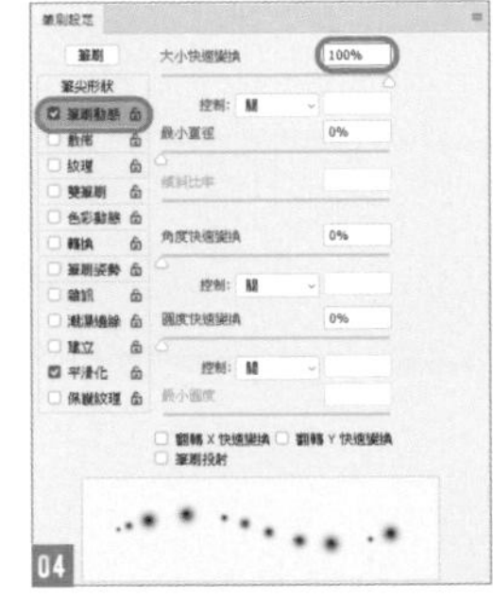

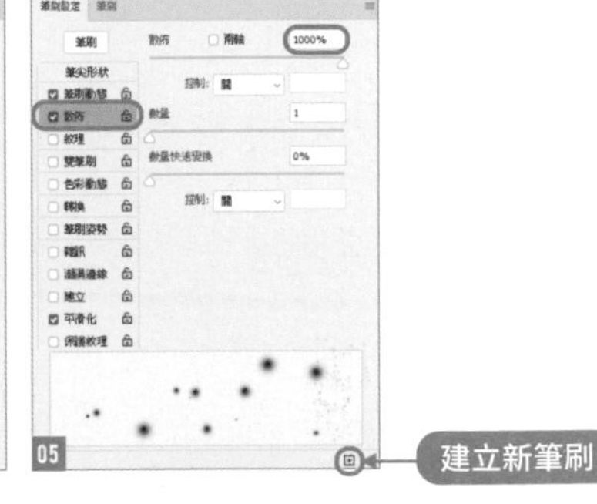

02 使用自訂的筆刷繪製光點

建立一個新圖層，圖層名稱為**光點**，移至最上層。使用步驟 01 自訂的筆刷來繪製光點 06。
想像隨風飛揚的蒲公英，再變更筆刷的尺寸來繪製。

03 套用圖層樣式，讓光點發亮

選取**光點**圖層，在圖層名稱右側雙按，開啟**圖層樣式**交談窗。選取**外光暈**頁次，設定**不透明：100%**，顏色則是跟背景接近的黃色 **#fefa90**，**尺寸：15 像素**／**範圍：50%**，套用後就完成了 07 08。

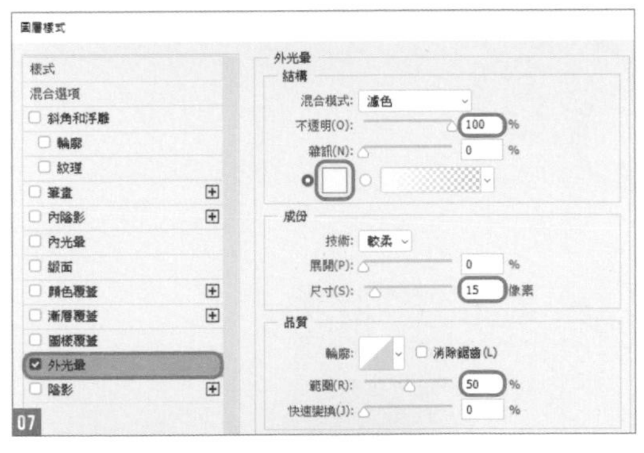

EYEWEAR SUMMER COLLECTION

Recipe

064

把照片加工成印刷網點風格

將照片轉換為網點效果，可讓作品變成類比風格的質感。

Photo retouching

01 為人像照片套用印刷風格

開啟「人像 .psd」。複製圖層，上層圖層命名為**彩色網屏**，下層圖層命名為**人物** 01。

在**彩色網屏**圖層執行『**濾鏡／像素／彩色網屏**』命令 02。

設定**最大強度：4 像素**，各色版為 45 03。照片變成點狀的印刷風格了 04。

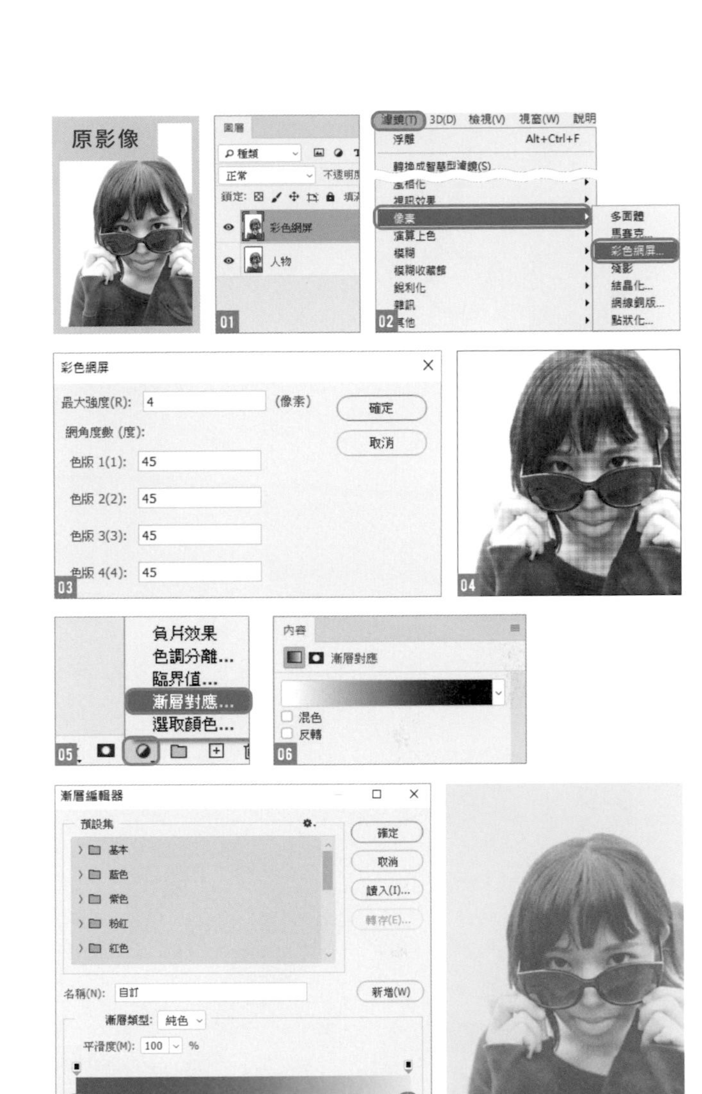

02 使用漸層，把照片變成雙色調

從**圖層**面板按下**建立新填色或調整圖層**鈕，選取**漸層對應** 05，移至最上層。

點選面板中的漸層長條 06，開啟**漸層編輯器**交談窗 07。

如圖建立紫色 **#fc00f9** 到黃色 **#fff100** 的漸層，照片就會變成紫色與黃色，兩色系的影像了 08 。

03 調整彩色網屏的重疊狀態

執行到這個步驟點狀的印刷效果已經完成了 09。

請再次選取**彩色網屏**圖層，將**不透明度**設成 **30%**。與設定**不透明度**前相比 09，畫像的印刷感更鮮明也更立體了 10。

Recipe

065

將照片加工成漫畫風格

這裡我們要把人像照片編修成 POP 的美國漫畫風格。

Photo retouching

01 先轉換成黑白照片，再調整畫面的亮度

開啟「人像 .psd」。選取圖層後按右鍵，點選**轉換為智慧型物件**。複製成 3 個圖層，由上至下名稱分別設為**輪廓**、**網點**及**人物** 01。

選取**人物**圖層，其他圖層設為不顯示，再執行『**影像／調整／黑白**』命令，直接套用預設值 02。

執行『**影像／調整／陰影／亮部**』命令。設定**陰影**：**總量**：**68%／色調**：**38%／強度**：**49 像素**。設定**亮部**：**總量**：**37%／色調**：**50%／強度**：**6 像素**。**調整**區設定**顏色**：**0／中間調**：**+19** 03，套用後，畫面整體的亮度就會很均勻了 04。

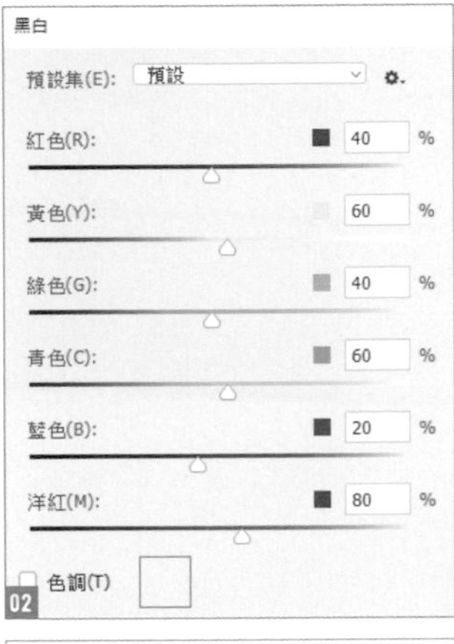

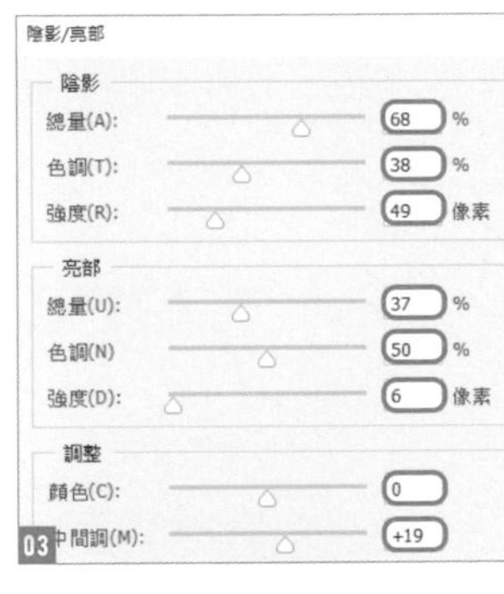

02 使用「色調分離」製作插畫風格

執行『**濾鏡／模糊／高斯模糊**』命令，設定**強度**：**1.5 像素** 05。

執行『**影像／調整／色調分離**』命令，設定**色階**：**4** 06。

套用**高斯模糊**濾鏡可以讓色調分離的效果更加自然 07。

03 為影像加上印刷品的網點

選取**網點**圖層，跟步驟 01 相同，套用**黑白**效果。

執行『**濾鏡／像素／彩色網屏**』命令，設定**最大強度：5 像素**，色版各設為 **50** 08。

執行『**濾鏡／模糊／動態模糊**』命令，設定**角度：45°／間距：8 像素**，重現印刷風格的質感 09。

將圖層的混合模式設為**柔光**，整體的表現會更自然 10。

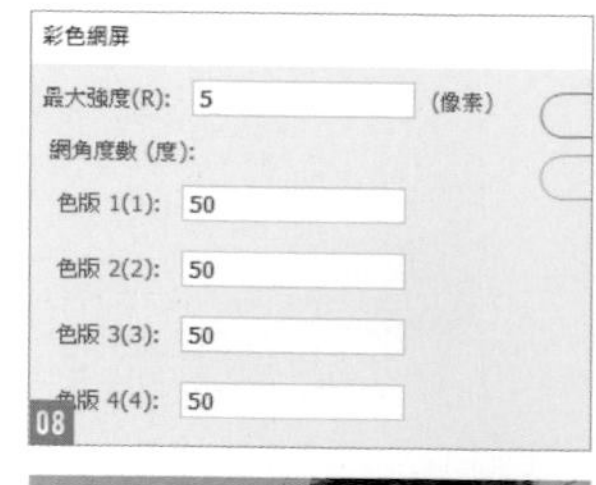

08

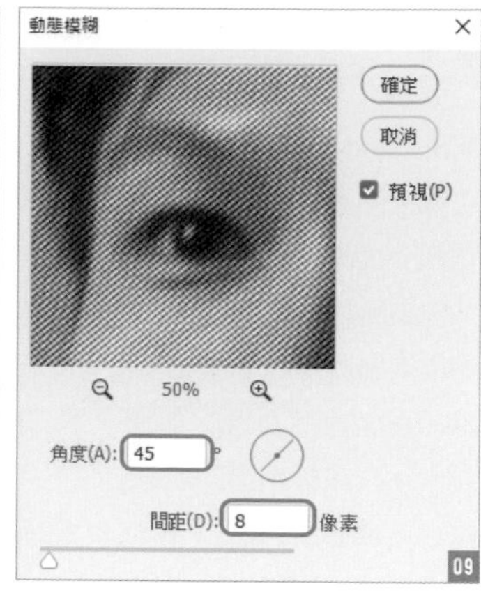

09

10

04 強調輪廓

選取**輪廓**圖層，執行『**濾鏡／風格化／尋找邊緣**』命令 11 12。

為了加強調輪廓，請執行『**影像／調整／色階**』命令，並將**輸入色階**設為 **0：0.20：210** 13。圖層的混合模式設為**色彩增值** 14。

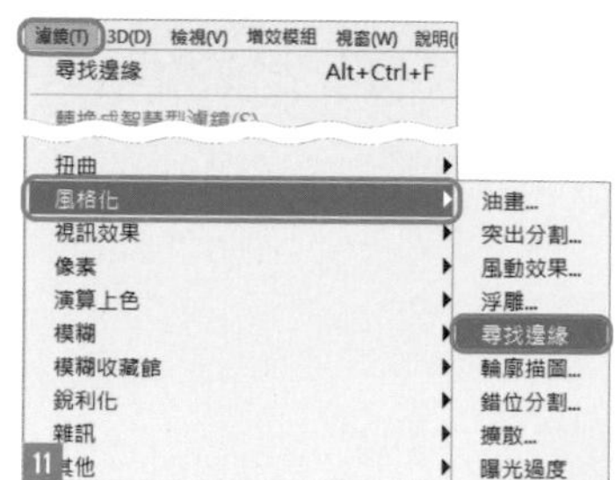

11

12

13

14

05 重疊填滿色彩的圖層，整合色調

按下**圖層**面板裡的**建立新填色或調整圖層**鈕，選取**純色**，並將圖層移至最上層 15。

雙按圖層縮圖，在**檢色器(純色)** 交談窗中設定 **#00b4ff**，圖層的混合模式設為**柔光**，就完成人物的編修了 16 。

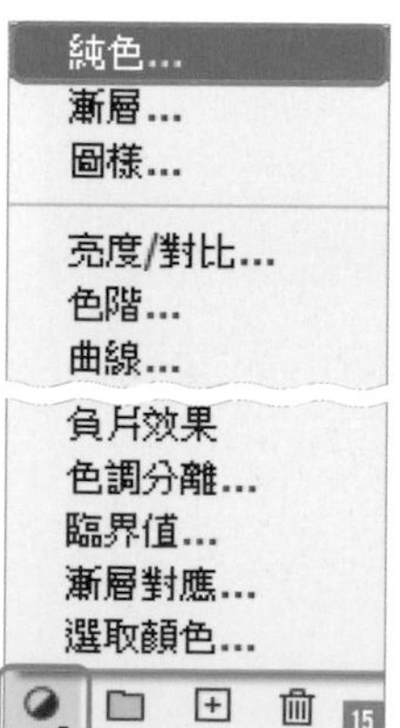

15

16

06 加上漫畫風格的佈置及人物形狀的遮色片

開啟「裝飾 .psd」，將 **dot 青**圖層移至「人像 .psd」的最上層，混合模式設為**柔光** 17。使用**筆型工具**建立人物以外的路徑，完成後按右鍵選取**建立選取範圍**。接著選取 **dot 青**圖層，按下**圖層**面板中的**增加圖層遮色片** 18 19。

移動**集中線**圖層，放在 **dot 青**圖層的上方。按住 Alt（option）鍵再拖曳 **dot 青**的圖層遮色片縮圖至**集中線**圖層，複製圖層遮色片 20。用一樣的方式，將 **line 2** 圖層移到最上層，再複製圖層遮色片 21。

07 為作品做最後的裝飾

將 **dot 紫**圖層移至 **line 2** 圖層的下層 22，將 **dot 黃**圖層放在 **line 2** 圖層的上層。最後在上面依序加上 **line**、**bang-**、**!**、**what** 圖層就完成了 23。

Recipe

066 為照片加上夢幻的泡泡

用一張背景照片，就可以做出逼真的肥皂泡泡。

Photo retouching

01 從背景裁切，複製出新圖層

開啟「人像 .psd」。從**工具**面板裡選取**矩形選取畫面工具**，按住 Shift 鍵再圈選出一個有花與綠色背景的正方形範圍 01。

在選取的狀態下，按右鍵選取**拷貝的圖層**，圖層命名為**泡泡** 02。

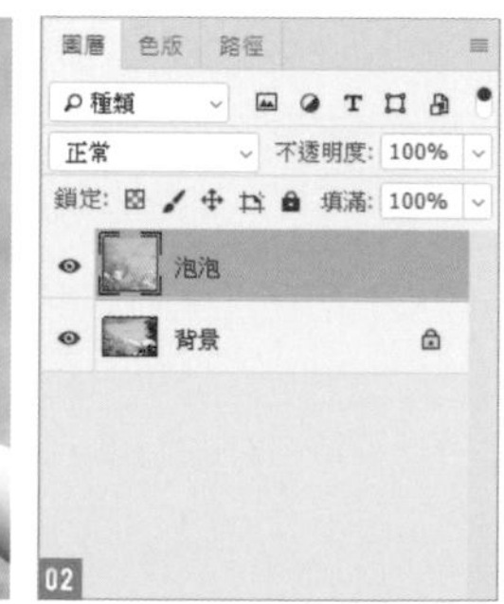

02 做出真實的泡泡

按住 Ctrl（command）鍵再點選**泡泡**圖層的圖層縮圖，建立選取範圍 03。

在選取的狀態下，執行『**濾鏡／扭曲／旋轉效果**』命令 04。選取**矩形到旋轉效果**後套用 05 06。

03

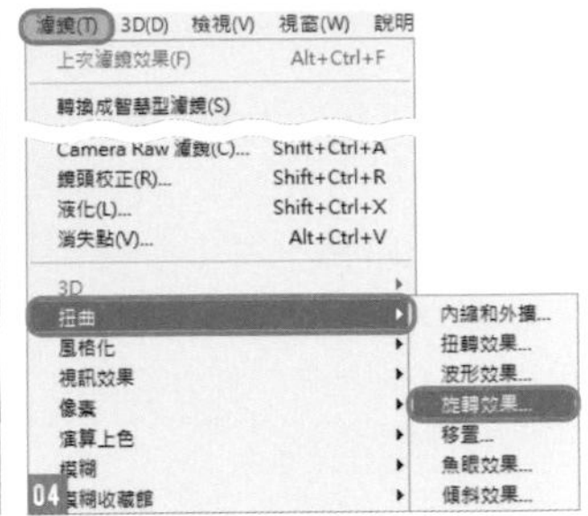

04

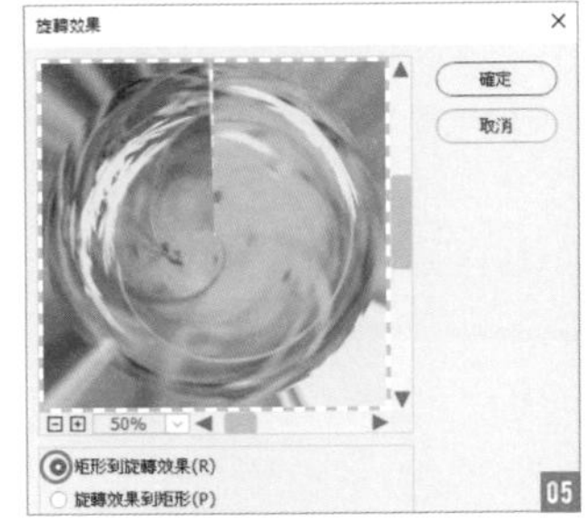

05

06

03 用「指尖工具」將直線暈開，再裁切出泡泡形狀

由於中央有一條直線，所以請選取**指尖工具** 07，設定**筆刷尺寸：50 像素／強度：50%**，從左至右、右至左塗抹，讓線條自然地暈開 08。

選取**橢圓選取畫面工具**，按住 Shift 鍵拖曳出圓形，建立一個正圓的選取範圍 09。

接著按右鍵選取**反轉選取**後，按下 Delete 鍵，正圓以外的部份就會被刪除了 10。

07

08

09

10

04 新增魚眼效果再套用遮色片，讓中間部份變透明

按住 Ctrl（command）鍵，點選**泡泡**圖層的縮圖後，建立選取範圍。執行『**濾鏡／扭曲／魚眼效果**』命令 11，設定**總量：100%／模式：正常**，按下**確定**鈕 12。

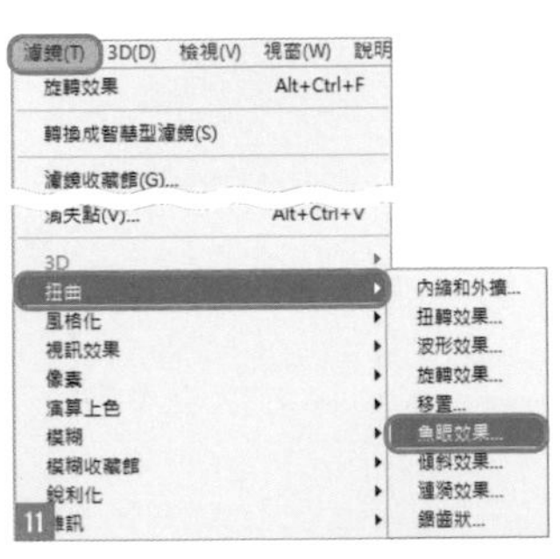

11

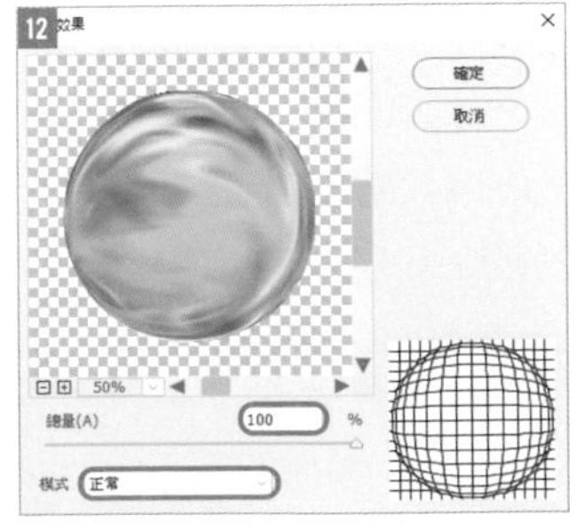

12

在選取的狀態下，點選**圖層**面板的**增加圖層遮色片**鈕 13。

選取**泡泡**圖層的遮色片縮圖 14。

點選**漸層工具**，設定前景色為**黑 #000000**，在**選項列**設定**預設集**中的**前景到透明／放射性漸層**，並調整不透明度 15。

從泡泡的中央開始向外拉曳至超出外圍一點點的位置，以漸層色新增圖層遮色片 16。因為中央有遮色片的緣故，就會變成中間透明的肥皂泡泡了。

05 調整泡泡的亮度，新增彩虹效果

選取**泡泡**圖層，再執行『**影像／調整／色階**』命令。設定**輸入色階**為 **0：1.30：190** 17。

在**泡泡**圖層的名稱右側雙按，開啟**圖層樣式**交談窗。

選取**漸層覆蓋**，再設定**混合模式：柔光／不透明：100%／漸層：光譜／樣式：放射性／角度：90°／縮放：150%** 18 19。

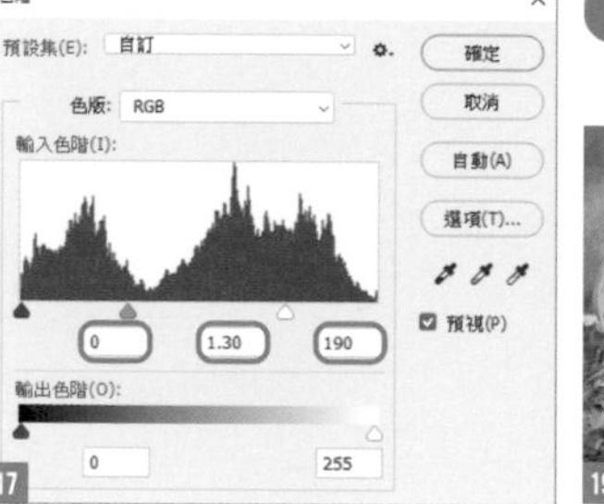

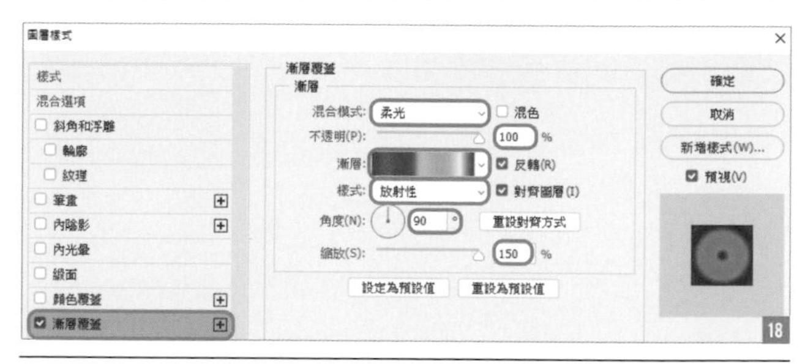

※ **編註：光譜**漸層，收錄在**舊版漸層**的**舊版預設漸層**底下，可參考 95 頁的說明載入。

06 複製泡泡，再佈置畫面就完成了

複製泡泡，再使用**任意變形**功能自由變更尺寸，並移至理想的位置 20。前面可以放比較大的泡泡，後面的泡泡可以套用**高斯模糊**效果，設定**強度：3 像素**，整個範例就完成了 21 22。

Point

如果使用『**編輯／變形／彎曲**』功能，可以讓泡泡看起來更柔軟。

Recipe

067

用植物與花朵點綴 Logo

在此將介紹使用植物、花朵做出自然感 Logo 的方法。

原影像

Photo retouching

01 將植物、花朵與文字重疊結合

開啟「背景 .psd」。將 "flower" 文字配置到適當位置，之後要放入植物素材 01。開啟「素材集 .psd」檔案，移動**葉**圖層，放在 flower 的 l 上方 02。

使用**任意變形**與**操控彎曲**（可參考 138 頁所介紹的，利用**操控彎曲**功能改變姿勢）功能，在文字上做調整 03。

01

02

03

02 用花朵來表現「flower」的「o」，再用白色小花加粗字體

移動**花 (0)** 圖層，放在 o 的上面。移動**花 (基本)** 圖層如圖 04 擺放。

使用**任意變形**功能，透過**放大縮小**、**旋轉**等操作來排列影像。

將白色的花當做基本底色，是為了讓接下來要擺放的彩色花朵，看起來更鮮明。

04

字母 o 用花朵來表現

03 注意協調性來裝飾畫面

擺放花朵素材。在字母 f 頂端放一朵大的花，適當安排高、低密度的節奏感。此外，只有葉子的部份，也要考慮擺放的位置再加以調整 05。在想要強調的地方，放上**鳥**素材後就完成了 06。

05

06

Recipe

068

讓蘑菇發出夜燈般的光芒

重疊多張「覆蓋」混合模式的圖層，就能製造出不可思議的發光蘑菇。

Photo retouching

01 在畫面的四個角落加上漸層

開啟「蘑菇 .psd」。設定前景色**黑 #000000**，點選**圖層**面板裡的**建立新填色或調整圖層**鈕選擇**漸層** 01 。開啟**漸層填色**面板後，將漸層設定為預設的**前景到透明／樣式：放射性／角度：90°／縮放：70%**，再勾選**反轉** 02 。

現在畫面的 4 個角落都變暗了，接下來要增加亮度時會更容易調整 03。

02 在蘑菇中央增加光源

在最上面建立一個新圖層，命名為**中央光**，選取**橢圓選取畫面工具**，在蘑菇的中央選取一個圓形範圍 04。選取**油漆桶工具**，設定前景色**白 #ffffff** 後填滿 05。

取消選取範圍後，執行『**濾鏡／模糊／高斯模糊**』命令，設定**強度：10.0 像素**後套用 06，將圖層的混合模式設定為**覆蓋** 07。

04

05

03 替蘑菇加上有色光

同步驟 02 的作法，製作一個大尺寸的有色光。請建立一個新圖層**有色光**，放在**中央光**的下面。選取**橢圓選取畫面工具**選取一個圓形範圍，填滿顏色 **#ffca1f** 08。取消選取後，再執行『**濾鏡／模糊／高斯模糊**』命令，設定**強度：30 像素**，再設定圖層的混合模式為**覆蓋** 09。將**中央光**、**有色光**兩圖層設成群組，群組名稱為**菇的光** 10，群組的顏色設成黃色。

04 複製光線

複製群組**菇的光**，將它重疊在剩下的 3 個蘑菇上，配合蘑菇的尺寸，利用**任意變形**功能來調整尺寸 11。

05 為整體影像繪製光線

在**漸層填色 1** 圖層的上面（4 個群組的下面）建立一個新圖層，命名為**整體白光**，圖層的混合模式為**覆蓋**。

選取**筆刷工具**，設定前景色白 **#ffffff**。

設定**柔邊圓形**筆刷，筆刷尺寸配合蘑菇中央，再依蘑菇的傘狀來描繪光線。想像著光線透過蘑菇灑落在木頭上的感覺來描繪 12 13。此例設定筆刷尺寸 **15～50 像素**，不透明度 **30%～100%**，在繪製時隨時調整筆刷與不透明度來繪製。

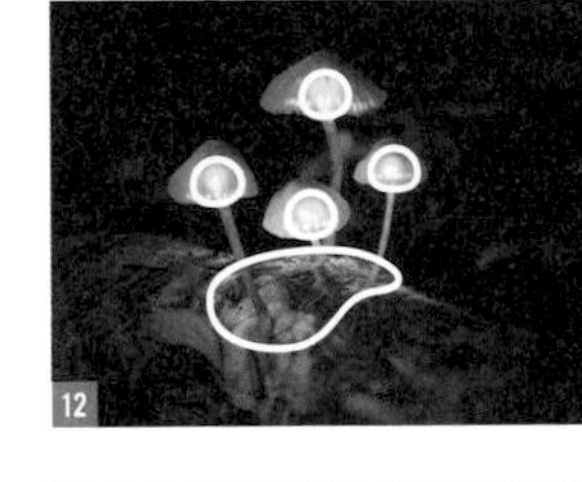

06 為所有的蘑菇加上有色光

跟步驟 05 一樣，設定顏色 **#ffca1f**，畫出大範圍的光線。筆刷尺寸是與蘑菇差不多約 **30 像素**，灑落在木頭上的光線約 **100 像素**，不透明度設為 **30%**，重複塗抹就可以了 14。在最上面建立一個新圖層**光顆粒**，使用 **172 頁**所製做的筆刷，在蘑菇周圍加上亮晶晶的裝飾就完成了 15。

01 將各素材平衡的配置

執行『**檔案／開新檔案**』命令，設定文件尺寸為**寬度：2500 像素／高度：1760 像素** 01。

開啟「dog.psd」後放在中央位置 02。在 **dog** 圖層下建立新圖層，再選取**套索工具**，依狗的身體線條來建立選取範圍 03 04。

選取**油漆桶工具**，設定前景色**黑 #000000** 後填滿 05 06。

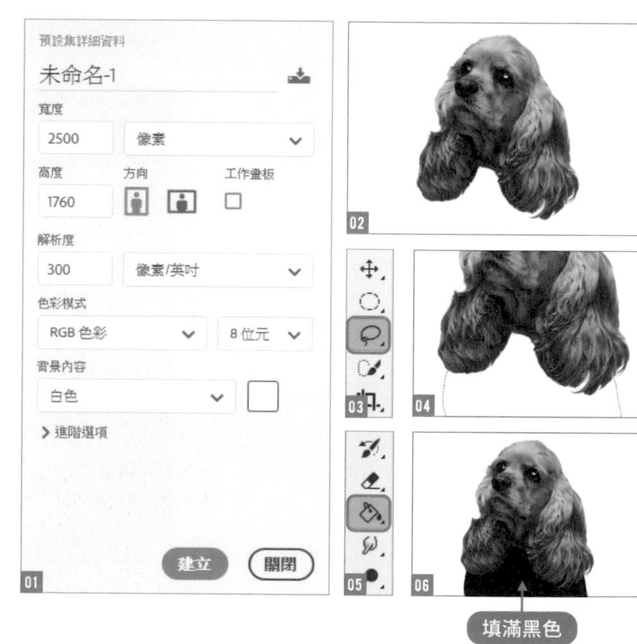

02 合成帽子

開啟「帽子 .psd」放在文件中，再增加圖層遮色片 07 08。

為**帽子**圖層繪製遮色片。一邊切換**帽子**圖層的顯示／隱藏狀態，一邊確認下方 **dog** 圖層的位置，讓帽子像戴在小狗的頭上。建立好遮色片後，先告一段落 09。

為了要把帽子放在更適當的位置，先解除遮色片與圖層的連結 10，執行『**編輯／任意變形**』命令，來調整帽子的位置 11。

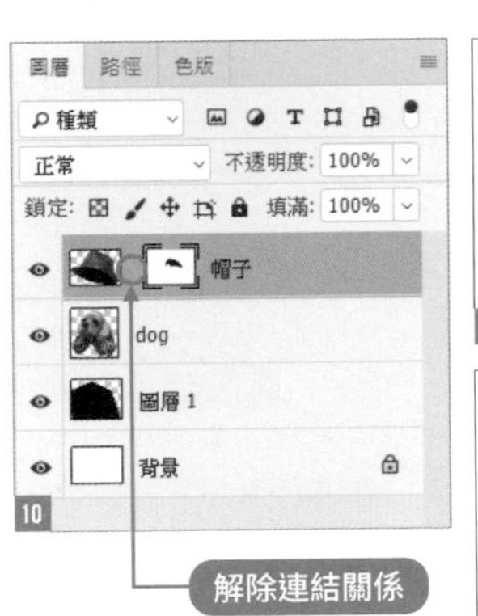

帽子的位置決定後，再修改**帽子**圖層的遮色片 12。

Point

調整筆刷的不透明度，注意帽子的陰影漸層來修改遮色片，可以呈現更自然的感覺。

03 合成小狗戴的眼鏡

開啟「眼鏡 .psd」，把素材放到文件中 13。

執行『**編輯／任意變形**』命令，出現變形預視框後按右鍵，選取**扭曲** 14。

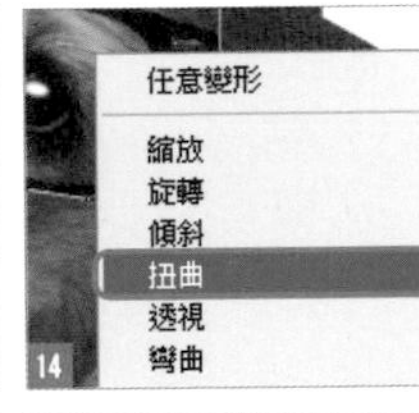

配合小狗臉的角度，左側眼睛在前方，右側眼睛在後方，為眼鏡做扭曲的動作 15。

眼鏡的角度決定好之後，替**眼鏡**圖層新增遮色片 16，鼻頭不需要的部份也要一起在遮色片中塗抹 17。

04 替眼鏡加上鏡片

選取**眼鏡**圖層，在**工具**面板點選**快速選取工具**後，將眼鏡內側建立為選取範圍 18。在**眼鏡**圖層下方，建立一個新圖層，取名為**鏡片**。選取**油漆桶工具**，填滿白色 19 20。跟新增**眼鏡**的遮色片作法相同，在**鏡片**圖層利用**筆刷工具**，為鼻子的輪廓建立遮色片 21。

完成遮色片後，請設定**鏡片**圖層的**不透明度：25%**，表現出鏡片的透明感 22。

05 合成背景

開啟「書架 .psd」，調整位置後放在最下層的位置 23。

要表現出與畫面中角色的遠近感，請執行『**濾鏡／模糊／高斯模糊**』命令，套用**強度：4.0 像素**後，按下**確定**鈕 24 25。

06 調整帽子的顏色，改變光線的方向

目前畫面整體看起來是茶色系，比較枯燥，所以我們想將帽子改成紅色，做一點變化。選取**帽子**圖層，執行『**圖層／新增調整圖層／色相／飽和度**』命令，勾選**使用上一個圖層建立剪裁遮色片** 26。

設定**色相：-22** 後，帽子的顏色就變成紅色了 27 28。

接下來要調整帽子的光線，選取**帽子**圖層，再執行『**濾鏡／演算上色／光源效果**』命令。想像光從左上方照射下來，然後移動圓形光來決定位置 29。

設定的內容如圖 30。帽子加上了陰影後，顯得更立體了 31。

29

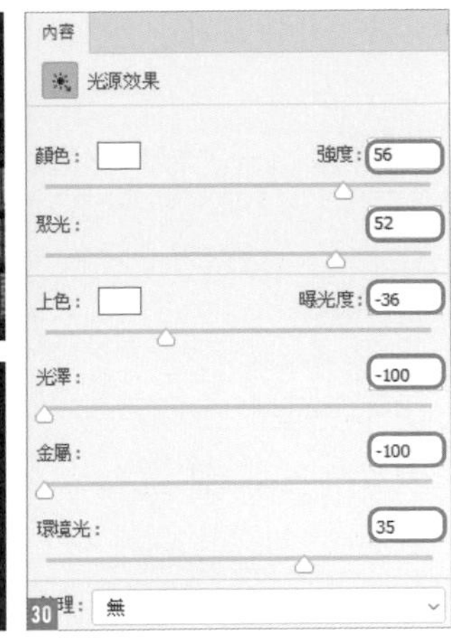

30

31

07 把畫面四周調暗，讓視線往中央集中

在最上面新增圖層**四邊暗角** 32。選取**漸層工具**，設定前景色**黑 #000000**，在**選項列**設定**放射性漸層**，並勾選**反向**。點選漸層長條開啟**漸層編輯器**交談窗 33，選取預設集的**前景到透明** 34。

選取**四邊暗角**圖層，從畫面中央往右上拖曳出漸層 35。圖層混合模式設定為**柔光** 36。

因為四邊角落比較暗，位於中央的角色就會顯得特別突出 37。

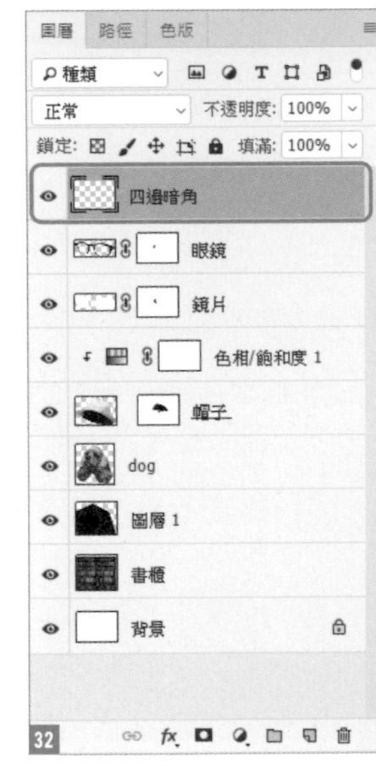

32

33 34 35

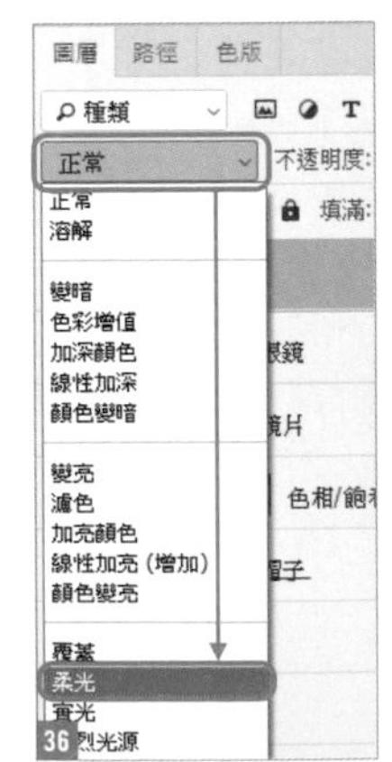

36

37

Recipe

070

配合照片的立體感來設計文字

這個單元我們將介紹使用圖層遮色片把文字跟照片合成後，看起來更有立體感的編修技巧。

Photo retouching

01 將人像裁切出來

開啟「人像 .psd」。選取**筆型工具**，做出人物輪廓的路徑 01。
目前**筆型工具**仍是選取的狀態，在畫面上按右鍵選取**製作選取範圍**，設定**羽化強度：0 像素**，完成後按下**確定**鈕 02。
任選一個**選取工具**再選取**背景**圖層，在畫面上按右鍵選取**拷貝的圖層** 03，將建立的圖層命名為**人影**。

01

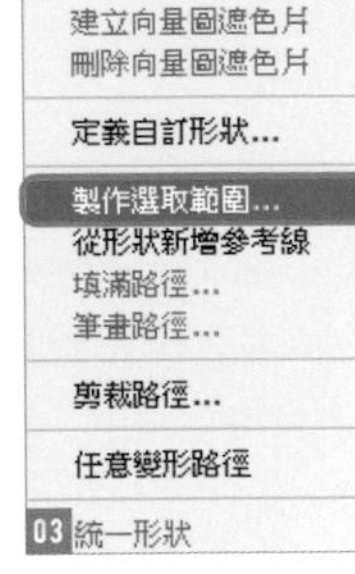

03

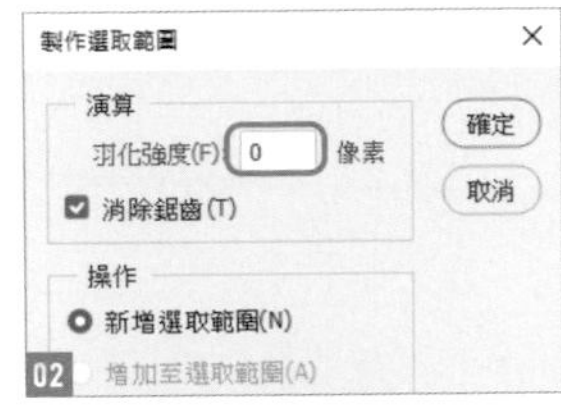

02

Point

在選取的狀態按下 Ctrl（command）+ J 鍵，與按右鍵選取**拷貝的圖層**結果相同。

02 輸入文字

選取**水平文字工具** 04。輸入 **LET'S GO ON A TRIP** 05。
文字的相關設定為**字型：小塚ゴシック Pr6N／字體樣式：H／尺寸：149 pt／行距：175 pt／顏色：#fff08c**（若電腦中未安裝**小塚ゴシック Pr6N** 字型，可選用接近的 Arial、Calibri、微軟正黑體、Microsoft JhengHei UI 等）。
將 **LET'S** 的字距設為 **50** 06，**GO ON A TRIP** 的字距設為 **-20** 07，文字圖層移至最上層 08。

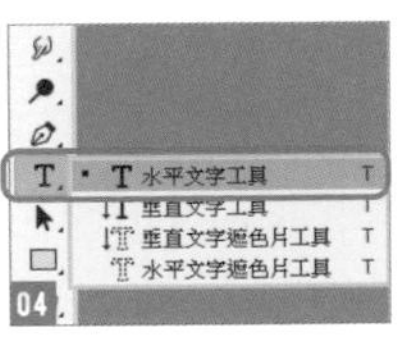

04

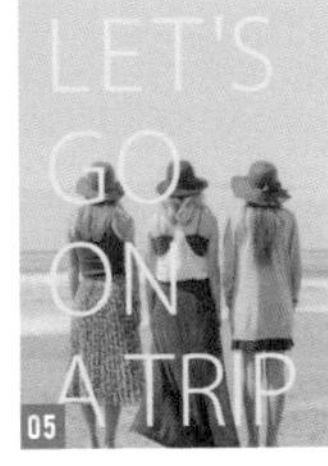

05

08

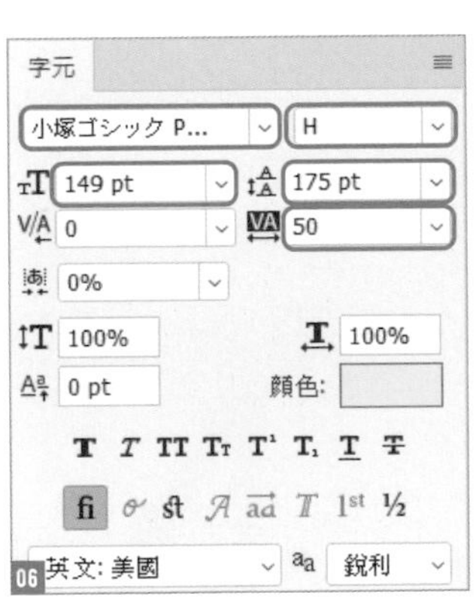

06

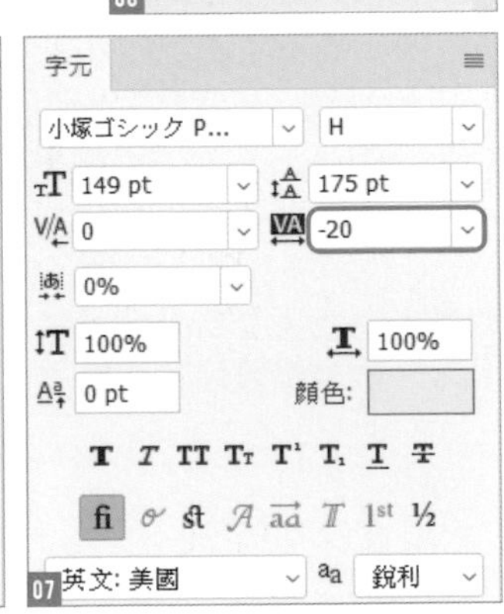

07

03 替文字建立遮色片

選取 **LET'S GO ON A TRIP** 圖層，在**圖層**面板中按下**增加圖層遮色片**鈕 09，選取建立好的遮色片縮圖 10。按下**筆刷工具**，設定前景色黑 **#000000** 後在遮色片上描繪。
在人物與文字的重疊處加上遮色片。如圖 11，**帽子的前後**、**左邊人物的腋下**、**右邊人物的右腳**等，就能讓文字看起來具立體感。

09 10

11

04 替文字加上陰影

複製 **LET'S GO ON A TRIP** 圖層，移至下層。選取剛才複製的 **LET'S GO ON A TRIP 拷貝**圖層，按右鍵選取**點陣化文字**。再選取遮色片縮圖後，按右鍵選取**套用圖層遮色片** 12。

執行『**影像／調整／色階**』命令，將**輸出色階**設定為 **0：0** 13。

12

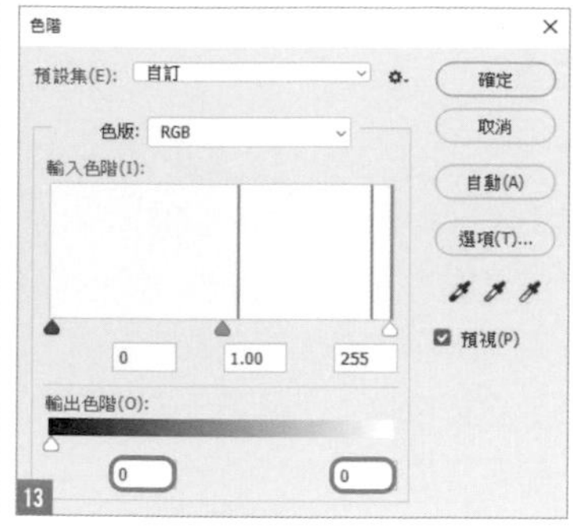

13

05 只有與人物重疊的文字要加上陰影

按住 Ctrl（command）鍵，再點選**人影**的圖層縮圖，建立選取範圍 14。選取 **LET'S GO ON A TRIP 拷貝**圖層，再按下**圖層**面板裡的**增加圖層遮色片**鈕 15。

取消圖層與圖層遮色片間的連結 16，按下**移動工具**，稍微往下移動一點點 17。陰影就會只顯示在人物身上了。

14

15

16

17

06 為陰影套用模糊濾鏡，提升整體感就完成了

選取 **LET'S GO ON A TRIP 拷貝**圖層，執行『**濾鏡／模糊／高斯模糊**』命令，設定**強度：7.0 像素** 18，圖層的不透明度為 **30%** 19。

最後，將 **LET'S GO ON A TRIP** 圖層的不透明度設為 **85%** 就完成了 20。

18

19

20

Chapter 05

酷炫的編修技巧

本章將介紹比較男性化風格的表現與加工手法。前半部主要是利用濾鏡製作紋理，以及高對比光線等工具的應用；後半部將利用拼貼的範例，實際介紹各種操作技巧。

Photoshop Recipe

Recipe

071

創造在雨中的意境畫面

利用簡單的步驟就可以表現出擬真的下雨場景。

Photo retouching

原影像

01 建立新圖層並填滿黑色

開啟「人像 .psd」，在最上層建立一個新圖層，圖層名稱**雨**。選取**油漆桶工具**，設定前景色**黑 #000000**，填滿新圖層 01。

02 製作白色顆粒來模擬雨水

執行『**濾鏡／濾鏡收藏館**』命令，選取**素描／網狀效果**，設定**密度：10／前景色階：0／背景色階：0** 02 03。執行『**影像／調整／色階**』命令，將**輸入色階**設定為 **90：1.00：150** 04 05。圖層的混合模式設定為**濾色**，細小的白色顆粒就完成了 06。

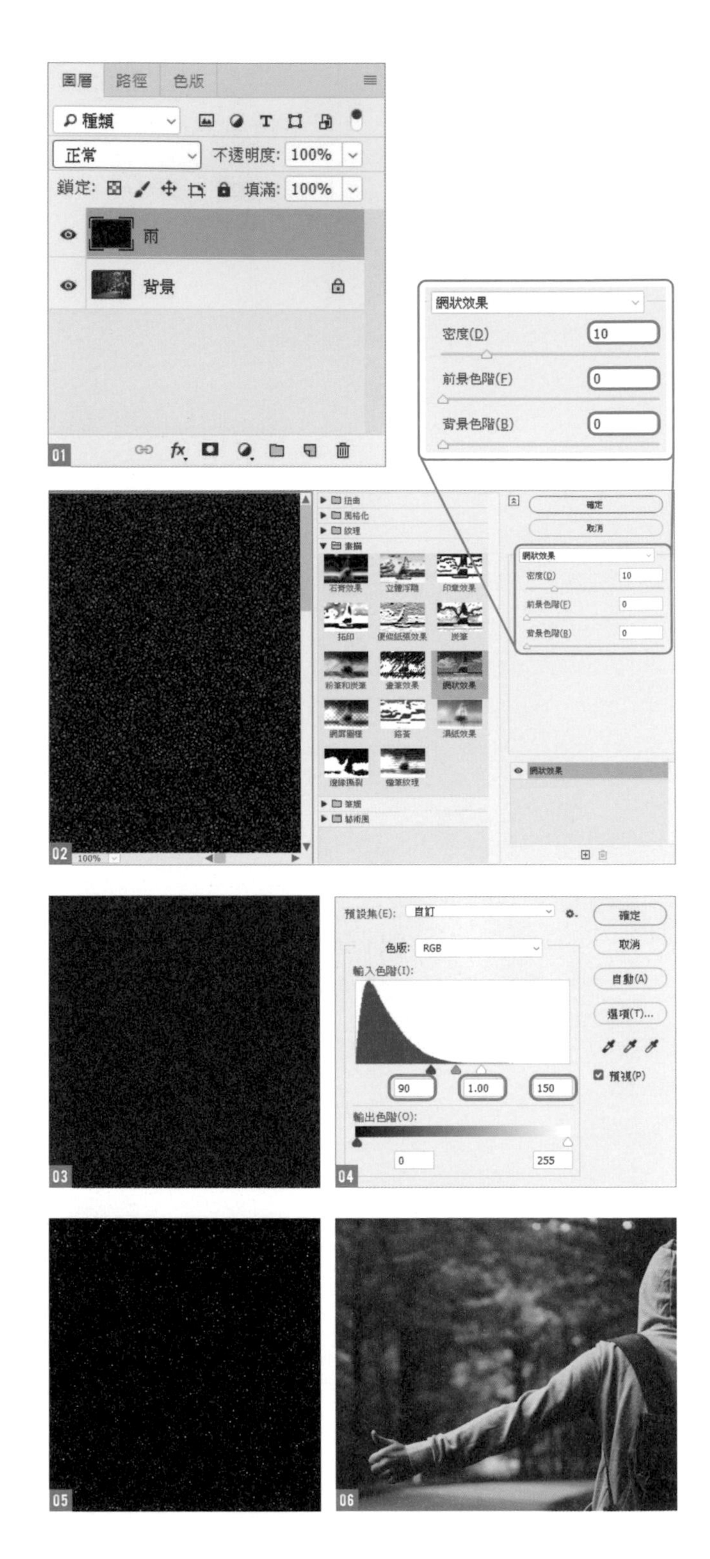

03 使用「動態模糊」表現正在下雨的狀態

執行『**濾鏡／模糊／動態模糊**』命令，設定**角度：-75°／間距：85 像素** 07。調整**色階**，將**輸入色階**設定為 **6：1.69：167** 08。

由於照片四邊會產生較粗的線段 09，這裡請用使用**任意變形**功能，將寬 (W) 高度 (H) 擴大為 **105%**，讓四邊看不見 10 11。

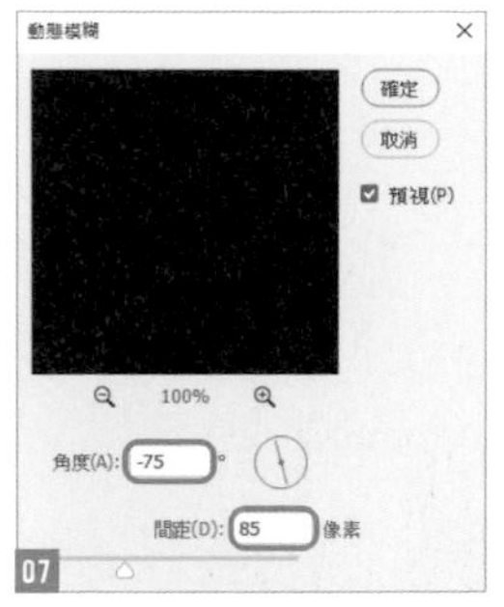

07

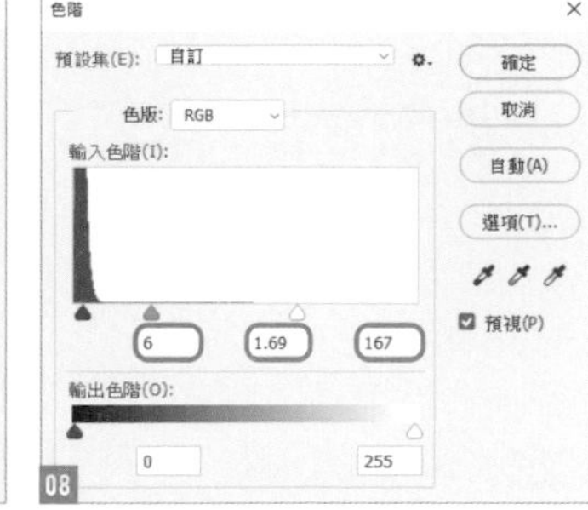

08

09

11

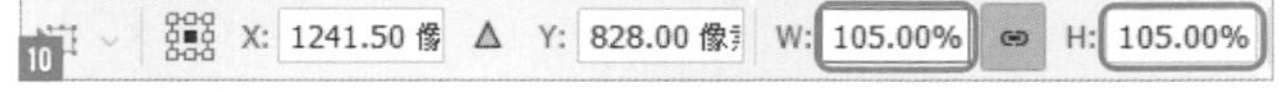

10

04 讓雨水看起來像是打在人物身上

在最上面建立一個新圖層，圖層名稱為**噴濺的雨水**。

選取**筆刷工具**，筆刷選擇**舊版筆刷**下**預設筆刷**的**潑濺 46 像素** 12，設定前景色**白 #ffffff**，塗在雨水打到的地方。使用筆刷時，不要直接塗抹，改用點、按滑鼠的方式在影像上製造出噴濺的雨水。適時調整筆刷的尺寸、不透明度，加上不規則的點、按，雨水看起來會更真實 13。

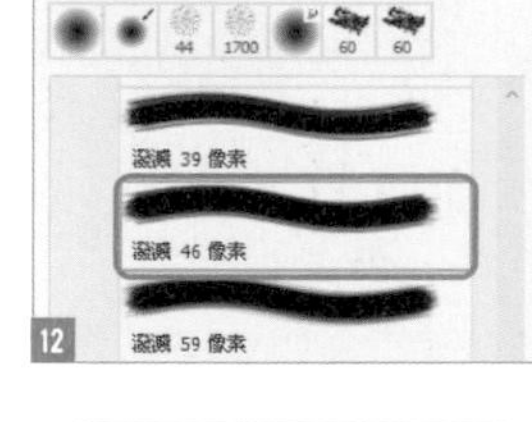

12

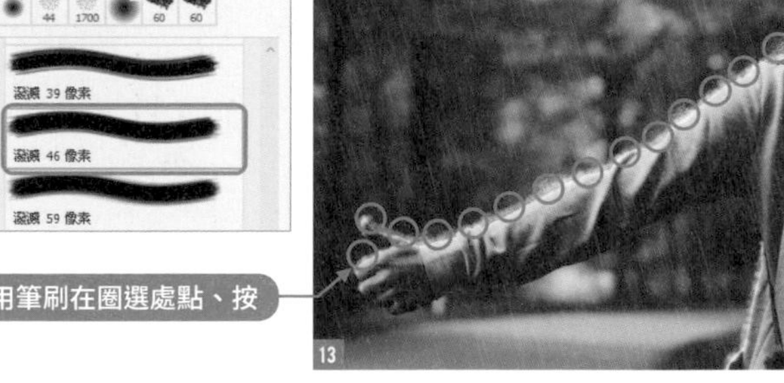

13

05 使用色彩平衡調成冷色系

執行『**圖層／新增調整圖層／色彩平衡**』命令，設定**色調平衡：中間調／色彩平衡：-30：0：+6**。強調青色、藍色，就完成下雨溼冷的畫面了 14。

14

Recipe

072

使用多重曝光手法
製作印象派風格照片

本單元將介紹最受矚目的 DOUBLE EXPOSURE（多重曝光），重疊人像與風景照，讓作品展現出獨特的風格。

Photo retouching

01 重疊人像與風景照

開啟「人像 .psd」與「風景 .psd」，把「風景 .psd」放在「人像 .psd」的上面，並命名為**風景**圖層 01 。

選取**風景**圖層，將圖層的混合模式設為**濾色** 02 。濾色不會影響到下面圖層白色的部份，所以只會顯示出重疊後人像圖層中有顏色的部份 03 。

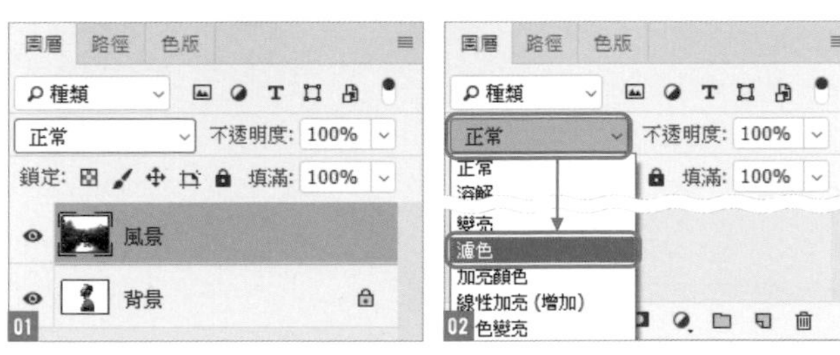

02 為風景增加遮色片，再修除不需要的部份

選取**風景**圖層，按下**增加圖層遮色片**鈕 04 ，選取建立好的圖層遮色片縮圖 05 。

選取**筆刷工具**，在人像頭部重疊風景及身體部分加上遮色片 06 。

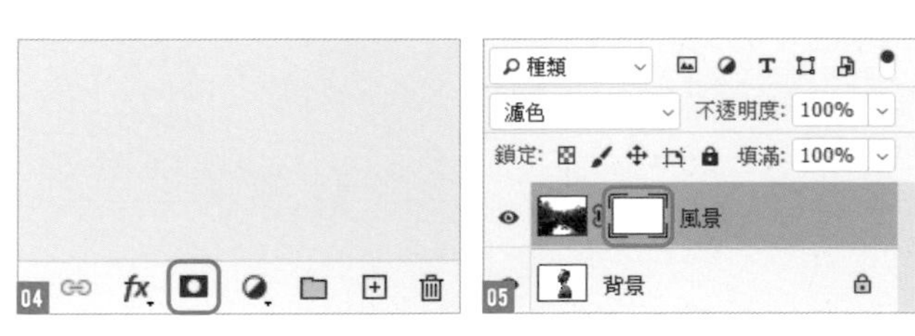

Point

筆刷設定為**柔邊圓形**，在塗抹眼睛、鼻子、身體等部位時，將筆刷的**不透明度**設為 **100%**，鬍子等邊界較模糊的地方，可以降低不透明度，讓畫面看起來更自然。

03 將身體也重疊風景照

複製**風景**圖層，圖層命名為**風景 2**，在遮色片縮圖上按右鍵，選取**刪除圖層遮色片** 07。

選取**風景 2** 圖層，執行『**編輯／變形／垂直翻轉**』命令 08，把翻轉後的影像位置再調整一下 09。

與步驟 02 相同，在**風景 2** 圖層加上遮色片，蓋住不需要的部份 10。

將圖層的混合模式設定為**濾色**，圖像的重疊會比較複雜，可以透過反覆修改遮色片來提升作品的完成度。

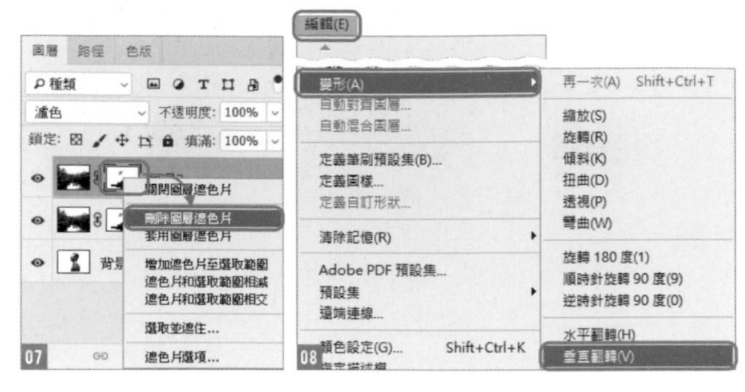

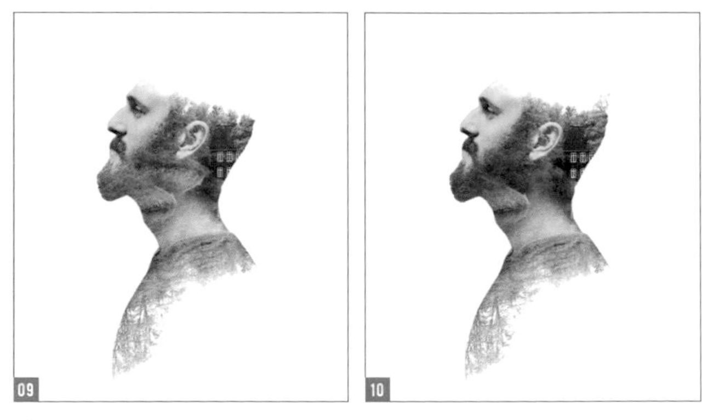

04 調整整體色調並加上裝飾素材

按下**圖層**面板裡的**建立新填色或調整圖層**鈕，選取**黑白** 11，套用預設值即可，將圖層移至最上層 12。

開啟「鳥 .psd」，把素材放在人像的頭部上方，就完成作品了 13。

Recipe

073

讓城市的夜景更璀璨

利用圖層重疊及光線效果等技巧，讓都市在夜晚也可以絢爛華麗。

Photo retouching

01 製作建築物在水面上的倒影

開啟「都市 .psd」。雙按**背景**圖層，轉換成一般圖層，並將圖層命名為**都市**，再複製一個圖層放在上面，命名為**倒影** 01。

選取**倒影**圖層，執行『**編輯／變形／垂直翻轉**』命令 02。

將**倒影**圖層的**不透明度**設為 **50%**，再將倒影移動到適當的位置 03。

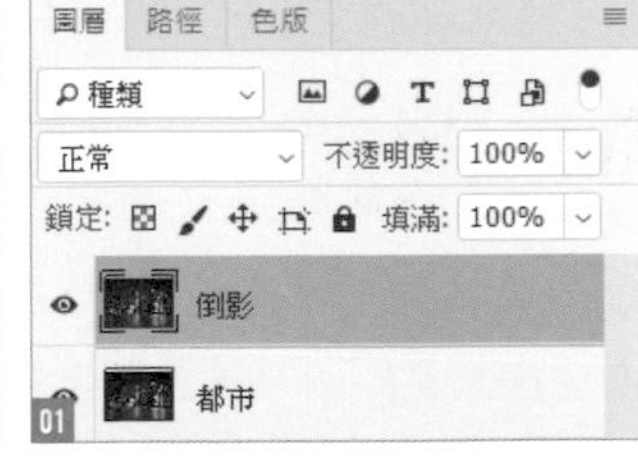

02 建立遮色片，讓高聳的建築物倒映在水面

選取**矩形選取畫面工具**，框選水面上的範圍 04，按下**圖層**面板裡的**增加圖層遮色片**鈕後，圖層的不透明度改回 **100%** 05，接著選取**倒影**的圖層縮圖。

選取**漸層工具**，設定前景色黑 **#000000**。由**選項列**設定**前景到透明／線性漸層** 06。從下方的區域外往上拖曳約七成左右的範圍，增加遮色片 07。

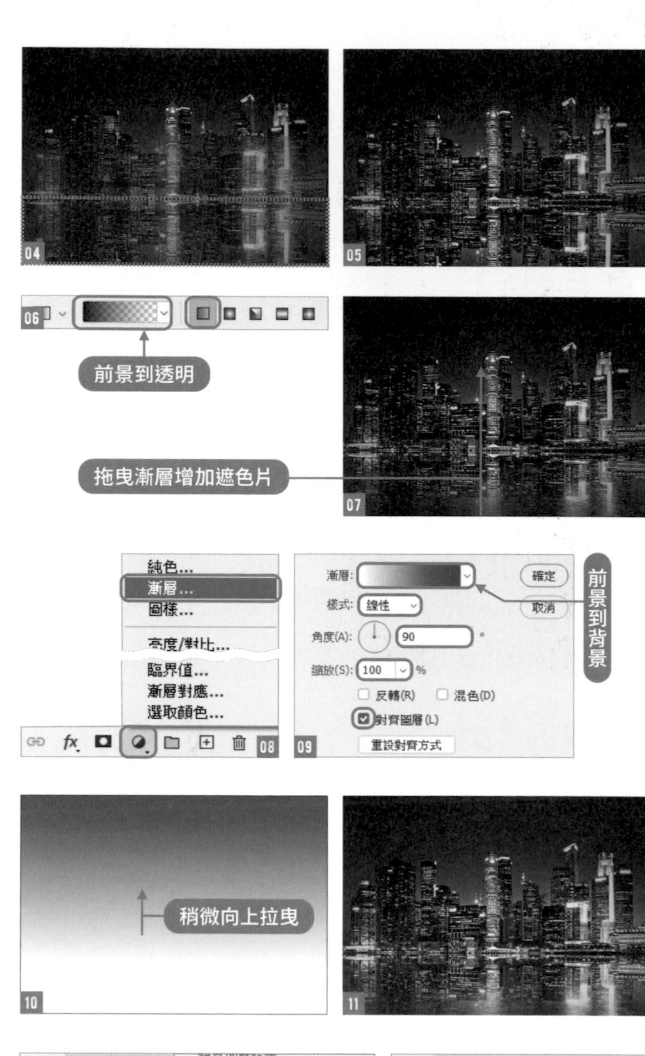

03 為整體畫面套用漸層，設定「覆蓋」混合模式增加亮度

設定前景色**白 #ffffff**，背景色**青 #0030ff**。按下**圖層**面板中的**建立新填色或調整圖層**鈕，選取**漸層** 08。

開啟**漸層填色**交談窗後，選取預設的**前景到背景／樣式：線性／角度：90°／縮放：100%**，勾選**對齊圖層** 09，在還沒關閉**漸層填色**交談窗的狀況下，將漸層稍微往畫面上方拖曳建立漸層 10。

選取**漸層填色 1** 圖層，設定混合模式為**覆蓋**，不透明度為 **50%** 11。

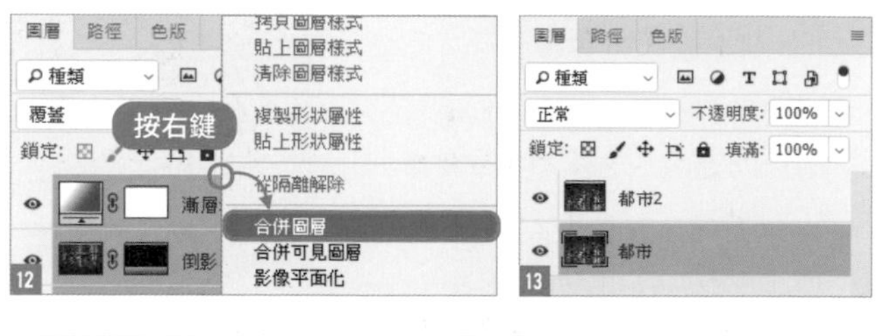

04 反轉色調再設定「覆蓋」，展現華麗感

選取所有圖層後按滑鼠右鍵，選取**合併圖層** 12。將所有圖層合併成一個圖層後，圖層名稱設為**都市**，再複製一個圖層移至上層，命名為**都市 2** 13。選取**都市 2** 圖層，執行『**影像／調整／黑白**』命令，直接按下**確定**鈕套用預設效果。執行『**影像／調整／負片效果**』命令 14，將圖層混合模式設定為**覆蓋**，不透明度設定為 **40%** 15。

05 利用「選取顏色」調整畫面的亮度與飽和度

按下**圖層**面板中的**建立新填色或調整圖層**鈕，選取**選取顏色** 16。

勾選**內容**面板中的**絕對**。選取**顏色：黃色**設定**青色：-30%** 17；選取**顏色：藍色**設定**黑色：+25%** 18；選取**顏色：白色**設定**黑色：-40%** 19；選取**顏色：中間調**設定**青色：+5%／黃色：-5%** 20；選取**顏色：黑色**設定**黑色：12%** 21。

經過色調的調整，建築物的白、黃色光線會更加銳利，天空與水面的藍色也更加顯色 22。

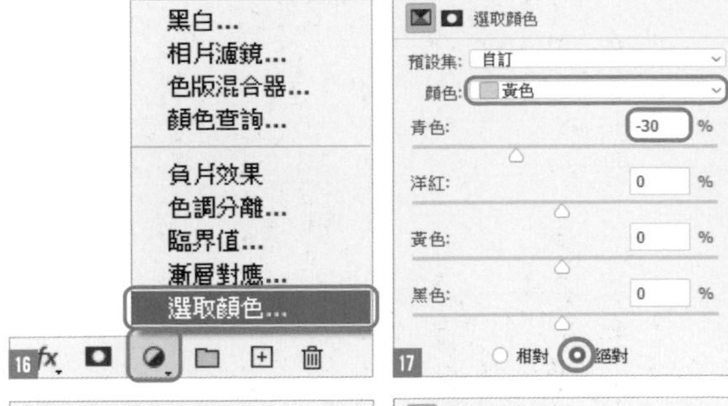

06 使用「筆刷工具」補上重點光，完成編修

在圖層最上面建立一個新圖層命名為**光**，圖層的混合模式設定為**覆蓋**。設定前景色**白 #ffffff**，用**筆刷工具**補上亮光。筆刷的尺寸、不透明度，請在塗抹時適當地變更。

最後再繪製倒映在水面的光線，作品就完成了 23。

Recipe

074 製作閃電

使用「雲狀效果」濾鏡，做出閃電效果。

Photo retouching

原影像

01 使用「雲狀效果」濾鏡做出閃電的線條

開啟「風景 .psd」，將前景色、背景色設為預設的**黑**、**白**色，建立一個新圖層，命名為**閃電**。執行『**濾鏡／演算上色／雲狀效果**』命令。繼續執行『**濾鏡／演算上色／雲彩效果**』命令 01，最後執行『**影像／調整／負片效果**』 02 03。

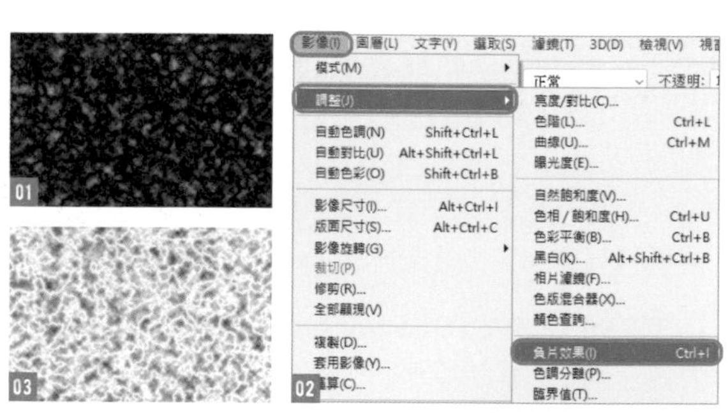

02 使用「色階」讓線條更鮮明

執行『**影像／調整／色階**』命令，設定**輸入色階**為 **210：0.15：255** 04 05，再將**閃電**圖層的混合模式變更為**濾色** 06。

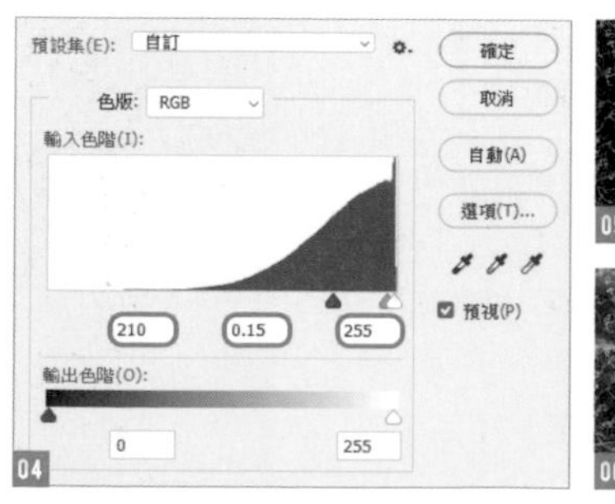

03 配合背景的氣氛，將閃電變更為藍青色

執行『**影像／調整／色相／飽和度**』命令，勾選**上色**選項，設定**色相：+220／飽和度：100／明亮：0** 07。閃電的線條變成藍青色了 08。

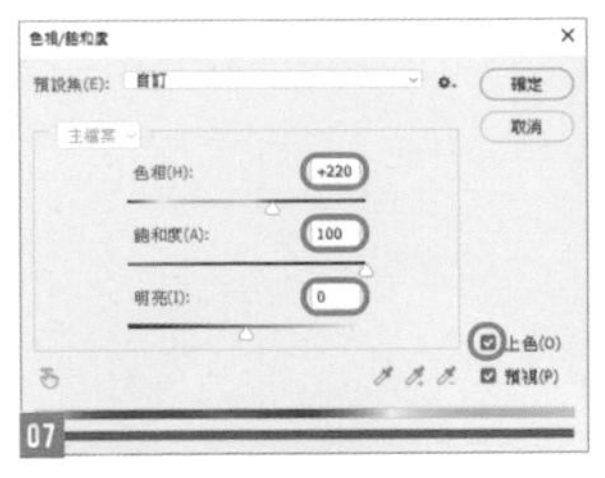

04 由線段中選取適合做成閃電的元件

選取**套索工具**，再選定要製作成閃電的元件，然後按右鍵選取**拷貝的圖層** 09，利用相同的方法，建立出數個圖層 10。

使用**任意變形**功能，將剛才建立的閃電圖層翻轉、旋轉，做出閃電的樣子 11。

05 決定閃電的位置

建立多個閃電後，要將閃電擺放在適當的位置。此時並不是隨意擺放，得讓閃電看起來像是從雲層中落下，依此為基準來擺放 12。

決定好位置後，將全部的閃電圖層群組化，取名為**閃電** 13。

06 利用遮色片讓閃電看起來像是在建築物後面

選取**筆型工具**，圈選出建築物輪廓到天空的部份，建立成選取範圍 14。在選取的狀態下，選取**閃電**群組，在**圖層**面板裡按下**增加圖層遮色片**鈕，讓閃電像是發生在建築物的後面 15。

07 加上閃電光完成編修

在最上面建立一個新圖層，命名為**光**，將混合模式設為**覆蓋**，再選取**筆刷工具**，設定前景色**白 #ffffff**，以閃電的起點為主，為閃電附近的雲朵間隙補上亮光 16。

再建立一個新圖層，命名為**光 2**，混合模式設為**覆蓋**，沿著中央 3 條閃電加上亮光，起點位置也補上亮光後，作品就完成了 17。

Recipe

075

篝火中的月亮

搭配素材的顏色與質感，
創造出不可思議的氛圍。

Photo retouching

01 根據月亮建立路徑

開啟「底圖 .psd」，先置入**背景**圖層及去背後的**月亮**圖層 01。接著暫時隱藏**月亮**圖層。選取**筆型工具**，如 02 所示建立路徑。建立路徑時，要考量到月亮會放在比前面的岩石更裡面的位置。

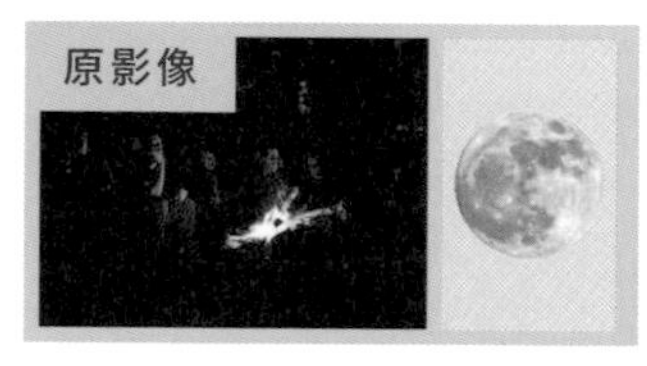

02 建立遮色片，讓月亮放入篝火的位置

在選取**筆型工具**的狀態，於畫面上按右鍵，執行『**製作選取範圍**』命令 03。顯示**月亮**圖層，按下**圖層**面板上的**增加圖層遮色片**鈕 04。就會套用遮色片 05。

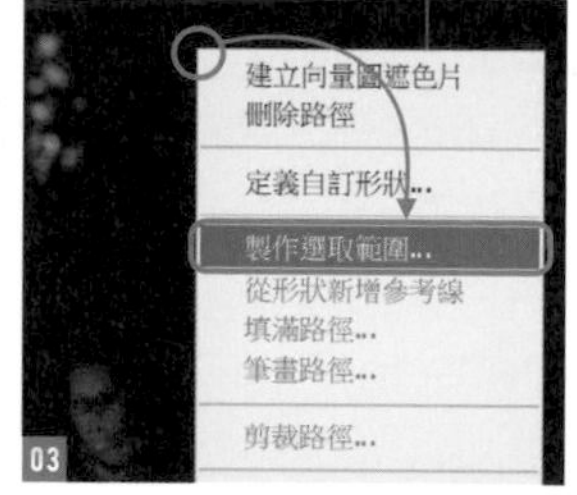

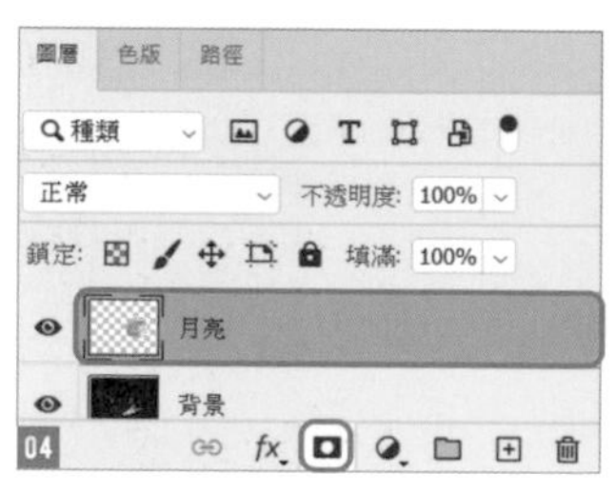

03 讓月亮的質感融入背景，背景的色調融入月亮

由於月亮的畫質高於背景，為了融合質感而刻意降低月亮的畫質。選取**月亮**圖層，執行『**濾鏡／模糊／高斯模糊**』命令，設定**強度：1.5 像素** 06。選取**背景**圖層，執行『**影像／調整／色相／ 飽和度**』命令，在此想單獨調整影像偏紅的光線部分，所以選擇**紅色**，設定**色相：+20**、**飽和度：+20** 07 08。

04 統一整體色調，讓月亮的輪廓發光產生立體感

在**圖層**面板按下**建立新填色或調整圖層**鈕，選取**相片濾鏡**，在最上方建立調整圖層 09。設定**濾鏡：Warming Filter(85)**、**密度：40%**、**保留明度：勾選** 10，用橘色統一整體色調 11。選取**月亮**圖層，執行『**圖層／圖層樣式／內光暈**』命令 12。開啟**圖層樣式**面板後，按照圖 13 設定數值，在月亮的輪廓增加光暈 14。

05 描繪整體光線完成作品

在最上方新增**光線**圖層，設定**混合模式：覆蓋**。選取**前景色：#ffdd3f**，使用**筆刷工具**的**柔邊圓形筆刷**增加光線。筆刷尺寸設定成 **100～200 像素**，一邊調整大小，一邊輕點，別用筆觸描繪，在原本受光部分加上光線 15。過度塗抹時，請使用**橡皮擦工具**刪除調整。此外，**光線**圖層的混合模式若設定為**正常**，會變成 16 的狀態，請將混合模式設定成覆蓋，確認整體效果後即完成。

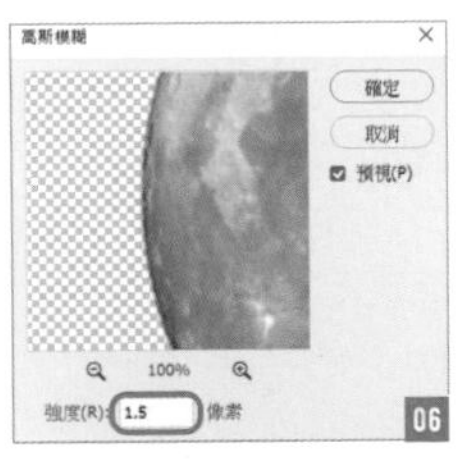

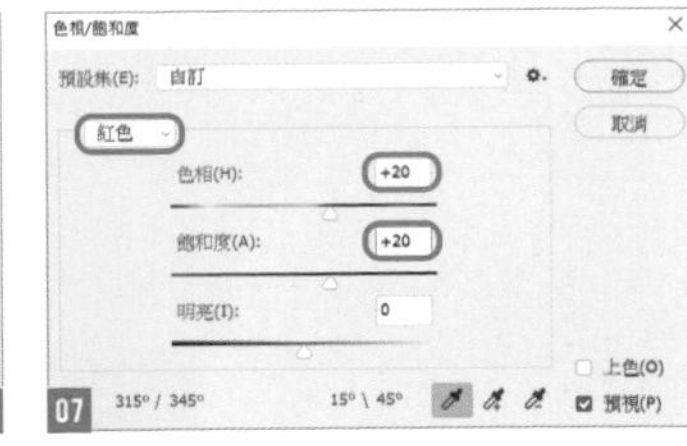

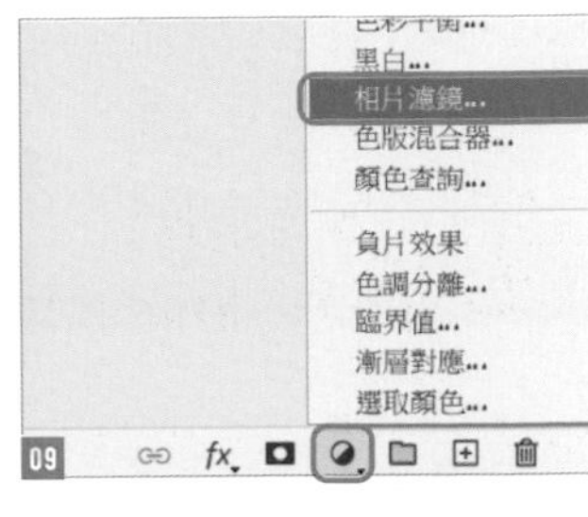

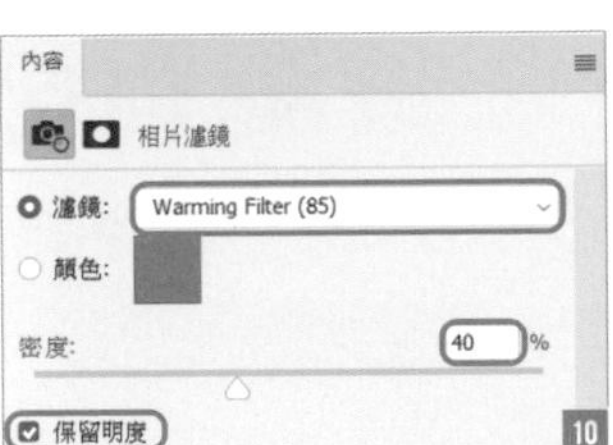

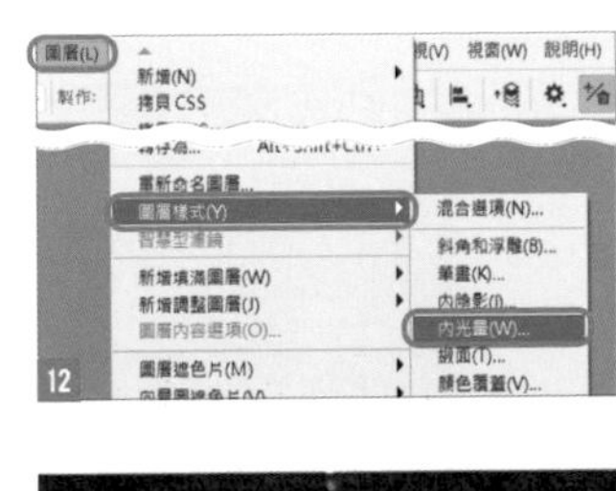

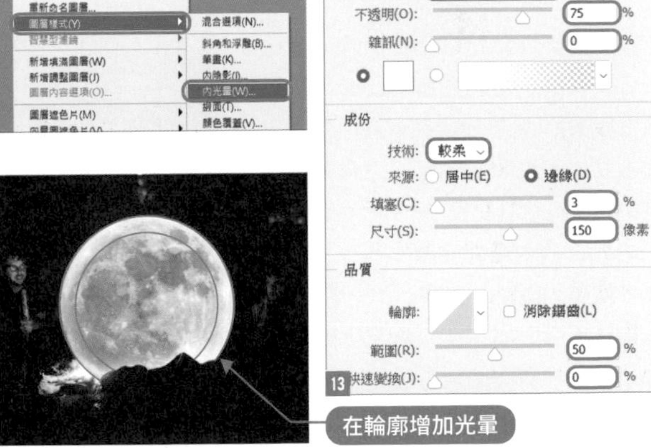

Recipe

076 加工成金銀色的金屬質感

將影像加工成金、銀色，呈現出金屬質感。

Photo retouching

01 讓影像的亮度變均勻

開啟「羅勒 .psd」。這裡已經準備了將羅勒與碟子分離的**羅勒**圖層及**背景**圖層 01。接下來我們會套用多個濾鏡並進行編輯，因此先把**羅勒**圖層轉換成智慧型物件（請參考右頁的 Point）。選取**羅勒**圖層，執行『**影像／調整／陰影／亮部**』命令 02，盡量調整陰影與亮部，讓亮度變均勻。若是視窗中顯示的設定項目太少，可以勾選**顯示更多選項** 03。調整了陰影與亮部後，就會呈現出光線均勻的影像 04。

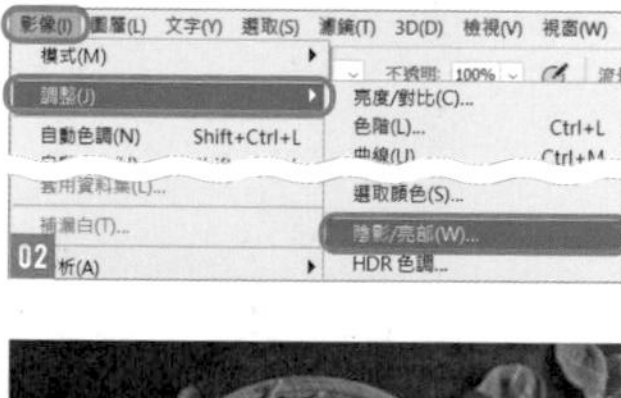

02 把影像變成單色

選取**羅勒**圖層，執行『**影像／調整／黑白**』命令 05。顏色維持預設狀態，勾選**色調**，按一下色塊，將**檢色器（色調顏色）**面板內的顏色設定為 **#735b22** 06。按下**檢色器（色調顏色）**及**黑白**面板的**確定**鈕，就能在影像加上單色的霧面質感 07。

03 製作金色的金屬質感

選取「羅勒」圖層，拷貝之後放置於上方，將圖層命名為**質感**。設定**混合模式：加亮顏色** 08 09。稍微降低金色色調，避免過於強烈。在**質感**圖層**智慧型濾鏡**底下的**黑白**濾鏡按兩下。開啟**黑白**面板，取消勾選**色調** 10。這樣就能加工成自然的金色調。假如希望呈現出更柔和的印象，可以依照個人喜好執行『**濾鏡／模糊／高斯模糊**』命令。這個範例套用了**強度：5 像素** 11 12。

如果只想加上金色質感，這樣就完成了。

04 加工成銀色質感

在**羅勒**圖層**智慧型濾鏡**底下的**黑白**濾鏡按兩下。和步驟 10 一樣，開啟**黑白**面板後，取消勾選**色調**，就能加工成沒有色調的銀色 13。

Point

如果要轉換成智慧型物件，請選取該圖層，按右鍵，執行『**轉換為智慧型物件**』命令。轉換成智慧型物件後，可以維持原始影像，個別確認套用的濾鏡。

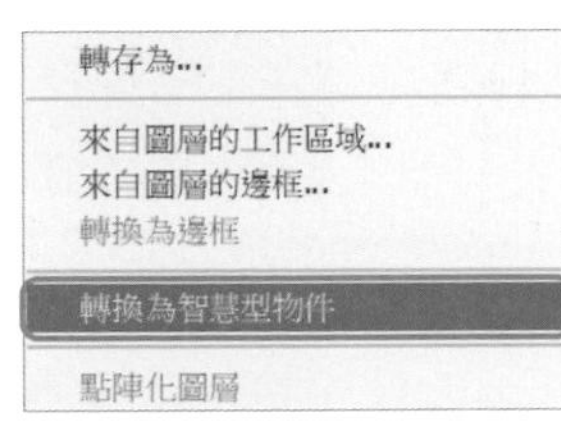

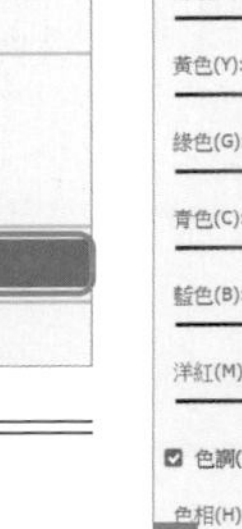

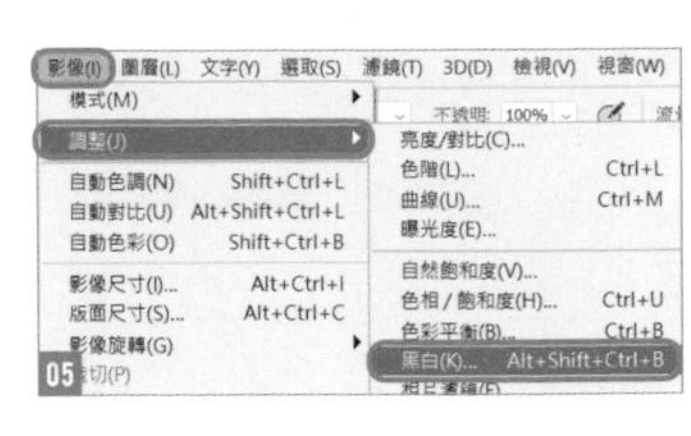

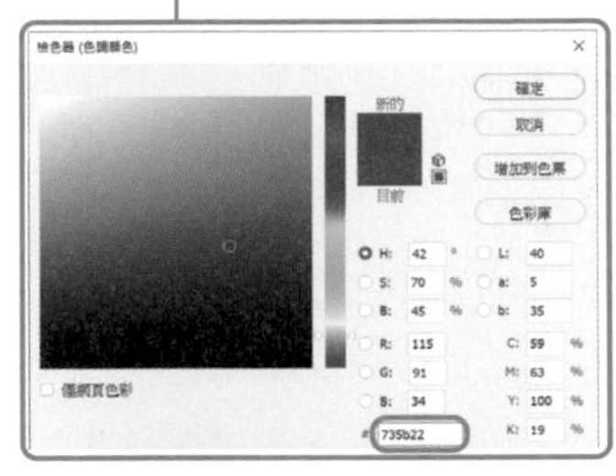

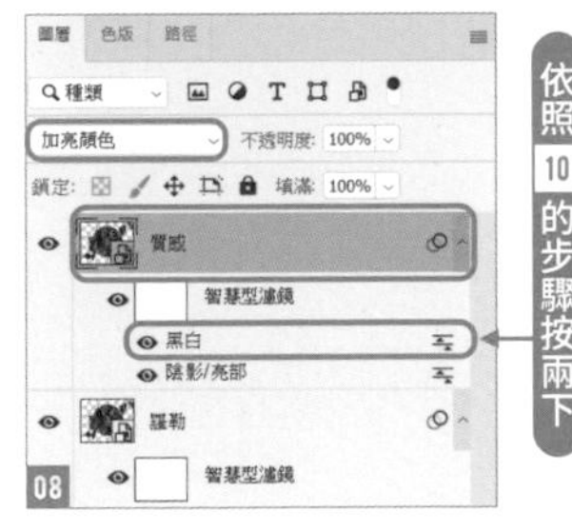

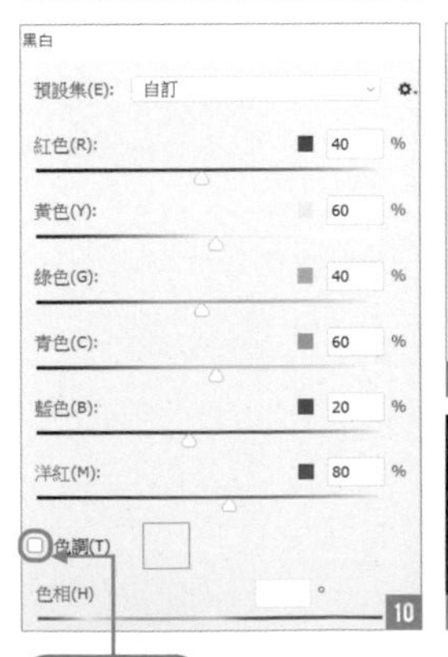

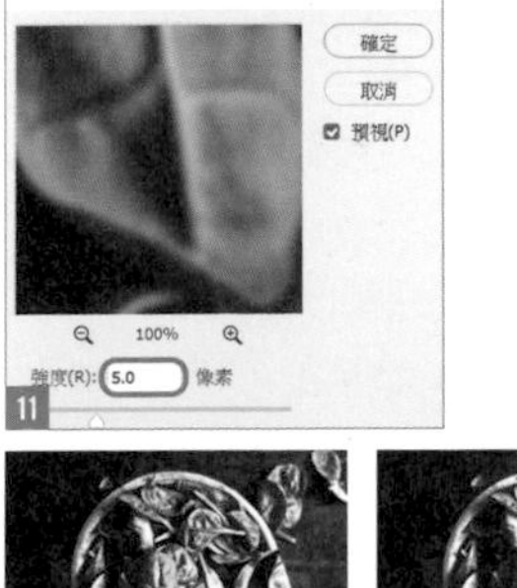

12 13

Recipe

077

如同黑白電影般的照片效果

這個單元要介紹如何將照片加工成復古的影像，再與電視素材作結合的技巧。

Photo retouching

01 把照片轉換成黑白，再套用模糊效果

開啟「人像 .psd」，執行『**影像／調整／黑白**』命令，套用預設集中的**預設**後按下**確定**鈕 01。執行『**濾鏡／模糊／動態模糊**』命令，設定**角度：-90°**／**間距：6 像素** 02。

01

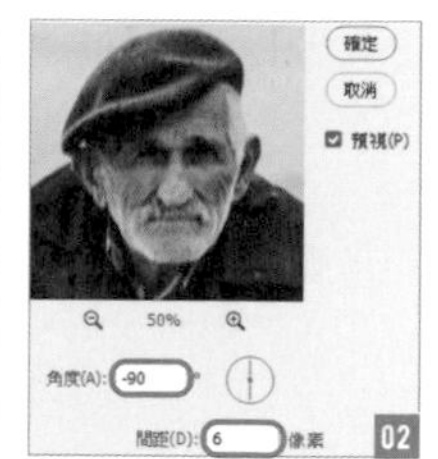

02

02 製作雜訊來重疊影像

在最上面建立一個新圖層，命名為**雜訊**。
按下**油漆桶工具**，設定前景色**黑 #000000** 填滿畫面，再切換為白色 **#ffffff**。
執行『**濾鏡／濾鏡收藏館**』命令，選取**紋理**內的**粒狀紋理**，設定**強度：85**／**對比：80**／**粒子類型：柔軟** 03。按下面板右下角的**新增效果圖層**鈕，選取**素描**內的**網屏圖樣**，設定**尺寸：5**／**對比：10**／**圖樣類型：點**。就會有舊照片的雜訊效果了 04。
再按下**新增效果圖層**鈕，選取**紋理**內的**粒狀紋理**，設定**強度：85**／**對比：80**／**粒子類型：垂直** 05。
設定好之後按下**確定**鈕，圖層的混合模式變更為**色彩增值** 06。

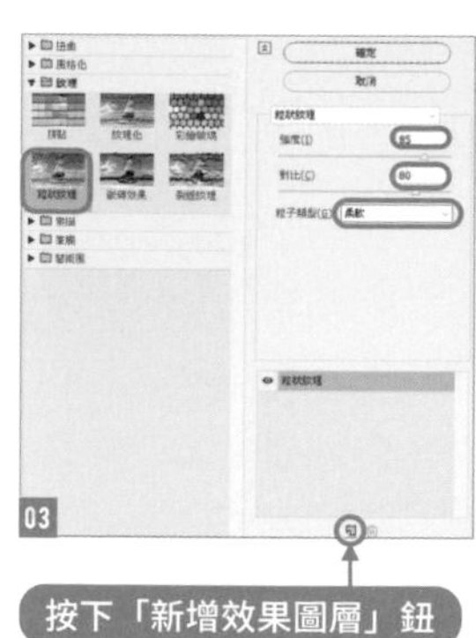
03
按下「新增效果圖層」鈕

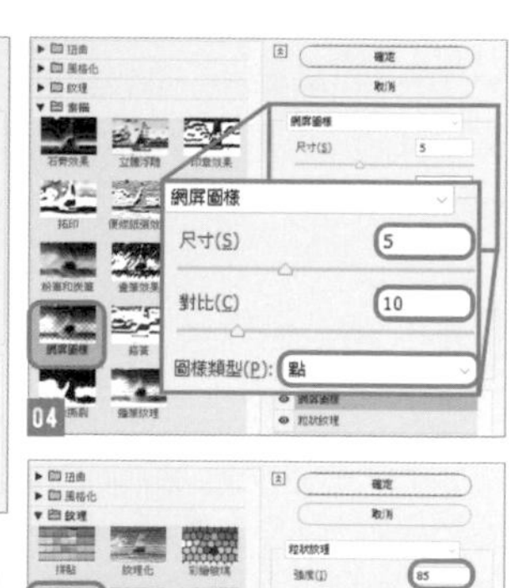

04

05

06

03 將影像與電視畫面合成

開啟「TV.psd」，目前電視畫面中沒有影像。合併步驟 01～02 做好的黑白影像，將圖層移動到 **TV** 圖層的最下方 07。

07

08

04 為電視畫面增加立體感

選取 **TV** 圖層，按下**快速選取工具**選取電視畫面的內側。在上方建立一個新圖層 **TV 畫面**，用**油漆桶工具**把選取範圍塗滿（可填入任意顏色，此例使用白色）08。

選取 **TV 畫面**圖層，在圖層名稱的右側雙按，開啟**圖層樣式**交談窗。切換到**筆畫**選項，設定**尺寸：20 像素／位置：居中／混合模式：正常／不透明：100%** 09。

選取**內陰影**選項，設定**混合模式：正常／不透明：100%／角度：30°／間距：0 像素／填塞：0%／尺寸：250 像素** 10 11。

將此圖層的**填滿**設定為 **0%**，電視畫面內側框的立體感就出來了 12。

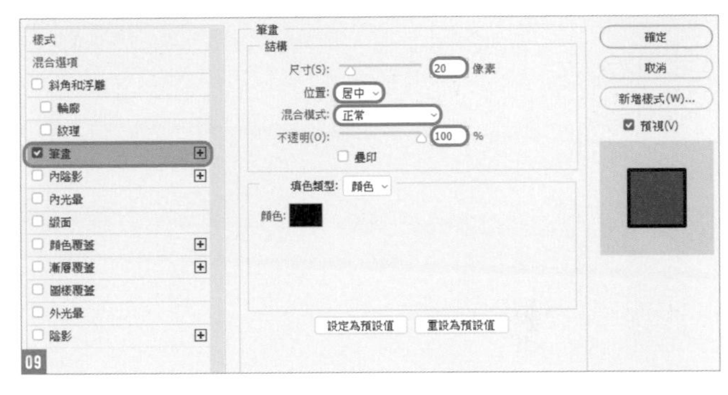

09

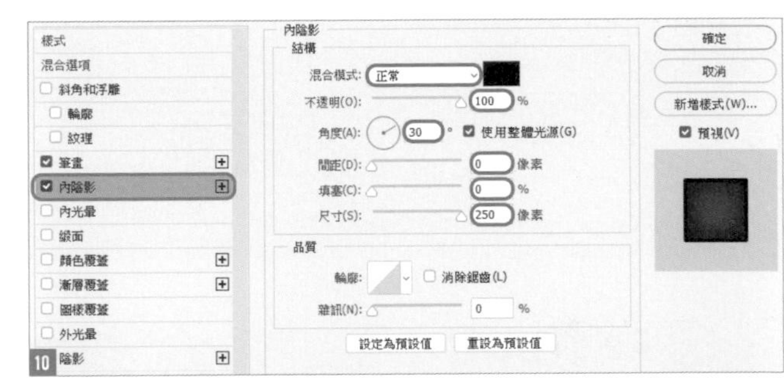

10

05 在畫面的左上、右下加上陰影，完成作品

在 **TV 畫面**圖層下方建立一個新圖層，命名為**光**，將混合模式設為**覆蓋**，在**光**圖層下方再建立一個新圖層**影**，混合模式設為**柔光**。

在**光**圖層使用前景色**白 #ffffff**，用**筆刷工具**塗抹畫面的左上方；在**影**圖層使用前景色**黑 #000000**，塗抹畫面的右下方，如圖 13。直接套用的話，光、影會太明顯，我們將 2 個圖層的不透明度改為 **50%** 14。

最後，加上復刻版的字體來做裝飾。

11

12

13

14

Recipe

078

在都市叢林裡製造飄渺的薄霧

利用「雲狀效果」濾鏡配合地勢來變形，做出都市裡的迷霧叢林。

Photo retouching

原影像

01 建立雲狀效果

開啟「都市 .psd」，建立新圖層**霧**，並移至最上層。

前景色、背景色設定為預設的**黑**與**白**，執行『**濾鏡／演算上色／雲狀效果**』命令 01。將**霧**圖層的混合模式改為**濾色** 02。

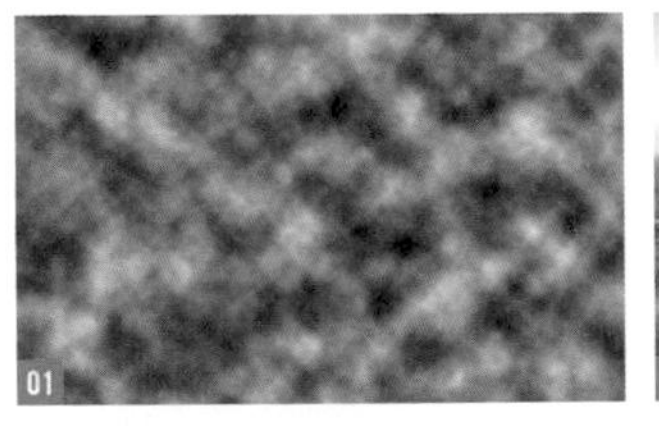

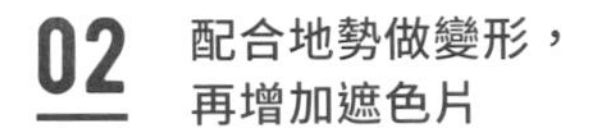

02 配合地勢做變形，再增加遮色片

執行『**編輯／變形／扭曲**』命令 03，配合都市的立體感來拖曳控制點 04，達到扭曲效果 05。

選取**霧**圖層，按下**圖層**面板中的**增加圖層遮色片**鈕。選取遮色片縮圖，按下**筆刷工具**，設定前景色**黑 #000000**，為**霧**圖層加上遮色片。

想像霧的高度範圍，在霧上方的建築物高處加上遮色片 06 07。

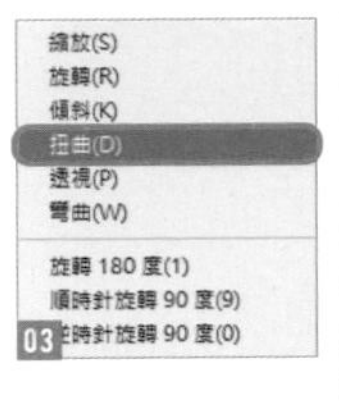

03 搭配影像的顏色，調整霧的亮度與顏色

選取**霧**圖層，執行『**影像／調整／色彩平衡**』命令，設定**色調平衡：亮部**，在**顏色色階**設定 **+25：0：-30** 後套用 08。

執行『**影像／調整／色階**』命令，設定**輸入色階**為 **0：0.80：255** 09。

此例的圖層不透明度改為 **80%** 10。

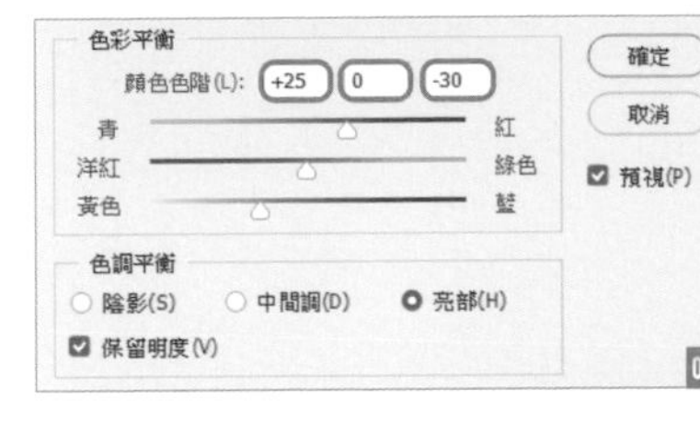

Point

雲狀效果濾鏡是隨機製作的，所以最後可以再為圖層調整**色階**或圖層的不透明度等。

05

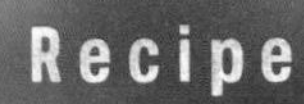

079

利用廢棄零件製作飛船

組裝廢棄零件，製作出充滿龐克風格的蒸氣飛船。

Photo retouching

01 建立新文件，再放置素材

執行『**檔案／開新檔案**』命令，設定尺寸**寬度：1500 像素／高度：1500 像素**，文件名稱為**飛船**。

開啟「飛船零件 .psd」 01，接下來我們將移動素材到**飛船**文件裡。

首先，擺放**飛船**與**鏽**圖層。將**鏽**圖層放在上層，讓它重疊在**飛船**上。

按住 Ctrl（⌘）鍵再點選**飛船**的圖層縮圖，建立選取範圍 02。選取**鏽**圖層，從**圖層**面板中按下**增加圖層遮色片**鈕 03。

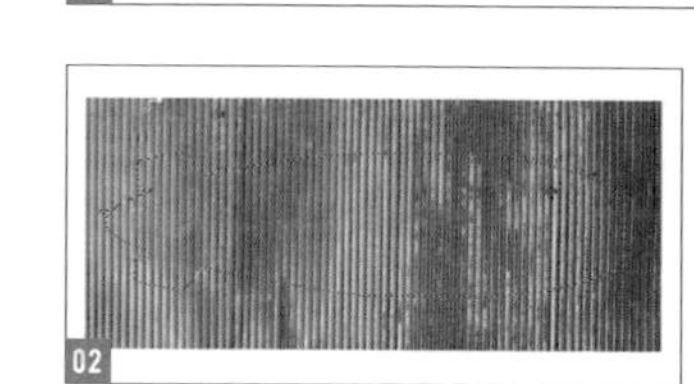

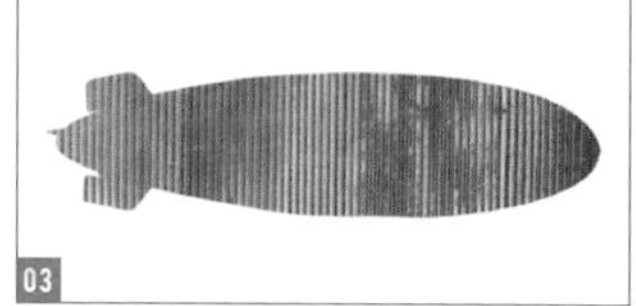

02 為鏽的紋理加上彎曲特效，讓飛船看起來更自然

選取**鏽**圖層，解除圖層與遮色片的連結關係（因為執行變形時遮色片也會同時變形）04。

執行『**編輯／變形／彎曲**』命令，在**選項列**設定**膨脹** 05，將控制點往上拖曳，或直接在**選項列**設定**彎曲：100%** 06。

在預視框顯示的狀態下，按右鍵選取**任意變形**，就會從**彎曲**切換為**任意變形**，縮小至如圖 07。完成變形後，再將剛才解開的連結鎖復原。

圖層的混合模式改為**加深顏色** 08，將**鏽**與**飛船**這 2 個圖層群組化，群組名稱為**飛船船體**。

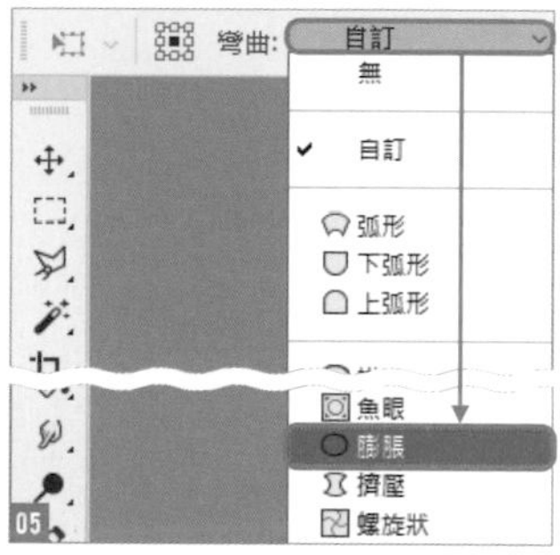

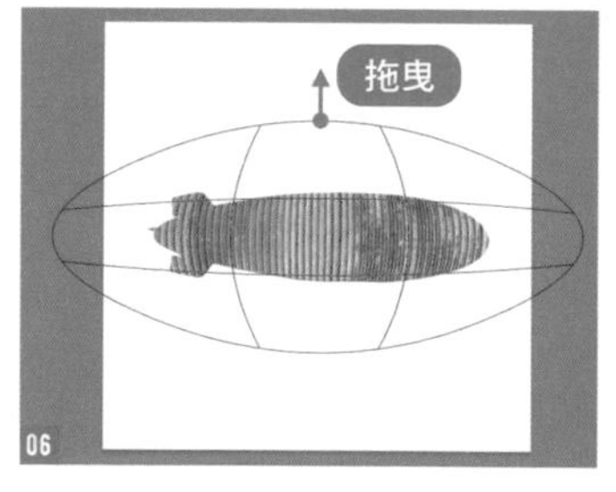

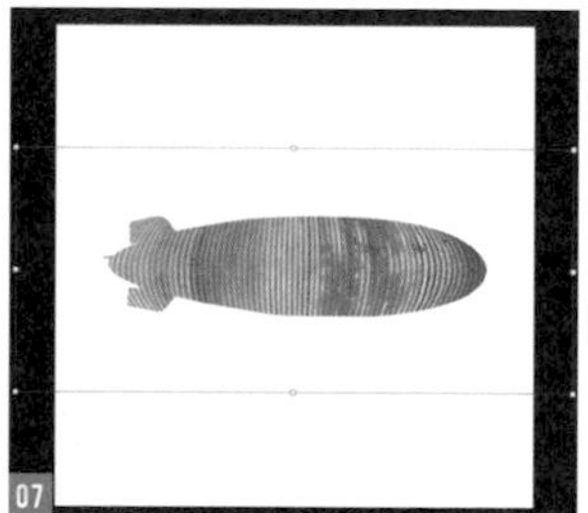

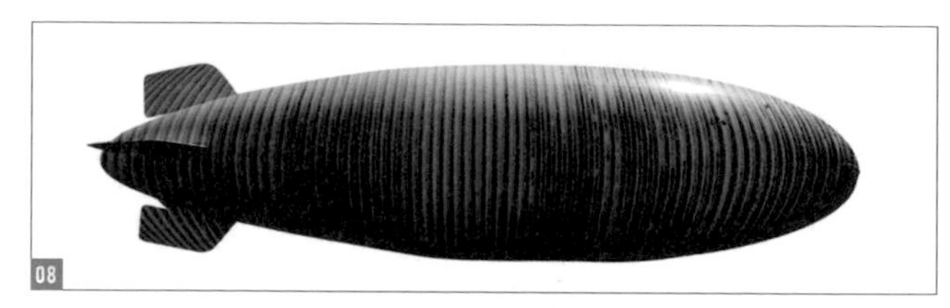

03 組合飛船的窗戶與零件

將**窗 1**、**窗 2** 圖層放在**飛船船體**群組圖層的上方 09。選取**窗 2** 圖層，在圖層上按住 Alt (option) 鍵拖曳，複製出 5 個相同的窗戶 10。
擺放圖層**零件 1 ～ 5** 11。**零件 3**、**零件 4** 圖層放在**飛船船體**群組圖層的下方，其他的放在上方。

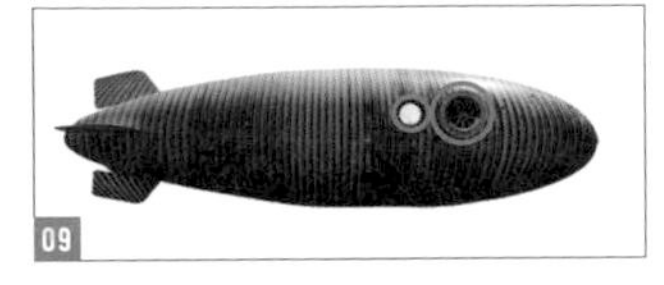

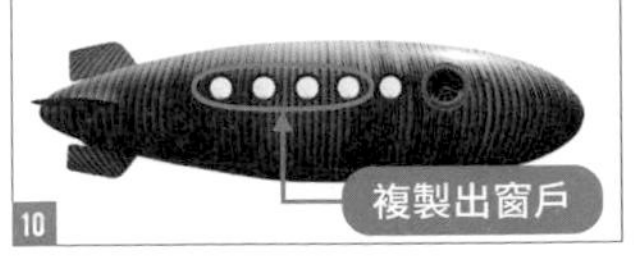

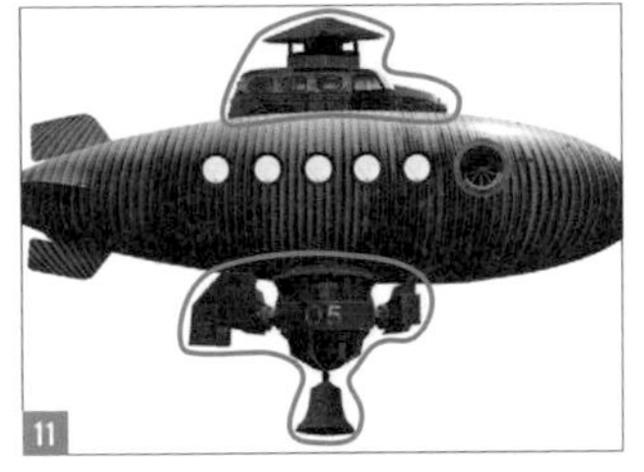

04 複製零件 完成飛船的外觀

零件 6 圖層放在最上方的位置 12。按住 Alt (option) 鍵拖曳複製，再使用**任意變形**功能，翻轉 **-90 度**／縮放 **70%** 13。再複製一次**零件 6** 圖層，放在飛船的右上角做為排煙管，並將圖層移至最下層 14。

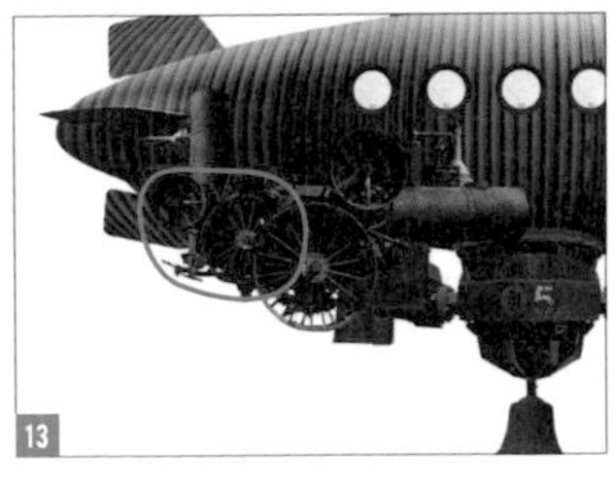

05 擺放剩下的零件 完成飛船

將**零件 7**、**零件 8**、**零件 9** 圖層放在飛船的後方。**零件 10** 放在排煙管的上方。**葉**圖層放在飛船的前端，再複製一個，放在飛船的尾端 15。
完成後除了背景外，將其他圖層群組化，群組名稱為**飛船** 16。

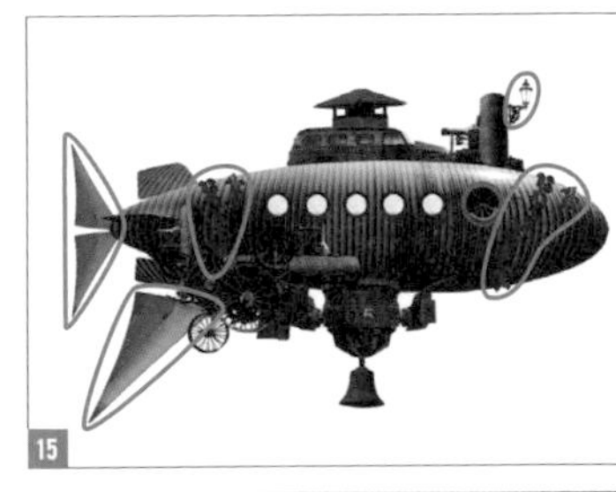

06 合成背景 再增加光線

開啟「背景 .psd」，移動**飛船**群組圖層並放好位置 17。在群組內的最上方建立一個新圖層，圖層名稱為**光暈 1**，混合模式設為**覆蓋**。選取**筆刷工具**，設定前景色**白 #ffffff**，在窗戶與燈的中心位置塗抹 18。

在上層再建立一個新圖層，名稱為**光暈 2**，圖層的混合模式也設定為**覆蓋**，設定顏色 **#ffaa00**，再塗抹窗戶與燈的光暈 19。

這裡想讓光暈再強一點，請複製**光暈 2** 圖層，將圖層的不透明度設為 **50%** 20，圖層命名為**光暈 3**。

07 複製飛船，加上模糊效果製造距離感

複製**飛船**群組圖層，在複製好的群組上按右鍵選取**合併群組**，將合併的圖層取名為**飛船 2** 21。將**飛船 2** 圖層依圖 22 的位置來擺放，執行『**濾鏡／模糊／高斯模糊**』命令，設定**強度：4.5 像素**後套用 23。

調整**色階**，將**輸入色階**設定為 **10：0.85：190**，**輸出色階**設定為 **0：80** 24，再將圖層的不透明度設為 **90%** 25。

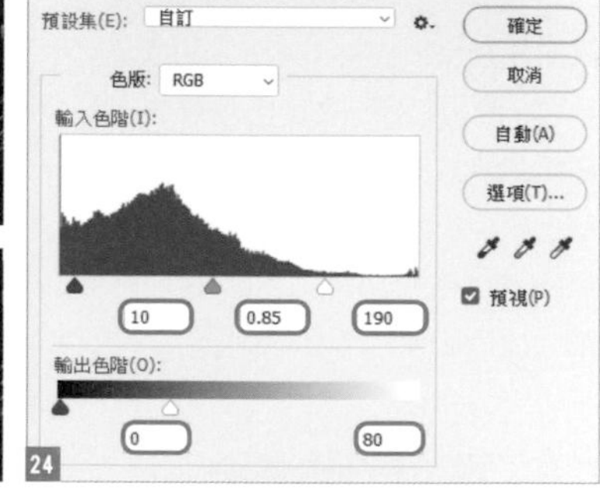

08 為窗戶加上一點光

在**飛船 2** 圖層的上面，建立一個新圖層**光暈 1**。混合模式設定為**覆蓋**，選取**筆刷工具**，設定前景色**白 #ffffff**，為窗戶加上一點光暈 26。

複製**光暈 1** 圖層，並移至上層，取名為**光暈 2** 27 28。

09 替排煙管加上煙霧完成編修

參考 P.108 **做出逼真的煙**單元的技巧，加上黑煙後，作品就完成了。

此例在遠處又多加了一艘飛船 29。

Recipe

080

將文字與背景融合

利用「圖層樣式」就可以簡單地將文字與磚牆融合在一起。

Photo retouching

01 使用「文字工具」輸入文字

開啟「背景 .psd」，從**工具**面板裡選取**水平文字工具** 01。在**選項列**中選取喜歡的字型、尺寸、顏色。此例使用**字型：Impact／尺寸：125.92pt／顏色：#0c0749** 02。

輸入文字 "CRACK"，再依牆面的裂縫旋轉擺放 03。

02 使用「圖層樣式」，讓文字與背景更融合

在 CRACK 圖層的名稱右側雙按 04，開啟**圖層樣式**面板後，在選取**混合選項**的狀態下，移動**混合範圍**中的**下面圖層**，設定為 73／122：185／249 05。設定時按住 Alt (option) 鍵再拖曳，就可以分割控制點。

文字與背景融合在 一起了 06。

03 利用圖層遮色片刪除裂痕上的文字

選取文字圖層 CRACK，按下**圖層**面板裡的**增加圖層遮色片**鈕，新增圖層遮色片 07。

選取圖層遮色片縮圖，使用**筆刷工具**，設定前景色**黑 #000000**，塗抹在裂縫處的文字上，即可讓加工後的成果看起來更自然 08。

Recipe

081

透過門與窗表現裡外不同的世界

在建築物裡製造出讓人不可思議的冰世界。

Photo retouching

01 選取建築物的窗戶後刪除

開啟「風景 .psd」，在**背景**圖層上按右鍵，選擇**背景圖層**命令，將圖層名稱設定為**建築**。

使用**筆型工具**，製作中央與左右窗戶的路徑，然後按右鍵選擇**製作選取範圍** 01。按下 Delete 鍵刪除內容 02，再取消選取。

原影像

01

02

02 在建築物裡加入冰山

開啟「冰山 .psd」，放在**建築**圖層的下面 03。

03 替建築物加上陰影，表現立體感

在**建築**圖層的上面，建立一個新圖層**柱的影**。選取**筆刷工具**，如圖 04 用前景色**黑 #000000** 填滿，圖層的不透明度為 **30%** 05。

04 製作從後方照射到前方的光線

在最上面的位置建立一個新圖層**光**，圖層的混合模式設為**覆蓋**，然後按住 Ctrl（⌘）鍵再選取**建築**的圖層縮圖，建立選取範圍 06。

在選取的狀態下，選取**光**圖層，從**圖層**面板裡選取**增加圖層遮色片** 07，窗戶外側（建築物的部份）就是可描繪的狀態了。選取**筆刷工具**，設定前景色**白 #ffffff**。

照射在窗戶的光要另外處理，這裡我們先描繪從裡面照射出來的光線，還有建築物邊緣的光線 08。

台階地方的光可以畫得誇大、明顯一點，看起來會更有立體感。

05 替窗戶的玻璃加上光線

在圖層最上面建立一個新圖層**窗光**，建立窗戶的選取範圍後填滿**白色 #ffffff** 09。
圖層的混合模式設為**覆蓋**，但光線還不夠強，再複製**窗光**圖層，取名**窗光 2**，利用兩個圖層來增加亮度 10。

填入白色 #ffffff

06 放入企鵝，群組化後加上剪裁遮色片

從「素材集 .psd」裡將**企鵝 1**、**企鵝 2** 移到最上面的位置 11。
把兩個圖層群組化，名稱為**企鵝**，在圖層群組外的上方建立一個新圖層**企鵝的光**。
選取**企鵝的光**圖層，按右鍵選取**建立剪裁遮色片**，就可以針對下面的**企鵝**群組做描繪（為了方便辨識，將圖層設定為黃色）12。

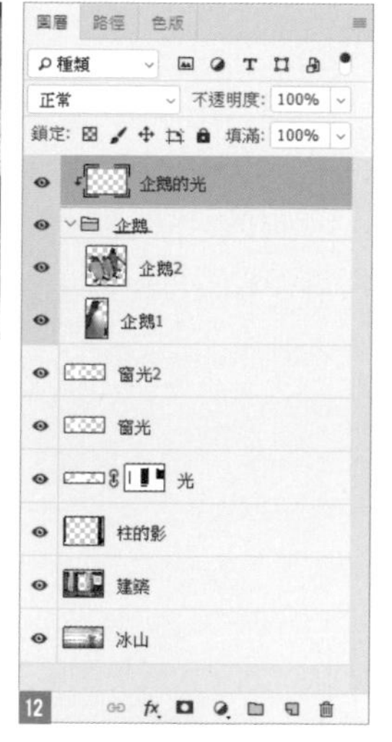

07 繪製從企鵝背後（建物內側）照射的光線

選取**企鵝的光**圖層，選取**筆刷工具**，設定前景色**白 #ffffff**，畫出從企鵝背後照射過來的光線 13。
因為**企鵝 1** 圖層在最前面的位置，所以我們套用**高斯模糊**濾鏡，設定**強度：4.0 像素**，增添距離感 14。

套用「高斯模糊」濾鏡

08 加上燈飾後再加上陰影

從「素材集 .psd」裡移動**燈 1**、**燈 2** 兩個圖層，並放到適當的位置 15。選取**燈 1** 圖層，從**圖層**面板按下**增加圖層樣式**鈕，選擇**陰影** 16。設定**不透明：50%／角度：75°／間距：43 像素／展開：0%／尺寸：9 像素** 17。

選取**燈 1** 圖層，按右鍵選取**拷貝圖層樣式**，再選取**燈 2** 圖層，按右鍵選取**貼上圖層樣式**，就可以套用相同的圖層樣式了。

15

16

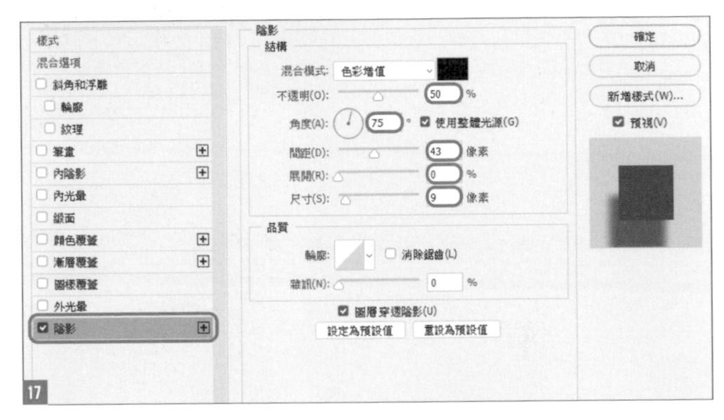

17

09 為燈加上光暈

在最上面建立新圖層**燈的光**，混合模式設定為**覆蓋**。用**橢圓選取畫面工具**如圖 18 建立選取範圍，按下**油漆桶工具**填滿黃色 **#f3e5a9** 19。

完成後取消選取，改選**燈的光**圖層，套用**高斯模糊**濾鏡，設定**強度：20 像素**。

模糊的光暈就形成了 20，另一邊的燈也複製後再貼上 21。

18

19

20

21

10 配置其他素材完成作品

利用圖層遮色片，讓**北極熊**圖層看起來像是從窗戶外面探頭進來。

將圖層 **North Pole** 的文字重疊在門牌上，再將**企鵝 3** 圖層放在後面的冰山上就完成了 22。

22

Recipe

082 與水融合在一起的洋裝

讓濺起來的水花與模特兒身上的洋裝合而為一，配合服裝的形狀將水花變形，利用反覆調色的技巧，讓水花跟洋裝看起來結合在一起，是水花也是一件洋裝。

Photo retouching

01 擺放人物，注意整體協調

開啟「背景 .psd」及「人物 .psd」，將**人物**圖層移到「背景 .psd」並放好位置 01。

選取**人物**圖層，從**圖層**面板中按下**增加圖層遮色片** 02。

選取圖層遮色片縮圖，使用**筆刷工具**為泡在水中的腳加上遮色片，適時調整筆刷的不透明度，讓泡在水中的腳隱約可見 03。人物的擺放就完成了 04。

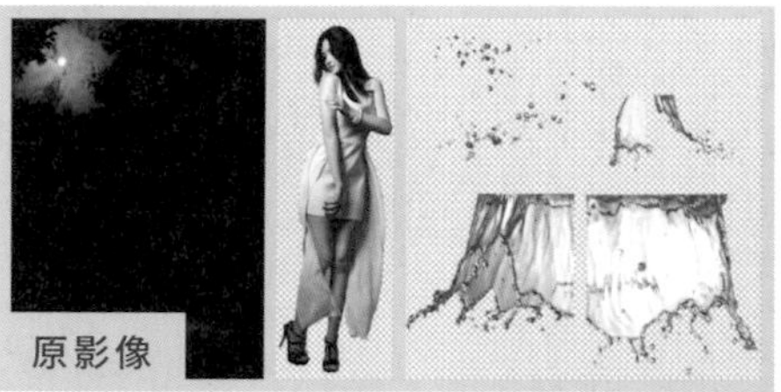

01

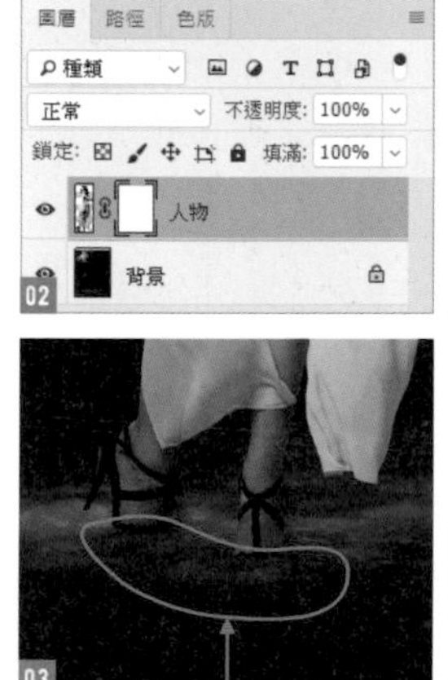

02

03

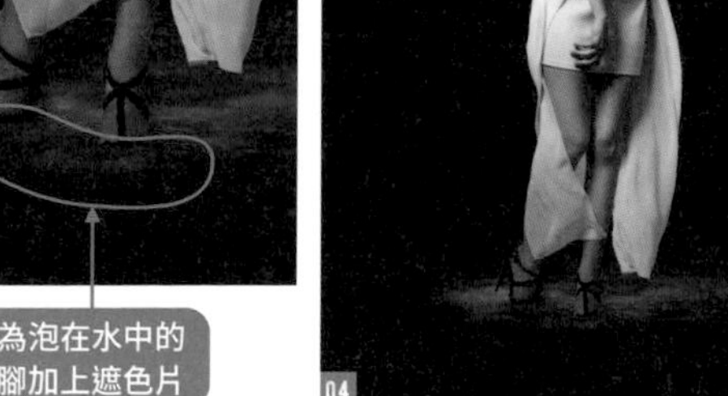
04

02 把水花的影像變形，擺放在適當位置

開啟「水花 .psd」，移動**水花 1** 到文件中。執行『**編輯／變形／彎曲**』命令 05。配合服裝的外型，還有水花的側影方向等，如圖 06 設定彎曲效果。

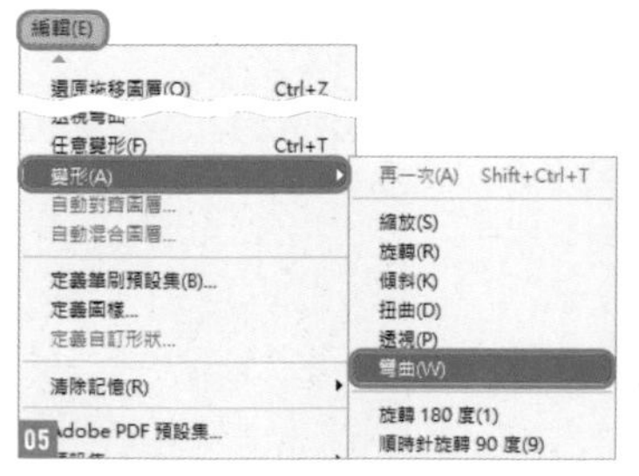

05

06

03 依人物的外型建立遮色片

按住 Ctrl（ ⌘ ）鍵再按下**人物**的圖層縮圖，建立選取範圍。
反轉選取範圍後，按下**圖層**面板裡的**增加圖層遮色片** 07。

07

04 將衣服跟濺起來的水花結合

選取**水花 1** 圖層的圖層遮色片縮圖。按下**筆刷工具**，設定前景色**白 #ffffff** 來調整遮色片。
將人物腰部以下，朝右下方的陰影留著，讓它跟水花結合 08。
選取**水花 1** 圖層的圖層縮圖，調整**色階**，設定**輸入色階**為 **0：1.15：255**，**輸出色階**為 **40：255** 09。
調整**色彩平衡**，在**色調平衡**選取**中間調**，設定**顏色色階**為 **+20：-10：0**，調整為接近人物的色調 10 11。

08

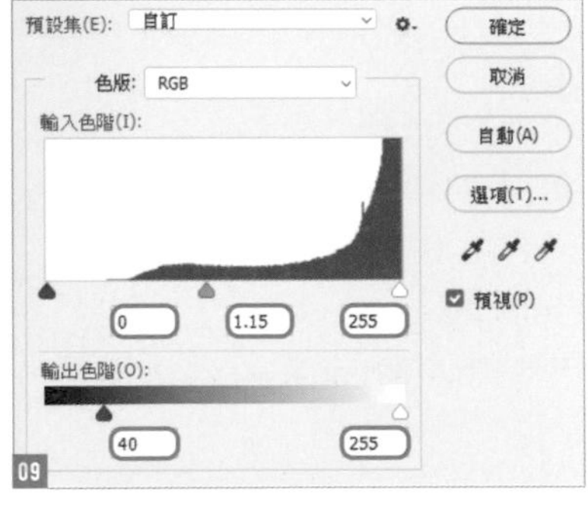

09

11

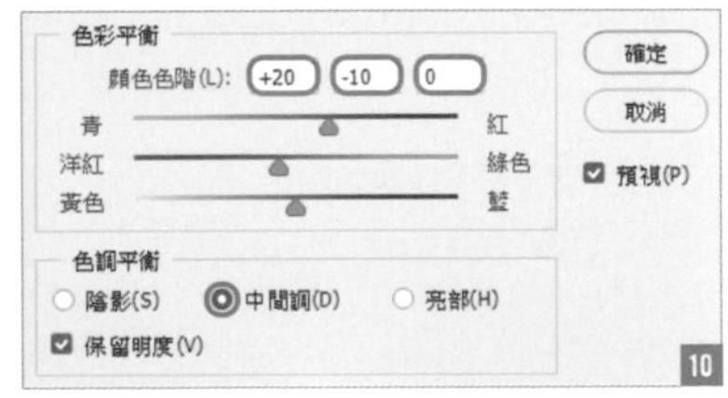

10

05 新增濺起來的水花

繼續增加水花，重複步驟 02～04 的技巧，製作出洋裝的形狀。從「水花 .psd」裡移動**水花 2** 圖層，這次要在影像左側增加水花，如圖 12。
使用**彎曲**功能，與步驟 03 相同，在人物的外型上增加遮色片，刪除不要的部份 13。接著，與步驟 04 相同，使用**筆刷工具**修整遮色片 14。
色彩平衡的數值設定與步驟 04 相同，在**色階**設定**輸入色階**為 **0：1.5：255**，設定**輸出色階**為 **60：255** 後套用 15。

12

13

14

15

06 複製並增加完成的水花

把濺起來的水花跟右腳的洋裝衣角做合成。複製**水花 1** 圖層，如圖 16 利用**彎曲**功能調整形狀。

按下**圖層**面板中的**增加圖層遮色片**，用**筆刷工具**編修遮色片，讓畫面感覺更融合 17。

調整**色階**，設定**輸出色階**為 **50：195**；設定**色彩平衡**為**中間調**，**顏色色階**為 **+15：-15：0**，讓色調更接近人物 18。洋裝與水花的合成就完成了 19。

16

17

18

19

07 依步驟 02～06，將做好的水花移至適當的位置

刪除人物左膝右側上方的布料。在**人物**圖層的圖層遮色片縮圖上增加遮色片範圍 20。移動「水花 .psd」中的**水花 3～6**，依步驟 02～06 的操作，執行**彎曲**、**色階**、**色彩平衡**、**遮色片**等設定，做適合的佈置與擺放 21。

最後，在圖層最上面，利用 P.102 **斜射光的表現**單元介紹的技巧，增加斜角光線後就完成了 22。

20

21

22

Column

構圖的考量

在思考整個畫面的構圖與設計時，除了自身的喜好、感覺，黃金比例與分割法等基本考量也很重要。在影像最後的整理階段，可以善用 Photoshop 的**裁切工具**，在**選項列**中設定**黃金比例**、**三等分**等常用的分割法。

此外，讓人感覺舒服的影像或設計、文宣等，大部份都已遵守構圖的基本原則。因此，可以研究自己喜愛的設計師與藝術家作品，進而瞭解對方的構圖原則，在學習製作與構圖上會有相當大的幫助。

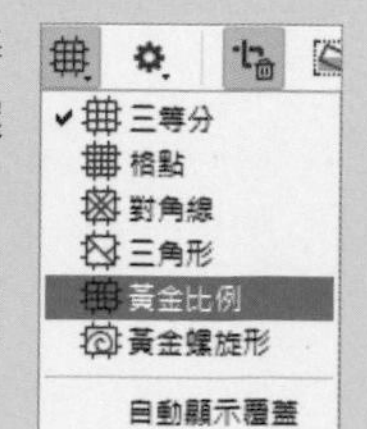

POLYGON STYLE

Recipe

083

把照片編修成多邊形風格

記錄操作過程，利用自動執行的動作，
將照片編修成多邊形風格的作品。

Photo retouching

原影像

01 設定參考線

開啟「鳥 .psd」，執行『**檢視／顯示／格點**』命令 01。

執行『**編輯／偏好設定／參考線、格點與切片**』命令（Mac 系統請執行『**Photoshop CC／偏好設定／參考線、格點與切片**』命令 02。

在**偏好設定**交談窗的**格點**區，設定**顏色：黑色／每格線：25 公釐／細塊：12** 03。

執行『**檢視／靠齊至／參考線**』命令，使其打勾表示套用 04，這樣就完成參考線的設定了 05。

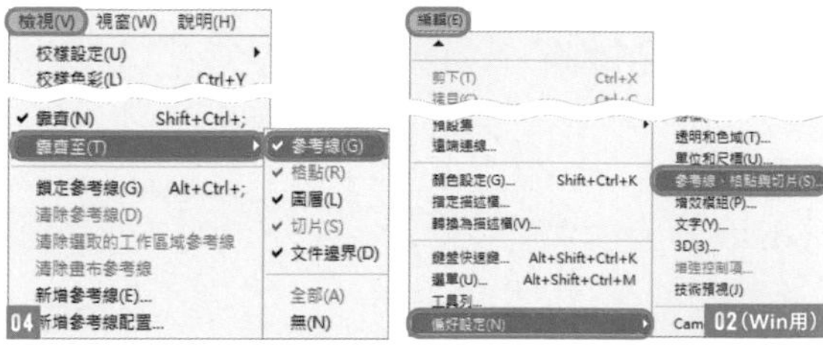

02 選取圖層 套用模糊效果

選取**多邊形套索工具** 06。

建立一個三角形的選取範圍。以鳥嘴的前端為起點，選取一個三角形，選取時會自動貼齊參考線 07。

在第 3 個點雙按，會自動建立成三角形的選取範圍，若有稍微超出範圍也沒關係。

接著執行『**濾鏡／模糊／平均**』命令 08。選取範圍內會均勻的填滿色彩 09。

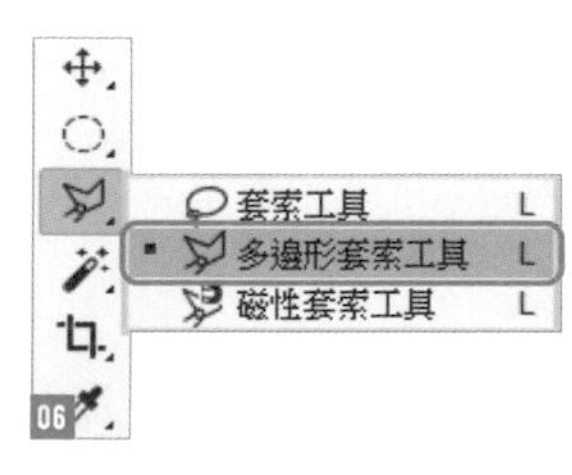

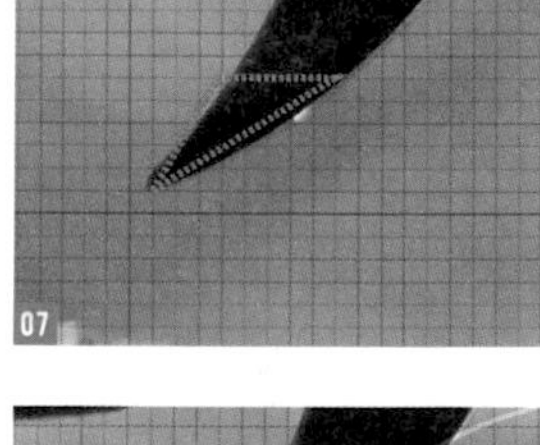

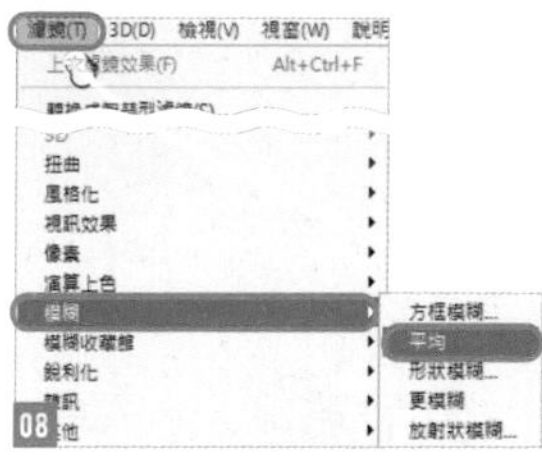

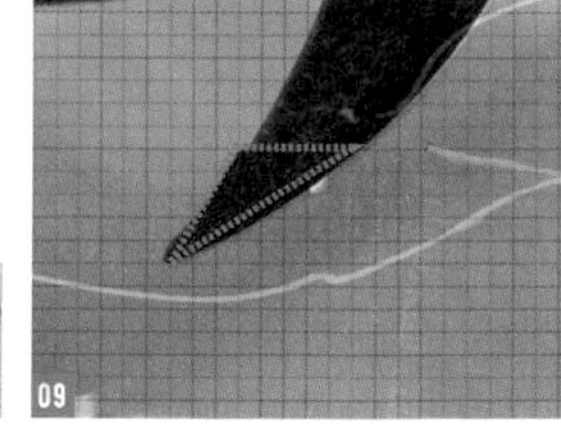

03 複製套用模糊效果的圖層

按下 Ctrl（⌘）＋ J 鍵（此為按右鍵選取**拷貝的圖層**的快速鍵），建立複製的圖層 10。

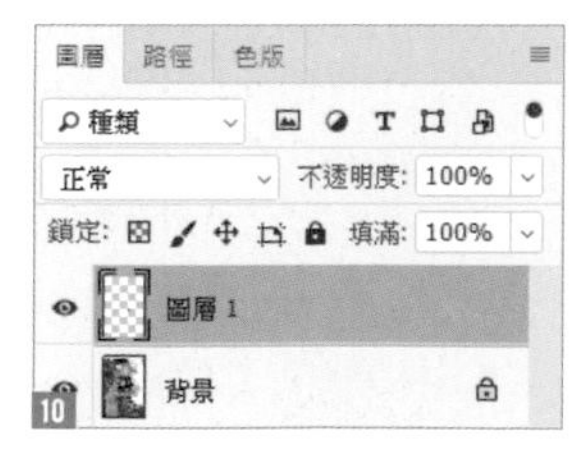

04 錄製新的動作

為了讓操作更有效率，我們要將「執行**模糊／平均～拷貝的圖層**」的操作建立成新的動作。請先選取**背景**圖層，使用**多邊形套索工具**沿著參考線建立選取範圍 11。

接著，執行『視窗／動作』命令，開啟**動作**面板 12。按下面板下方的**建立新增動作**鈕 13。在**新增動作**交談窗中設定**名稱：多邊形風格／功能鍵：F3** 14（也可以設定成其它喜好的功能鍵）。

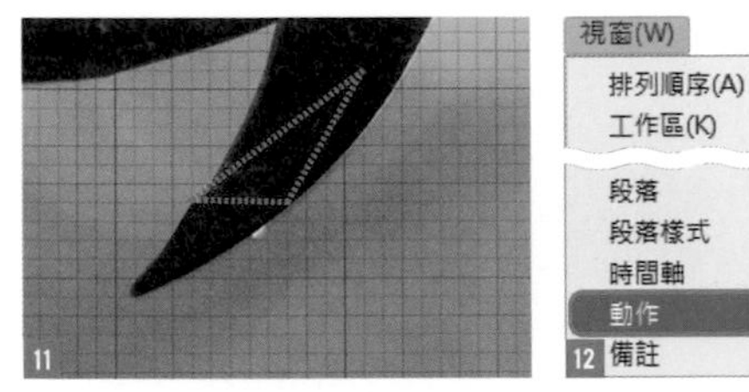

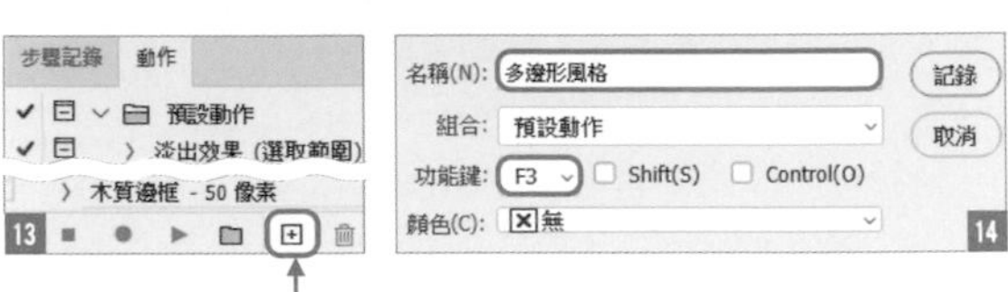

05 按照步驟 02 ～ 03 的操作建立動作

按下**新增動作**交談窗的**記錄**鈕，**動作**面板的**開始記錄**鈕會變成紅色，表示已經開始記錄。套用**模糊／平均**濾鏡，按下 Ctrl（⌘）+ J 鍵，再按下**動作**面板上的**停止播放／記錄**鈕 15。之後按下 F3 鍵就會自動執行「套用**模糊／平均→拷貝的範圍**」的動作。

06 使用動作功能，進行多邊形風格的加工

使用建立好的動作，重複操作：選取**背景**圖層 → 使用**多邊形套索工具**建立選取範圍 → 按 F3 鍵的動作，為影像進行多邊形風格加工。眼部周圍密度比較高的部份，可以縮小操作面積 16，身體部份可以擴大操作面積 17。多邊形風格加工完成後，按 Ctrl（⌘）+ ' 鍵（顯示、不顯示格點的快速鍵），將格點關閉。

07 設定背景加上裝飾後完成

在**背景**圖層上建立一個新圖層，選取**油漆桶工具**填滿顏色 **#ffe2ae** 18，再加上文字裝飾 19。開啟「材質 .psd」，放在最上面的位置，圖層的混合模式設定為**柔光** 20，為作品增加質感後就完成了 21。

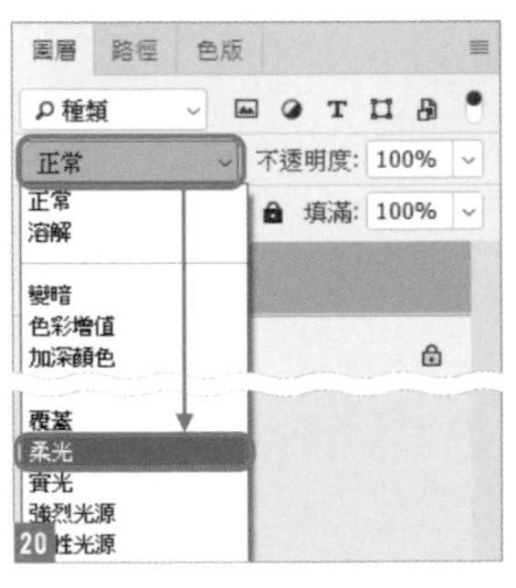

Chapter 06

LOGO與各種元素的編修技巧

本章將做出砂、冰、岩石、金屬等各種質感的 Logo，還有只在 Photoshop 才做得出來的設計感元素。同時收集了許多實用的 Logo，與廣告裝飾用的範例。

原影像

Recipe

084

製作透明感徽章

這次要巧妙運用**圖層樣式**及**漸層**，製作出有透明感的徽章。

Photo retouching

01 置入影像並建立圓形遮色片

先開啟「背景 .psd」，接著開啟「物件 .psd」，並將**自行車**圖層移動到「背景 .psd」 01。

建立要當作徽章使用的選取範圍。選取**橢圓選取畫面工具** 02，按住 Shift 鍵不放並拖曳，建立正圓形選取範圍。建立選取範圍後，在畫面上拖曳，就能移動選取範圍 03。

選取**圖層**面板中的**自行車**圖層，按下**增加圖層遮色片**鈕 04 05。

01

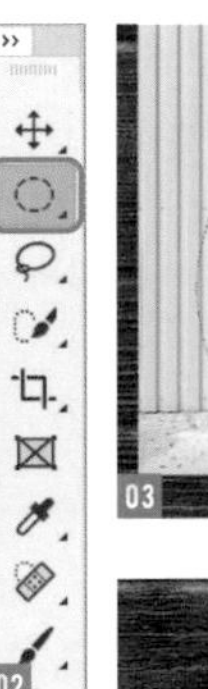
02

03

04

05

02 利用圖層樣式建立透明有立體感的物件

在**自行車**圖層的上方新增**透明物件**圖層。按住 Ctrl(⌘) 鍵＋按一下**自行車**圖層的圖層遮色片縮圖，載入選取範圍。

選取**透明物件**圖層。接著選取**油漆桶工具**填滿**白色**後，在**圖層**面板設定**填滿：0%** 06。在**透明物件**圖層按兩下，開啟**圖層樣式**面板。

依照圖 07 設定**內陰影**，再依照圖 08 設定**內光暈**。

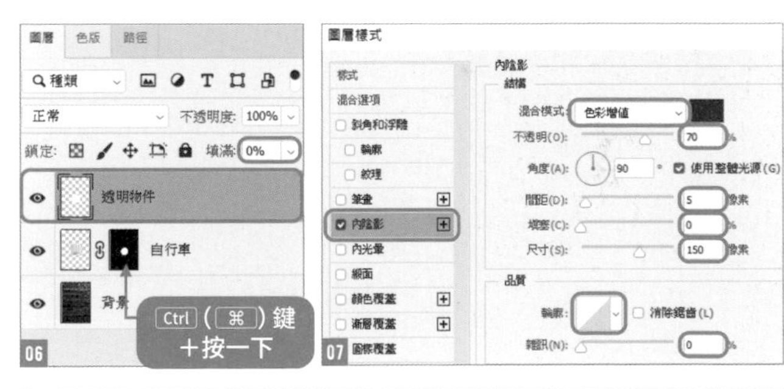

06 07

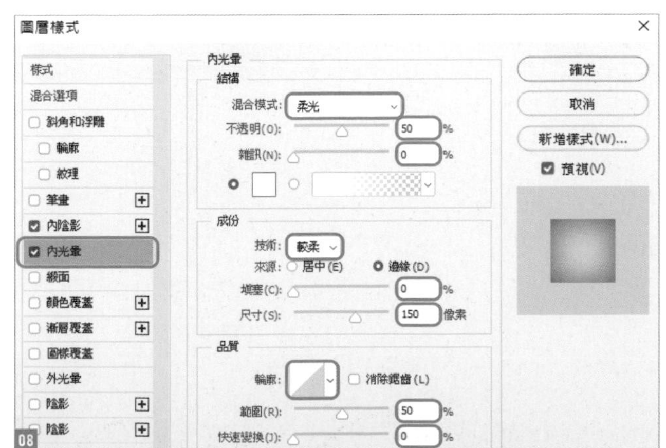

08

03 繼續設定圖層樣式

依照圖 09 設定**緞面**，**輪廓**使用預設集內的**環形**。依照圖 10 設定**漸層覆蓋**。**漸層**的設定如圖 11 所示，自左起為**位置 0%** 是**不透明色標：0%**、**色標：#ffffff**。**位置 90%** 是**不透明色標：30%**、**色標：#000000**。**位置 95%** 是**不透明色標：25%**、**色標：#ffffff**。**位置 100%** 是**不透明色標：50%**、**色標：#000000**。依照圖 12 設定**陰影**，結果如 13 所示。

Point

按下**讀入**鈕，可以載入素材「透明感徽章用漸層 .grd」。建立中心為透明，往外側為黑、白、黑的漸層，這樣就能呈現立體感。

Point

在徽章邊緣內側加上白線，使其呈現出立體感。建立漸層時，如圖 11 所示，用黑色夾著白線，可以完成強調白線的效果。

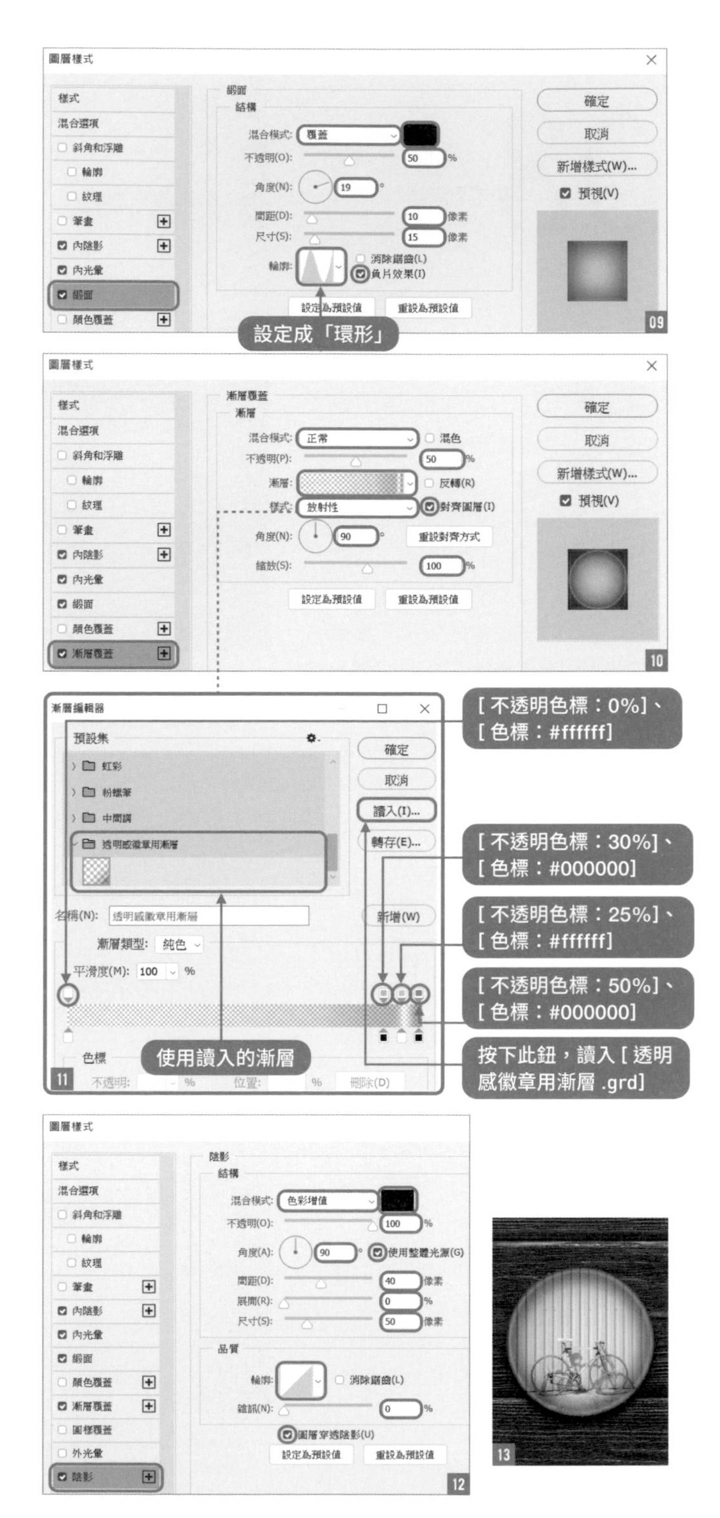

04 在徽章加上光線

在**透明物件**圖層上方新增**光線**圖層。使用**橢圓選取畫面工具**建立圖 14 的選取範圍。前景色設定為**白 #ffffff**，接著選取**漸層工具**，選取預設集的**前景到透明** 15。從選取範圍上方往下拖曳，建立漸層 16。將**光線**圖層設定為**填滿：50%** 17。

14

15

16

17

05 在徽章的上下加上光線

在最上面圖層新增**光線 _ 上下**圖層，按住 Ctrl (⌘) 鍵＋按一下**自行車**圖層的圖層遮色片縮圖，載入選取範圍。執行『**選取／修改／縮減**』命令，設定**縮減：20 像素**，按下**確定**鈕 18 19。

選取**光線 _ 上下**圖層。前景色設定為**白 #ffffff**，接著選取**漸層工具**。由徽章頂端往下拖曳 1/4，建立漸層。再從徽章底部往上拖曳 1/4，建立漸層。設定**混合模式：覆蓋** 20。

執行『**濾鏡／模糊／高斯模糊**』命令，套用**強度：5 像素** 21。

將**光線 _ 上下**圖層設定為**不透明度：80%** 即完成 22。

最後的圖層狀態如 23 所示。這個範例依照相同技巧製作了幾個徽章。

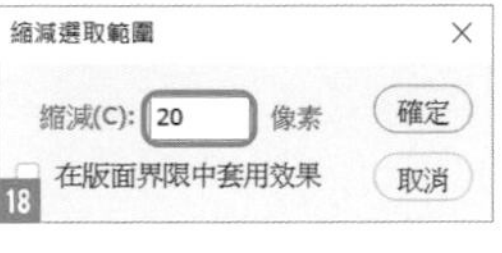

18

19

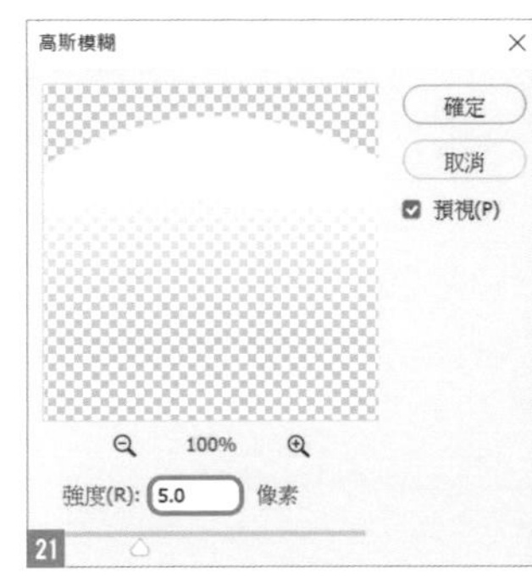

21

20

22

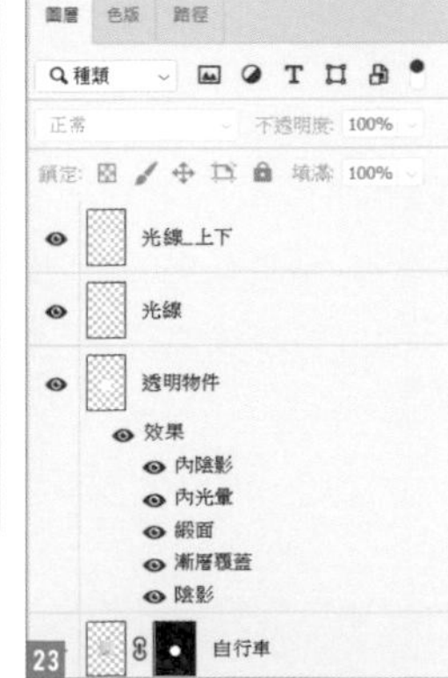

23

※ **編註**：使用**漸層工具**時，請留意不要勾選**選項列**的**反向**，否則在拖曳漸層時，方向會和書上示範的圖不同喔！

Recipe

085

以常春藤纏繞的 Logo

將文字與木頭紋理重疊，
製作出常春藤纏繞的拼貼作品。

Photo retouching

01 輸入文字並在木頭紋理上建立遮色片

開啟「背景 .psd」、「素材集 .psd」等檔案。從「素材集 .psd」裡移動 **R** 圖層到「背景 .psd」，並擺放在中間位置 01。

移動**木片**圖層，重疊在文字之上 02，在**木片**圖層上按右鍵選取**建立剪裁遮色片** 03。

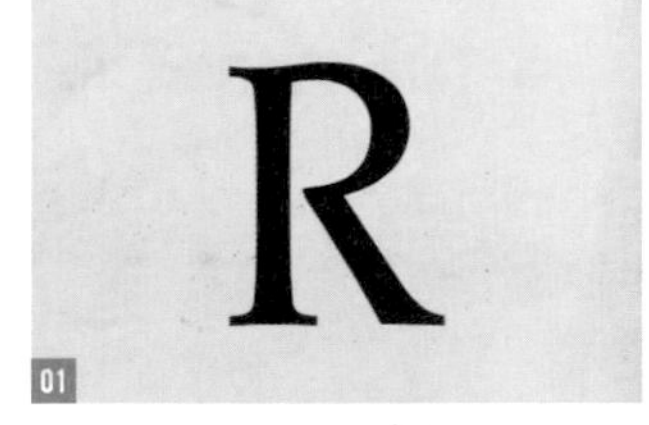

01

02

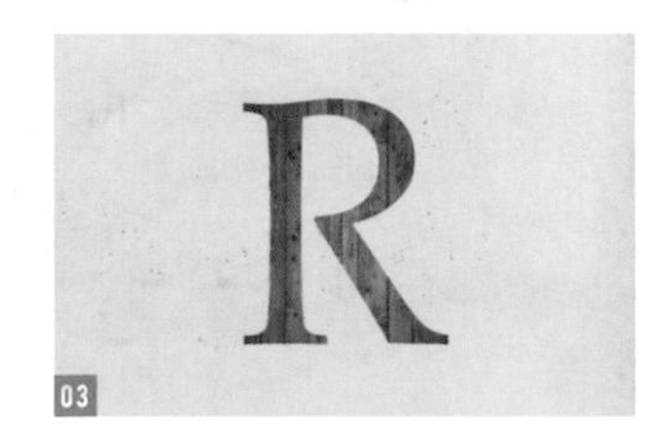

03

02 加上常春藤，再加上陰影

將**常春藤**圖層移動到最上面的位置 04，雙按圖層名稱右側，開啟**圖層樣式**交談窗。

選取**陰影**，再設定**混合模式：柔光／顏色：#000000／不透明：85%／角度：90°／間距：20 像素／展開：0%／尺寸：7 像素** 05。常春藤的陰影就完成了 06。

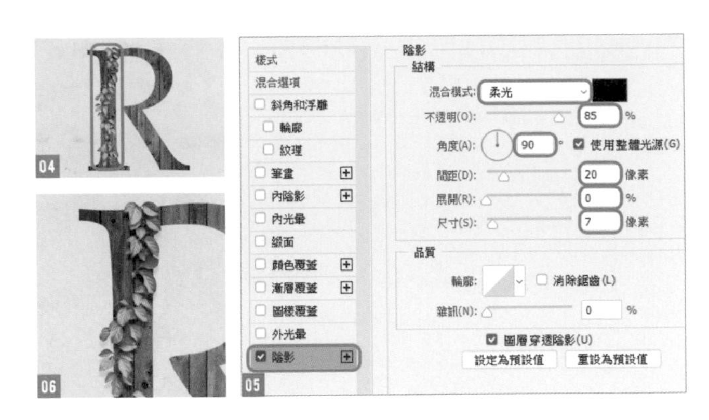

04 05 06

03 使用「操控彎曲」，沿著文字擺放常春藤

複製**常春藤**圖層，放在右邊 07。沿著 R 的右邊來變形，請執行『**編輯／操控彎曲**』命令 08。

出現網格後，想像細部的設定，在數個位置新增控制點。此例新增了 5 個地方 09。再拖曳控制點沿著文字形狀變形常春藤 10。

不要過度移動單一個控制點，所有的控制點都必須分別作細微的調整。

07

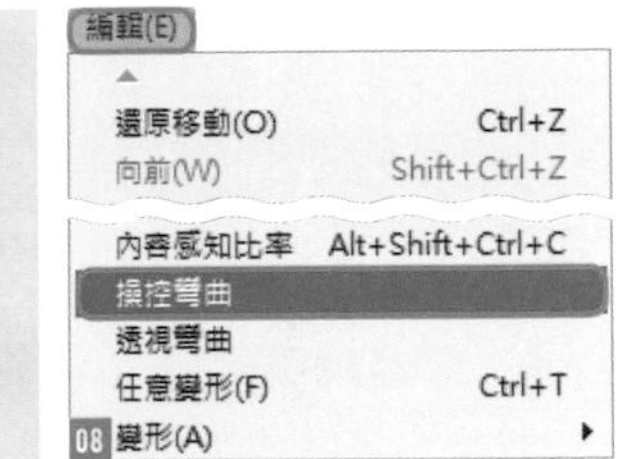

08

09

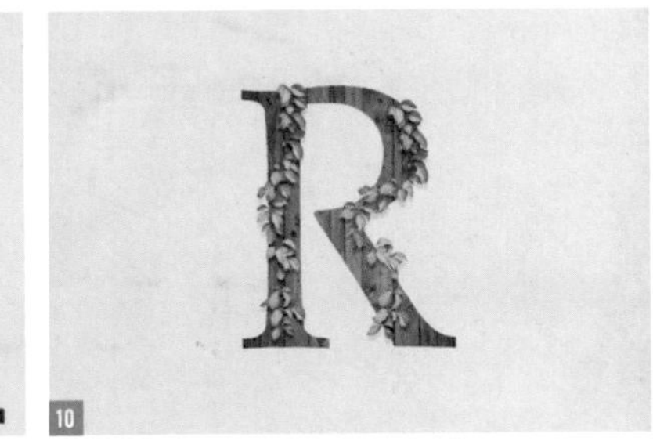
10

04 複製常春藤，依位置調整亮度創造立體感

照著步驟 03 的操作，複製**常春藤**圖層，擺放在 **R** 圖層的上、下層，讓常春藤有纏繞文字的感覺。

將 **R** 圖層下面的**常春藤**圖層（放在 R 後面的圖層），調整**色階**，將**輸出色階**設定為 **0：160**，調暗一點來表現立體感 11 12。

11

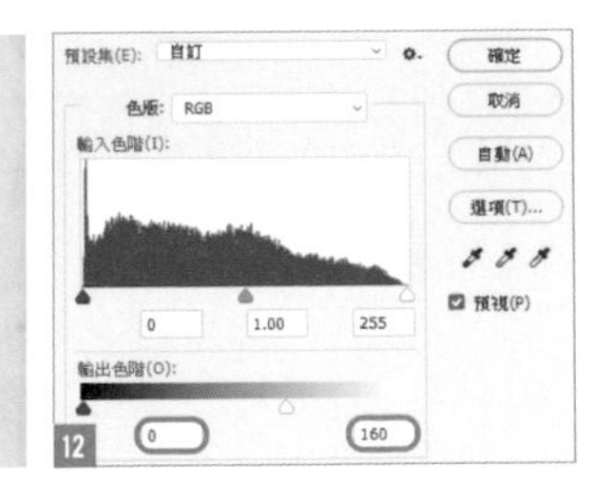

12

05 擺放松鼠與兔子

在喜好的地方放上**松鼠**、**兔子**圖層，這個範例就完成了 13。

13

Recipe

086

在沙灘上寫字

使用「圖層樣式」，就能做出像真的在沙灘上寫字的效果。

Photo retouching

01 隨意擺放文字

開啟「海灘 .psd」，選取**水平文字工具**。設定**顏色：#ffffff／字體：小塚 GOTHIC／字體樣式：H**，(若電腦中沒有上述字型，可自行選用接近的字型，或選用 Arial 字型，設定字體樣式：Bold)，接著輸入 "OCEAN" 01。在 **OCEAN** 圖層上按右鍵，選取**轉換為形狀** 02 (若無法轉換為形狀，請點選**水平文字工具**，在**選項列**按下**建立彎曲文字**鈕)。選取**路徑選取工具** 03，將每個字母單獨套用**任意變形**，如圖 04 把字體隨意擺放。

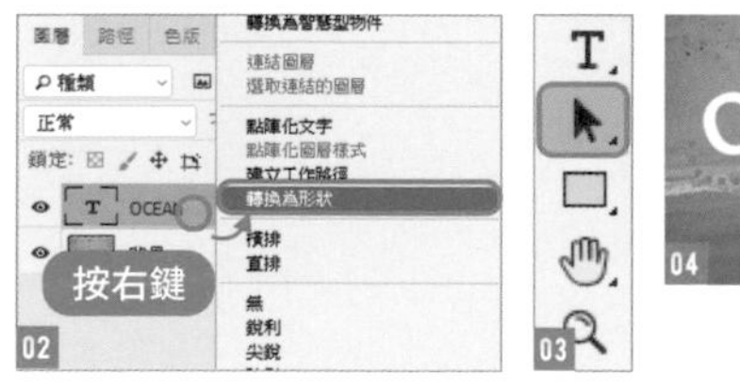

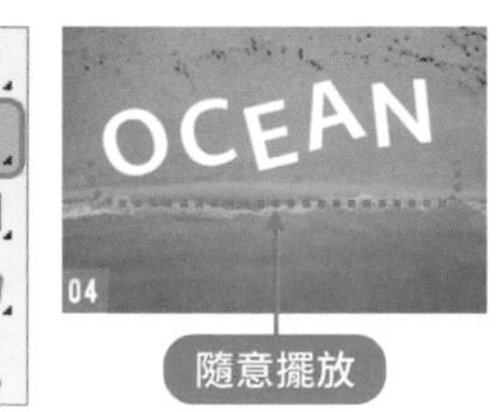

02 設定「圖層樣式」①

在最上面建立新圖層，命名為**砂文字**，雙按圖層名稱的右側開啟**圖層樣式**交談窗。選取**斜角和浮雕**，設定**樣式：內斜角／技術：平滑／深度：100%／方向：上／尺寸：5 像素／柔化：0 像素**。將**陰影**區設定為**角度：120°／高度：30°／光澤輪廓：線性／亮部模式：柔光／顏色：#f9d3a6／不透明：100%／陰影模式：線性加深／顏色：#5c310e／不透明：100%** 05。

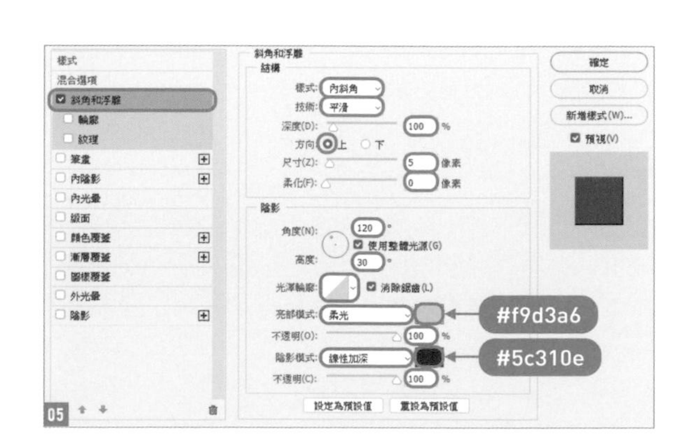

03 設定「圖層樣式」②

選取**斜角和浮雕**下的**輪廓**，設定**輪廓：線性／範圍：50%** 06。再選取**斜角和浮雕**的**紋理**，設定**圖樣：土／縮放：100%／深度：+50%** 07。

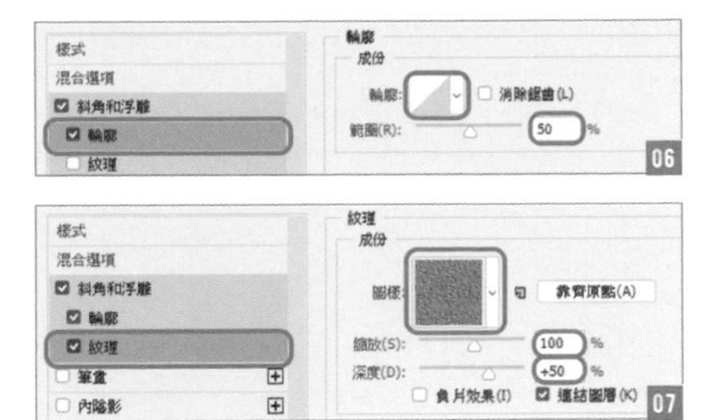

04 製作砂文字

選取**砂文字**圖層，設定**填滿：0%** 08。

選取**筆刷工具**，設定**筆刷種類：潑濺（39 像素）** 09。使用筆刷工具時，請適時調整尺寸與不透明度，將 **OCEAN** 圖層當作參考線來描繪。完成後，文字就會像是寫在沙灘上的效果。描繪時不用太刻意筆直，畫出自然的線條即可 10。大致上畫好後，將 **OCEAN** 圖層設為不顯示或刪除。

Point

圖樣：土不在預設的選項中。請執行『**視窗／圖樣**』命令，開啟**圖樣**面板，點選右上角的設定鈕，選取**舊版圖樣和更多**，載入舊版的圖樣。就可以在圖 07 中展開**舊版圖樣和更多／舊版圖樣／石頭圖樣**裡的**土**紋理了。

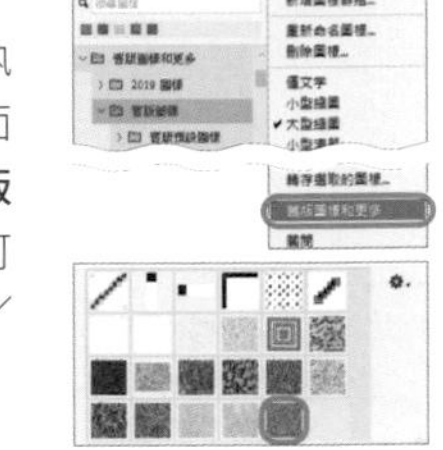

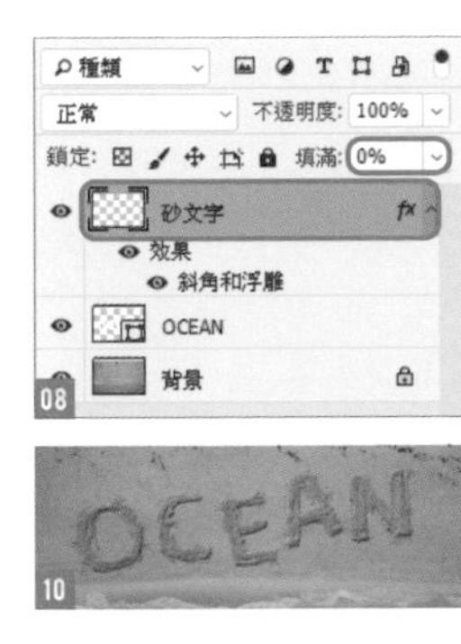

05 為砂文字設定凹陷感

選取**橡皮擦工具**，再順著文字擦過，表現出凹陷的效果。適時調整筆刷尺寸、不透明度，重複步驟 04～05 的操作，就可以做出真實的沙灘文字效果 11。

Point

可以用大尺寸的筆刷，替文字添加砂的質感，再用細一點的筆刷仔細描繪文字的輪廓，這樣文字看起來會更自然。

06 幫砂文字加上陰影

在最上面建立新圖層**陰影**，選取**筆刷工具**，設定前景色**黑 #000000**，描繪 "OCEAN" 文字 12。

開啟**圖層樣式**交談窗，選取**內陰影**，設定**混合模式：正常／顏色：#4e1a17／不透明：86%／角度：150°／間距：15 像素／填塞：0%／尺寸：10 像素** 13。

再將圖層設定為**填滿：0%**，就只會套用圖層樣式的**內陰影**，這樣就完成範例了 14。

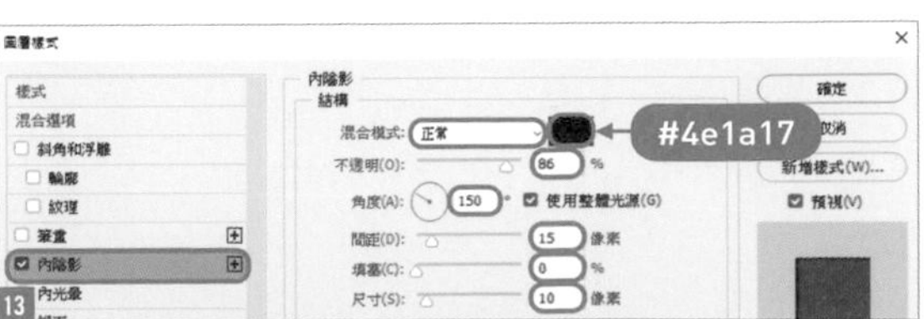

Recipe

087

動物與文字的合成

活用剪裁遮色片，就可以將斑馬的圖樣與文字自然合成。

Photo retouching

01 將斑馬圖樣與文字重疊

開啟「背景 .psd」，確認含有**背景**與**文字**這兩個圖層 01。開啟「斑馬圖樣 .psd」，移動**圖樣 1** 圖層，放在**文字**圖層的上方。將**圖樣 1** 疊在文字「Z」的上面 02。選取**圖樣 1** 圖層，按右鍵選取**建立剪裁遮色片** 03。

01

02

03

02 除了文字「B」以外，為其他文字進行相同的重疊作業

確認**圖樣 1** 圖層已套用剪裁遮色片 04。複製**圖樣 1** 圖層，使用**移動工具**重疊在文字 "E" 的上面 05。因為複製了已套用剪裁遮色片的圖層，所以將會自動套用遮色片效果。將與文字「B」重疊的部份，用選取工具選取後刪除 06。利用相同的方法，將文字 "R" 與 "A" 重疊斑馬圖樣 07。

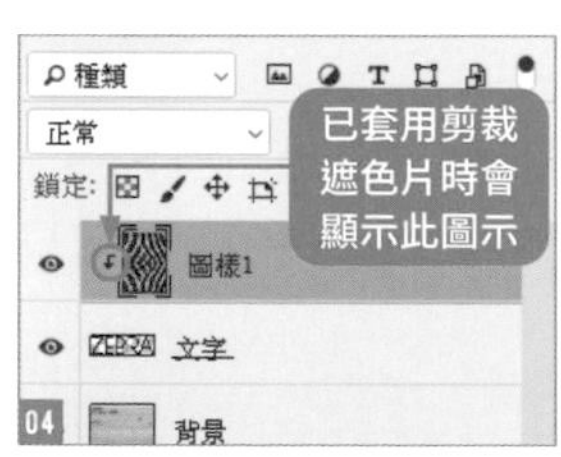

04

05

06

07

03 為文字「B」重疊斑馬的圖樣與斑馬圖案

從「斑馬圖樣 .psd」移動**圖樣 2** 圖層，將它擺放在文字「B」上面，用一樣的方式為文字套用剪裁遮色片 08。移動**斑馬**圖層，擺放在如圖 09 的位置。

08

09

04 將文字「B」與斑馬重疊的部份套用遮色片

選取**斑馬**圖層，按下**圖層**面板中的**增加圖層遮色片**鈕 10。

按住 Ctrl（⌘）鍵再點選**文字**圖層的圖層縮圖，建立選取範圍 11。

執行『**選取／反轉**』命令（選取狀態會由選取文字→選取文字以外的部份）。

選取**斑馬**圖層的圖層遮色片縮圖，按下**筆刷工具**設定前景色為**黑 #000000**，在文字 "B" 的內側塗抹，為其套用遮色片 12，完成後，解除選取狀態。

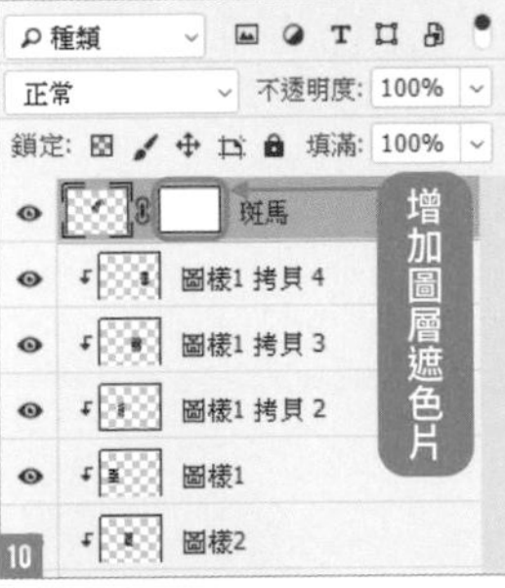

10

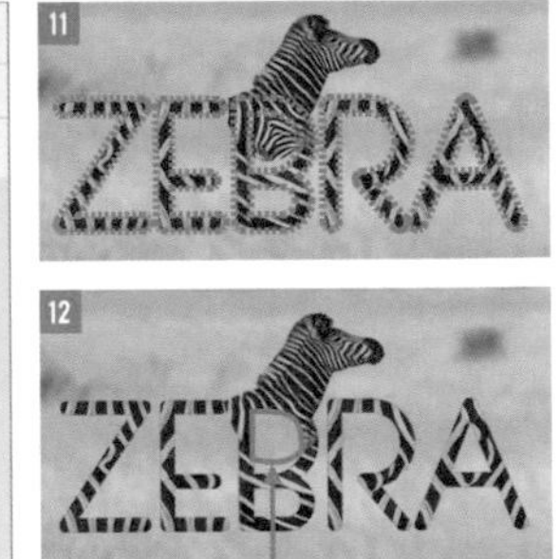

11
12

05 讓文字上的圖案與斑馬上的圖案更加融合

選取**斑馬**圖層的圖層遮色片縮圖，再點選**筆刷工具**。交替使用**黑 #000000**、**白 #ffffff**，再配合斑馬的圖樣做遮色片的修補，可以隨時切換**斑馬**圖層的顯示與隱藏狀態，修改起來會更好操作 13。

如果沒辦法順利重疊圖樣的話，可以再移動**斑馬**與**圖樣**這兩個圖層。

13

06 為文字「ZEBRA」加上立體效果

選取**文字**圖層，雙按圖層名稱的右側，開啟**圖層樣式**交談窗。將**斜角和浮雕**依圖 14 來設定，**內陰影**依圖 15 來設定，文字就會產生立體感，整個範例就完成了 16。

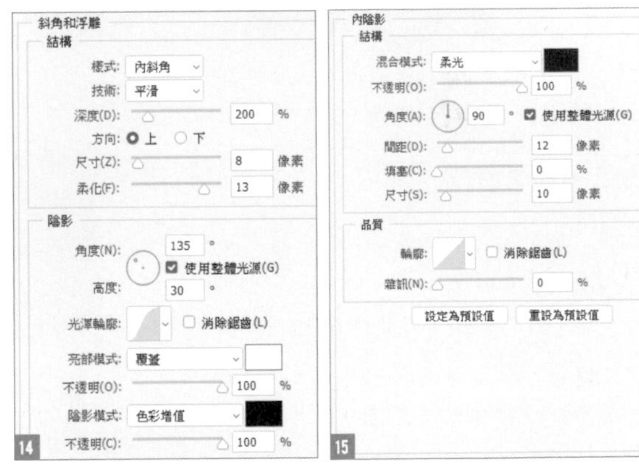

14
15

16

Shortcut

交換前景與背景色：X 鍵。

Recipe

088

冰雕般的 Logo

打造像是用冰塊雕刻出來的文字 Logo。

Photo retouching

01 使用「水平文字工具」輸入文字

開啟「冰 .psd」。將**冰**圖層設定為不顯示，以方便後續的作業。

從**工具**面板選取**水平文字工具** 01 。在**選項列**設定喜好的字型、尺寸。在此選用的**字型：小塚ゴシック Pro／字體：H／尺寸：135 pt／顏色：#76bfde** 02 ，(若電腦中沒有上述字型，可自行選用接近的字型，或選用 Arial 字型，設定字體樣式：Bold)，設定好後輸入英文大寫 "ICE" 03 。

02 使用圖層樣式，幫文字加上立體感

雙按 ICE 圖層的右側，開啟**圖層樣式**交談窗。選取**斜角和浮雕**，設定**樣式：內斜角／技術：雕鑿硬邊／深度：200%／方向：上／尺寸：100 像素／柔化：0 像素**。**陰影**區的設定為**角度：30°／高度：30°／光澤輪廓：線性／亮部模式：濾色／顏色：#ffffff／不透明：100%／陰影模式：柔光／顏色：#000000／不透明：100%** 04。文字就變得有立體感了 05。

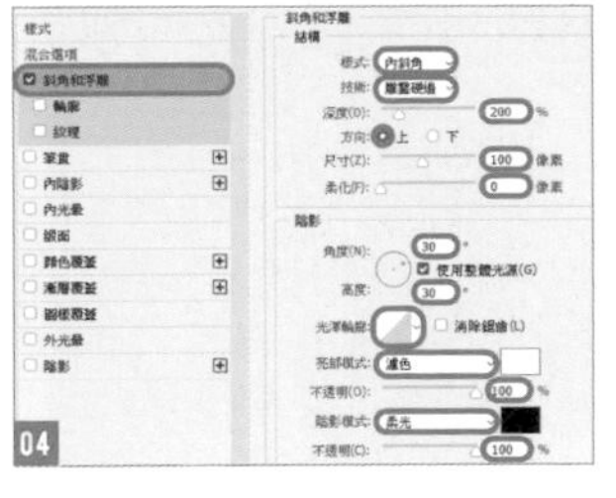

04

05

03 使用圖層樣式表現冰霜的感覺

選取**圖層樣式**交談窗中的**內光暈**，設定**混合模式：濾色／不透明：50%／雜訊：0%／顏色：#ffffff**。**成份**區設定為**技術：較柔／來源：邊緣／填塞：0%／尺寸：20 像素**。**品質**區設定**輪廓：線性／範圍：50%／快速變化：0%** 06。文字邊緣加了白色的漸層後，整體看起來感覺更冰冷了 07。

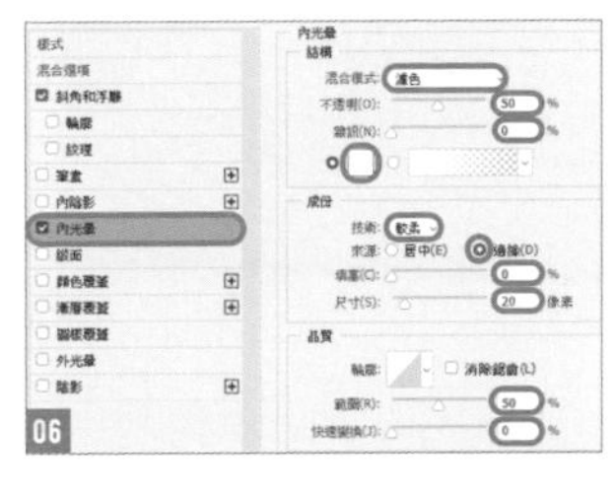

06

07

04 使用照片增加冰塊的質感

顯示**冰**圖層，放在 ICE 圖層的上方位置。將圖層的混合模式設定為**覆蓋**，不透明度為 45% 08。選取**冰**圖層，按右鍵選取**建立剪裁遮色片** 09。

08

09

05 套用濾鏡做出冰雕般的效果

選取 ICE 圖層，按住 Ctrl（⌘）鍵再點選圖層縮圖，建立選取範圍 10。按下**圖層**面板裡的**增加圖層遮色片**鈕 11，然後選取 ICE 圖層的圖層遮色片縮圖 12。執行『**濾鏡／像素／結晶化**』命令 13，設定**單元格大小：25** 14 15。最後，把做好的字體與「背景 .psd」合成，並加點陰影就完成了。

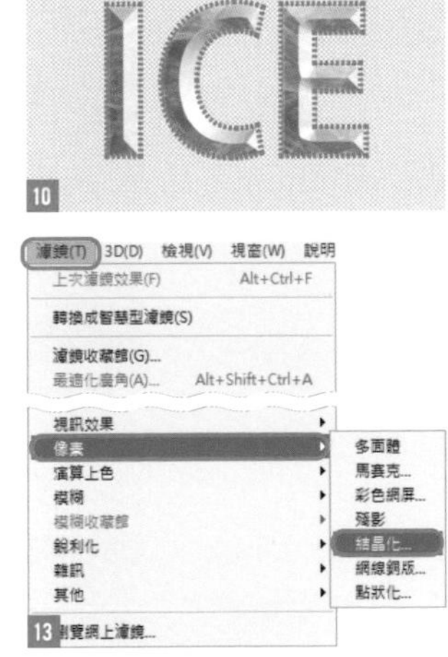

10 13

11 12

14

15

Recipe

089

融化的巧克力 Logo

做出像是已經融化的巧克力 Logo。

Photo retouching

01 使用「水平文字工具」輸入文字

開啟「蛋糕 .psd」，選取**工具**面板中的**水平文字工具**。在**選項列**設定**字型：小塚ゴシック Pro／樣式：H／尺寸：63pt／文字顏色：#f7efe9／愛心顏色：#f6b0a7** 01。

分別製作 3 個文字圖層 **LO**、**♥**、**VE** 02，把文字圖層分別放在蛋糕上面 03。選取 3 個文字圖層後按右鍵選取**點陣化文字** 04。

在同時選取 3 個圖層的狀態下，按右鍵選取**合併圖層**，圖層名稱為 **LOVE**。

編註：我們可以用**新注音輸入法**來輸入♥符號。請切換到**新注音輸入法**後，按下 ` 鍵（在 Tab 鍵上方）再按下 u 鍵（表示要輸入內碼），然後輸入 2、6、6、5（請不要用右側的數字鍵輸入數字喔），按下空白鍵，內碼就會轉換為圖案了！

02 套用「圖層樣式」讓文字變立體

雙按 **LOVE** 圖層名稱的右側，開啟**圖層樣式**交談窗。選取**斜角和浮雕**，設定**樣式：內斜角／技術：雕鑿硬邊／深度：50%／方向：下／尺寸：20 像素／柔化：16 像素**。

陰影區的設定**角度：-124°／高度：36°／光澤輪廓：線性／亮度模式：濾色／顏色：#ffffff／不透明：100%／陰影模式：色彩增值／顏色：#cd5908／不透明：100%** 05。文字就會有立體感了 06。

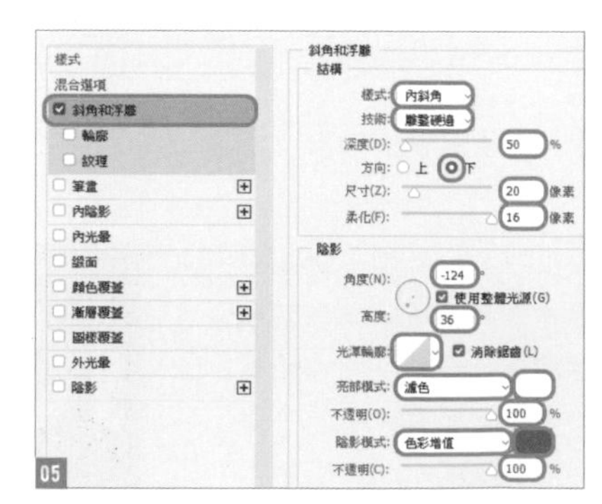

03 加強文字的立體感

選取**圖層樣式**交談窗的**內陰影**。設定**混合模式：色彩增值／顏色：#000000／不透明：25%／角度：-124**／不勾選**使用整體光源／間距：10 像素／填塞：0%／尺寸：20 像素**。在**品質**區設定**輪廓：線性／雜訊：0%** 07。**內陰影**就設定完成了 08。

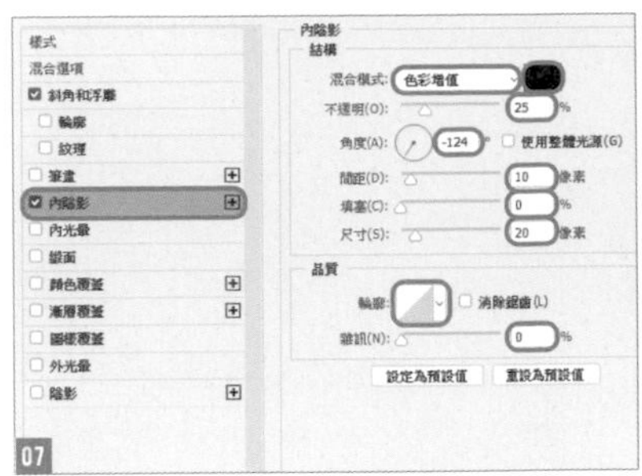

07

08

04 利用「圖層樣式」新增陰影

選取**圖層樣式**交談窗的**陰影**。設定**混合模式：正常／不透明：100%／顏色：#312d3c(由背景選取的顏色)／角度：75°**／不勾選**使用整體光源／間距：30 像素／展開：0%／尺寸：25 像素**。在**品質**區設定**輪廓：線性／雜訊：0%** 09。結合了背景的光源，陰影會更有立體感 10 11。

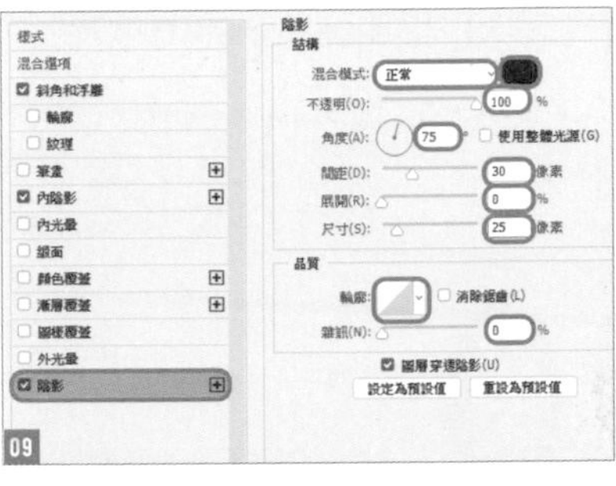

09

10

11

05 使用筆刷、橡皮擦工具，修整文字的形狀

從**工具**面板中選取**筆刷工具**。筆刷種類設定為**實邊圓形，不透明**與**流量**為 **100%**。顏色使用跟文字相同的顏色(**文字顏色：#f7efe9／愛心顏色：#f6b0a7**)。

以現在的文字為雛型，利用**筆刷工具**、**橡皮擦工具**來描繪出文字融化的樣子 12。

12

06 將文字調整成更接近背景的質感

選取 **LOVE** 圖層，執行『**影像／調整／相片濾鏡**』命令，設定**濾鏡：Warming Filter(85)／密度：20%** 13。執行『**濾鏡／雜訊／增加雜訊**』命令，設定**總量：3%／分佈：一致**，勾選**單色的**後套用 14。

背景色與雜訊感變得較一致，整個範例就完成了 15。

13

15

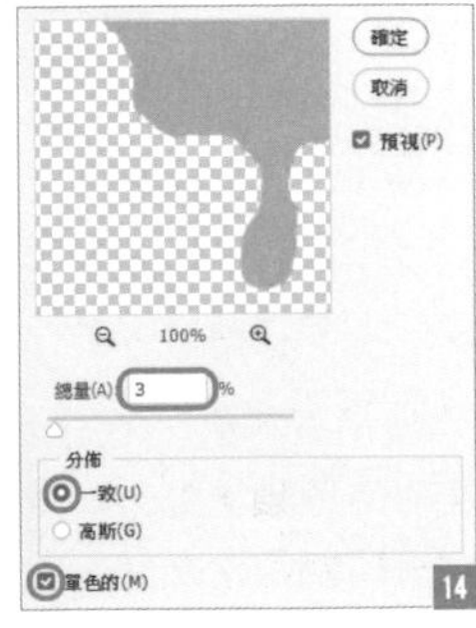

14

Recipe 090 模擬玻璃窗上的雨滴

使用圖層樣式，就能表現出玻璃窗上真實的雨滴。

Photo retouching

01 模糊背景以增加窗戶的質感

開啟「風景 .psd」。執行『**濾鏡／模糊／高斯模糊**』命令，設定**強度：22 像素** 01 02。

接著執行『**濾鏡／濾鏡收藏館**』命令，再選取**扭曲／玻璃效果**。

設定**扭曲：1／平滑度：3／紋理：毛面／縮放：100%** 03。

整個風景照會變成玻璃的質感 04。

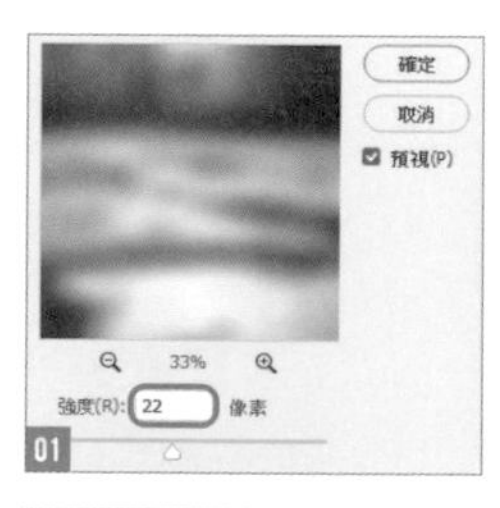

02 使用「筆刷工具」繪製水滴

在最上層建立新圖層**水滴**。選取**筆刷工具**，設定前景色白 **#ffffff**，如圖 05 繪製水滴。

筆刷的種類，建議使用**實邊圓形**，畫出明顯的水滴圖案。繪製水滴時要不規則、尺寸不一地來描繪。此例的水滴是想表現出雨水由上往下流的意境。

03 設定圖層的填滿與混合模式

選取**水滴**圖層，設定**填滿：0%**，圖層的混合模式為**加亮顏色** 06。

在圖層名稱右側雙按，開啟**圖層樣式**交談窗。

04 使用「圖層樣式」表現水滴的感覺

選取**斜角和浮雕**，如圖 07 設定內容，呈現出圖 08 的效果。

選取**內光暈**，如圖 09 設定內容。光暈的顏色，可選取配合背景的黃色系 **#f7e28d** 10。

選取**緞面**後，如圖 11 設定內容。混合模式的顏色為 **#ebaf57** 12。

選取**陰影**後，如圖 13 設定內容。混合模式的填滿為黑色 **#000000**。這樣就可以讓水滴看起來很真實 14。

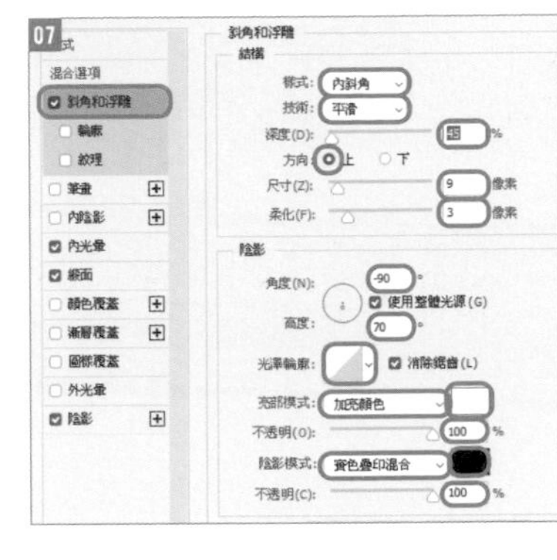

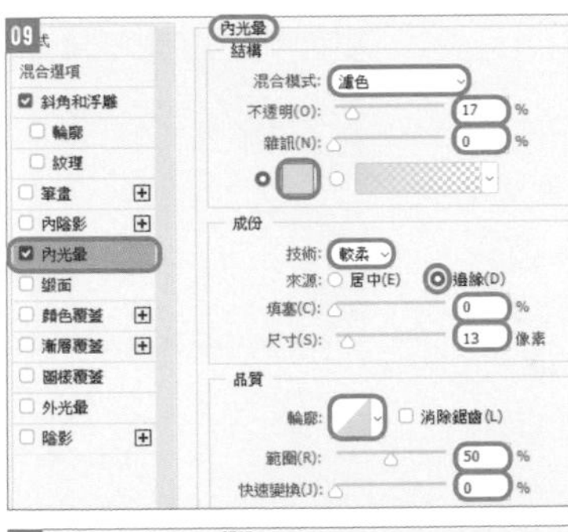

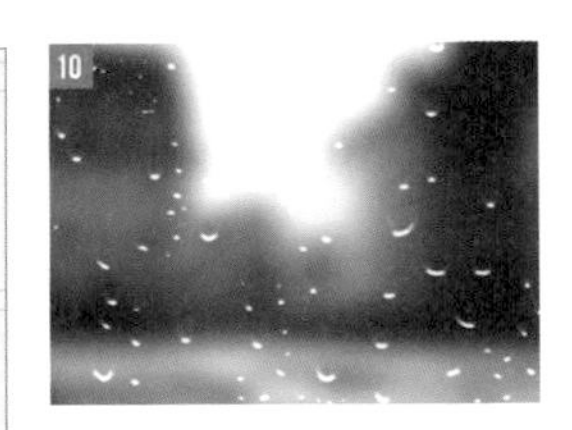

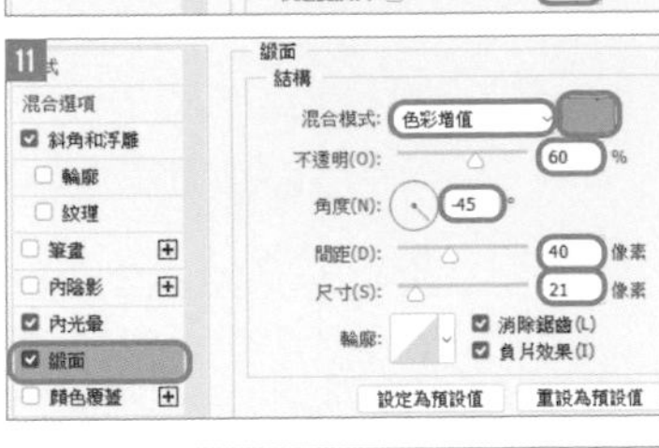

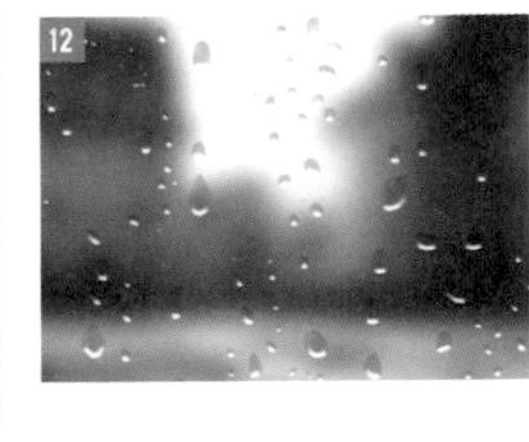

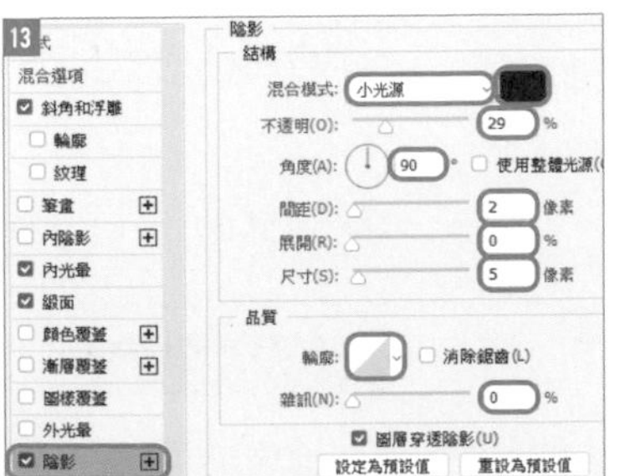

Point

關於**圖層樣式**中**內光暈**與**緞面**的設定部份，選取顏色時，可設定搭配背景色的暖色系。如果背景是如底下上圖的天空藍，那麼雨滴就可以選取冷色系。

Recipe

091

用照片製作圖樣

這次要介紹使用照片製作無縫圖樣的方法。

Photo retouching

01 將照片素材放在文件的中心

執行『**檔案／開新檔案**』命令，建立**寬度：500 像素 高度：500 像素**的文件 01。開啟「燕子 .psd」 02。按下 Ctrl（⌘）＋ A 鍵，建立整個畫面的選取範圍，再按下 Ctrl（⌘）＋ C 鍵拷貝選取範圍。選取 01 建立的新文件，按下 Ctrl（⌘）＋ V 鍵貼上燕子影像 03，圖層名稱命名為**燕子** 04。

02 建立無縫圖樣

拷貝**燕子**圖層 05。選取拷貝出來的圖層，執行『**濾鏡／其他／畫面錯位**』命令 06。設定**水平：250 像素**、**垂直：250 像素**、勾選**未定義區域**的**折回重複** 07。刪除最下面的**背景**圖層，讓背景變透明 08 09。

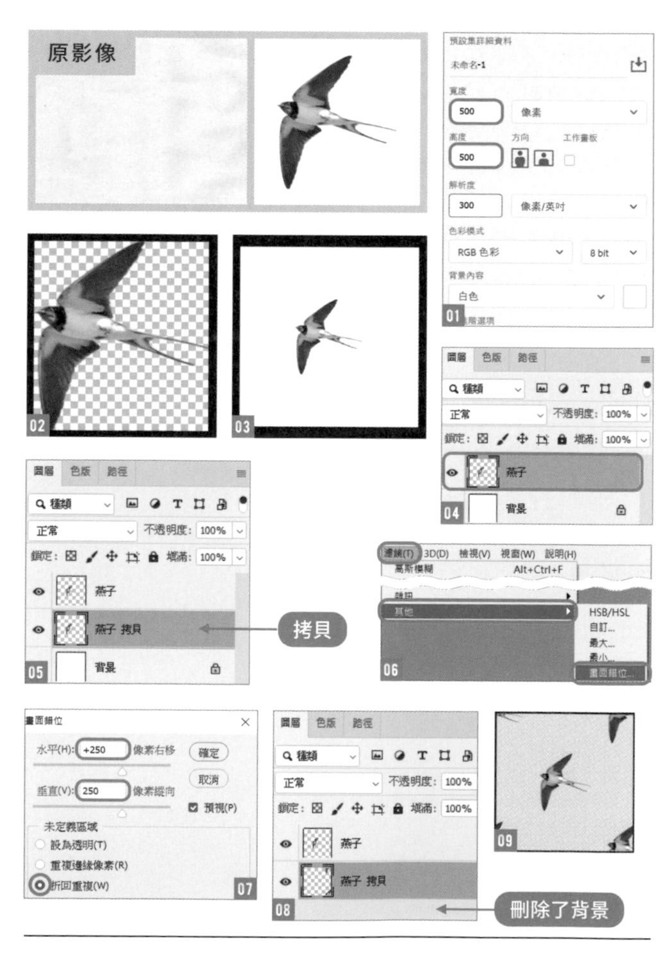

Point

利用**畫面錯位**濾鏡，將原始影像分別往右及往下移動 250 像素，勾選**折回重複**，就能把因為移動而超出畫面的部分顯示在相反側，製作出無縫圖樣。

03 定義圖樣

執行『**編輯／定義圖樣**』命令 10。定義過的圖樣可以使用在各種場合，命名時請取個比較容易瞭解的名字。這個範例命名為**燕子圖樣** 11。

04 建立新文件並套用圖樣

開啟「帆布 .psd」素材 12，在**背景**圖層按兩下，將圖層名稱改成**帆布** 13。在**帆布**圖層上方新增**燕子圖樣**圖層 14。在選取**燕子圖樣**圖層的狀態，執行『**編輯／填滿**』命令 15。設定**內容：圖樣**，選取剛才自訂的**燕子圖樣**。假如找不到已經定義的圖樣，請捲動**自訂圖樣**的項目 16，再按下**確定**鈕 17。這樣就會在整個畫面套用燕子圖樣。

05 與背景融合

將**燕子圖樣**圖層設定為**混合模式：線性加深**，與背景自然融合即完成 18 19。這個範例使用「Futura PT」字體輸入「Swallow」當作裝飾（「Futura PT」字體可以從 Adobe Fonts 下載）。

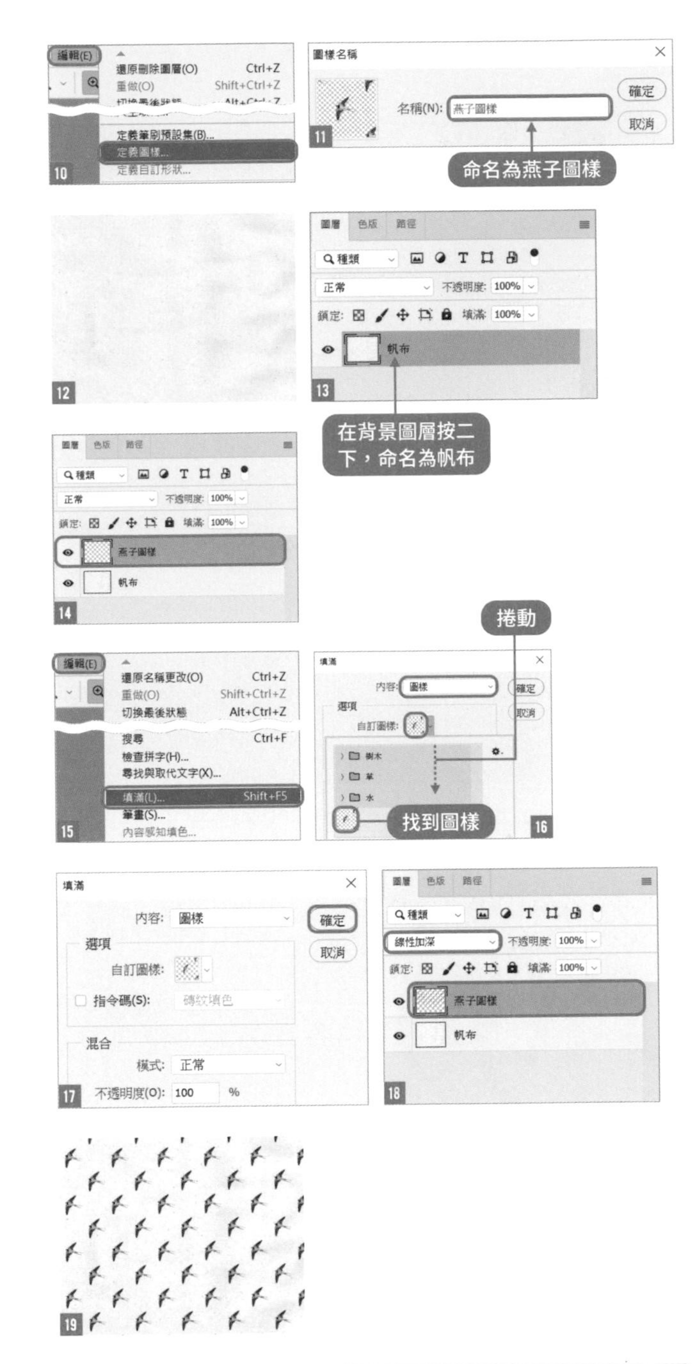

Point

Adobe Fonts 是 Adobe 公司 Creative Cloud 完整計劃與單一計劃附贈的服務，不用額外付費，就能使用超過 20,000 種字體。其中包括高品質的字體，也提供商用，因此專業設計師也會使用。詳細說明請參考網址 https://fonts.adobe.com/。

Recipe

092 仿舊照片撕破效果

使用「筆刷工具」與「橡皮擦工具」就能做出一張撕破的照片。

Photo retouching

01 剪裁圖像再利用「筆刷工具」修飾邊緣

開啟「照片 .psd」，內容是木頭背景放上一張照片的圖像。

選取**套索工具**，建立選取範圍 01，再按 Delete 鍵刪除 02。

選取**橡皮擦工具**，設定**筆刷種類：粉筆(60 像素)** 03。

執行『**視窗／筆刷**』命令，開啟**筆刷設定**面板。選取**筆刷動態**，設定**角度快速變換：30%** 04。

隨時調整筆刷尺寸 **20～60 像素**，再沿著邊緣塗抹 05。

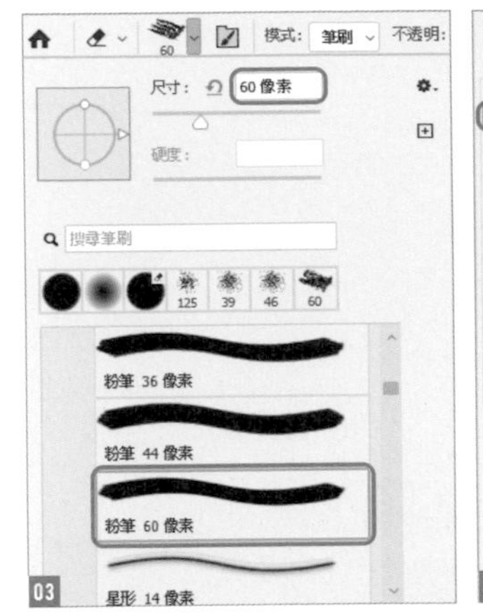

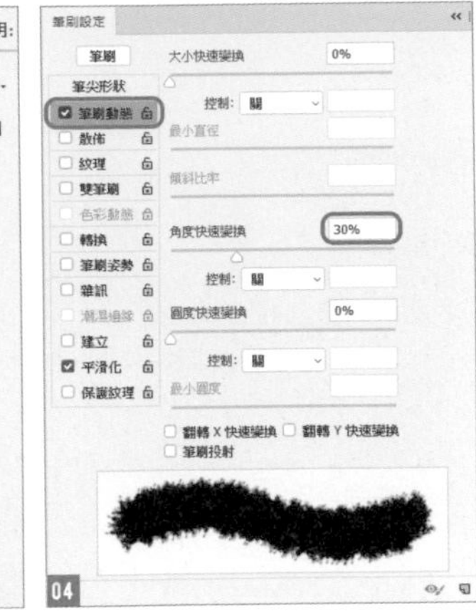

02 新增破掉的紙張

建立一個新圖層**破紙**，移到**照片**圖層下方 06。選取**筆刷工具**，與步驟 01 的設定相同，設定**筆刷種類：粉筆(60 像素)**，開啟**筆刷設定**面板，再選取**筆刷動態**，設定**角度快速變換：30%**。描繪色為淡灰色 **#d8d8d8**，如圖 07 來描繪。不小心畫超出照片的部份，再用**橡皮擦工具**來修飾。

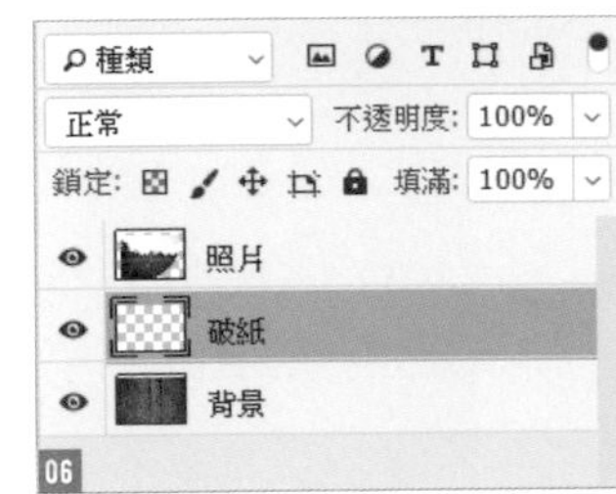

03 合併圖層，加上陰影後完成

選取**照片**與**破紙**圖層，按右鍵選取**合併圖層**。

在圖層名稱的右側雙按，開啟**圖層樣式**交談窗，選取**陰影**。設定**混合模式：正常／顏色：#000000／不透明：50%／角度：120°／間距：10 像素／展開：0%／尺寸：10 像素** 08。設定好就可以表現出紙張破掉的質感了 09。

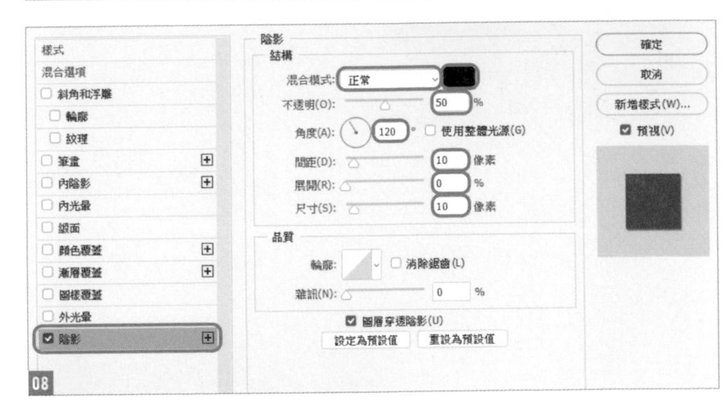

Recipe

093

製作石頭雕刻的 Logo

原影像

使用「斜角和浮雕」就能做出像是用真的石頭刻出來的 Logo。

Photo retouching

01 配置文字

開啟「背景 .psd」。選取**水平文字工具**，在工作區域的正中央，輸入文字 "STONE" 01 。

範例使用**字型：小塚ゴシック Pro／樣式：H／尺寸：110pt** 來製作（若電腦中沒有上述字型，可選用接近的字型，或選用 Arial 字型，設定字體樣式：Bold）。

01

02 重疊岩石的紋理，套用文字形狀的遮色片

開啟「岩石 .psd」，移動到「背景 .psd」，放在最上面的位置，圖層命名為**岩石**，再將它重疊在文字 "STONE" 的上方 02 。

按住 Ctrl（⌘）鍵，再按下 **STONE** 文字圖層的縮圖（縮圖顯示為 T），建立選取範圍 03 。

選取**岩石**圖層，再按下**圖層**面板裡的**增加圖層遮色片**鈕 04 05 。

之後 **STONE** 文字圖層就不會再用到了，請將它刪除。

02

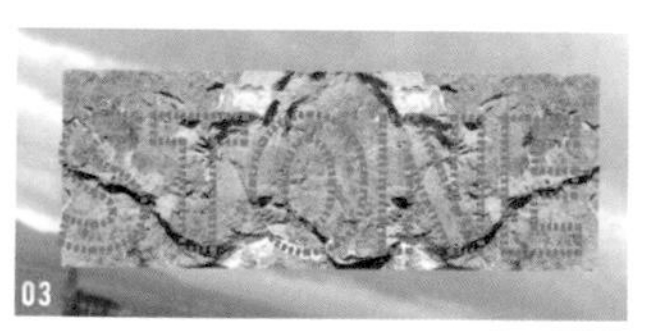
03

04

05

03 使用圖層樣式增加立體感

在**岩石**圖層名稱的右側雙按，開啟**圖層樣式**交談窗，選取**斜角和浮雕**。設定**樣式：內斜角／技術：雕鑿硬邊／深度：250%／方向：上／尺寸：128 像素／柔化：0 像素**。**陰影**區設定**角度：45°／高度：58°／光澤輪廓：線性／亮部模式：濾色／顏色：#ffffff／不透明：70%／陰影模式：正常／顏色：#000000／不透明：70%** 06。立體感就設定完成了 07。

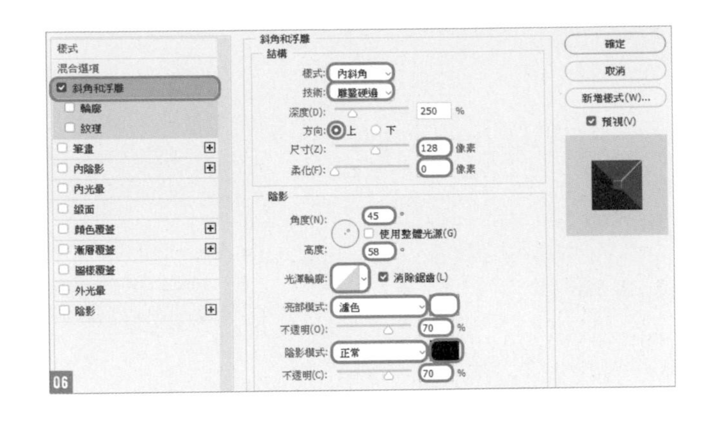

06

07

04 重現真實的岩石質感

選取**岩石**圖層的圖層遮色片 08。按下**筆刷工具**，設定**筆刷種類：實邊圓形／硬度：100%** 09。在塗抹時可適時調整筆刷尺寸。前景色為**白 #ffffff**，把文字與文字描繪成連結在一起的樣子。套用步驟 03 就設定好的**斜角與浮雕**，就會有像石頭般，粗糙且不平滑的岩石質感 10。

08 09

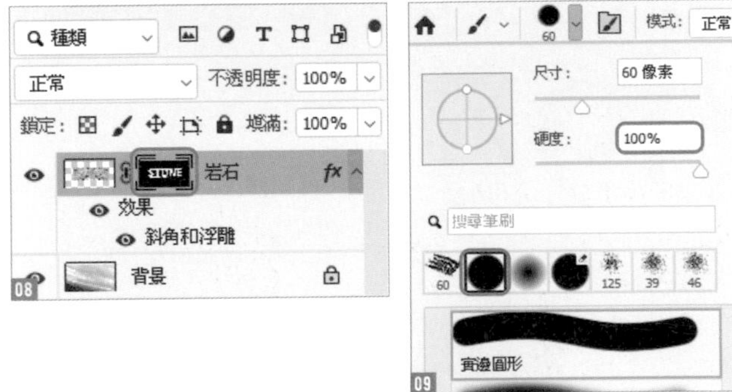
10

05 調整圖層遮色片，將岩石修改成被雕刻過的樣子

設定前景色**黑 #000000**，在遮色片上描繪出更真實的雕刻感。筆刷尺寸請設定 **1 像素**左右，在文字上點一下，就可以畫出部份凹陷的效果 11。描繪時黑、白色可以隨時切換，用白色來增加岩石，再用黑色來畫出刻印，將整體描繪好後範例就完成了 12。

11

12

Recipe

094 黃金質感的 Logo

製作充滿高級感的金色 Logo。

Photo retouching

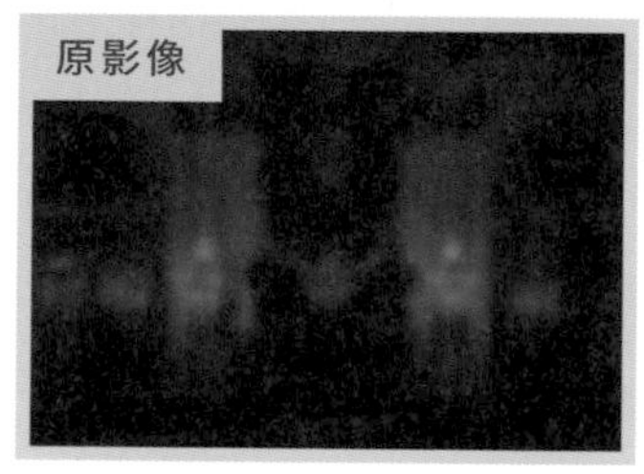

01 使用「水平文字工具」輸入文字

開啟「背景 .psd」。從**工具**面板中選取**水平文字工具**，再從**選項列**設定喜歡的字型與尺寸，並輸入文字。範例使用的是英文草寫字體，文字內容為 "Luxury" 01。

01

02 使用「圖層樣式」，讓文字變得立體

在 Luxury 圖層名稱右側雙按，開啟**圖層樣式**交談窗，選取**斜角和浮雕**。設定**樣式：內斜角／技術：雕鑿硬邊／深度：126%／方向：上／尺寸：35 像素／柔化：2 像素**。陰影區設定**角度：0°／高度：30°／光澤輪廓：環形／亮部模式：正常／顏色：#ffffff／不透明：100%／陰影模式：線性加深／顏色：#000000／不透明：80%** 02。

選取**輪廓**，設定**輪廓：凹槽 - 淺／範圍：75%** 03。文字就變立體了 04。

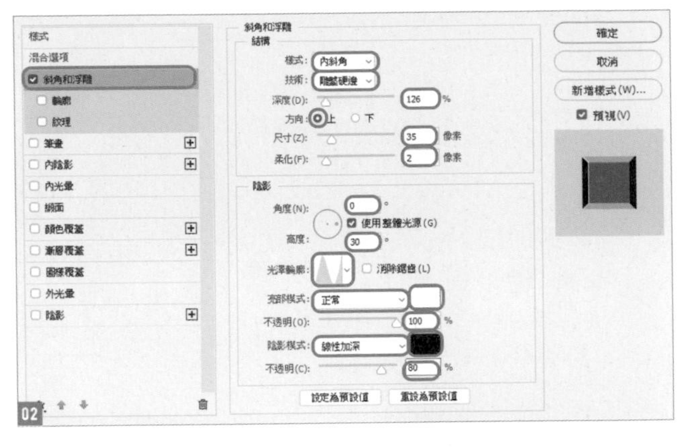

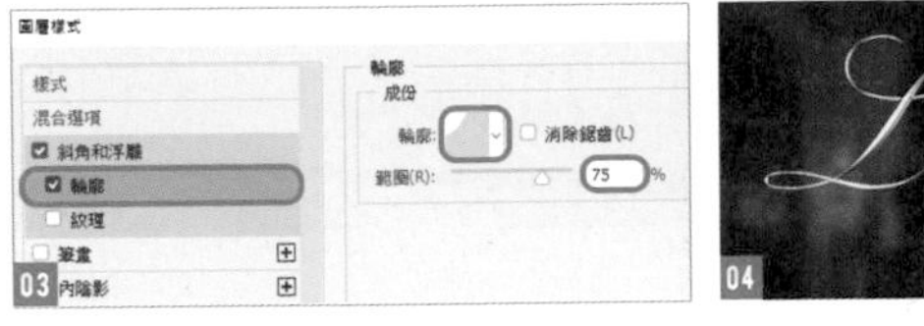

03 使用「漸層覆蓋」效果讓文字變成金色

接著，選取**漸層覆蓋**。點選漸層長條開啟**漸層編輯器**交談窗。新增色標，由左至右設定為：

顏色：#ffcc01／位置：0%

顏色：#f8df7b／位置：50%

顏色：#ffd558／位置：70%

顏色：#ffd30e／位置：100% 05。

設定好後按下**確定**鈕。回到**圖層樣式**交談窗的**漸層覆蓋**選項，設定漸層區的**混合模式：正常／不透明：100%／樣式：線性／對齊圖層／角度：90°／縮放：100%** 06。文字就變成金色了 07。

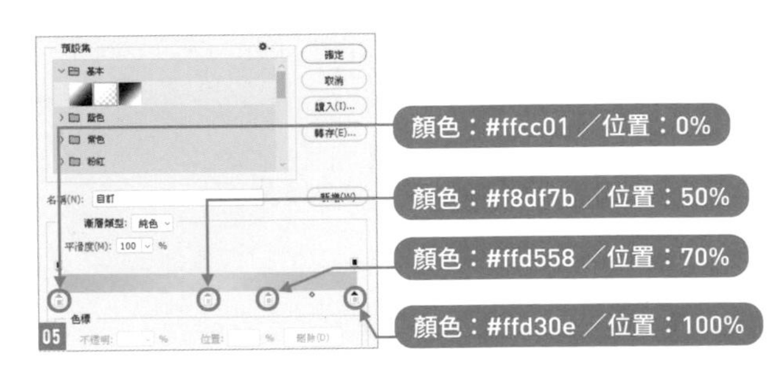

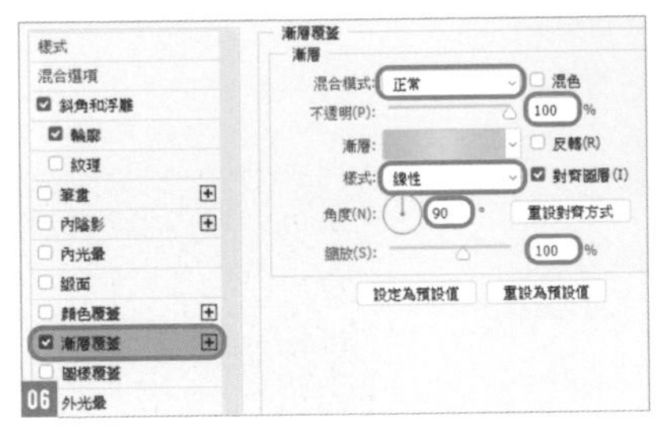

04 幫 Logo 加上發光效果

選取**圖層樣式**中的**外光暈**。設定**混合模式：覆蓋／不透明：100%／雜訊：0%／顏色：#ffffff**。**成份**區設定**技術：較柔／展開：0%／尺寸：57 像素**。**品質**區設定**輪廓：線性／範圍：50%／快速變換：0%** 08。字體就會有發光效果了 09。

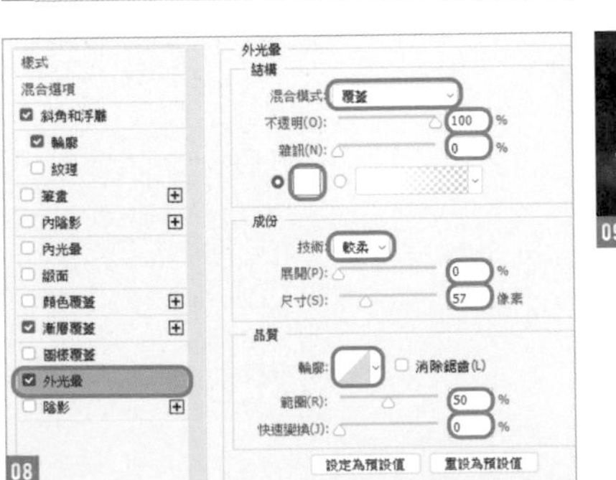

Logo 發光了

Recipe

095

製作具科技感的髮絲紋

學習製作出適用各種場合，
效果自然的髮絲紋。

Photo retouching

01 利用「漸層覆蓋」效果表現金屬質感

開啟「髮絲紋 .psd」。接下來要編修的圖檔，是已經設計過的**設計**圖層 01。選取**設計**圖層，在圖層名稱的右側雙按，開啟**圖層樣式**交談窗。

選取**漸層覆蓋**，設定**混合模式：正常／不透明：100%／樣式：角度／對齊圖層／角度：15°／縮放：100%** 02。

點選**漸層長條**，開啟**漸層編輯器**交談窗。設定 9 個色標。由左開始設定**白色 #ffffff** 與**灰色 #5a5a5a** 交錯的色標，配置成如圖 03 的樣子，就能做出金屬的質感了 04。

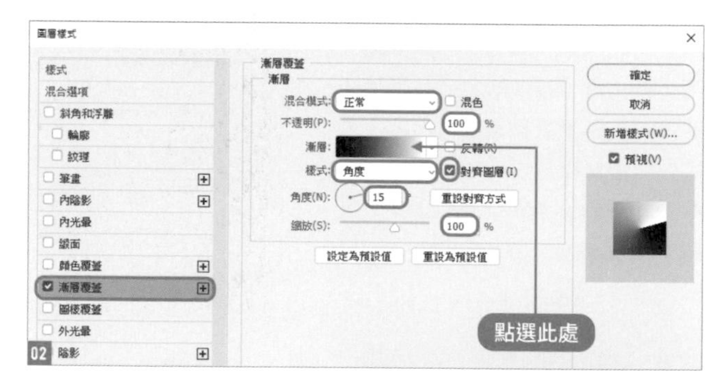

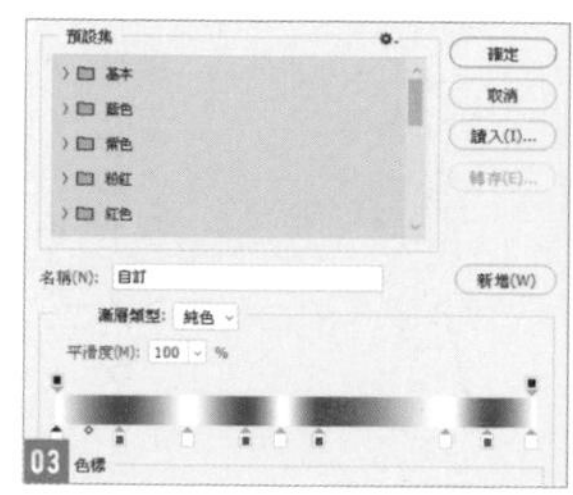

02 為設計加上立體感

選取**內陰影**，設定**不透明：100%／角度：90°／間距：2 像素／尺寸：4 像素** 05。接下來選取**內光暈**，設定**不透明：100%／顏色：#ffffff，成份**區設定**尺寸：4 像素**，在**品質**區設定**範圍：10%**（數值為預設值）06。字體加上了白色邊緣，整體多了立體感 07。

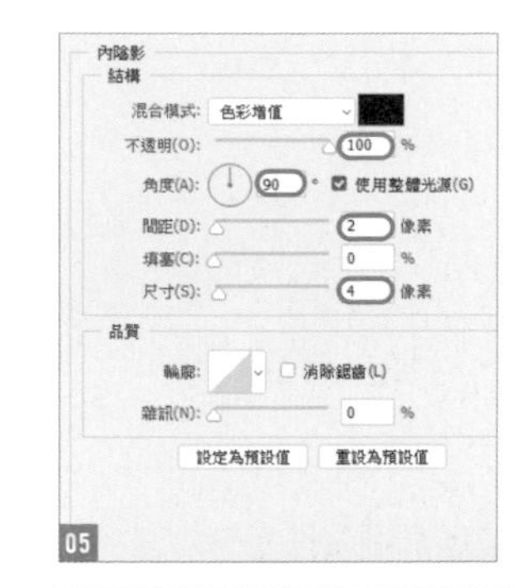

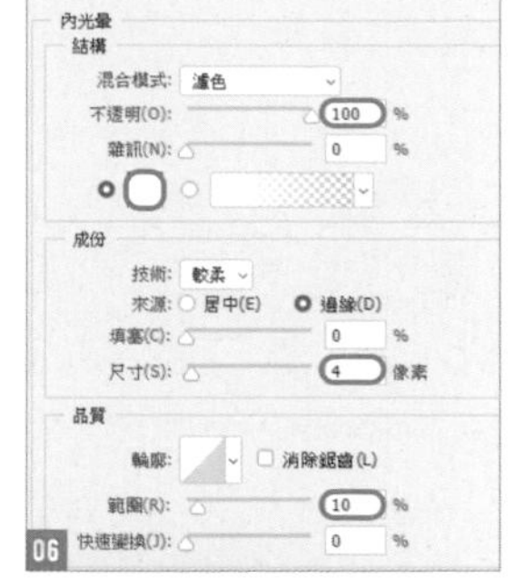

03 添加髮絲紋的質感

在最上面建立一個新圖層**髮絲紋**。設定前景色**白 #ffffff**，使用**油漆桶工具**在影像上填入顏色。

執行『**濾鏡／像素／網線銅版**』命令，設定**類型：細點**後，按下**確定**鈕 08。

執行『**濾鏡／模糊／放射狀模糊**』命令，設定**總量：100／模糊方法：迴轉／品質：佳**，按下**確定**鈕 09。

圖層的混合模式設定為**柔光** 10。

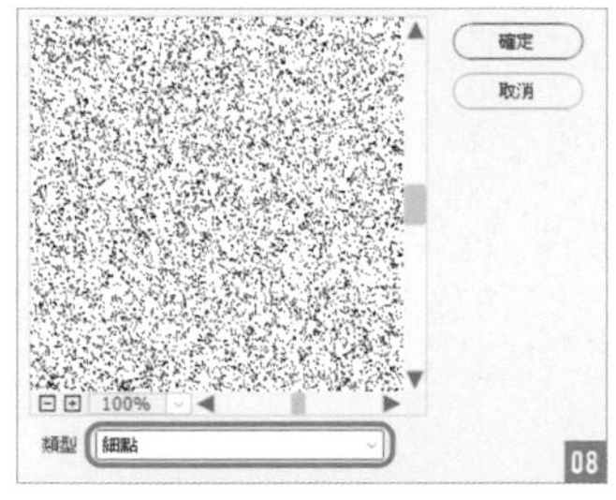

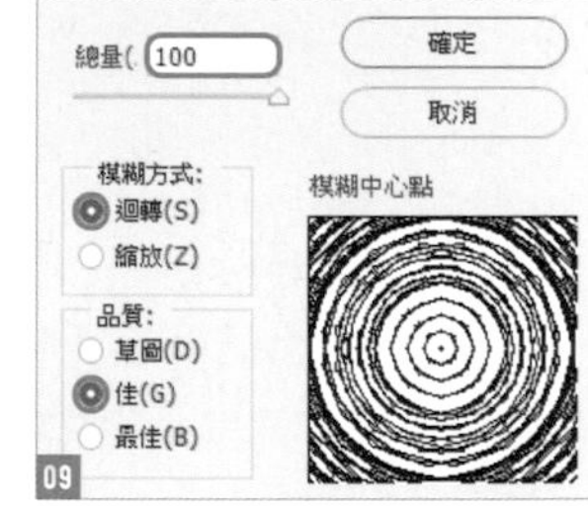

04 新增髮絲紋的遮色片後就完成了

按住 Ctrl（⌘）鍵再按下**設計**圖層的圖層縮圖，建立選取範圍。選取**髮絲紋**圖層，選取**圖層**面板裡的**增加圖層遮色片**鈕 11。

只有在設計的部份套用髮絲紋 12。將影像放大檢視，可更清楚看出髮絲紋效果。

Recipe

096

逼真的半透明膠帶效果

只要使用基本工具，就可以製作出擬真的膠帶。

Photo retouching

01 將選取範圍填滿，做出底圖的素材

建立新文件，設定**寬度：1000 像素／高度：500 像素**。建立一個新圖層，命名為**透明膠帶**。

選取**透明膠帶**圖層後，再選取**矩形選取畫面工具**，建立出要選取的範圍。按下**油漆桶工具**，填滿顏色 **#d8d8d8** 01。

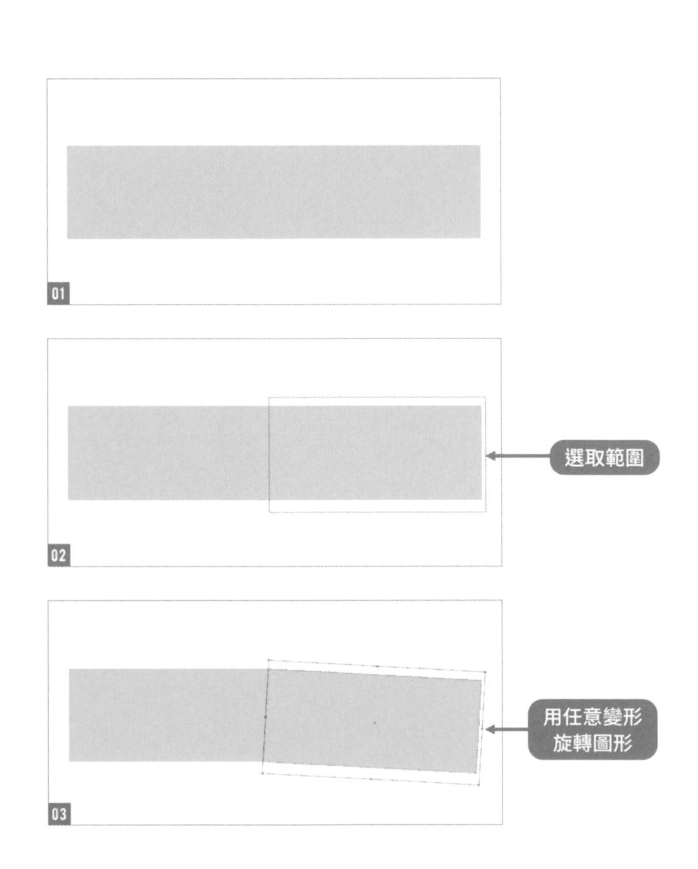

02 將膠帶部份變形

選取膠帶中央到右側的區域，如圖 02。執行『**編輯／任意變形**』命令，再如圖 03 將選取區旋轉後，上下位置對齊。

Point

如果用滑鼠拖曳調整時，沒辦法很完美地對齊，可以把畫面放大，使用鍵盤的方向鍵做微調。

03 作出膠帶的切口邊

使用**多邊形套索工具**、**筆型工具**，想像膠帶的切口，再建立選取範圍 04。按下 Delete 鍵刪除，另一邊也是用同樣的方法作出膠帶的切口 05。

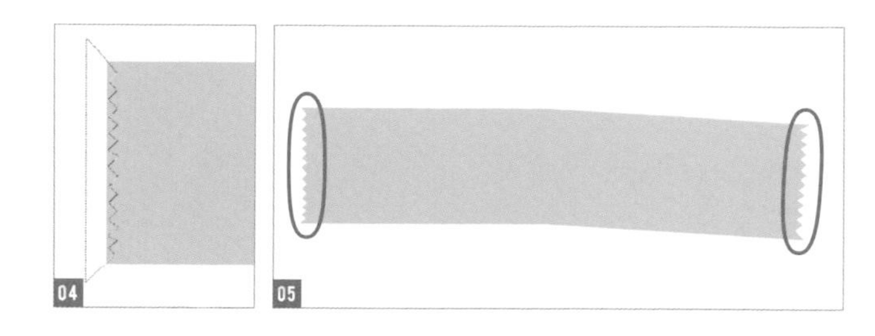

04 新增陰影

複製**透明膠帶**圖層，放在上面位置後，圖層取名為**陰影** 06。

選取**陰影**圖層，調整**色階**的**輸出色階**為 0：235 將它調暗 07。

按下**橡皮擦工具**，設定**筆刷種類：柔邊圓形／尺寸：115 像素／硬度：0%** 08。

由畫面上方開始斜向往下，筆直地劃過，製作陰影效果 09。完成後再將 2 個圖層結合後就完成了。

操作時，把圖層的不透明度調低一點再來重疊，看起來會比較自然。範例是設定**不透明度：75%**。

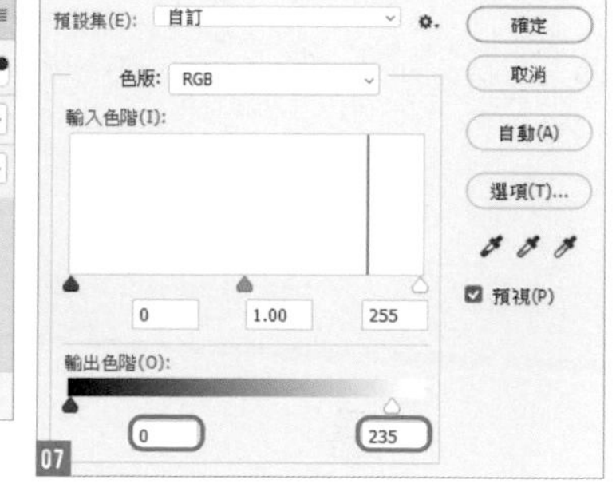

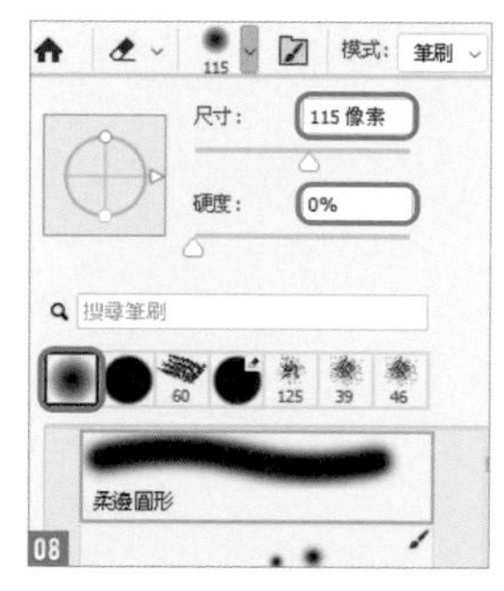

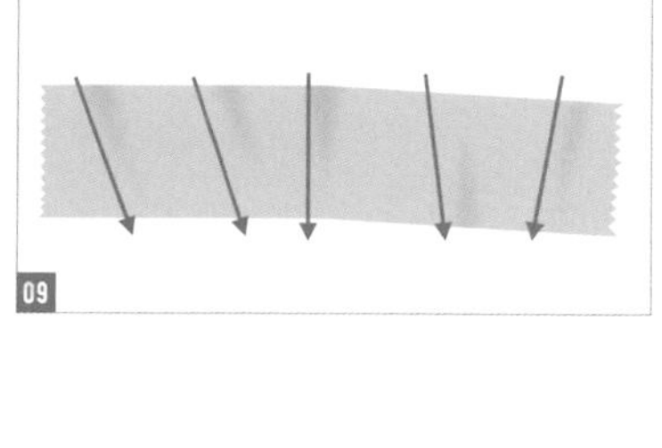

Column

使用**圖層樣式**裡的**圖樣覆蓋**來設定樣式，可以製作出紙膠帶的效果。在此我們選用內建的**紅色羊皮紙**。

不過，預設狀態不會顯示**圖樣：紅色羊皮紙**。請執行『**視窗／圖樣**』命令，開啟**圖樣**面板，按下面板右上角的設定鈕，點選**舊版圖樣和更多**後，會出現**舊版圖樣和更多**預設集，依序展開**舊版圖樣／彩色紙張**，就可以找到**紅色羊皮紙**了。

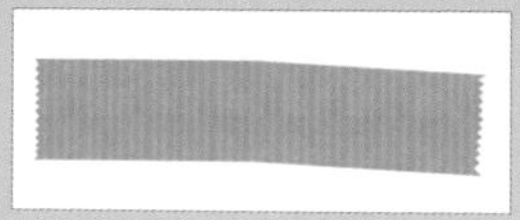

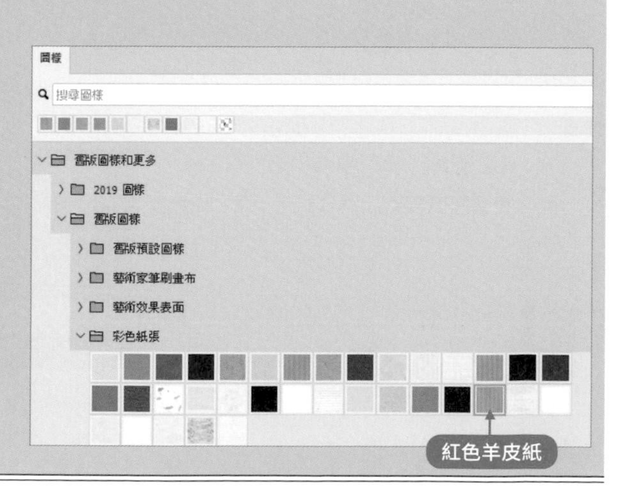

01.Basic retouching skills
02.Landscape retouching skills
03.Portrait retouching skills
04.Sweet retouching skills
05.Cool retouching skills
06.Logo & Parts retouching skills
07.Collage retouching skills

Recipe

097

模擬貼紙掀起的效果

使用彎曲工具，製作捲翹起來的貼紙。

Photo retouching

01 在水平與垂直的正中央建立參考線

開啟「貼紙 .psd」。執行『**檢視／新增參考線**』命令 01。設定**方向：水平／位置：50%**，按下**確定**鈕 02。

再次執行**新增參考線**，設定**方向：垂直／位置：50%**，按下**確定**鈕 03。中心點的參考線就建立完成了 04。

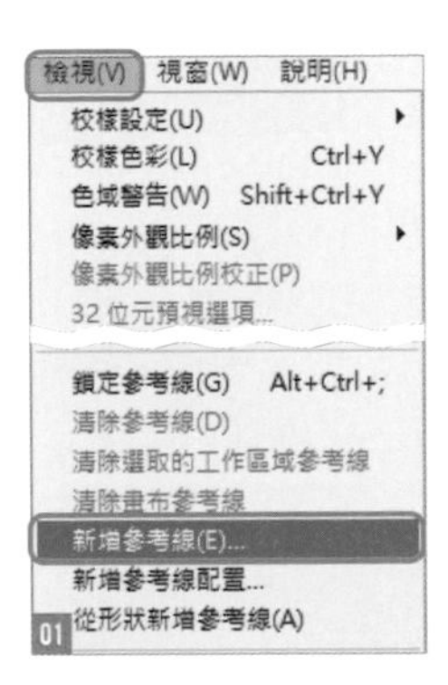

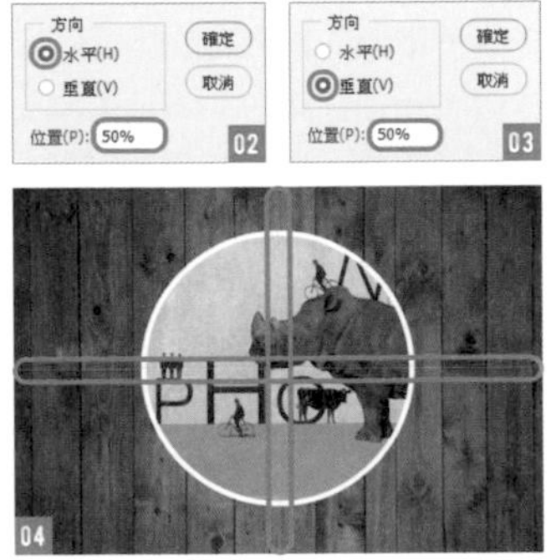

02 照著參考線來剪裁貼紙

選取**矩形選取畫面工具**。當選取的範圍接近參考線時，將會自動靠齊。我們要選取從中央開始，至右下角的部份 05。

選取**貼紙**圖層，然後在影像上按右鍵點選**拷貝的圖層**。

將複製後的圖層命名為**貼紙 2** 06。接下來就不需要用到參考線了，所以請執行『**檢視／清除參考線**』命令。

Point

如果選取時沒有自動貼齊參考線的話，可以執行『**檢視／靠齊**』命令，確認命令前是否有打勾符號，或確認『**檢視／靠齊至／參考線**』命令前是否有打勾符號。

03 扭曲貼紙，讓邊緣呈現捲曲狀

選取**貼紙 2** 圖層，再執行『**編輯／變形／彎曲**』命令，將右下的控制點往左上移動，把貼紙翻開 07。

選取**貼紙**圖層，將捲曲上來的部份，利用**套索工具**選取後，再按 Delete 鍵刪除 08。

04 製作貼紙的背面

在最上層建立一個新圖層**貼紙背面**。

選取**筆型工具**，為貼紙背面的範圍建立路徑 09，接著按右鍵選取**製作選取範圍**，使用**油漆桶工具**，填滿**顏色：#a2a2a2** 10。

05 為貼紙背面加上立體感

在**貼紙背面**圖層的圖層名稱右側雙按，開啟**圖層樣式**交談窗。

選取**斜角和浮雕**，如圖 11 設定內容，為整體增添立體感。

選取**內光暈**，如圖 12 設定內容，提高邊界的亮度。

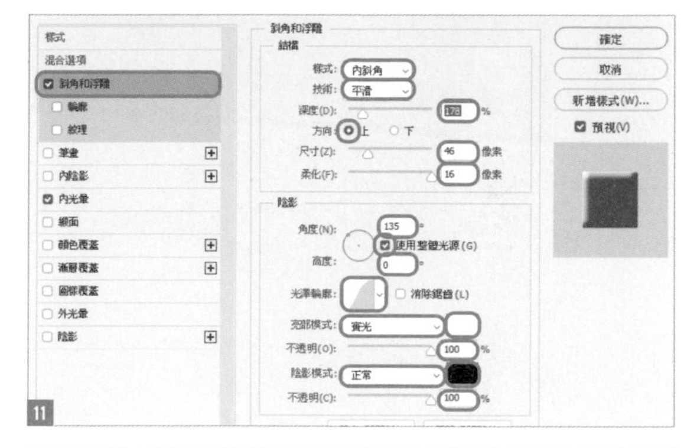

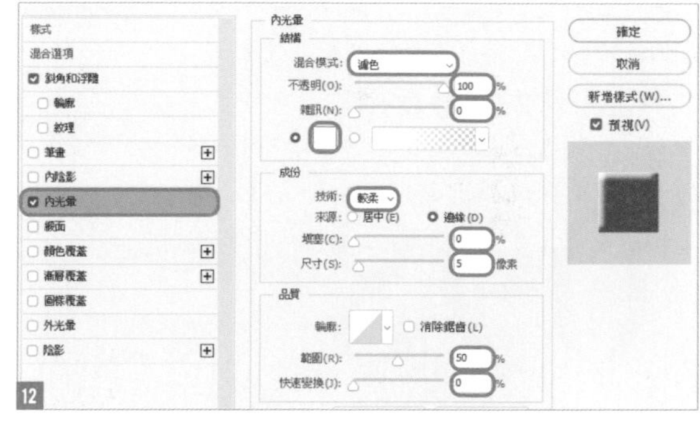

06 最後加上貼紙的陰影就完成了

在**貼紙**圖層的下方，建立一個新圖層**陰影**。

選取**橢圓選取畫面工具**，選取跟貼紙差不多大小的範圍。

選取**油漆桶工具**，填滿**黑色 #000000** 13。

執行『**濾鏡／模糊／高斯模糊**』命令，設定**強度：10 像素**再按下**確定**鈕 14。圖層的**不透明度**設定為 **75%**，整個範例就完成了 15。

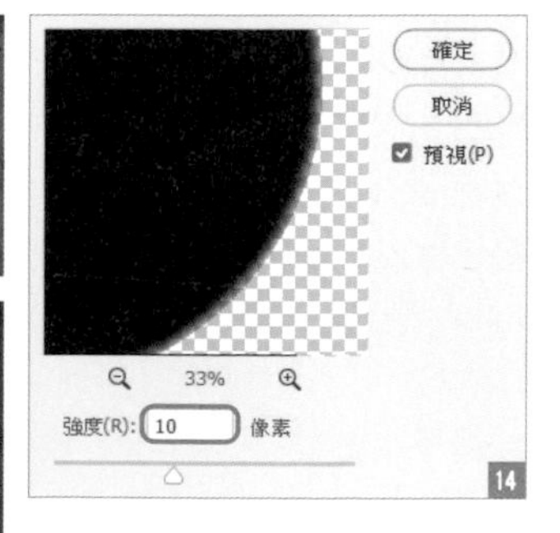

Recipe

098

鉛筆素描風格

將照片處理成
鉛筆素描風格。

Photo retouching

01 開啟照片，複製圖層後調成黑白

開啟「人像 .psd」。在圖層上按右鍵，選取**轉換為智慧型物件**。圖層名稱命名為**人物**，在上方位置複製一個圖層，名稱為**濾鏡**。

從**圖層**面板裡按下**建立新填色或調整圖層**鈕，選擇**黑白** 01，放在最上面的位置 02 03。

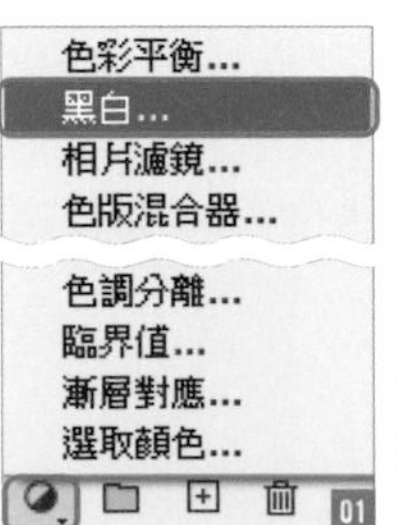

02 用濾鏡製作出鉛筆畫的質感

選取**濾鏡**圖層，執行『**影像**／**調整**／**負片效果**』命令 04。

圖層的混合模式設定為**加亮顏色**。畫面會整個變白，再執行『**濾鏡**／**模糊**／**高斯模糊**』命令，設定**強度：60 像素**，鉛筆畫的質感就完成了 05 06。

03 加強鉛筆素描隨性的質感

選取**人物**圖層，執行『**濾鏡**／**濾鏡收藏館**』命令。選取**筆觸**／**潑濺**，設定**潑濺強度：4**／**平滑度：8** 完成後套用 07。鉛筆的隨性感就完成了 08。接著調整**色階**，設定**輸入色階**為 **0：0.90：255**，調整對比 09。

04 最後放在筆記本上就完成了

開啟「筆記本 .psd」檔案。將目前至步驟 03 所完成的人物畫像合併圖層，並移到**筆記本**上，再調整角度、大小。

圖層的混合模式設定為**顏色變暗**，讓它與筆記本可以更加融合 10。

範例中，在人物以外的部份有新增遮色片，並使用**筆刷工具**設定**筆刷種類：鉛筆** 11，再利用手繪，添加一點草稿風格後，範例就完成 12。

Point

如果找不到**鉛筆**筆刷，請執行『**視窗**／**筆刷**』命令，開啟**筆刷**面板，按下右上角的設定鈕，選擇**舊版筆刷**，將舊版筆刷加入預設集，展開**舊版筆刷**／**預設筆刷**，即可找到**鉛筆**筆刷 。

04

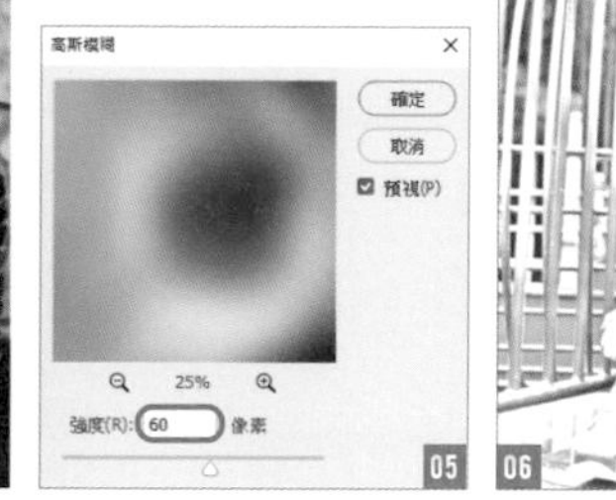

05

06

07

08

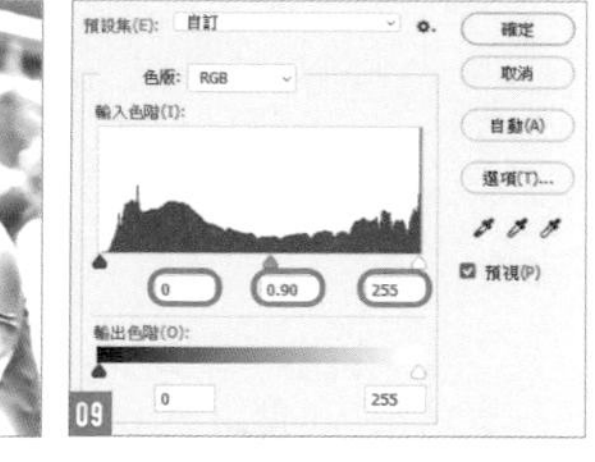

09

10

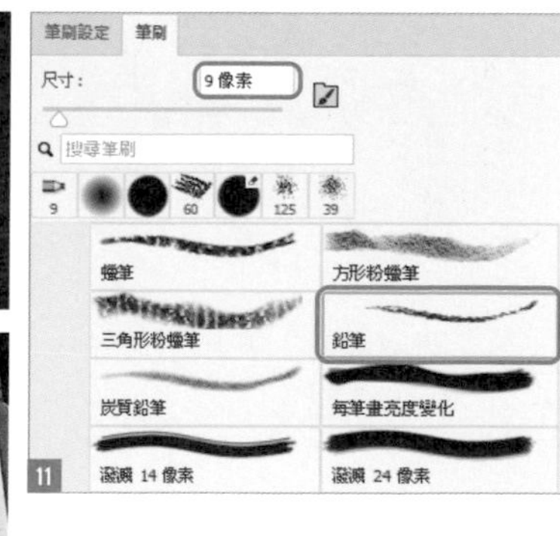

11

12

Recipe

099

有皺褶感的牛皮紙

先用濾鏡製作真實度高的牛皮紙，再讓照片與牛皮紙融合成一體，營造出復古的感覺。

01 在雲彩效果上加入雜訊

開啟「設計 .psd」，在上面建立新圖層**牛皮紙**，執行『**濾鏡／演算上色／雲狀效果**』命令，再套用『**濾鏡／演算上色／雲彩效果**』命令 01。執行『**濾鏡／雜訊／增加雜訊**』命令，設定**總量：3／分佈：一致**勾選**單色的**後套用 02。

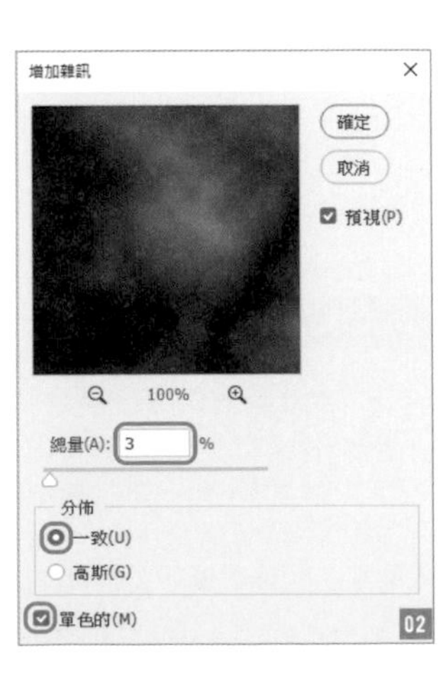

02 加上浮雕效果

執行『**濾鏡／風格化／浮雕**』命令，設定**角度：-180°／高度：3 像素／總量：150%** 03 04。

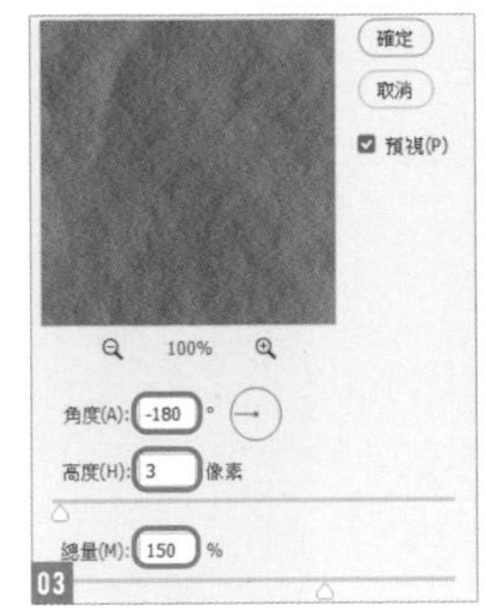

03

04

03 為牛皮紙加上顏色

執行『**影像／調整／色相／飽和度**』命令，勾選**上色**後，設定**色相：30／飽和度：20／明亮：0** 05。不平整、有點皺褶且充滿復古風的牛皮紙就完成了 06。

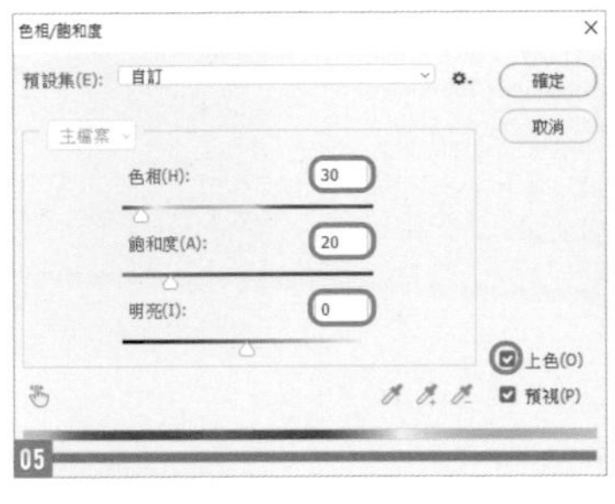

05

06

04 把牛皮紙的紋理加在設計上

選擇**牛皮紙**圖層，混合模式設定為**實光** 07。執行『**影像／調整／色階**』命令，設定**輸入色階**為 0：1.10：240，設定**輸出色階**為 0：180 08。設計與紙的質感就更融合了 09。

07
09

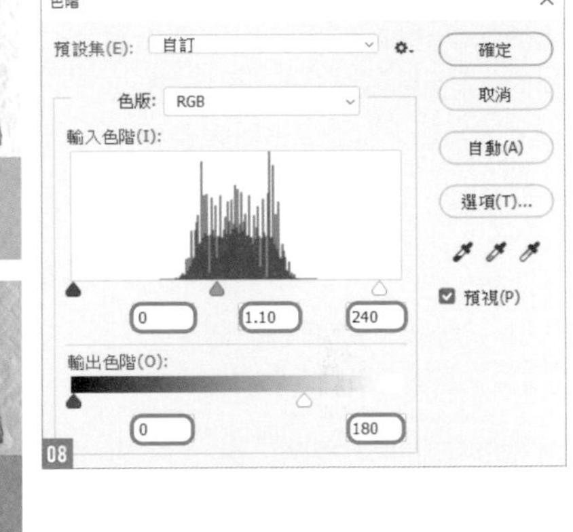

08

05 用「筆刷工具」補上一些破損痕跡就完成了

在最上面建立一個新圖層**破損**。選擇**筆刷工具**，設定**柔邊圓形**筆刷／**尺寸：1 像素／顏色：#ffffff**，設定完成在影像上加點褶痕。畫的時候筆畫不要太慢，要快速畫過，線條會比較自然 10。圖層的**不透明度**變更為 30%，整個範例就完成了 11。

10

11

Point

套用**雲狀效果**、**雲彩效果**濾鏡時，請將前景色與背景色改回預設值。如果不是預設的黑、白色，結果會與本單元的範例不同。**雲狀效果**、**雲彩效果**濾鏡為牛皮紙的皺褶，**雜訊**為牛皮紙的表面紋路。**浮雕**可以用來設定皺褶的深淺。**實光**可以設定明暗度，讓亮的地方更亮，暗的地方更暗。為了就是讓牛皮紙的陰影可以更明顯，表現的更立體。

Recipe

100

如同泡過水的文字效果

使用具有濕潤感的特製筆刷描繪出文字及水漬。

Photo retouching

01 選擇「柔邊圓形筆刷」開啟「筆刷」面板

開啟「筆記本 .psd」。選擇**筆刷工具**，設定**筆刷種類：柔邊圓形** 01。執行『**視窗／筆刷**』命令開啟**筆刷設定**面板。

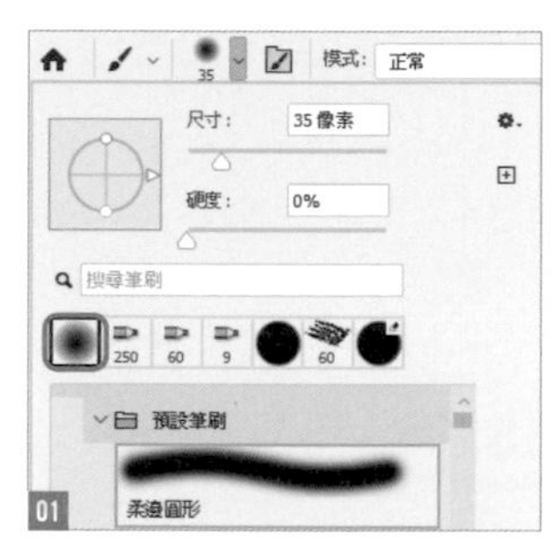

02 修改「柔邊圓形筆刷」設定成自製筆刷

選擇**散佈**，設定**散佈：60%／控制：關／數量：2／數量快速變換：0%／控制：關** 02。

選擇**雙筆刷**，設定**混合模式：加深顏色**，從筆刷設定一覽中選擇**粉筆 36 像素／尺寸：20 像素／間距：46%／散佈：0%／數量：1** 03。

勾選**潮溼邊緣**項目 04。

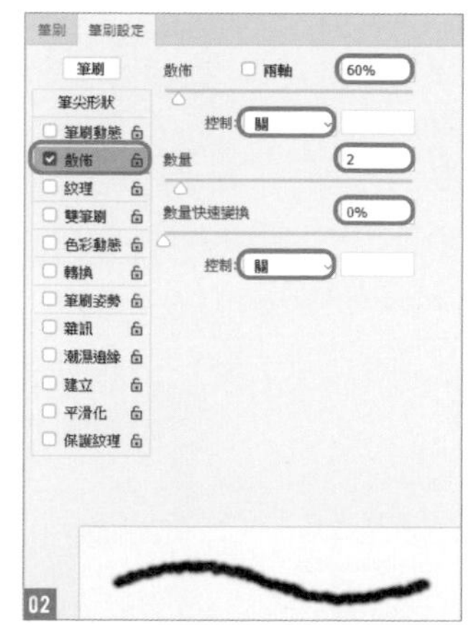

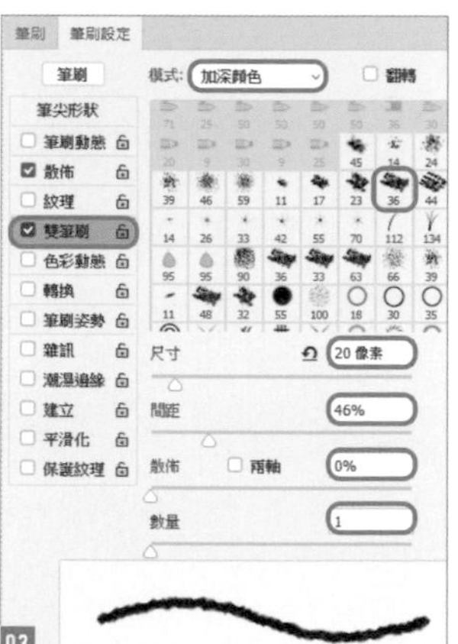

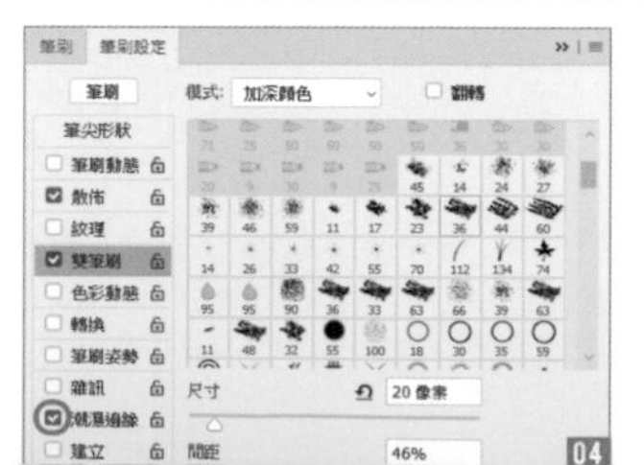

03 沿著參考線來描繪文字

在**文字基準**圖層上方建立一個新圖層 **STAIN**。選擇**筆刷工具**，設定前景色為 **#7c4d41**，**不透明**為 20～40%，再沿著 "STAIN PAINT" 文字描繪，像是在畫水彩畫一樣，大概重複 2～3 次，透過重複的上色，顏色也會愈來愈深 05。

文字基準圖層不需要用到時，可以改為不顯示或直接刪除。

05

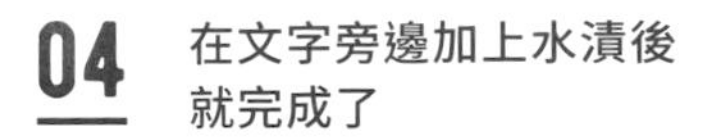

04 在文字旁邊加上水漬後就完成了

用相同的方法，在文字周圍加上水滴噴濺到的痕跡。圖層的混合模式為**加深顏色**，讓它看起來跟筆記本有整體感就完成了 06。

06

Column

加上影子增加距離感

使用**圖層樣式**等替素材加上影子效果時，根據素材與影子的擺放距離不同，可以製造出不一樣的距離感。

① 鴨子沒有影子，藤蔓有影子。

② 鴨子有影子，感覺離牆壁較近。

③ 鴨子的影子較長，感覺離牆壁較遠。

Recipe

101

熱飲冒煙效果

加上蒸氣效果，做出一杯像剛煮好的熱咖啡吧！

Photo retouching

原影像

01 使用「雲狀效果」濾鏡製作水蒸氣

開啟「咖啡 .psd」 01，在最上面建立新圖層，圖層名稱為**水氣** 02。執行『**濾鏡／演算上色／雲狀效果**』命令 03，整個影像都套用了雲狀效果 04。

01

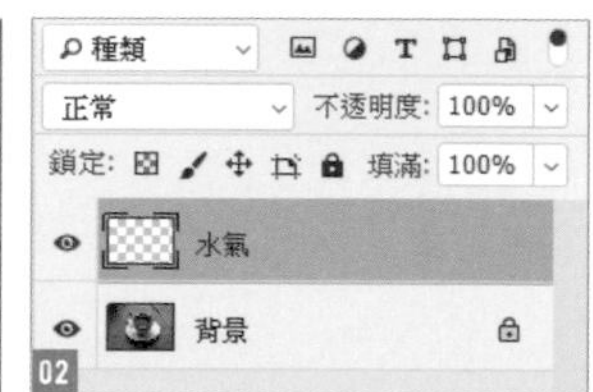

02

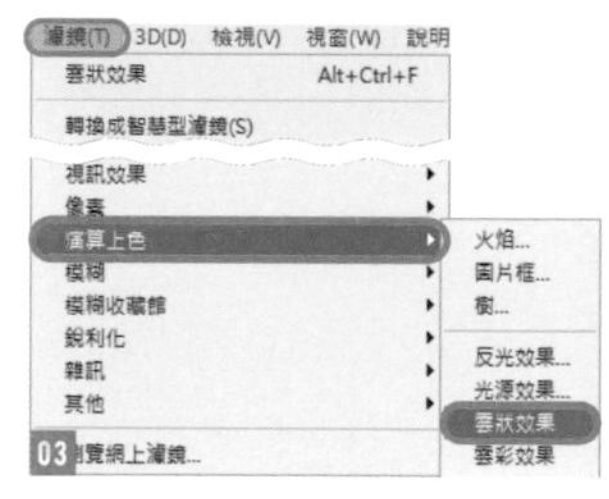

03

04

02 為雲狀效果套用波形扭曲，模擬飄在空中的水蒸氣

選取**水氣**圖層，執行『**濾鏡／扭曲／波形效果**』命令 05。依據要加工的圖像尺寸，數值需要再變更，可視白煙的形狀適時修改數值。這次設定內容為**產生器數目：2／波長：最小：340／波長：最大：433／振幅：最小：1／振幅：最大：450／縮放：水平：100%／縮放：垂直：20%** 06。畫面上的雲狀效果變成波形了 07。

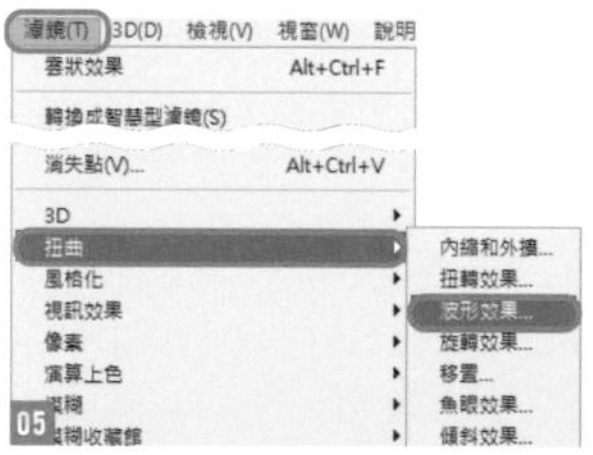

05

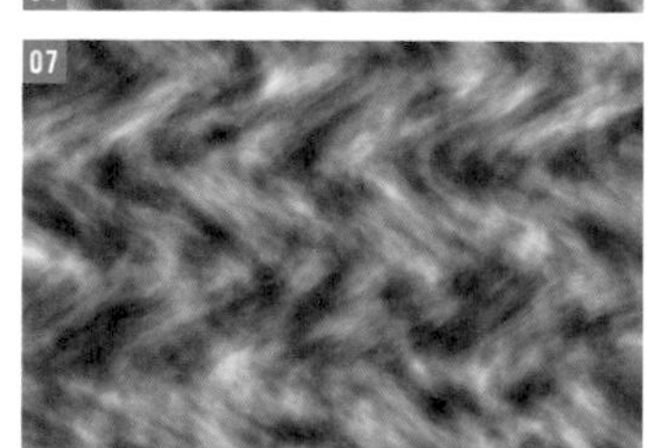
07

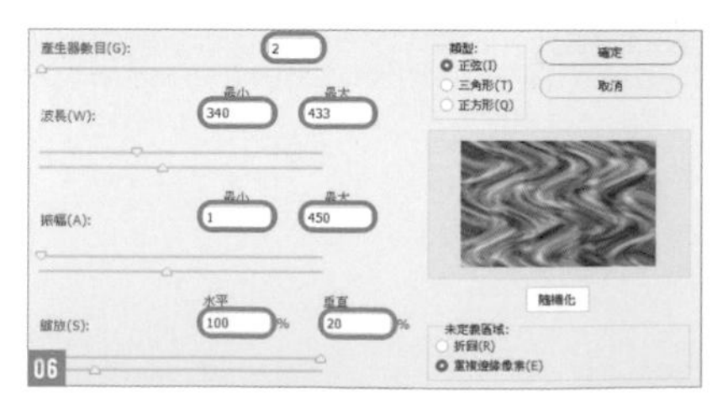

06

03 為水氣增加模糊效果

選擇**水氣**圖層，圖層的混合模式設定為**濾色** 08。混合模式設為**濾色**，可以讓影像的黑色部份不影響到下面的圖層，只會留下白色的部份，就會像水蒸氣一樣 09。

為了要讓水蒸氣看起來更真實，執行『**濾鏡／模糊／高期模糊**』命令 10，套用**強度：28.0 像素** 11，看起來就會像是霧霧的水氣了 12。

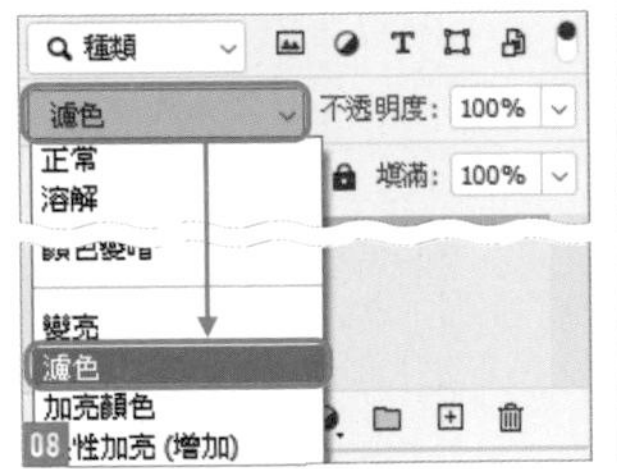

08

09

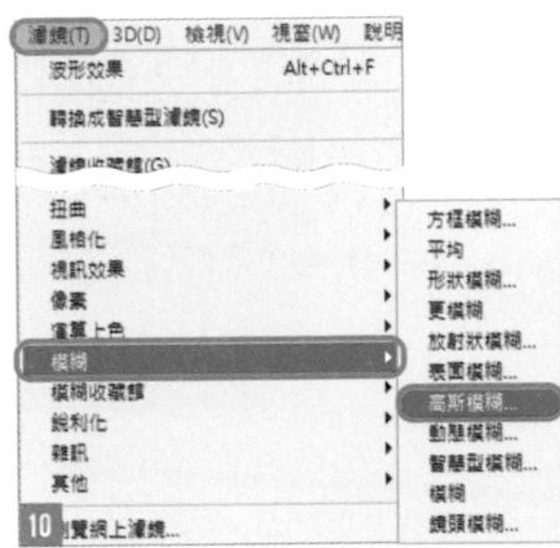

10

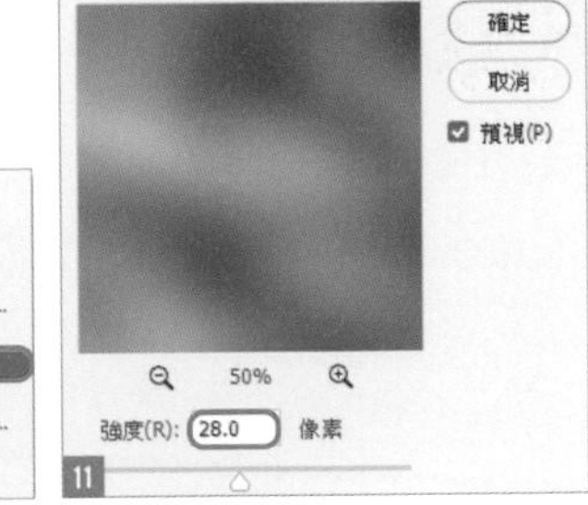

11

12

04 使用遮色片做最後的修飾

選擇**水氣**圖層，再按下**增加圖層遮色片**鈕 13。選取**水氣**圖層的圖層遮色片縮圖，按下**筆刷工具**，設定前景色黑 **#000000** 14，把不必要的水氣遮住。

筆刷的種類請選擇可以描繪出模糊邊緣的**柔邊圓形**，設定**筆刷尺寸：300 像素**左右，會比較好塗抹 15。

水蒸氣顏色較深時，可以調整圖層的不透明度。這次我們使用**不透明度：85%**。圖層縮圖的完成狀態如圖 16。依水蒸氣的自然度，再添加遮色片就可以了 17。

13

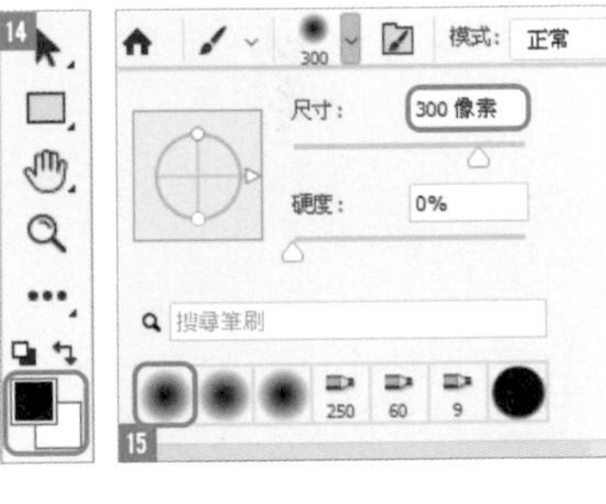

14 15

16

17

Recipe

102 合成火焰

只要運用現有的濾鏡，就能簡單製作出逼真的火焰。

Photo retouching

01 建立路徑、套用濾鏡

開啟「背景 .psd」。在最上層建立新圖層**火焰**。選擇**筆型工具**，按照喜好的形狀做出路徑 01。執行『**濾鏡／演算上色／火焰**』命令，參考預覽畫面來設定火焰的寬度，此例將火焰的寬度設定為**寬度：60** 02。

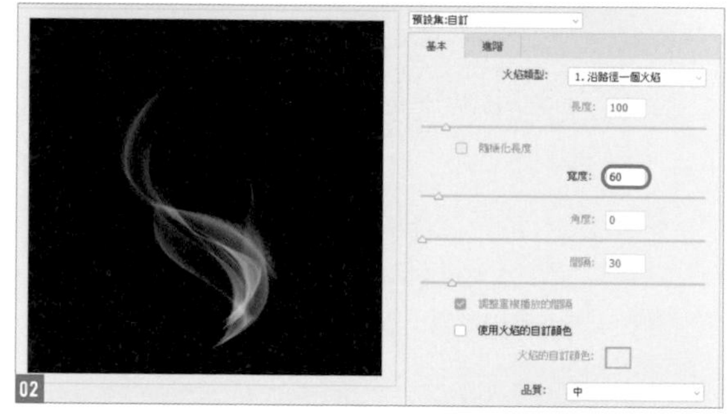

02 增加火焰，並擺放到適當位置

照著步驟 01 的操作，增加新的火焰。
執行『**濾鏡／模糊／高斯模糊**』命令，設定**強度：4 像素** 03。再把做好的火焰擺在適當的位置後就完成了 04。

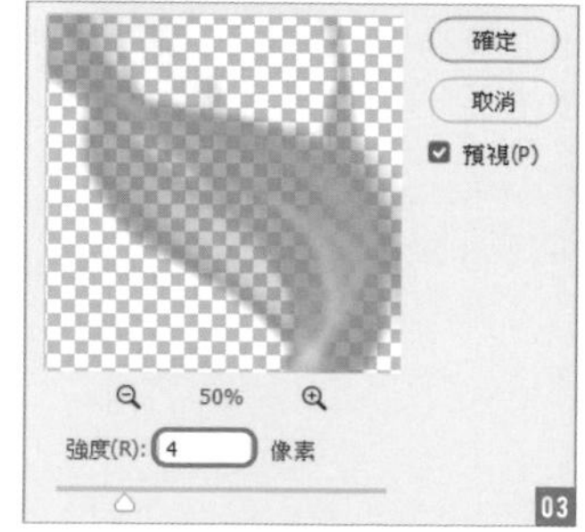

Chapter 07

進階編修、合成技巧

利用前面各章學過的技巧，就可以製作出用於海報、廣告等媒體的專業作品。
我們將不藏私地解說高品質作品的製作技巧。例如：組合出夢幻的風景、將多種複雜的素材組合成拼貼作品、發揮 3D 功能的風景合成以及充滿科幻感的未來城市等。

Photoshop Recipe

Recipe

103

製作夢幻的森林風景

合成多張素材，製作夢幻森林風景作品。

Photo retouching

01 置入樹木

開啟「底圖 .psd」、「素材集 .psd」。將「素材集 .psd」內已經完成去背的素材 01 移動到「底圖 .psd」再開始製作。移動**樹木 01** 圖層並進行配置 02。

02 在樹木底部加上門

在樹木右側的根部凹洞置入大門。將「素材集 .psd」中的**門**圖層依照圖 03 配置。接著，統一樹木與門的顏色。執行『**影像／調整／色彩平衡**』命令，按照 04 調整**中間調**，再執行『**影像／調整／色階**』命令，依照 05 進行設定。根據樹木的顏色與亮度，往青、綠色、黃色方向調整門的色彩並降低亮度，使其與樹木融合 06。

03 建立門的遮色片

使用**筆刷工具**建立讓門嵌入樹木凹洞般的遮色片。選取**門**圖層，在**圖層**面板按下**增加圖層遮色片**鈕。選取**圖層遮色片縮圖**，再選取**筆刷工具**，設定**柔邊圓形筆刷**、前景色**黑色 #000000**、背景色**白色 #ffffff**。門的周圍要配合邊緣保留些許塊狀質感，別刪除得過於乾淨，才能完美融合 07。三叉形的根部中央要顯示在樓梯的前面，請一邊切換顯示、隱藏圖層，一邊調整 08。

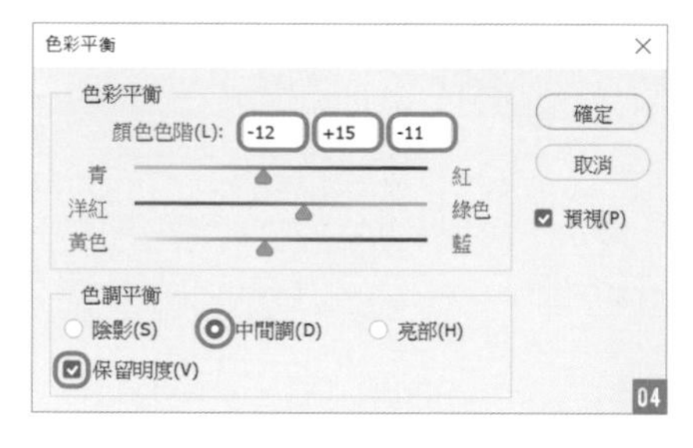

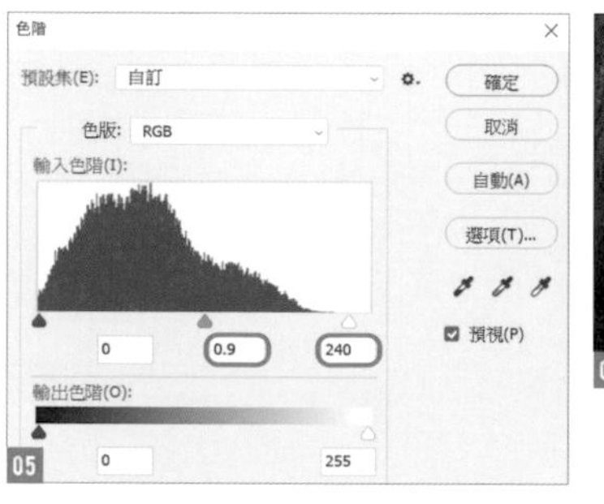

門的顏色與樹木的顏色融合成一體

Point

假如用筆刷塗繪了過多的範圍，請按下 X 鍵，一邊把前景色切換成**黑色 #000000** 或**白色 #ffffff**，一邊調整，操作起來會比較順利。

04 降低門的亮度呈現立體感

在**門**圖層上方新增**門的陰影**圖層，使用**筆型工具**或**套索工具**建立門的選取範圍，接著使用**油漆桶工具**，以前景色**黑色 #000000** 填滿，將圖層的**不透明度**降低為 **60%** 09 。變暗之後，可以強調門的凹陷效果，提升立體感。選取**樹木 01**、**門**、**門的陰影**等三個圖層，按滑鼠右鍵，執行『**合併圖層**』命令，將圖層命名為**左邊樹木** 10 。

05 安排樹木的位置呈現出沒有照射到光線的感覺

往下拷貝**左邊樹木**圖層，將圖層命名為**右邊樹木**。進行水平翻轉。

在此想把右邊樹木放在比左邊樹木更遠的位置，因此執行『**編輯／變形／水平翻轉**』命令，再執行『**編輯／任意變形**』命令，縮小並移動到 11 的位置。

使用**矩形選取畫面工具**，選取**右邊樹木**圖層中，門以上的範圍 12。執行『**編輯／內容感知比率**』命令，按住 Shift 鍵不放並往上拖曳，依照 13 的方式變形，完成後，取消選取範圍。

在最上方依照 14 配置**眼前的樹木**圖層。執行『**影像／調整／色階**』命令，套用 15 的設定內容，呈現出眼前沒有照射到光線的感覺 16。

07

08

09

10

11

12

13

14

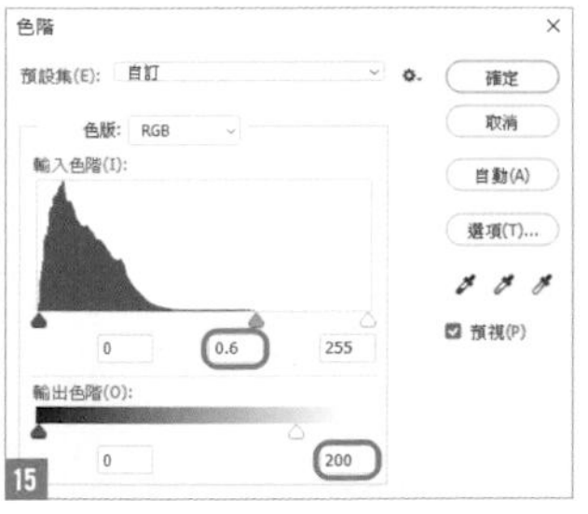

15

16

06 在樹木的邊緣加上光線

在**眼前的樹木**圖層上方新增**眼前的樹木_光線**圖層，按右鍵選取**建立剪裁遮色片**命令，將圖層的**混合模式**設為**覆蓋**。接著選取**筆刷工具**，設定**柔邊圓形筆刷**、前景色**白色 #ffffff**，描繪樹木邊緣，藉此加上光線 17。由於這裡的光線比較微弱，所以往上拷貝**眼前的樹木_光線**圖層，並設定**不透明度：65%** 18 19。

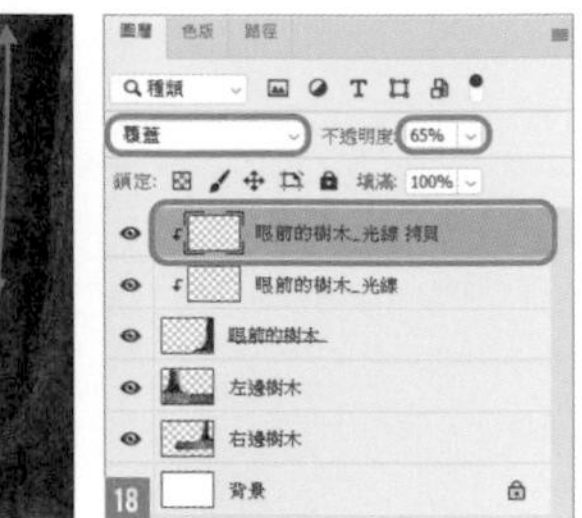

在樹木邊緣加上了光線

07 在背景與畫面上半部置入葉子

依照 20 的配置，在圖層最下面置入**橋**圖層。往下拷貝圖層，再往左移動，配置結果如 21 所示。

在**眼前的樹木**圖層下方置入**葉子**圖層，拷貝出 8 個圖層，分別進行**縮放**及**旋轉**，請參考 22，把葉子放在上半部分。如果所有影像的亮度一樣，會給人複製貼上的感覺，也會顯得呆板。為了呈現出層疊效果，對其中幾個圖層執行『**影像／調整／色階**』命令，依照 23 進行設定，調整明暗後再組合，讓影像變得立體 24。

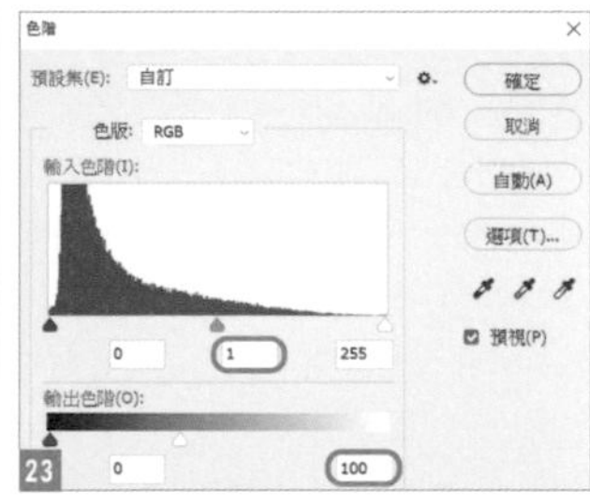

Point

這個範例是在畫面上半部讓葉子往中央逐漸減少的方式排列，如紅色範圍所示 25，讓中央呈現出開闊、寬敞感。

接著在**右邊樹木**圖層下方拷貝**葉子**圖層，參考 26，運用相同技巧，調整葉子的形狀，組合 23 調暗後的**葉子**圖層。

08 製作河流

選取**左邊樹木**及**右邊樹木**圖層，在**圖層**面板按下**建立新群組**鈕。群組名稱命名為**左右樹木**，先在群組新增圖層遮色片 27。在選取群組圖層遮色片縮圖的狀態，選取**筆刷工具**，設定**柔邊圓形筆刷**、前景色**黑色 #000000**，依照 28 在想製作出河流的部分加上遮色片。如果覺得很難辨識，請暫時隱藏**橋**圖層，再進行操作 29。選取**橋**圖層，按下**增加圖層遮色片**鈕，保留橋投射的陰影，依照 30 新增遮色片，在**橋**圖層下方置入**湖**圖層 31。如果覺得不夠自然，請重新調整**左右樹木**群組及**橋**圖層的遮色片。

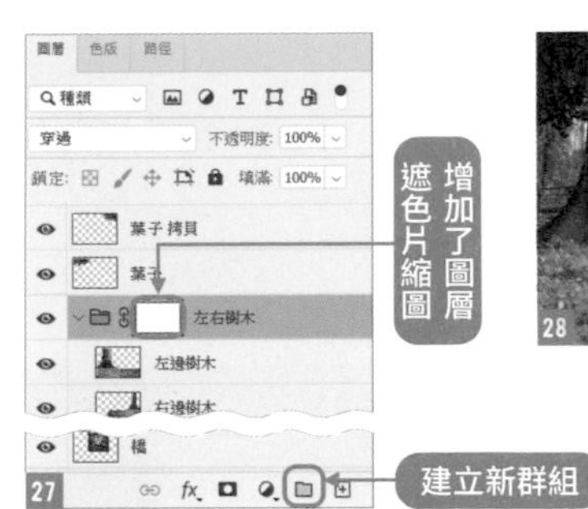

09 在河流及陸地的邊緣加上陰影製造層次感

在**左右樹木**群組上方新增**邊緣陰影**圖層。選取**筆刷工具**，設定**柔邊圓形筆刷**、前景色**黑色 #000000**，依照 32 描繪，加上層次感 33。

Point

別用直線描繪，用輕點方式加上陰影比較容易操作。

10 分成多個圖層，在背景加上光線

在**橋**圖層上方新增**光線**圖層，設定**混合模式：覆蓋**。選取**筆刷工具**，設定**柔邊圓形筆刷**、前景色**白色 #ffffff**，使用**筆刷尺寸：1000 像素**的大型筆刷，在畫面遠處加上光線 34。在下面新增**光線 02** 圖層，設定**混合模式：覆蓋**，使用筆刷，以橋為主，在上下加上光線 35。描繪時，最好隨時調整筆刷尺寸。

Point

在畫面遠方加上強烈光線，會形成引導視線到遠處的遠近感。此外，在左側加上的光線也是為了製造立體感，以對比方式加亮陰暗元素（樹木陰影）旁邊的物件，具有增加物體立體感的效果。

11 在橋與河流加上光線

在**光線 02** 圖層下新增**光線 03** 圖層，設定**混合模式：覆蓋**，為橋的部分加上光線 36。河流與陸地的邊緣也加上光線，尤其邊緣部分使用**筆刷尺寸：10 像素**左右的細線描繪，可以增加立體感 37。使用**前景色：#92b820** 及綠色系顏色描繪橋投射的陰影，與河流顏色融合 38。

36

37

用細線加上
邊緣的光線

38

12 製作常春藤纏繞樹木的效果

在**邊緣陰影**圖層的上方置入**常春藤 01** 圖層 39。設定**混合模式：色彩增值**，接著按下 Ctrl（⌘）鍵＋按一下**左邊樹木**圖層的圖層縮圖，載入圖層的邊緣 40。在載入選取範圍的狀態，選取**常春藤 01** 圖層，按下**增加圖層遮色片**鈕。覆蓋在門上的常春藤要使用**筆刷工具**調整遮色片，避免蓋住門 41。

同樣的作法，複製並移動**常春藤 01** 圖層，在**左邊樹木**及**右邊樹木**圖層加上常春藤 42。分別旋轉常春藤的位置，避免給人一模一樣的感覺。兩邊的樹木分別使用了兩個常春藤圖層。在**眼前的樹木**圖層上方置入**常春藤**圖層。利用放大、旋轉調整形狀，利用邊緣建立遮色片 43。

39

40

置入

遮住

41

42

43

13 在地面加上陰影

在**眼前的樹木**圖層下方置入**葉子**圖層。執行『**影像／調整／色階**』命令，按照 44 設定，產生黑色陰影。執行『**編輯／變形／旋轉 180 度**』命令，及執行『**編輯／變形／扭曲**』命令，依照 45 放置在近處。

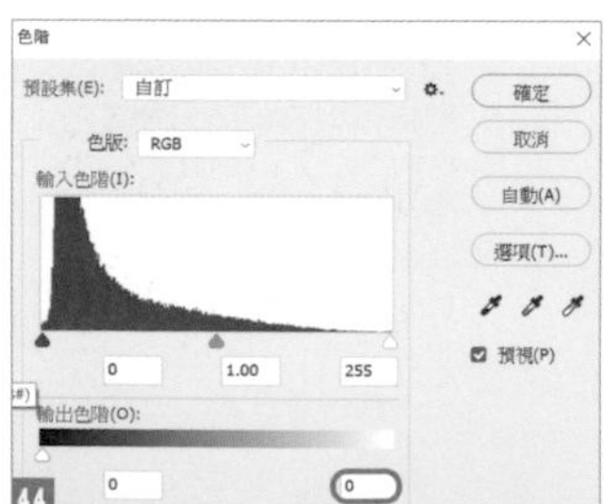

44

45

執行『**濾鏡／模糊／高斯模糊**』命令，套用**強度：10 像素** 46。圖層調整成**不透明度：60%**，與背景融合在一起 47。

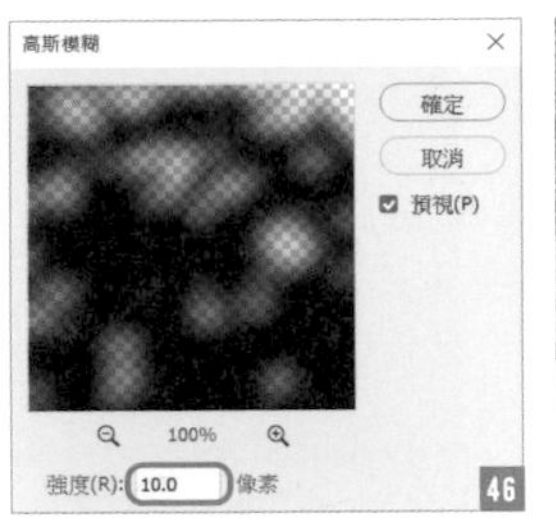

14 在畫面前方放置植物

把**草 01** 圖層放在畫面左下方 48，執行『**影像／調整／色階**』命令，套用 49 的設定。執行『**濾鏡／模糊／高斯模糊**』命令，套用**強度：10 像素** 50。

拷貝**草 01** 圖層，放在**眼前的樹木**圖層上方，水平翻轉後，放在畫面右邊 51。

依照 52 在前方放置**草 02** 圖層。在畫面左右放置兩個**常春藤 02** 圖層，如 53 所示。請分別進行縮放、旋轉，再安排位置。分別執行『**濾鏡／模糊／高斯模糊**』命令，套用**強度：15 像素** 54。

把**花**圖層放在**眼前的樹木**圖層的上方 55。由於這裡是形成樹木陰影的部分，所以執行『**影像／調整／色階**』命令，套用 56 的設定，讓花變暗 57。

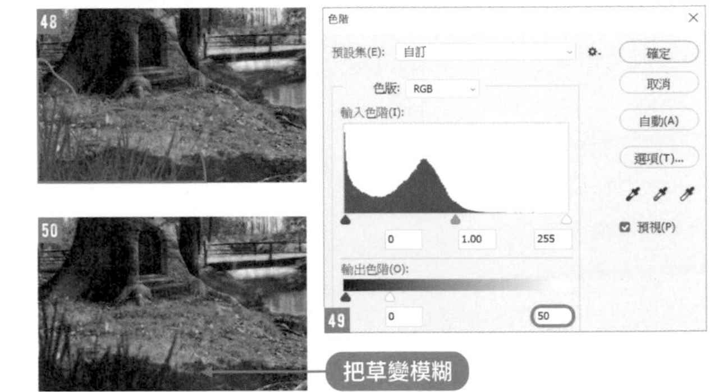

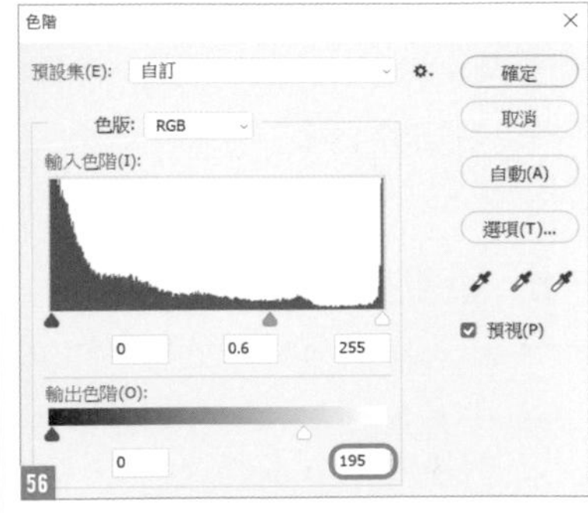

15 置入車輪、天鵝及鴿子

在**眼前的樹木**圖層下方置入**車輪**圖層 58，往下拷貝圖層，將圖層命名為**車輪陰影**。執行『**影像／調整／色階**』命令，和 44 一樣，設定**輸出色階 0：0**，轉換成剪影，再執行『**濾鏡／模糊／高斯模糊**』命令，套用**強度：5.0 像素**。執行『**編輯／變形／扭曲**』命令，往略微偏右的方向移動，如 59 所示，讓車輪下方往右變形，製作出陰影的形狀。將圖層的**不透明度**降為 75%。

運用建立**左右樹木**群組的技巧，按下**圖層**面板下方的**建立新群組**鈕，讓**車輪**及**車輪陰影**圖層變成群組，並先新增圖層遮色片 60，遮住與地面銜接的部分 61。在**眼前的樹木**圖層下方置入**天鵝**圖層 62。在上面新增**天鵝 _ 光線**圖層，設定**混合模式：覆蓋**。選取**筆刷工具**，設定**柔邊圓形筆刷**、前景色**白色 #ffffff**，在天鵝的輪廓及水面描繪光線。利用**筆刷尺寸：10 像素**左右的細筆刷，配合天鵝的輪廓及漣漪形狀加上光線。可以先將圖層的**不透明度**調整成 40% 再操作 63。在最上層置入**鴿子 01** 與**鴿子 02** 圖層 64，在下面新增**鴿子陰影**圖層，選取**筆刷工具**，使用**柔邊圓形筆刷**、前景色**黑色 #000000** 描繪陰影。在左下方描繪投射的陰影 65，圖層設定為**不透明度：75%**，使其自然融合 66。

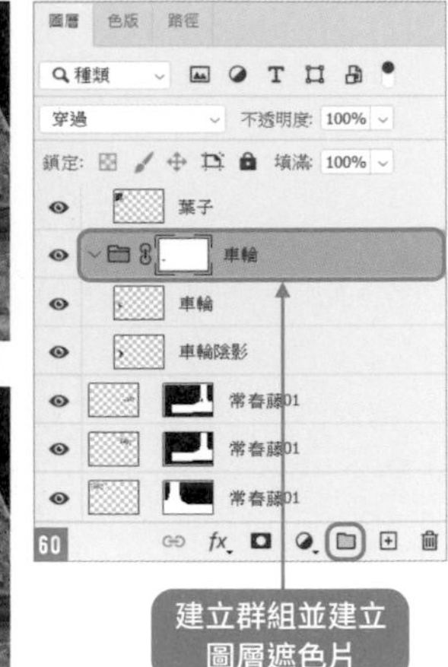

16 在整個畫面描繪光線

在**眼前的樹木**圖層下方新增**整體光線 01** 圖層，設定**混合模式：覆蓋**。選取**筆刷工具**，使用**柔邊圓形筆刷**、前景色**白色 #ffffff** 描繪光線。

為了進一步強調樹木輪廓、階梯、水陸交界、背景深處的亮度，而在整體加上光線 67。描繪完畢的部分，使用**混合模式：正常**檢視，結果如 68 所示。

在最上層新增**整體光線 02** 圖層，同樣設定為**混合模式：覆蓋**，使用**筆刷：大型塗抹炭筆**、**筆刷尺寸：300 像素～400 像素**，細節部分為 **100 像素**左右的筆刷來加上光線，利用粗糙的筆刷表現灑落陽光的效果 69。以輕點而非筆觸方式描繪 70。

69

70

Point

撰寫本書時，在 Photoshop CC 預設的**筆刷設定**中，**大型塗抹炭筆**是放在**舊版筆刷／預設筆刷／大型塗抹炭筆**的項目內。不過這個位置可能隨著以後的版本而產生變化。

17 在整個畫面描繪光點

在**圖層**面板最上方新增**光點**圖層。選取**筆刷工具**的**柔邊圓形筆刷**，執行『**視窗／筆刷設定**』命令，開啟**筆刷設定**面板，**筆尖形狀**設定**間距：130%** 71、**筆刷動態**設定**大小快速變換：50%** 72，**散佈**設定**散佈：700%**、**數量快速變換：45%** 73。選取前景色**白色 #ffffff**，參考 74，在整個畫面繪製光點。近處使用大小約 **200 像素**的筆刷描繪，遠處用 **20 像素**左右的小筆刷描繪。請以流動的感覺繪製，而非畫成直線。執行『**圖層／圖層樣式／外光暈**』命令，依照 75 進行設定。**設定光暈顏色選擇顏色：#00fff6**，這樣就完成了 76。

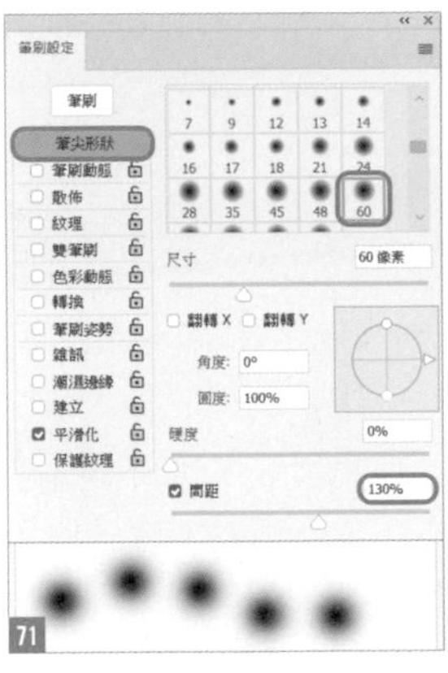
71

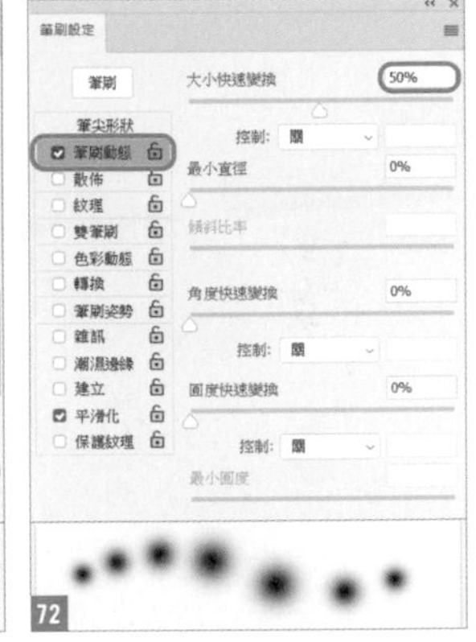
72

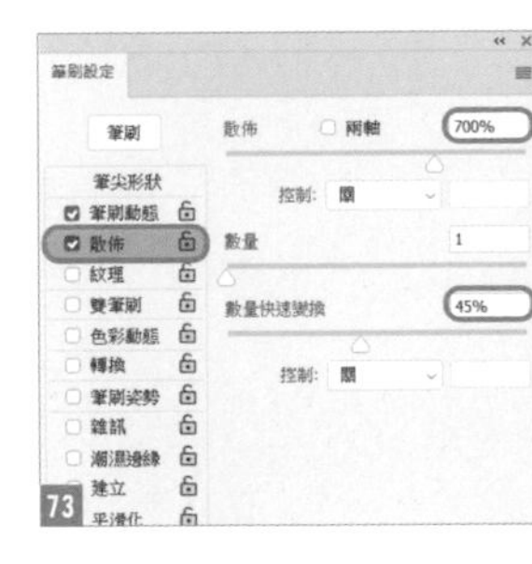
73

74

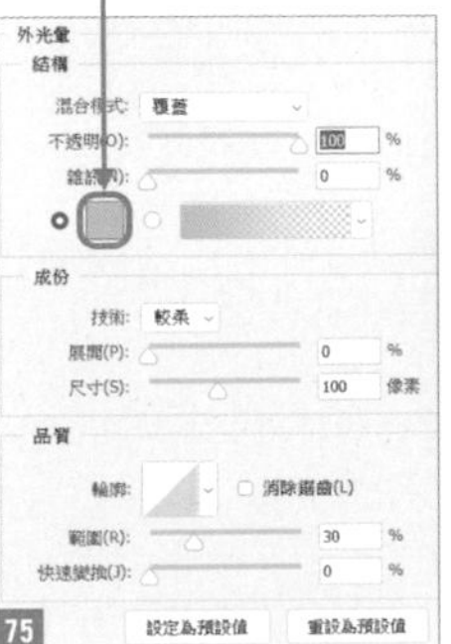

75

76

IDEA

Recipe

104

組合不同質感的素材拼貼出獨特的作品

組合照片、復古插圖、塗鴉、文字等不同質感的素材，製作出拼貼作品。

Photo retouching

01 開啟底圖與素材集的 psd 檔案

開啟「底圖 .psd」，背景已經置入桌子影像 01。請從去背素材「素材集 .psd」02 移動各個素材，製作出拼貼作品。「素材集 .psd」已經調整了圖層順序，讓你可以由上而下依序置入素材，請當作操作參考。

02 置入當作主角的狗並調整與桌子的界線

移動素材集最上面的**狗 01** 圖層，讓狗臉可以位於畫面中央 03。接著要用大量素材包圍主角，製作出熱鬧歡樂的拼貼作品。狗與桌子的界線過於分明，因此在邊緣加上光線。

在**桌子**圖層的上方新增**桌子的光線**圖層，設定**混合模式：覆蓋**，按右鍵選取**建立剪裁遮色片** 04。

選取**工具**面板的**筆刷工具**，使用**柔邊圓形筆刷**、前景色**白色 #ffffff**，在桌子邊緣加上光線 05。按住 shift 鍵不放並描繪，可以畫出直線。描繪時，請依照光線狀態調整筆刷的不透明度及圖層本身的不透明度。這個範例將圖層設定成**不透明度：50%**。

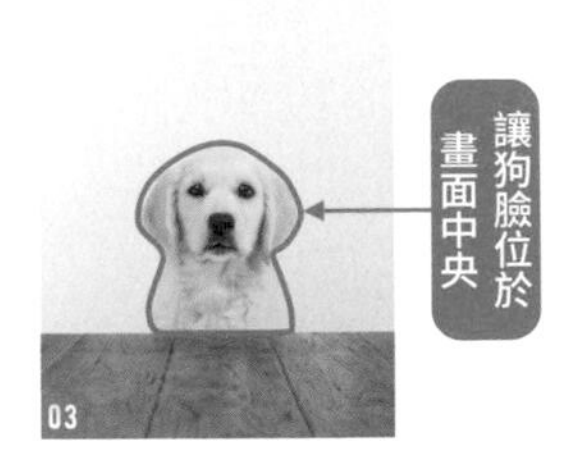

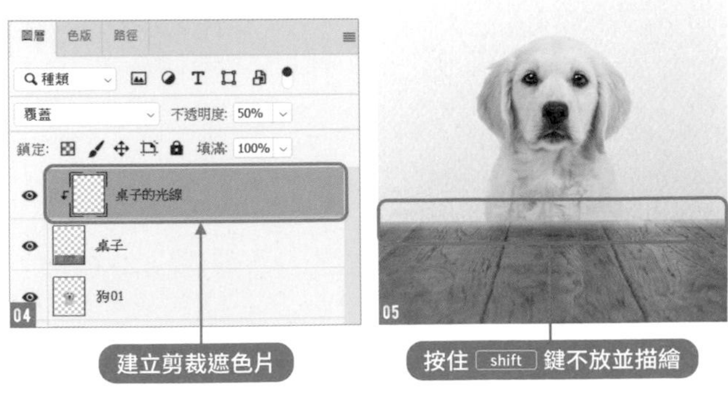

03 繪製狗的陰影

在**狗 01** 圖層上方新增**狗的陰影**圖層。設定**混合模式：柔光**，按滑鼠右鍵選取**建立剪裁遮色片**。這次想呈現左邊受光的效果，所以選取**筆刷工具**，使用**柔邊圓形筆刷**、前景色**黑色 #000000**，在狗的右側加上陰影 06。

06

07

04 加上領帶並調整

把「素材集 .psd」中的**領帶**圖層放在**狗的陰影**圖層的上方，再按下**增加圖層遮色片**鈕 07 08。由於領帶看起來比下巴還前面，所以在選取**圖層遮色片**縮圖的狀態，選取**筆刷工具**，使用**柔邊圓形筆刷**、**前景色：#000000** 建立遮色片，讓下巴的線條顯現出來 09。

執行『**圖層／圖層樣式／陰影**』命令，依照 10 進行設定，讓陰影落在右下方。陰影的顏色使用 **#000000** 11。在上面新增**領帶陰影**圖層，設定**混合模式：柔光**，按右鍵選取**建立剪裁遮色片**命令。選取**筆刷工具**，使用**柔邊圓形筆刷**、前景色**黑色 #000000** 描繪下巴產生的陰影 12。

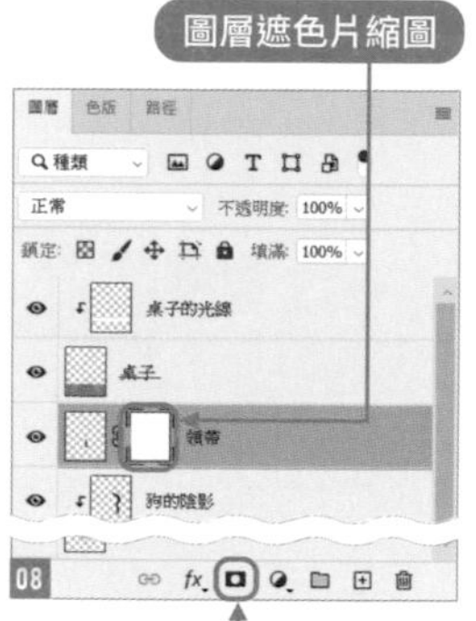

08

09

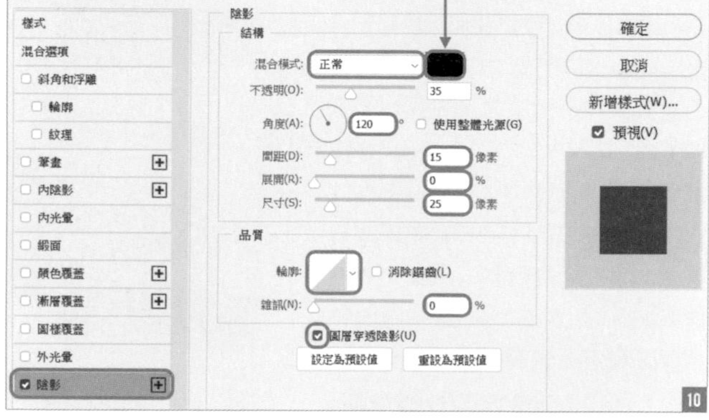

10

11

12

05 加上狗的手

在**桌子**圖層下方置入**狗手**圖層 13。拷貝圖層，執行『**編輯／變形／水平翻轉**』命令，往水平方向翻轉，製作出另一方向的狗手 14。置入**湯匙**與**叉子**圖層 15，執行『**編輯／任意變形**』命令，調整**湯匙**與**叉子**的角度及位置。

06 加上帽子並調整陰影

置入**帽子**圖層，按下**增加圖層遮色片**鈕 16。選取**圖層遮色片縮圖**，再選取**筆刷工具**，使用**柔邊圓形筆刷**、前景色**黑色 #000000**，按照 17 描繪狗的額頭與耳朵周圍。

Point

調整帽子，增加遮色片時，最好要注意耳朵的位置低於帽子。

接著分成兩個圖層，描繪帽子的陰影。在**狗的陰影**圖層上方新增**帽子陰影 1** 圖層。選取**筆刷工具**，使用**柔邊圓形筆刷**、前景色**黑色 #000000**，在帽子與狗的邊緣描繪加上陰影 18。接著在上面新增圖層**帽子陰影 2**，使用**筆刷尺寸：150 像素**加上陰影 19，陰影深淺請利用圖層的不透明度進行調整。

07 製作帽子的缺口

選取**帽子**圖層的**圖層遮色片**縮圖，使用**筆型工具**或**套索工具**，建立如 **20** 的選取範圍，再使用**油漆桶工具**填滿，建立遮色片 **21**。在**帽子**圖層上方新增**帽子邊緣**圖層。選取**筆刷工具**，使用**實邊圓形筆刷**、**前景色：#ffecba** 描繪出帽子缺口的厚度，如 **22** 所示。在上面新增**邊緣陰影**圖層，按右鍵選取**建立剪裁遮色片**命令。選取**筆刷工具**，使用**柔邊圓形筆刷**、前景色**黑色 #000000**，以左邊受光的感覺，描繪出適當的陰影 **23** **24**。

請根據描繪狀態調整筆刷的**不透明度**或圖層的**不透明度**。在**帽子**圖層下方新增**帽子內側**圖層。選取**筆刷工具**，使用**實邊圓形筆刷**、**前景色：#5a1903** 描繪缺口內側，如 **25** 所示，就能讓帽子產生缺口 **26**。

20

21

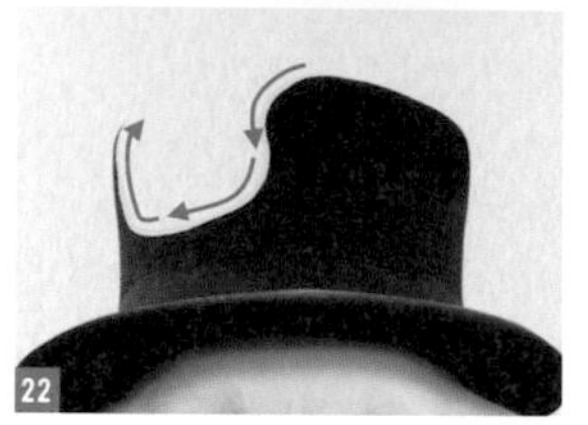
22

23

以左邊受光的狀態描繪陰影

24

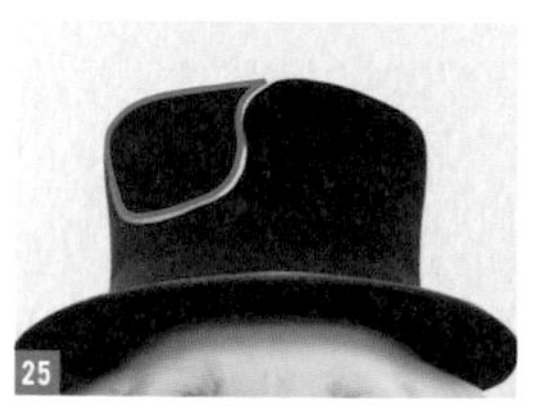
25

26

08 在帽子的周邊與內側加上元素

在**帽子**圖層上方置入**鳥 01** 圖層。被帽簷遮住的鳥爪部分請用圖層遮色片刪除 **27**。在帽子置入**常春藤 01**、**常春藤 02** 圖層 **28**。在**帽子內側**圖層上方置入**人物 01** 與**貓**圖層，更上面置入**企鵝**圖層 **29**。

單獨選取**貓**圖層的腳掌部分 **30**，按下 Ctrl（⌘）+ C 鍵拷貝之後，貼至**邊緣陰影**圖層上方，接著再拷貝一次，並進行水平翻轉，調整位置，讓腳掌搭在帽子上，如 **31** 所示。運用領帶陰影的技巧，對貓的兩個腳掌執行『**圖層／圖層樣式／陰影**』命令，依照 **32** 完成設定。

27

用圖層遮色片刪除鳥爪

29

28

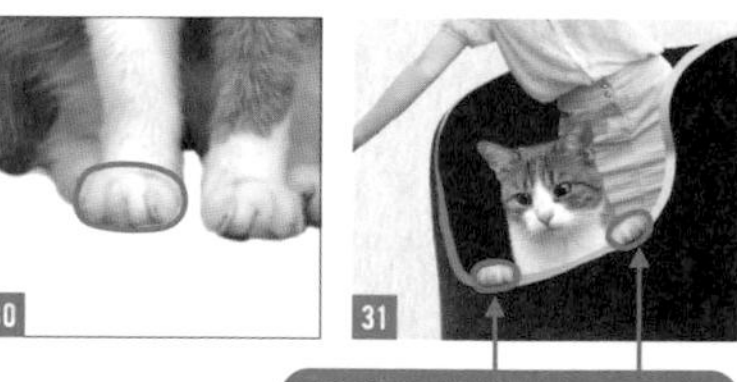
30 31

讓貓的腳掌搭在帽子上

在**人物 01** 圖層下方置入**插圖 01**、**插圖 02**、**花 01** 圖層 33。選取**工具**面板中的**水平文字工具**，輸入 **IDEA** 34。放在**企鵝**圖層下方，再旋轉 -30°，調整位置 35。

Point

此範例使用**字體：Futura PT Medium**※、**大小：54pt**、**顏色：#ffffff**。

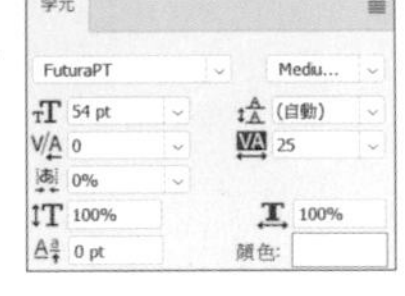

09 在文字與人物加上陰影

往下拷貝 **IDEA** 圖層，圖層命名為**陰影**，按右鍵執行**點陣化文字**命令，因為文字是白色的，所以按下 Ctrl (⌘) + I 鍵，反轉顏色，變成黑色 36。這裡只想在花及人物加上陰影，因此在**圖層**面板上，按住 Ctrl (⌘) + Shift 鍵不放，再按一下**插圖 01**、**插圖 02**、**人物 01** 的圖層縮圖，載入選取範圍 37。在載入選取範圍的狀態下，選取**陰影**圖層，按下**圖層**面板的**增加圖層遮色片**鈕 38。將**陰影**圖層略微往右下方移動，執行『**濾鏡／模糊／高斯模糊**』命令，設定**強度：5.0 像素** 39。圖層的**不透明度**設定為 **35%**，讓陰影自然融合 40 41。往下拷貝**人物 01** 圖層，圖層命名為**人物 01_ 陰影**，執行『**影像／調整／色階**』命令，設定**輸出色階：0**，使其變黑 42。利用相同技巧，把人物的陰影往右下方移動，套用**高斯模糊**的**強度：5.0 像素**，圖層的**不透明度**設定成 **40%** 43。

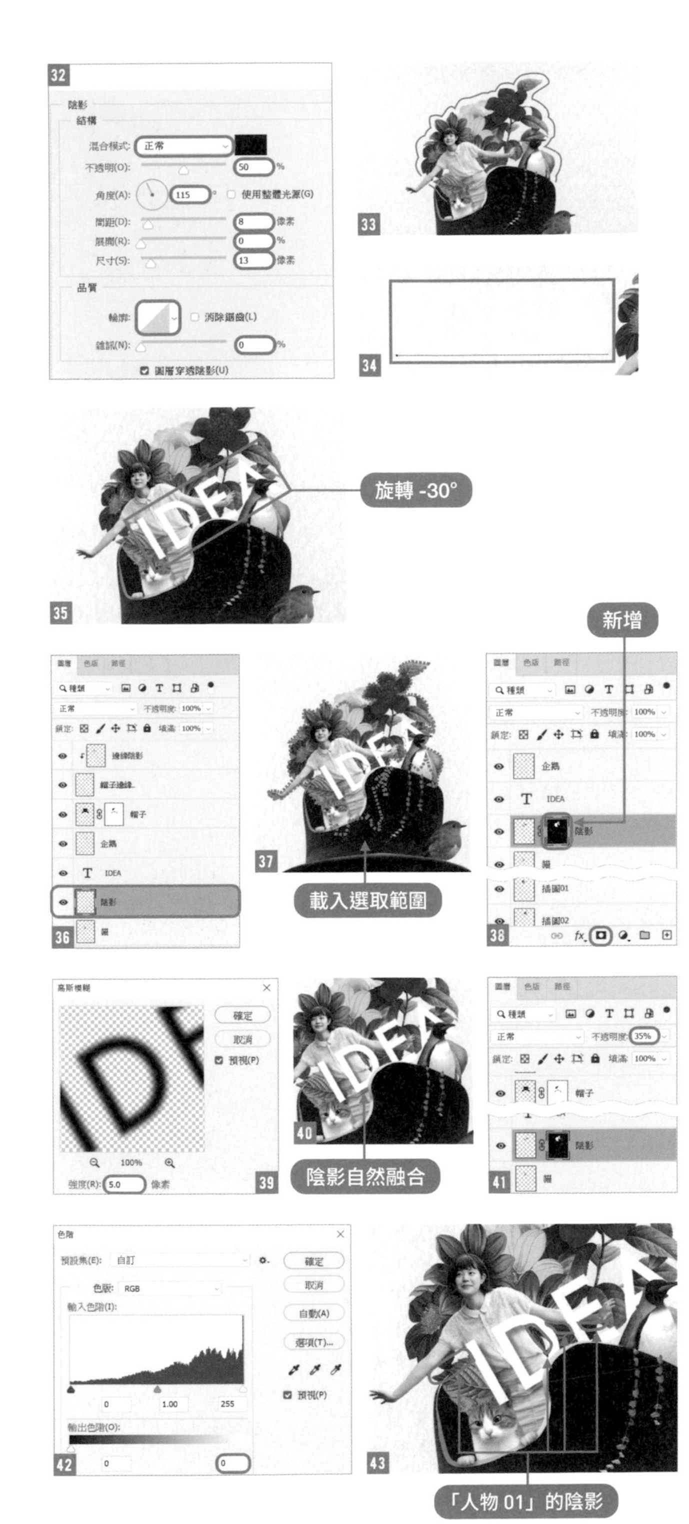

※ 這是 Adobe Fonts 字體。關於 Adobe Fonts 請參考 P.249 下方的 Point 說明。

10 在背景新增素材

在**狗 01** 圖層下方新增素材。把**鹿**圖層放在帽子後方，**插圖 04** 圖層放在桌子右側，**甜甜圈 01** 圖層放在桌子左側，**草 01** 圖層放在左手後方。拷貝**草 01** 圖層，水平翻轉後，放在右手後方 44。這樣安排是為了讓主角的下半部分產生份量感。採用三角形構圖，如 45 的半透明紅色部分所示，讓作品呈現出穩定感。

完成編排

三角形構圖

Point

三角形構圖把重心放在下方，產生份量感，可以營造出安定感。這個構圖也能輕易將視線引導到三角形的頂點，所以此範例在三角形的頂點配置了人物、花、貓等元素，製造動態效果。

在下面置入**雲 01** 圖層，放在畫面右上方，接著拷貝縮小後，放在狗的左側，再拷貝縮小並水平翻轉，放在狗的右側。疊放在湯匙及叉子上，可以讓素材之間產生距離感 46。

同樣將**雲 02** 圖層放在帽子的左上及右上方，如 47 所示。擺放這個部分時，也要稍微疊在其他元素上，製造距離感。在下面置入**插圖 03**、**草 02**、**菇 01**、**菇 02** 48。

11 在桌子上增加元素

在**桌子的光線**圖層上方置入**甜點 01～04**、**企鵝 02**、**葡萄**圖層 49。

12 在每個盤子加上陰影

在**甜點 04** 圖層下方新增**陰影**圖層，使用**橢圓選取畫面工具**建立選取範圍，選取**油漆桶工具**，以**前景色：#000000** 填滿，當作盤子右下方的陰影 **50**。執行『**濾鏡／模糊／高斯模糊**』命令，套用**強度：10 像素**，設定圖層的**不透明度：60%** **51**。**甜點 02** 及**甜點 03** 圖層也按照相同技巧，在下方建立**陰影**圖層，製作陰影 **52**。

運用和**人物 01** 圖層陰影一樣的技巧，往下拷貝**企鵝 02** 圖層，命名為**企鵝 02 陰影**，執行『**影像／調整／色階**』命令，設定**輸出色階：0**，讓影像變黑。套用**高斯模糊**的**強度：5.0 像素**，圖層的**不透明度**設為 **40%**。接著執行『**編輯／變形／扭曲**』命令，讓陰影往右下方變形，如 **53** 所示。

同樣往下拷貝**葡萄**圖層，建立**葡萄陰影**圖層，選取**筆刷工具**，使用**柔邊圓形筆刷**、前景色**黑色 #000000**，描繪投射在右下方的陰影。請根據其他陰影的深淺來調整圖層的不透明度 **54**。

13 在桌子增加人物與馬卡龍

在**甜點 02** 圖層下方置入**人物 02**、**馬卡龍 01** 圖層，如 **55** 所示。這次要讓人物搬著馬卡龍，所以在**馬卡龍 01** 圖層建立選取範圍，如 **56** 所示，並增加圖層遮色片。接著配置**馬卡龍 02** 圖層如 **57** 所示。將**馬卡龍 02** 排成不穩定狀態，製造動態感。

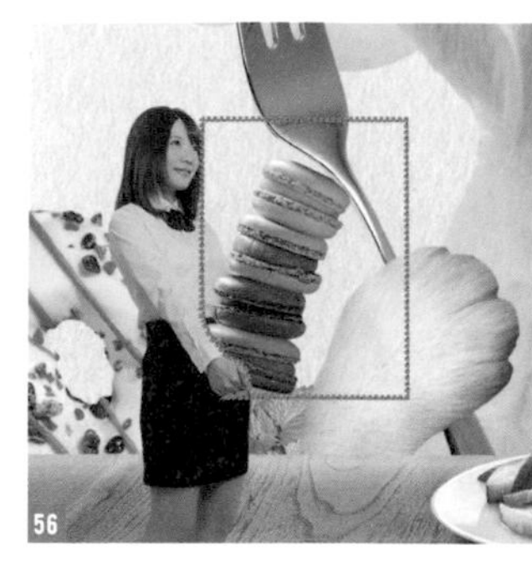

14 在桌子增加其他小狗

在**甜點 02** 圖層上方置入**狗 02** 圖層 58。建立遮色片，讓狗只有手放在盤子上，在下方新增**狗 02 陰影**圖層，選取**筆刷工具**，使用**柔邊圓形筆刷**、前景色**黑色 #000000**，和其他元素一樣描繪陰影 59。

15 裝飾整個畫面

置入素材，裝飾整個畫面。在最上方置入**甜甜圈 02～05** 圖層 60，調整大小，製造遠近感。在**甜甜圈 05** 圖層上方置入**鳥 02** 圖層 61。接著置入**藍莓 01～03**、**紅色果實 01～03**、**狗糧 02～08**、**蘋果 01～03** 圖層。請參考範例的排版，試著自行安排 62。在帽子上方置入**蝴蝶 01～02** 圖層 63。最上面置入**葉子**、**蝴蝶 03** 圖層，湯匙上方置入**花 02** 圖層，叉子上方置入**狗糧 01** 圖層 64。

Point

安排各個素材的位置時，要注意彼此之間的遠近感。在大素材附近放置小素材，比較容易產生遠近感。每個素材不要靠太近，保留一定的距離，較能產生寬闊感。

16 在整個影像加上塗鴉

在最上方新增**塗鴉**圖層。選取**筆刷工具**，使用**實邊圓形筆刷**、前景色**白色 #ffffff**、**尺寸：10 像素**，在畫面上隨興繪製插圖 65。

Point

請以隨興方式描繪塗鴉，不用仔細繪製，這樣比較容易產生輕鬆的氛圍，豐富畫面的趣味性。

接著在上方新增**塗鴉 02** 圖層。概略繪製狗的輪廓，在狗身上增加插畫質感。不透明度 **100%** 會使得插畫感過於強烈，因此把圖層的**不透明度**設定成 **50%** 66。

65

66

調整圖層的不透明度

17 在前景增加模糊元素即完成

在最上面新增圖層。把**常春藤 02**、**狗糧 09** 圖層放在右下方最前面的位置，**常春藤 03** 圖層放在左上方，**常春藤 04** 圖層放在右上方 67。在**常春藤 02** 圖層執行『**濾鏡／模糊／高斯模糊**』命令，設定**強度：15 像素**，其他圖層分別套用**強度：10 像素**。在前景加入模糊元素，製造出景深效果，這樣就完成了 68。

組合照片、復古插圖、塗鴉、文字等不同質感的元素，完成了這幅拼貼作品。

67

68

THE WHALES

Color Balance, Layer Mask, Ocean Ripple

Recipe

105

浮出水面的鯨魚

這次要製作巨大鯨魚浮出水面的風景。分次增加圖層遮色片，可以表現出鯨魚在水中的深度。

Photo retouching

01 置入各個素材

開啟「海 .psd」，再開啟「物件 .psd」 01 ，移動**鯨魚**圖層，依照 02 的方式配置。選取**鯨魚**圖層，執行『**影像／調整／色彩平衡**』命令。分別設定**色調平衡：陰影** 03 、**中間調** 04 、**亮部** 05 ，讓鯨魚與海的顏色自然融合成一體 06 。

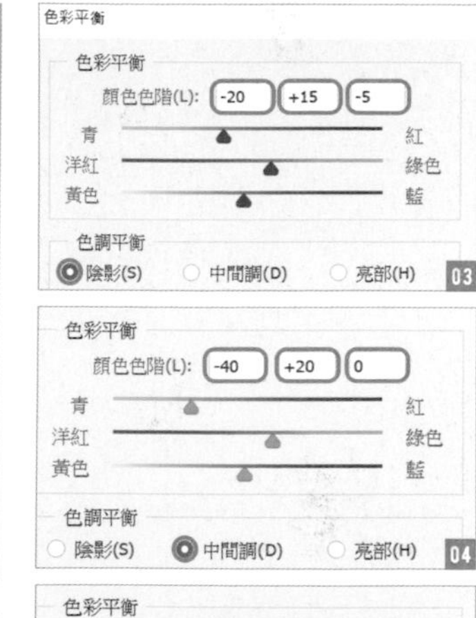

色彩平衡
顏色色階(L): 0 -20 0
青 紅
洋紅 綠色
黃色 藍
色調平衡
陰影(S) 中間調(D) 亮部(H)
05

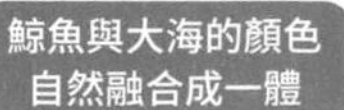

02 在鯨魚身上套用波紋並微調亮度

執行『**濾鏡／扭曲／漣漪效果**』命令 07，設定**總量：300%**、**尺寸：大** 08 09。

接著執行『**影像／調整／色階**』命令，按照 10 進行設定。微調亮度，讓鯨魚和大海融合成一體 11。

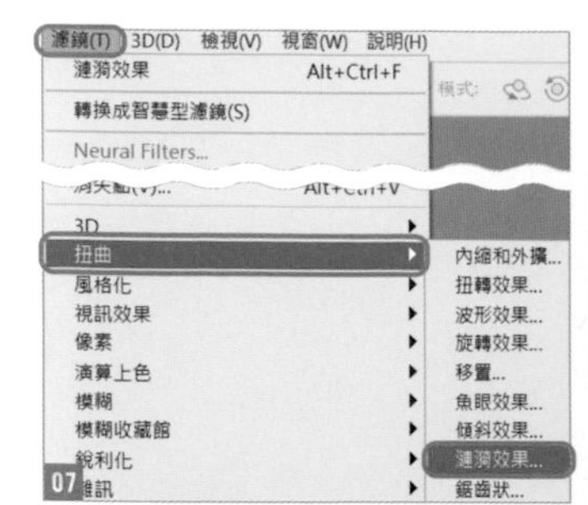

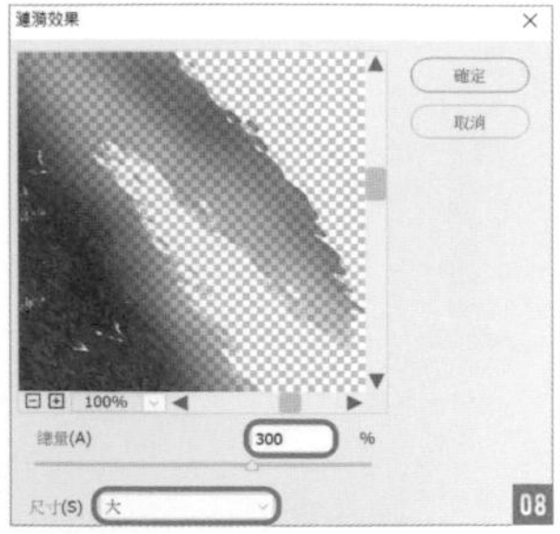

在鯨魚身上套用了漣漪效果

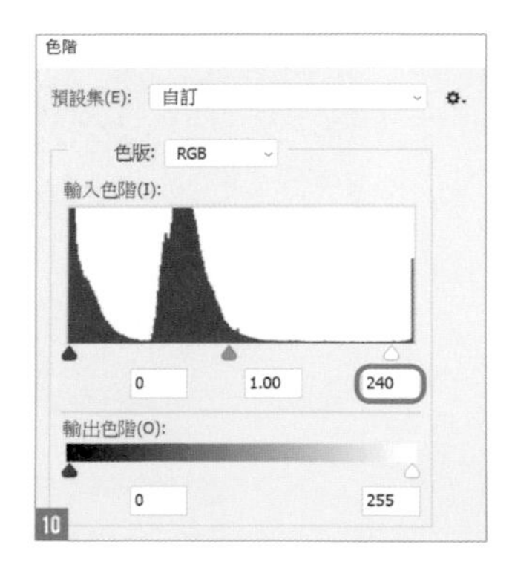

03 使用遮色片融合鯨魚的輪廓

選取**鯨魚**圖層，在**圖層**面板按下**增加圖層遮色片**鈕 12 13。選取圖層遮色片縮圖，再選取**筆刷工具**。在選項列設定**筆刷種類：柔邊圓形筆刷**、**尺寸：100～150**、**不透明度：30%**。請把筆刷的尺寸當作參考，設定成較容易操作的大小 14。

設定前景色**黑色 #000000**，增加圖層遮色片。沿著鯨魚的輪廓增加遮色片，把沉入水中較深的部分（胸鰭的前端、尾鰭等）分成數次增加遮色片，形成逐漸淡化的效果 15。

Point

讓鯨魚的顏色變得更淺，可以呈現出在水中較深的位置游動的效果。

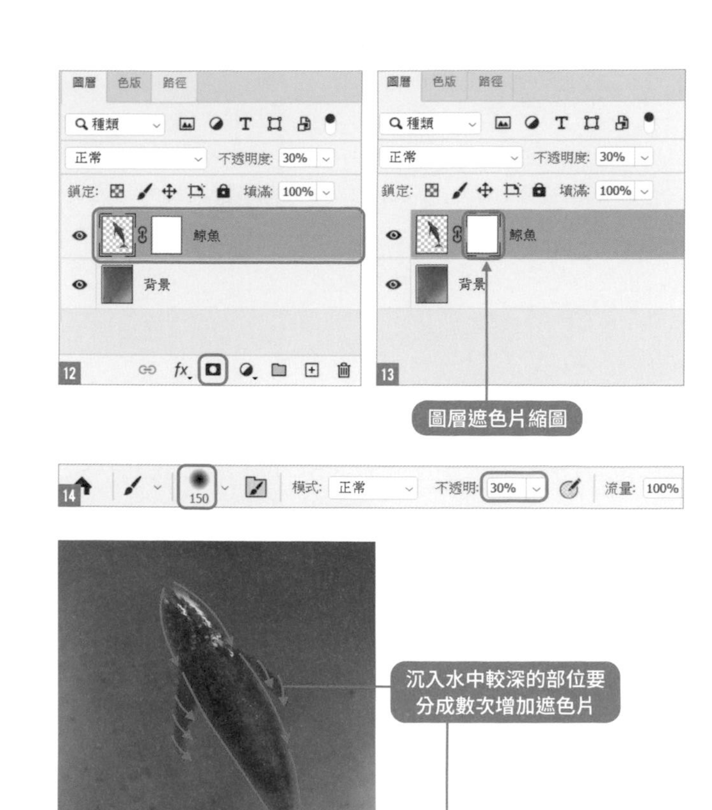

04 置入小船

移動「物件 .psd」素材中的**船**圖層，放在最上方 16。接著在上面新增**船的陰影**圖層。選取**船的陰影**圖層，按右鍵選取**建立剪裁遮色片**，設定**混合模式：柔光** 17。

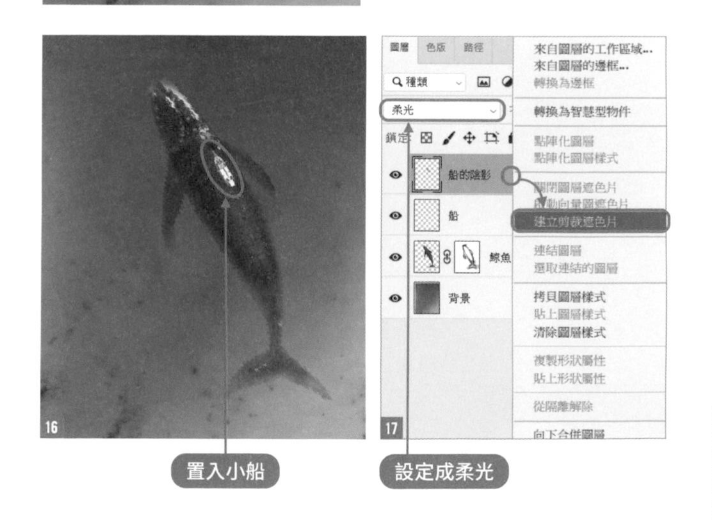

05 加上船的陰影

現在的圖層結構如 18 所示。請選取**筆刷工具**，使用前景色**黑色 #000000**、**筆刷種類：柔邊圓形筆刷**，以從畫面右側受光的狀態描繪船的陰影 19。

選取**船**圖層，往下拷貝圖層，並命名為**船的陰影 2**。執行『**影像／調整／色階**』命令，按照 20 進行設定，調整成黑色。設定**不透明度：50%**，並往左下方移動，製作出船在海面上的陰影 21 22。

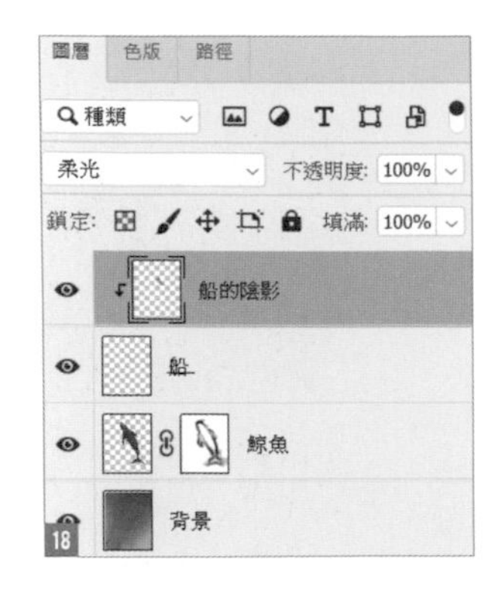

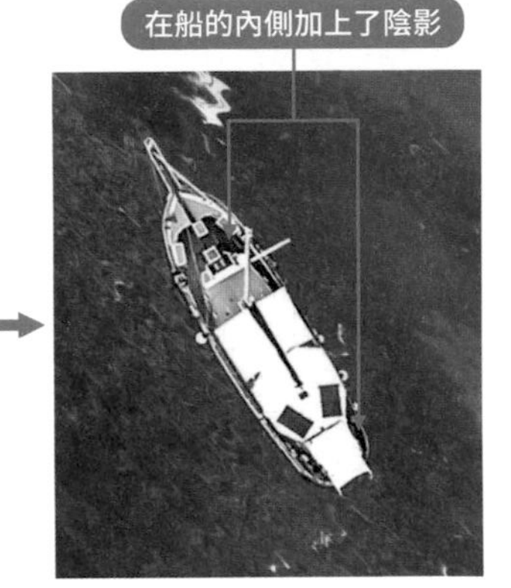

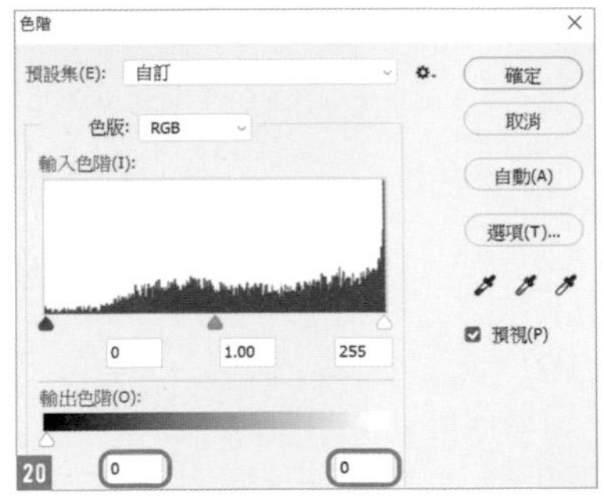

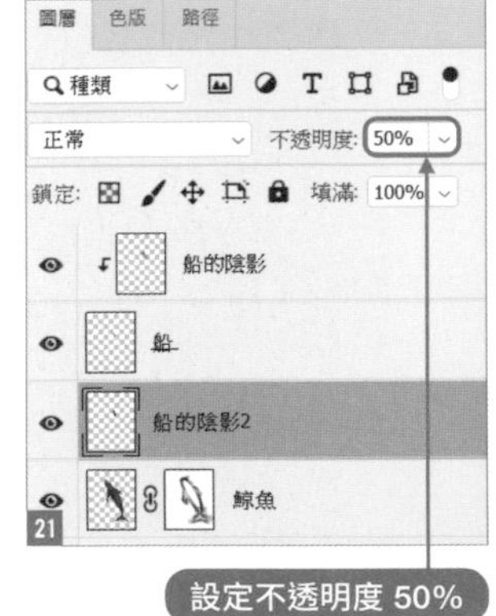

Point

把船的陰影放在離船較遠的位置，可以讓鯨魚看起來像在更深的海裡游泳。

06 製作船產生的波紋及陰影

在**船**圖層下方新增**船的波紋**圖層。選取**筆刷工具**，使用前景色**白色 #ffffff**、**筆刷種類：柔邊圓形筆刷**、**不透明：30～50%**、**尺寸：3～6 像素**，依照 23 描繪波紋。執行『**濾鏡／模糊／動態模糊**』命令，依 24 進行設定 25。

Point

假如無法使用筆刷順利畫出波紋，請試著加強模糊效果。

選取**船的陰影 2** 圖層，往下拷貝，命名為**船的陰影 3** 圖層，設定**不透明度：20%**，往左下方移動，讓船的陰影落在鯨魚的背上 26 27。

07 在海面加上光線並融合各個素材

開啟「波紋 .psd」素材，放在**鯨魚**圖層的上方，設定**混合模式：濾色** 28。執行『**影像／調整／色階**』命令，依照 29 進行設定。提高對比，營造出海面波光粼粼的效果 30。最後的圖層結構如 31 所示，這個範例在左下方加上了標語。

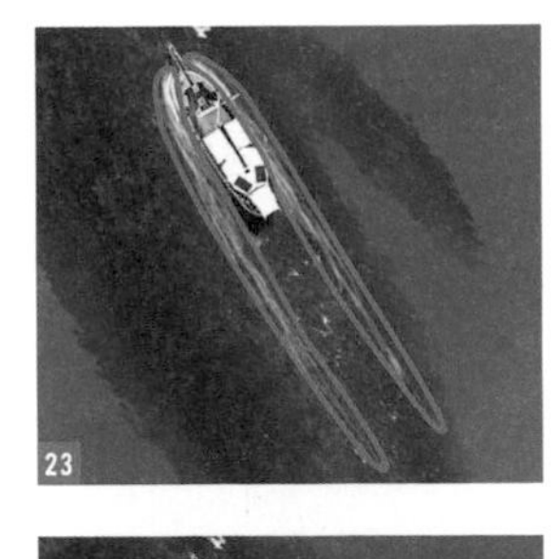

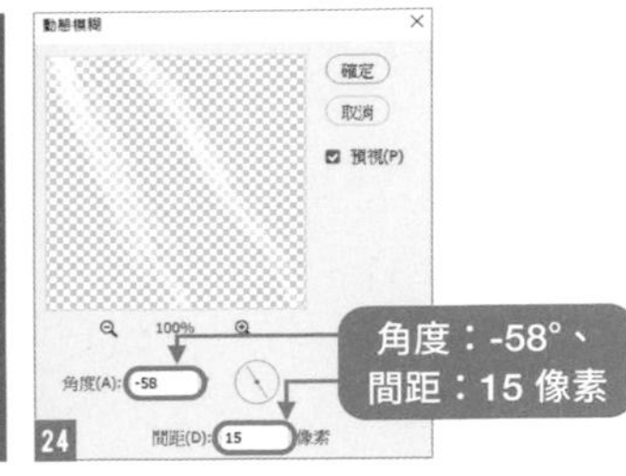

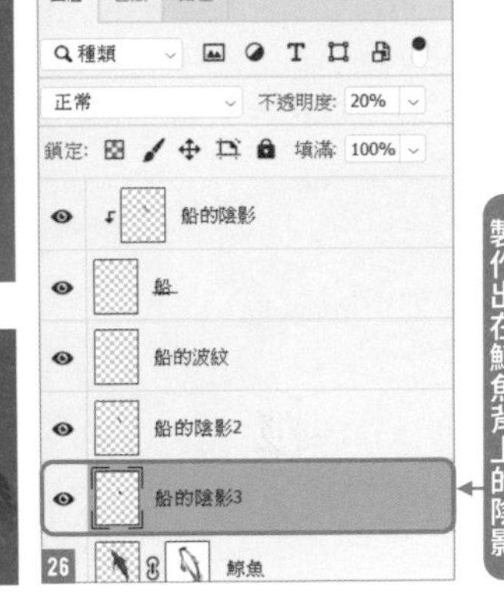

鯨魚背上的陰影圖層

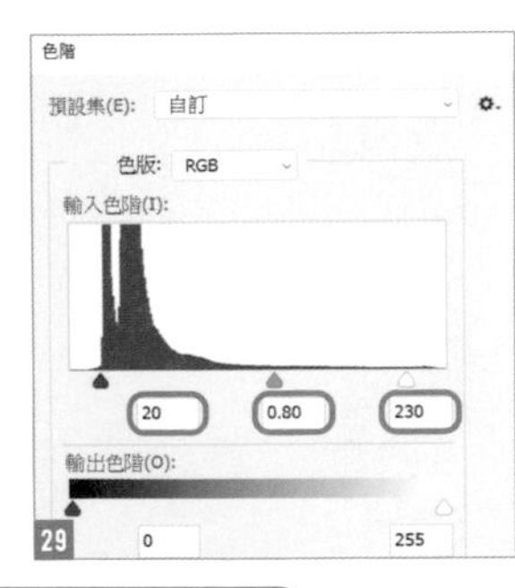

置入「波紋 .psd」素材，設定混合模式：濾色

CLOUD
RAIN
BIRD
GIRAFFE
TREE
ELEPHANT
AROWANA
DOLPHIN
DIVER
FISH

Recipe

106

創建 3D 立體剖面的陸地、海洋風景

利用 3D 功能，把完成的 2 個方塊，製作成陸地與海洋風景。

Photo retouching

01 製作立體形狀的底圖

開啟「背景 .psd」。將前景色與背景色回復至預設的**黑 / 白**狀態，選取**矩形工具**，在工作區域上按一下，出現**建立矩形**交談窗後，設定**寬：1500 像素／高：1500 像素** 01 後，放在中央位置。

選取建立好的**矩形 1** 圖層，執行『**3D／新增來自選取圖層的 3D 模型**』命令 02。

畫面中會顯示**您即將建立 3D 圖層。您要切換到 3D 工作區嗎？**，請按下**是**鈕 03，工作區域就會自動切換到 3D 模式了。

02 設定相機的位置

選擇**移動工具**。在顯示的 **3D** 面板中選擇**目前檢視**（選擇**目前檢視**後，工作區域的四角會出現黃色框線）04。

在**內容**面板中選擇 **3D 相機**，設定**視角：50：公釐鏡頭** 05。

再按下**內容**面板中的**座標**，如圖 06 輸入位置與旋轉。工作區域會變成圖 07 的樣子。

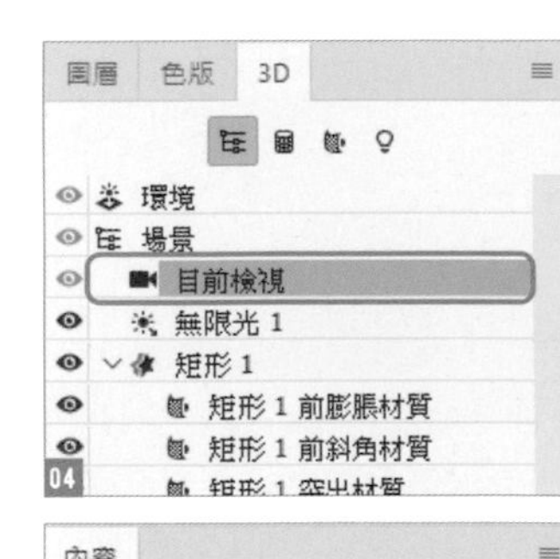

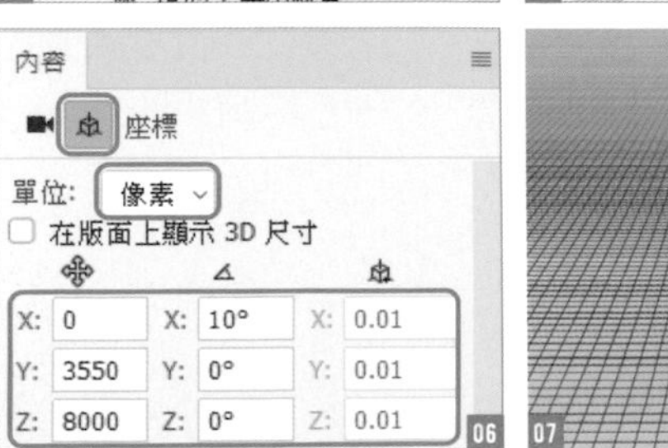

※ 使用 3D 功能時，必需用到 Graphic 繪圖功能。未滿 512MB 的 VRAM 將無法使用 3D 功能，所以無法選擇 3D 功能的相關選項。
另外，依據電腦的規格不同，可能會有執行不順暢的情況發生。
如果無法使用 3D 功能的話，可以利用路徑等工具來製作方塊，再從步驟 06 開始依序執行。

03 設定「矩形 1」的位置與尺寸

從 3D 面板中選擇**矩形 1**。選擇**內容**面板中的**座標**，如圖 08 依序輸入位置、旋轉、縮放尺寸等。

另外，在輸入縮放尺寸及百分比設定時，請先取消**一致縮放**的選項，這樣才能個別設定數值。

在**內容**面板中選擇**網紋**，取消**捕捉陰影**與**投射陰影** 09。工作區域就會變成如圖 10 的樣子。

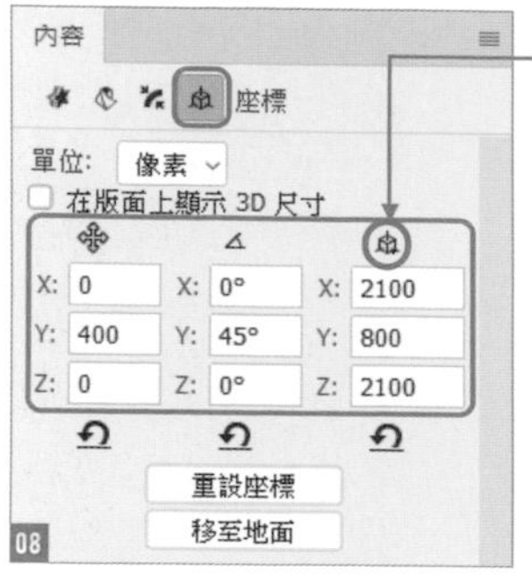

08

09

10

04 複製圖層後，再移動圖層

切換到**圖層**面板，複製**矩形 1** 圖層，圖層名稱取名**矩形 2**，放在最上層的位置，選擇**矩形 2** 圖層，再切換到 3D 面板。

從 3D 面板中選擇**矩形 1**（自行命名為**矩形 2**）。在**內容**面板裡選擇**網紋**，取消**捕捉陰影**與**投射陰影**選項。點選**內容**面板中的**座標**，設定位置 **Y：1850** 11。只有 Y 位置（高度）做了變化 12。

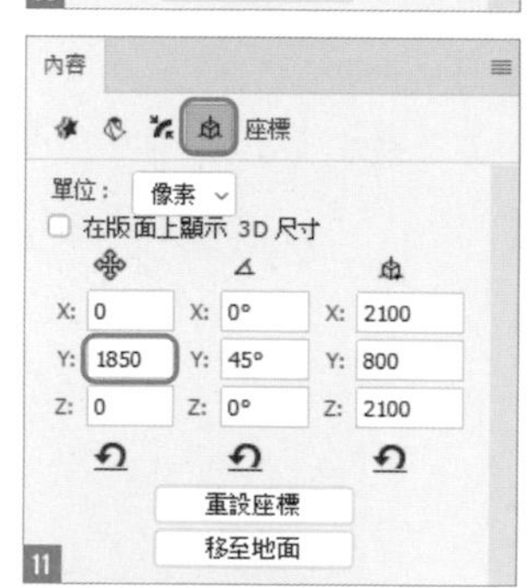

11

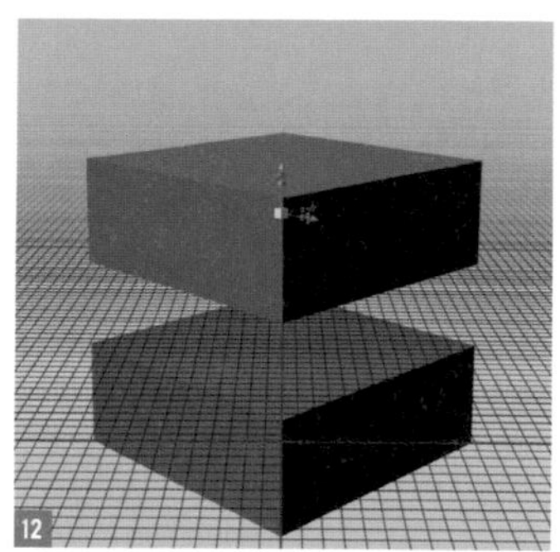
12

05 套用點陣化，將立體的每一面分割後再將其群組化

從**圖層**面板裡，將**矩形 1**、**矩形 2** 圖層，分別按右鍵選取**點陣化 3D**。

按下**快速選取工具**，分別在每一面都建立選取範圍，再按右鍵選取**拷貝的圖層**，將圖層分割。分割後將每一面圖層分別命名為**上**、**左**、**右**。

將每一面立體圖設為群組化，上層的立體圖取名為**矩形 1**，下層的立體圖為**矩形 2**，圖層內容會變成如圖 13。為了方便之後的操作，請將群組分別設定為**紅色**與**藍色**。

Point

即使改變了圖層名稱，3D 面板中對應的項目名稱也不會改變。為了避免搞錯，我們可以連 3D 面板中的名稱一起變更。

13

06 為立體物件加上陰影

在**背景**圖層的上層位置，建立新圖層**陰影**。利用**多邊形套索工具**，選取要建立陰影的範圍，將前景色設為**黑色 #000000**，再執行『**編輯／填滿**』命令，填上顏色，執行『**濾鏡／模糊／高斯模糊**』命令，套用**強度：6 像素**。圖層的**不透明度**為 35% 14 。

14

07 替物件 1 貼上仿地層紋理

開啟「素材集 .psd」。移動**地層 01** 圖層，放在群組**矩形 1** 裡的最上層，執行『**編輯／變形／扭曲**』命令，依**矩形 1** 的形狀來做變形 15 。

複製圖層**地層 01**，執行『**編輯／變形／水平翻轉**』命令，依**矩形 1** 的左側形狀來擺放位置 16 。

用相同的方法，從「素材集 .psd」裡移動**地層 02**，放在群組裡的最上層 17 。

將**地層 02** 圖層與**地層 02 拷貝**群組化，取名為**地層 2**。

選擇**地層 2** 群組，從**圖層**面板中按下**增加圖層遮色片**鈕 18 。

點選剛才建立的圖層遮色片縮圖，使用**筆刷工具**如圖 19 沿著地層紋路增加遮色片。

15

16

17

19

18

08 替物件加上陰影

將**矩形 1** 群組化裡的**上**、**右**、**左**圖層放在群組的最上層位置。

選擇**右**圖層，將**色階**的**輸出色階**設為 **0：0**，再調整**左**圖層的**色階**將**輸出色階**設定為 **255：255** 20，並分別將圖層的**混合模式**設定為**柔光**，**不透明度**為 **50%** 21。

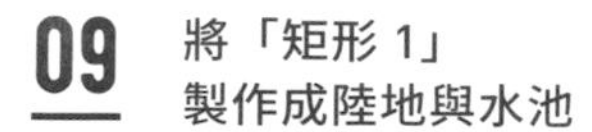

09 將「矩形 1」製作成陸地與水池

從「素材集 .psd」裡移動**地面**圖層，放在**矩形 1** 群組中**上**圖層之上，在圖層名稱上按右鍵選取**建立剪裁遮色片** 22。

開啟「大象 .psd」，點選**背景**圖層，如圖 23 選取水池及部份陸地的範圍。放在**矩形 1** 群組的最上層位置，圖層取名為**水池邊**。

使用**任意變形**功能，如圖 24 調整大小。選取**水池邊**圖層再按右鍵選取**建立剪裁遮色片** 25。

執行『**編輯／變形／彎曲**』命令，從**選項列**中選擇**彎曲：弧形**，如圖 26 完成變形。使用**橡皮擦工具**，模糊地面的邊界線 27。

10 作出在水中的樣子

開啟「水中 .psd」，移動**水中**圖層至**地層 2** 群組的上層位置，使用**任意變形**功能，如圖 28 將其縮小。

使用**筆型工具**，如圖 29 建立水中的選取範圍。

選取**水中**圖層，再從**圖層**面板中按下**增加圖層遮色片**鈕 30。

執行『**影像／調整／色相／飽和度**』命令，如圖 31 來設定，套用後畫面就會變成綠色了 32。

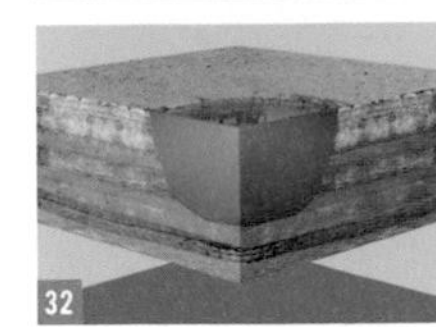

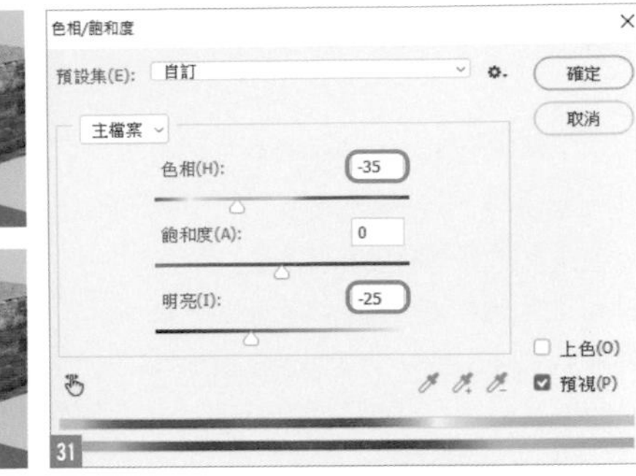

11 加上池子水面的顏色

在**水池邊**圖層的上方位置，建立一個新圖層**水面顏色**。

按住 Ctrl（⌘）鍵，再按下**矩形 1** 群組中**上**圖層的圖層縮圖，建立選取範圍 33。

選擇**水面顏色**圖層，將**筆刷工具**設為前景色 **#0c9ccc**，如圖 34 在水面塗上顏色。圖層的**混合模式**設定為**覆蓋** 35。

12 描繪水面與陸地的邊界線

在**水面顏色**圖層的上面，建立一個新圖層為**水面邊界**。

將**筆刷工具**的前景色設為**白色 #ffffff**，再畫出水池表面有水在流動的樣子 36，然後利用**滴管工具**，吸取地層的顏色，畫上地面與水面的邊界。

範例中較亮的那一面（左側），使用顏色 **#5d381f**，較暗的那一面（右側）使用顏色 **#26231a** 來描繪 37。

最後再用**白色 #ffffff** 補上陸地的邊界線 38。

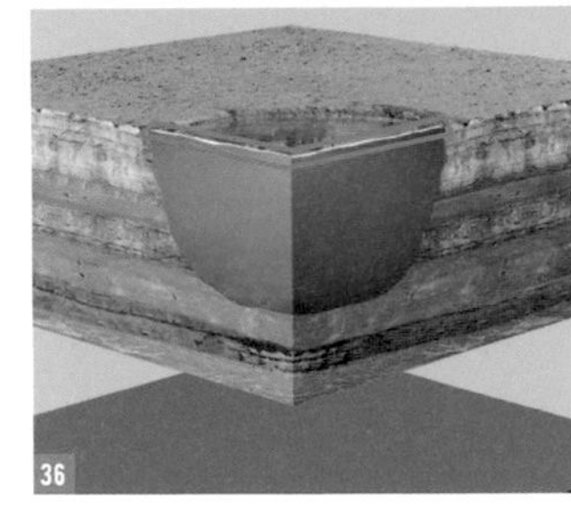

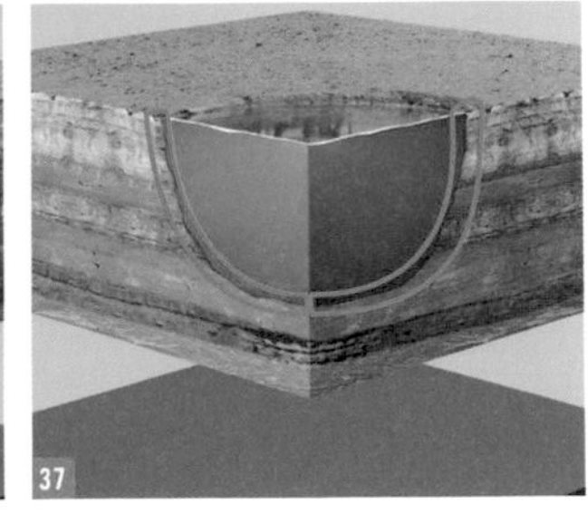

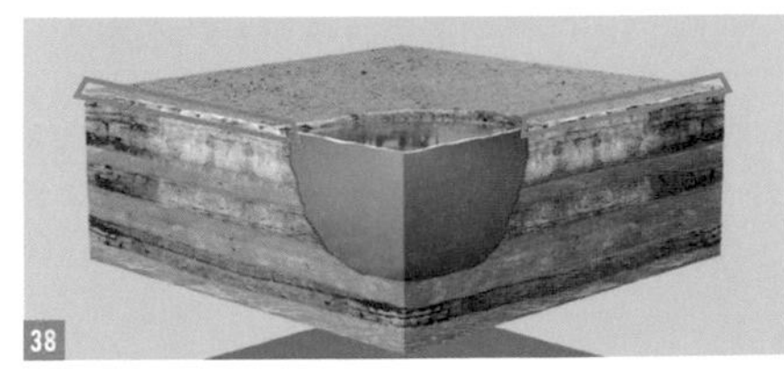

13 將「矩形 2」做成海面

開啟「海面 .psd」。移動**海面**圖層至群組**矩形 2** 中**上**圖層之上，然後按右鍵選取**建立剪裁遮色片** 39。

選擇**上**圖層，用**筆刷工具**描繪，就會顯示出**海面**圖層，如圖 40 畫出海面的波浪。

在**海面**圖層的上層，建立一個新圖層**海面邊界**，在**上**圖層仍是**剪裁遮色片**的狀態下，畫出邊界線 41。

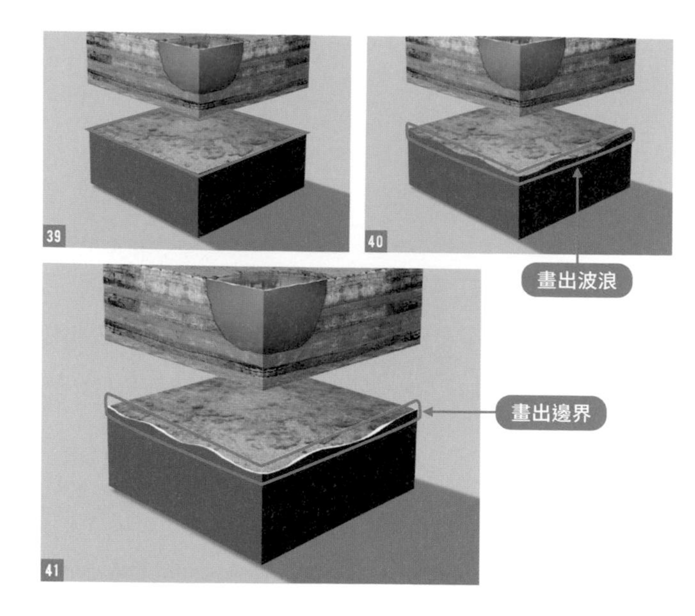

14 將「矩形 2」做出水中的樣子

開啟「水中 .psd」，將**水中**圖層移至**矩形 2** 群組的最下方 42。選擇**右**圖層，設定**色階**的**輸出色階：0：0**；**左**圖層的**色階**設定**輸出色階：255：255**，兩個圖層的**混合模式**都變更為**柔光**。**右**圖層的不透明度 **50%** 43。

按住 Ctrl（⌘）鍵，再按下**右**圖層的圖層縮圖，建立選取範圍，然後按住 Ctrl（⌘）+ shift 鍵不放，再點選**左**圖層縮圖，增加選取範圍。建立好選取範圍之後，選擇**水中**圖層，從**圖層**面板中點選**增加圖層遮色片** 44。

42

43

44

15 整理物件的輪廓

選擇**矩形 1** 群組，點選**圖層**面板裡的**增加圖層遮色片**。

點選**矩形 1** 群組的圖層遮色片縮圖，如圖 45 沿著地層側面還有地層底部，建立一個自然形狀的遮色片。

用同樣的手法，在**矩形 2** 群組也要增加遮色片 46。

45

46

16 在「矩形 1」放入素材

從檔案「素材集 .psd」、「大象 .psd」裡，移動素材。
從圖層的最上層開始，依序擺入**大象**、**長頸鹿**、**車**、**樹** 47。
移動**金龍魚**、**泡**圖層，放在**矩形 1** 群組裡**水中**圖層的上面位置。
將**泡**圖層使用**任意變形**功能來調整，讓畫面看起來較對稱 48。

47

48

17 在「矩形 2」放入素材

從檔案「素材集 .psd」裡移動**海豚**圖層，放在最上層的位置，再使用**橡皮擦工具**，讓素材跟海洋融為一體 49。
移動**潛水員**、**魚**、**泡**圖層，放在**矩形 2** 群組中**水中**圖層的上面。**潛水員**圖層設定**不透明度：50%**，**魚**、**泡**圖層設定**不透明度：75%** 50。

49

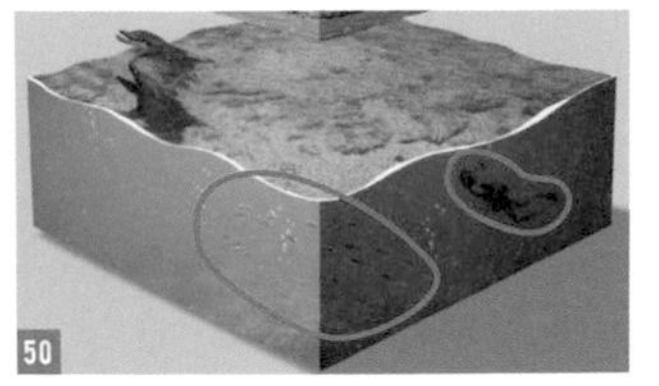
50

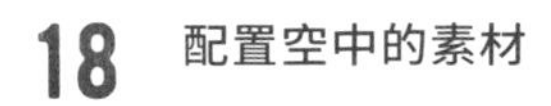

18 配置空中的素材

從檔案「素材集 .psd」中移動**雲**、**鳥**、**雨**圖層，配置在適當的位置 51。
複製**雲**圖層，再套用**水平翻轉**和**任意變形**。

51

19 加上文字就完成了

選擇**水平文字工具**，在最上面輸入文字 "TREE"。
執行『**編輯／變形／扭曲**』命令，配合矩形物件的外觀，替文字加上扭曲效果 52，利用相同的方法，在整體畫面中加上適當的文字後，作品就完成了 53。

52

53

Dispersion Effect

Recipe

107

製作撕裂破碎的效果 (Dispersion Effect)

這個單元要介紹的是支離破碎的特效畫面。

Photo retouching

01 複製「人物」圖層，選擇濾鏡效果

開啟「人物 .psd」。複製**人物**圖層移至下層，圖層取名為**特效 1** 01。

註：為方便稍後檢視濾鏡效果，可先將**人物**圖層設為不顯示。

02 讓液化效果只影響上面部份，將物體做往上的延伸效果

選擇**特效 1** 圖層，執行『**濾鏡／液化**』命令。開啟**液化**交談窗後，點選**向前彎曲工具**。如圖 02 設定**內容**面板裡的**筆刷工具選項**。

將人物往上方延伸。

這時如果我們設定人物的下方（頭部下方或是背部下方）為起始點，套用液化的結果，就會變成如圖 03，看不出原始圖案是什麼。

將液化的起點設在不影響人物的下半部位置，如圖 04，上半部套用液化效果後，就會如圖 05。

請儘量垂直往上延伸，如圖 06 套用液化特效後，按下**確定**鈕套用。最後再確認是否能表現人物的外貌 07。

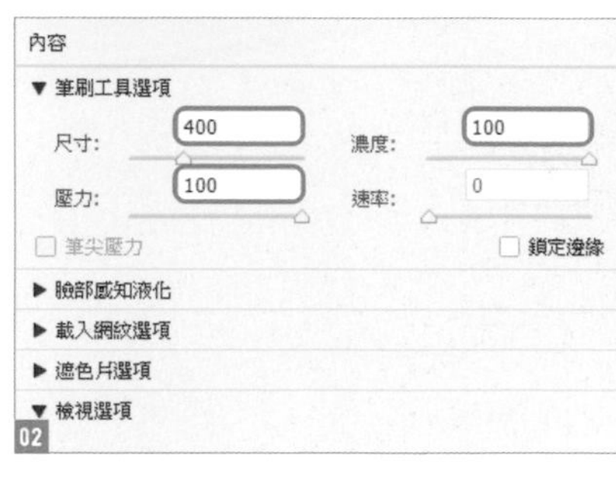

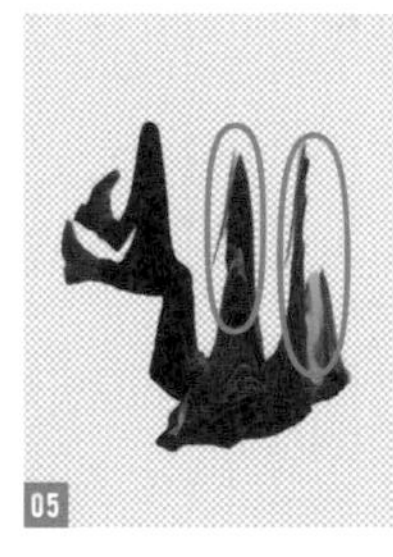

將「人物」圖層設定為顯示

03 建立遮色片，修飾出大致輪廓

選擇**特效 1** 圖層，再從**圖層**面板內選擇**增加圖層遮色片**。

選擇**筆刷工具**，筆刷種類設定為**粗圓形毛刷** 08。設定前景色**黑 #000000**，在工作區域上按一下，按住 Shift 鍵不放，拖曳滑鼠上下移動建立大面積的遮色片，並適時的變更筆刷尺寸，如圖 09 建立遮色片。變更不透明度再建立遮色片，讓畫面能有漸層與暈開的效果 10。

08

09

10

04 完成遮色片設定

交互切換**白色 #■**與**黑色 #000000**，再來修整遮色片，使用 切換**前景色**與**背景色**的 X 快速鍵來進行換色，操作起來會比較順暢。

使用前景色**白 #ffffff**，直接用點按的方式來描繪，就可以表現出擴散的視覺效果 11 12。

11

12

05 在人物周圍新增擴散效果

複製**人物**圖層，放在下方位置，圖層名稱取為**特效 2** 13。與步驟 02 相同，執行『**濾鏡／液化**』命令，在畫面上方加上液化效果。

開啟**內容**選單後設定筆刷內容與尺寸，並適時調整尺寸邊操作。腳的部份使用細的筆刷，身體的部份使用大一點的筆刷，變更筆刷尺寸來修正即可 14。

顏色要比步驟 02 所做出來的膚色、鞋子的顏色更深一點，所以利用短筆劃來完成。

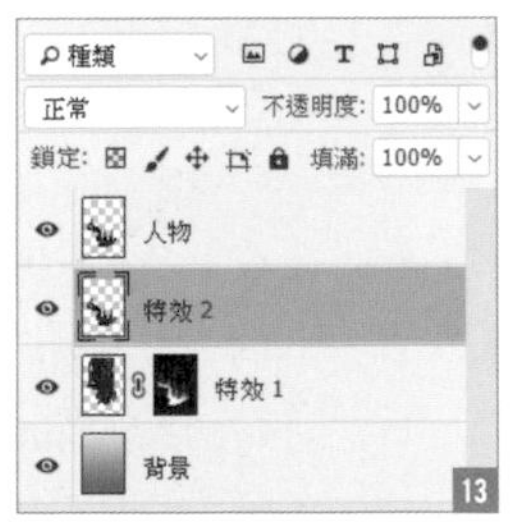

13

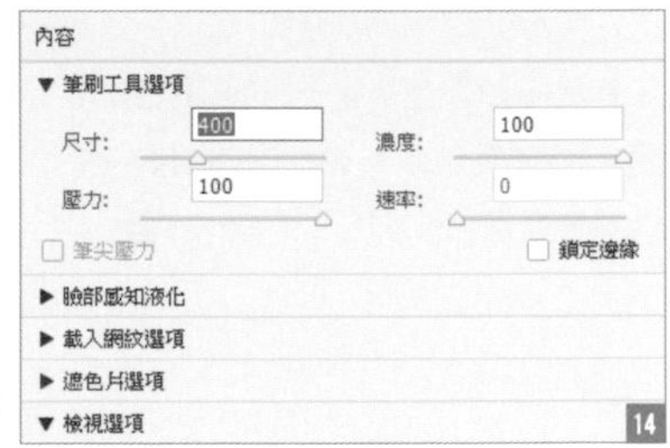

14

06 調整遮色片

如步驟 03～05 的操作，增加圖層遮色片後再作調整。把臉部、手指尖、鞋子等，整個人都往上拉長延伸，讓畫面看起來像是破碎的向上擴散 15。

15

07 使用筆刷來加強擴散效果

在最上層建立一個新圖層**筆刷工具**。選擇**筆刷工具**，設定跟剛才相同的筆刷種類**粗圓形毛刷**來執行作業。

這次不設定前景色，而是從人物中抽出適合的顏色來使用。選擇**筆刷工具**後，按住 Alt (option) 鍵，就會暫時變成**滴管工具**。

要畫人物的頭部周圍時，可依序操作**抽出髮色→描繪髮的上方→抽出膚色→往上方描繪**，**滴管工具**與**筆刷工具**交互使用，來完成物件整體的描繪 16。

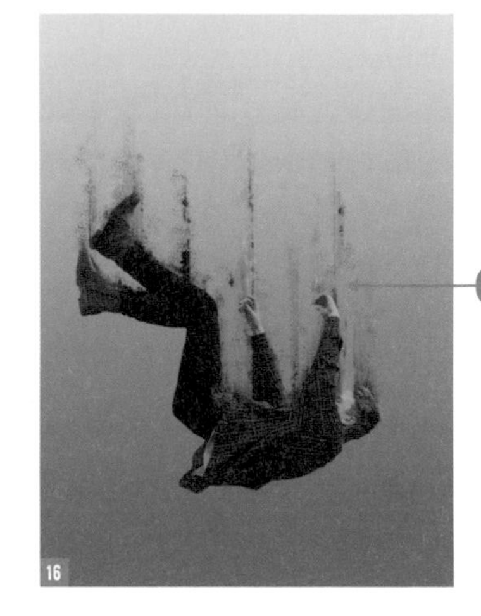

16

08 新增人物遮色片

選擇**人物**圖層，增加圖層遮色片。選擇**筆刷工具**，適時改變**筆刷尺寸**、**不透明度**，使用**粗圓形毛刷**來修飾最下層的圖層，再加上遮色片 17。

17

09 把人物當作素材來使用，製作碎片

選擇**人物**圖層。按下**多邊形套索工具**，如圖 18 選取三角形範圍。

接著按右鍵選取**拷貝的圖層**（快速鍵為 Ctrl + J ），就可以複製圖層了。圖層命名為**碎片**。選取**碎片**圖層再將它移動、旋轉 19。

一樣的技巧，把人物當成素材，製作並複製大大小小的三角形 20 21。

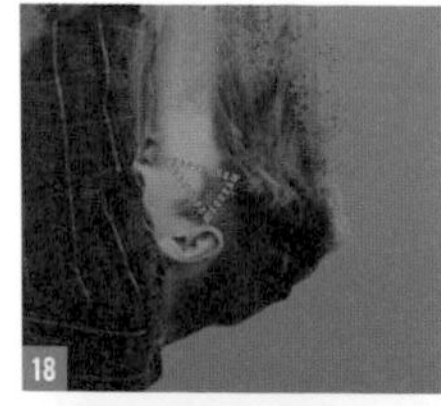

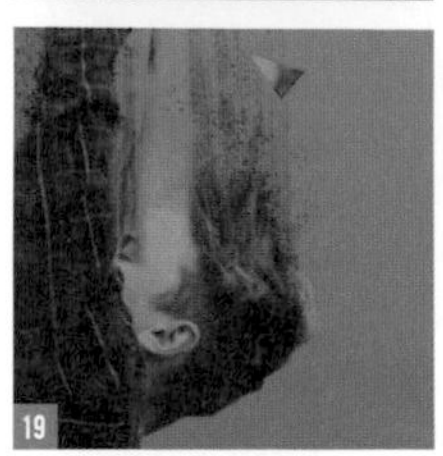

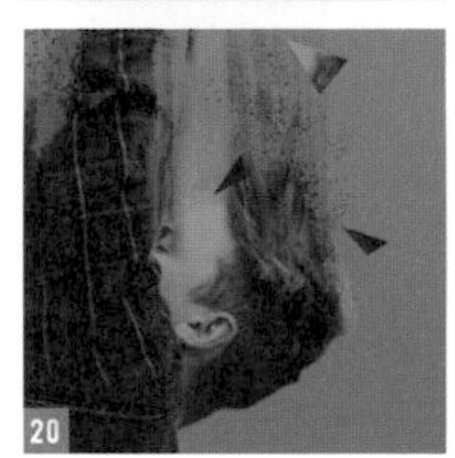

10 結合碎片，增加立體感

做好碎片的步驟後，再複製**碎片**圖層，改變尺寸與角度，將它們擺放在畫面中適當的位置 22。

位置安排好後，選取幾個**碎片**圖層，在圖層上按右鍵，選取**合併圖層**。

圖層命名為**碎片**，再開啟**圖層樣式**交談窗。選擇**斜角和浮雕**，如圖 23 的內容來做設定。

幫碎片加上了一些厚度，並加上從左上方照射下來的光線 24。

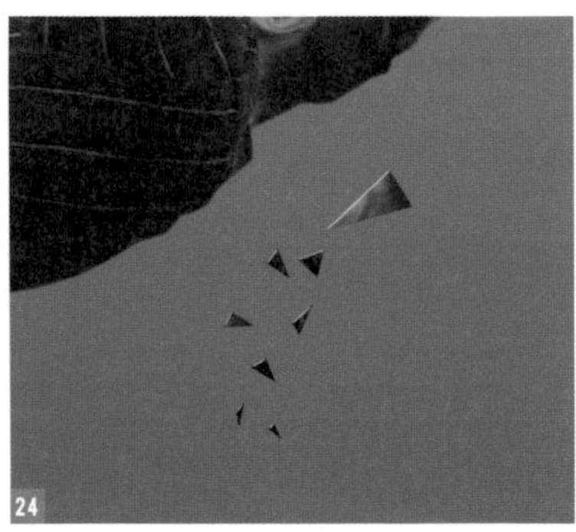

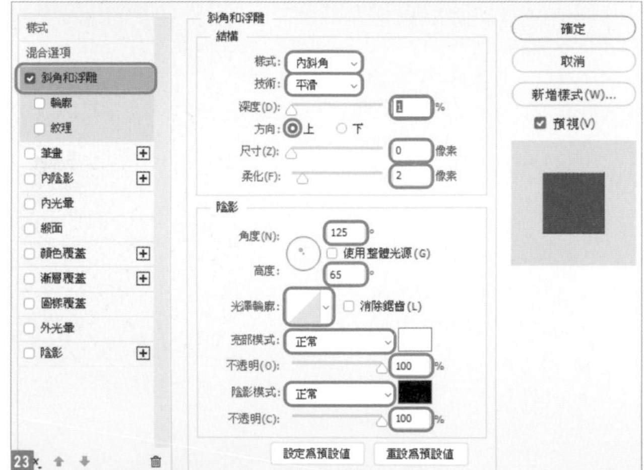

11 建立文字，增添特效

選擇**水平文字工具**，設定字型 **Trajan Pro／字體尺寸：14 pt／字體樣式：Bold** 25。顏色為 **#2c2625**（從毛髮中較暗處抽取出來的顏色）。

輸入 "Dispersion Effect"，放在人物下方的中間處 26，圖層放在最上層位置。複製 **Dispersion Effect** 圖層，放在下面位置，按右鍵再選取**點陣化文字** 27。

選擇 **Dispersion Effect 拷貝**圖層，執行『**濾鏡／模糊／動態模糊**』命令，設定**角度：90°／間距：800 像素**後套用 28。上面和下面都加上線條後，就可以向上移動了 29。

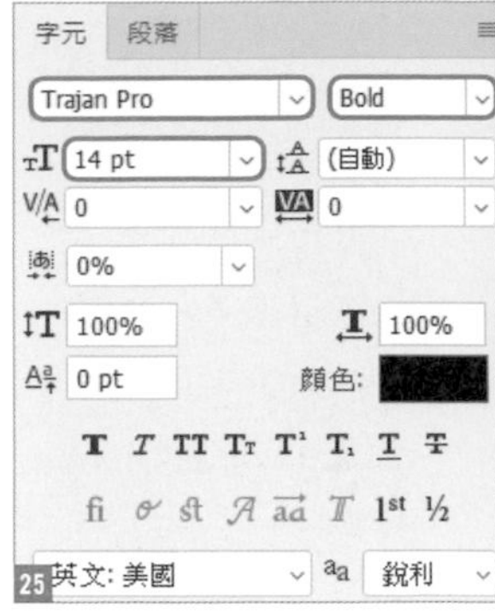

25

26

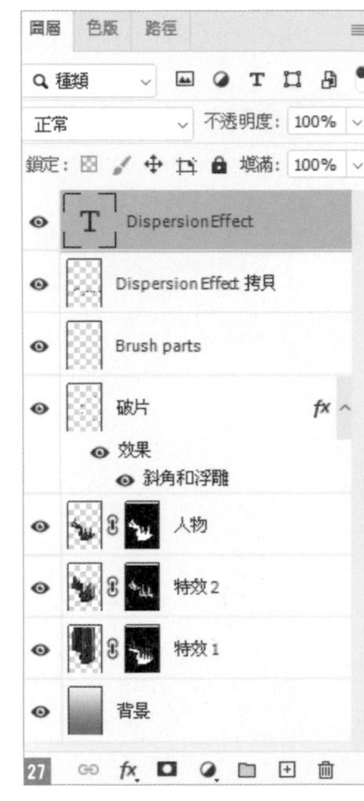

27

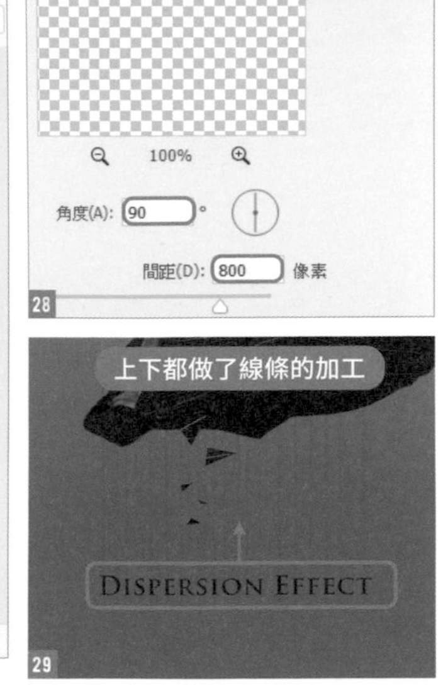

28 29

12 將文字圖層群組化，再新增遮色片

將 **Dispersion Effect** 圖層與 **Dispersion Effect 拷貝**圖層設為群組。選擇群組，再點選**圖層**面板裡的**增加圖層遮色片**。

點選群組的圖層遮色片縮圖，再選取**筆刷工具**，跟先前的順序一樣，用同種類的筆刷**粗圓形毛刷**，新增有擴散視覺效果的遮色片後，就完成了 30 31。

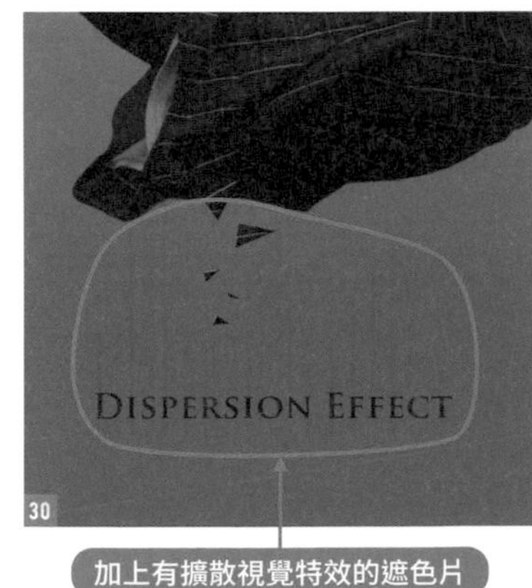

30 31

Recipe

108

富有故事性的拼貼作品

這個單元我們將做出如故事般的劇照。利用光線與陰影的調整，幫照片加上立體感，形成充滿獨特氣氛的作品。

Photo retouching

01 擺放桌子與松鼠

開啟「背景.psd」及「素材集.psd」，移動**桌椅**圖層，放在畫面的下方 01。再移動**松鼠 01**、**松鼠 02** 圖層放在桌椅旁 02。

分別將**桌椅**圖層設為群組，命名為**桌椅**，**松鼠 01**、**松鼠 02** 圖層設為群組，命名為**松鼠**，把它們分別群組化後，再設定顏色，之後操作起來會比較方便 03。

01

02

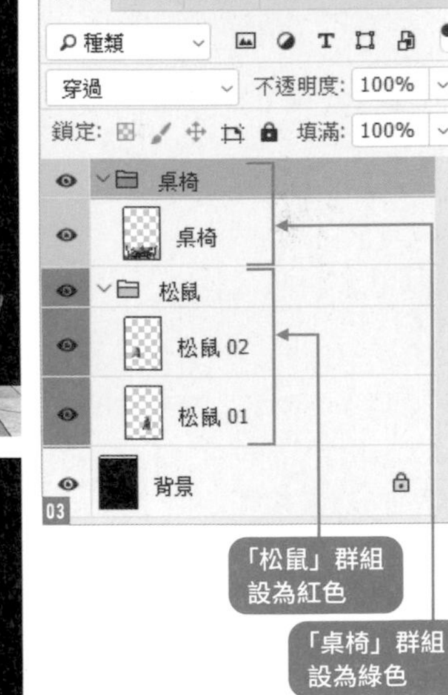

03

02 放入椅子

將**椅子**圖層放在**松鼠**群組的下面位置。複製**椅子**圖層，執行『**編輯／變形／水平翻轉**』命令，放在松鼠的後方 04。將**椅子**和**椅子 拷貝**圖層設為群組，命名為**椅子**。

04

03 替松鼠加上眼鏡

移動**眼鏡**圖層，放在**松鼠**群組內最上層的位置 05。

執行『**編輯／變形／扭曲**』命令，配合松鼠的形狀來變形 06。

選擇**眼鏡**圖層後按下**快速選取工具**，選取鏡片內範圍 07。

在**眼鏡**圖層的上面，新增**鏡片**圖層，再設定前景色**黑 #000000** 將選取範圍填滿。設定**不透明度**為 **60%**，讓鏡片看起來變透明 08。

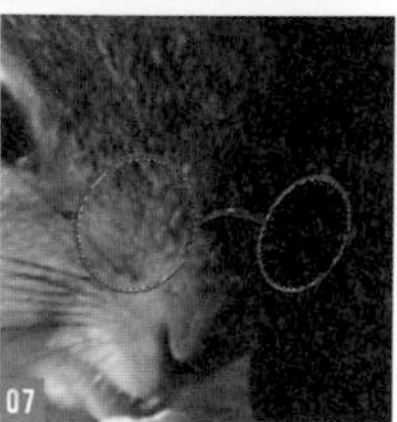

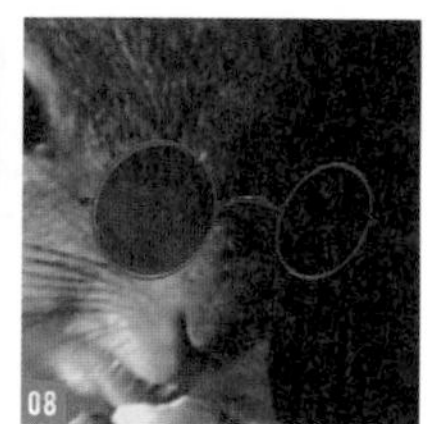

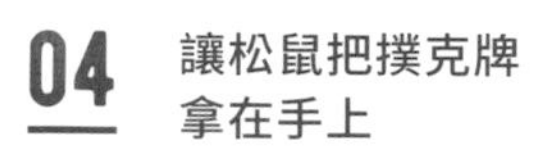

04 讓松鼠把撲克牌拿在手上

移動兩次**撲克牌（背）**圖層，分別放在**松鼠**群組的最上面 09。

將這兩個**撲克牌（背）**的圖層，分別從**圖層**面板內設定**增加圖層遮色片**。

使用**套索工具**如圖 10 建立遮色片後，看起來就像松鼠手拿著撲克牌。

05 在桌上放置小物

移動**撲克牌**、**硬幣 1**、**硬幣 2** 圖層，放在**桌椅**群組裡的最上層，使用**任意變形**、**水平翻轉**等功能，將小物配置在桌面上 11。

將這 3 個圖層放好後，在最下面的位置建立一個**影子**新圖層。

選取**筆刷工具**，設定顏色前景色**黑 #000000**，用**筆刷種類：柔邊圓形**來畫出陰影 12。範例設定筆刷的**不透明：100%** 描繪後，再設定圖層的**不透明度：60%**。

06 擺放電燈與鳥

移動**燈**圖層放在最上面，再把**鳥**圖層放在**燈**的上面，然後把**籐**放在**鳥**圖層的上面 13。

把**撲克牌（正）**圖層移到**鳥**圖層的下面，讓畫面看起來像是鸚鵡嘴裡叼著撲克牌的樣子 14。

把這 4 個移動過來的圖層設為群組，群組命名為**燈** 15。

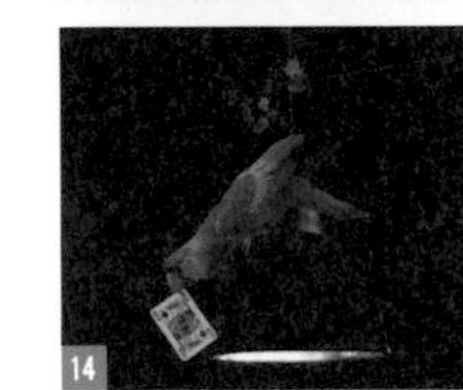

07 加上貓，讓貓融入黑色背景中

開啟「貓 .psd」，移動圖層，如圖 16 來擺放位置。

接下來的操作，要讓貓咪整個融入黑色背景中。在**貓**圖層的上面，建立一個**色階**調整圖層，如圖 17 的設定內容。完成後如圖 18。

選擇**貓**圖層，按下**圖層**面板內的**增加圖層遮色片**。在貓臉部周圍用筆刷加上遮色片，讓它更加融入背後的黑色背景中 19。

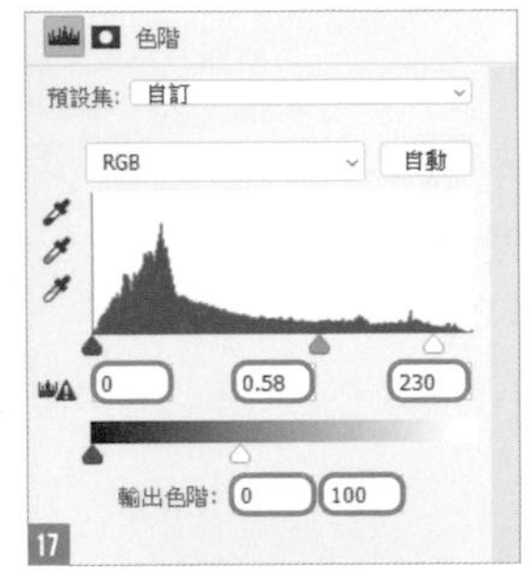

08 讓貓的臉部更加明亮

在**色階 1** 調整圖層的上面，建立一個新圖層**臉的光**，**混合模式**設定為**覆蓋**。選擇**筆刷工具**，設定前景色**白 #ffffff**。

用筆刷塗抹過的地方，會像是被光線照射到，看起來比較明亮。在塗抹時，注意一下臉部的立體感再加以描繪 20。

因為亮度還是略為不足，所以我們要複製**臉的光**圖層放在上層 21。

將**貓**、**臉的光**圖層，還有**色階 1** 調整圖層設定為群組，命名為**貓**。

09 調整貓的黑眼珠，修正貓的視線

我們要讓貓像是看著松鼠的樣子，所以接下來要修正貓的視線。首先選擇**貓**圖層，再按下**仿製印章工具**。

設定筆刷尺寸為 **20px** 左右，**不透明度**為 **50%** 左右，調整到黑眼珠看不見為止。

讓黑眼珠消失的操作過程中，可以選用小尺寸的筆刷，一邊按住 Alt 鍵一邊選擇要複製的地方，點按的時候儘量靠近一點，這樣操作起來也會較順手 22。

10 製作黑眼珠

在**貓**群組圖層的最上層，建立一個新群組**眼睛**。在**眼睛**群組裡建立一個新圖層**黑眼珠** 23。

選擇**橢圓選取畫面工具**，照著黑眼珠的形狀，建立一個選取範圍。

用**油漆桶工具**設定**黑色 #000000**，填滿選取範圍 24。

執行『**濾鏡／模糊／高斯模糊**』命令，設定**強度：3.0 像素**，讓它看起來較自然。

再使用**任意變形**功能調整角度 25。

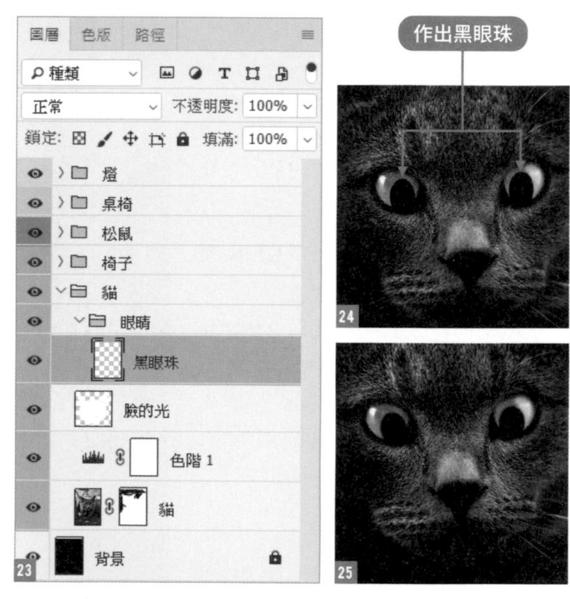

11 用眼睛的輪廓為黑眼珠加上遮色片，提升亮度

選擇**眼睛**群組，從**圖層**面板中按下**增加圖層遮色片**鈕。選取圖層遮色片縮圖，使用**套索工具**等沿著眼睛的輪廓建立選取範圍，以只剩下眼睛內側的部份為基準建立遮色範圍。

在**眼睛**群組的最上層，建立新圖層**眼睛的光**。選擇**筆刷工具**，設定筆刷尺寸 **10 像素**，在前後利用點按的方式，為眼睛描繪出反光點。圖層的**不透明度**為 **70%**，黑眼珠看起來會變得更自然 26。

12 加上貓的手

從「素材集 .psd」裡，移動**貓手**圖層，放在最上層的位置。複製圖層，再利用**水平翻轉**功能，讓它看起來像是圖 27，雙手放在松鼠坐著的椅背上。

把這 2 個**貓手**圖層，分別在**圖層**面板中，按下**增加圖層遮色片**鈕。跟貓的臉新增遮色片的手法一樣，在雙手上加上遮色片，讓手部看起來跟背景變得比較融合 28。

畫面左側的手，跟左前方的椅背稍微重疊到了，所以利用遮色片，讓手看起來像是放在椅子後方的位置。

13 增加陰影，調整整體的亮度

在最上層的位置加上新圖層**整體的陰影**，設定圖層的**混合模式**為**柔光**。

選擇**筆刷工具**，前景色為**黑色 #000000**，為整體加上陰影 29。

筆刷的不透明度還有尺寸，都可以在操作中適時地變更。光線是從右上方照射下來，所以在松鼠的左側、桌子的下面和左側，都要加上陰影。

14 為整個畫面加上燈的光線

在**燈**群組中最上層的位置，建立一個新圖層**燈光**，圖層的**混合模式**設定為**覆蓋**。如圖 30 建立選取範圍後，填滿顏色 **#ffc379**。

取消選取範圍，執行『**濾鏡／模糊／高斯模糊**』命令，設定**強度：100 像素** 31，圖層的**不透明度**為 **30%**。

使用相同的手法，重複操作**建立新圖層→設定混合模式為「覆蓋」→建立選取範圍→填滿**，幫燈的發光處、貓的臉部，都加上光的效果 32。

15 在畫面的最前方，添加素材

在圖層最上方建立一個新的群組**前面的元素**。

從「素材集 .psd」中，將**樹**、**草**圖層移動到群組裡。

開啟「相框 .psd」，將**相框**圖層移動至群組裡的最下層位置 33。

複製**草**圖層，再執行**水平翻轉**，使用**任意變形**將它擴大 34。

選擇已複製且被擴大的**草 拷貝**圖層，執行『**濾鏡／模糊／高斯模糊**』命令，設定**強度：15 像素** 35。

16 複製草圖層，利用尺寸、模糊等效果做出距離感

使用相同的手法，重複操作**複製「草」圖層→變形→高斯模糊**，增加草的部份。若是想要強調距離感，可將前面的草擴大，套用較強的模糊效果；後面的草則套用效果較弱的模糊效果 36。

為複製的**草**圖層套用**圖層樣式**的**陰影**效果。讓草的陰影落在相框上，我們將畫面左側的草，如圖 37 設定**角度：60°**，加強陰影。

畫面右側的草，也一樣加上**陰影**效果。最後將**樹**圖層，也套用**陰影**效果 38。

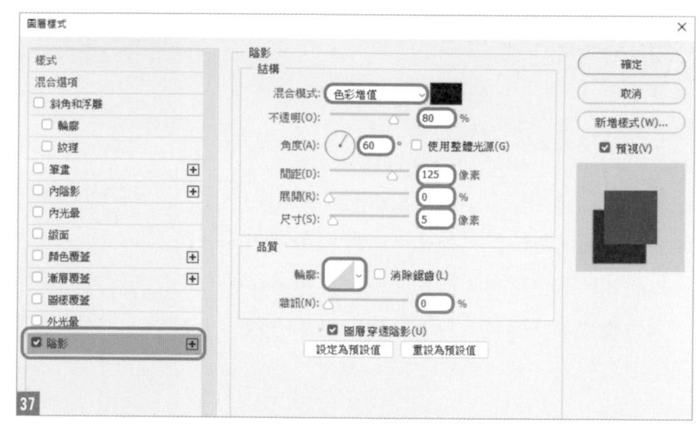

17 調整版面位置

在**前面的元素**群組下方，選取所有的群組圖層 39。加上相框後，畫面的下方看起來會比較擁擠一點，在此請選取**移動工具**將它們往上移動一些 40。

同時操作多個圖層時，將圖層群組利用顏色來做區分，在操作時會方便許多。

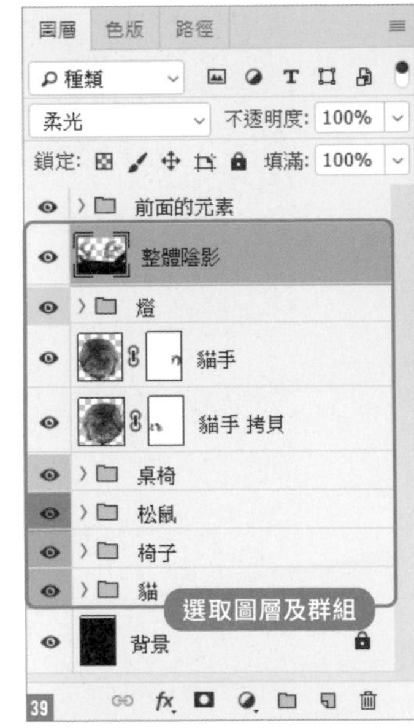

39

40

18 加上舊紙張的紋理，稍微修飾後就完成了

開啟「紋理 .psd」，移到最上層的位置。圖層的**混合模式**設為**變亮** 41。這樣一來，下面圖層較暗的部份，就會顯出紙張的質感了。

圖層的**不透明度**為 **40%**，設定好之後整個範例就完成了 42。

41

42

Column

推薦使用手寫繪圖板

使用手寫繪圖板工具的話，不只可以利用**筆刷工具**描繪出接近手繪的風格，也可以使用**筆型工具**有效率地製作路徑，還有一些更細微的調整等，有時候滑鼠在操作上比較困難的地方，利用手寫繪圖板就可以更有效率且確實的執行。

雖然在操作上需要一些時間來習慣，不過在 Photoshop 上常用的**筆刷工具**、**筆型工具**等，手寫繪圖板絕對是一項很推薦的硬體設備，尤其是很常編修、合成照片的使用者更是必備！

Recipe

109

打造未來城市

合成多種素材，製作虛擬城市。調整色調、加上光線裝飾，就能營造出未來感。

Photo retouching

01 配置當作底圖的建築物風景素材

執行『**檔案／開新檔案**』命令，建立**寬度：2185 像素、高度：2811 像素**的文件 01。開啟「素材集 .psd」。這個檔案準備了製作此範例所需的去背素材 02。依照 03 置入**建築物 02** 圖層，接著在上面依照 04 置入**建築物 01** 圖層。

02 將建築物 01 影像調整成紫色系

選取**建築物 01** 圖層，執行『**濾鏡／Camera Raw 濾鏡**』命令 05，開啟視窗後，依照 06 進行**基本**區的設定，按照 07 設定**色彩混合器**，將整個影像調整成紫色系。

執行『**影像／調整／色彩平衡**』命令，依照 08 設定，進行微調 09。

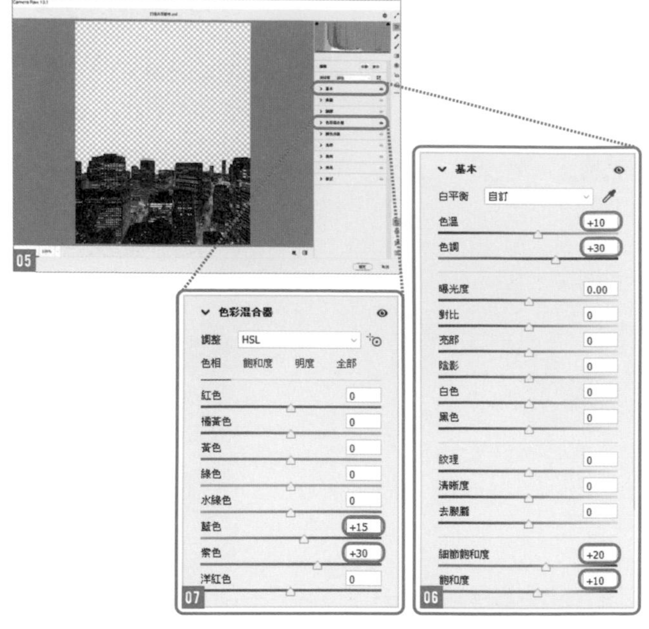

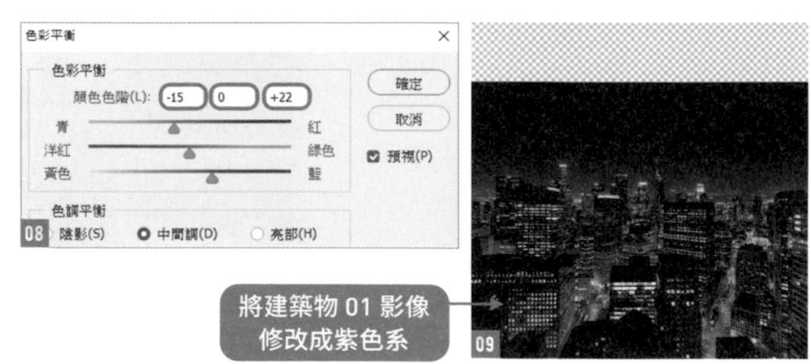

03 調整「建築物 02」影像，改變整體顏色

選取**建築物 02** 圖層，執行『**影像／調整／色階**』命令，依照 10 調整成較淺的明亮影像。接著執行『**影像／調整／色彩平衡**』命令，依照 11 設定**色調平衡：中間調**，按照 12 設定**亮部**，將整個影像的顏色調整成偏洋紅色 13。

04 置入當作背景的行星並增加遮色片

將「素材集 .psd」中的**行星**圖層放在最上面 14。按下**圖層**面板中的**增加圖層遮色片**鈕，加上圖層遮色片 15。選取圖層遮色片縮圖，先將**前景色：背景色**恢復成預設（黑白），使用**漸層工具**在建築物與天空的交界加上遮色片 16 17。

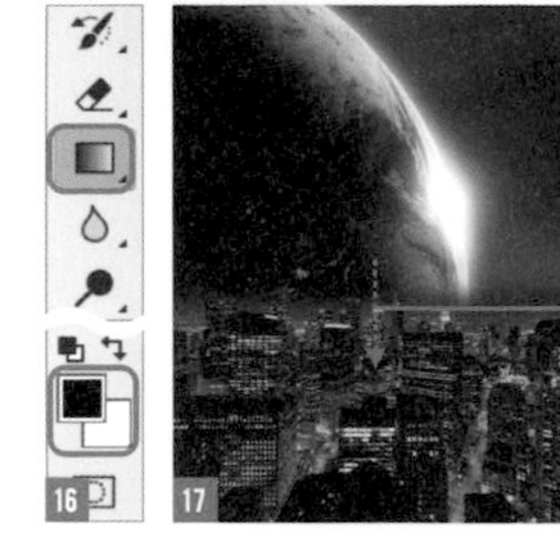

Point

你也可以使用前景色**黑色 #000000**、**柔邊圓形筆刷**建立遮色片 18。

05 置入高塔並在重疊部分加上遮色片

將**高塔**圖層移動到最上面，如 19 所示配置。在**圖層**面板按下**增加圖層遮色片**鈕。注意與前景建築物重疊的部分，使用前景色**黑色 #000000**、**柔邊圓形筆刷**建立遮色片 20。

06 製作並貼上建築物的紋理

把**建築物 02** 圖層的其中一部分當作紋理使用。先暫時隱藏**建築物 01** 圖層，選取**建築物 02** 圖層的中段左上方 21，按下 Ctrl（⌘）+ J 鍵，建立拷貝圖層，並移動到**高塔**圖層的上方，圖層命名為**建築物紋理**。選取**圖層**面板中的**建築物紋理**圖層，按右鍵選取**建立剪裁遮色片** 22。把剛才拷貝的紋理貼在**高塔**圖層上，依照 23 配置在高塔的左下方。

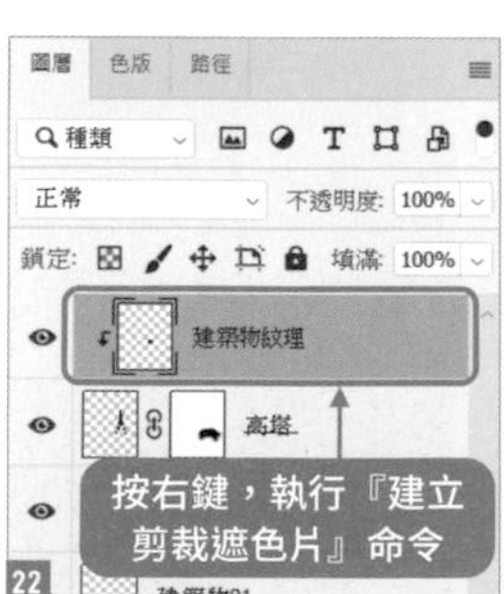

07 繼續貼上建築物的紋理

反覆拷貝**建築物紋理**圖層，貼在整個高塔上 24 25。貼完之後，可以合併**紋理**圖層。

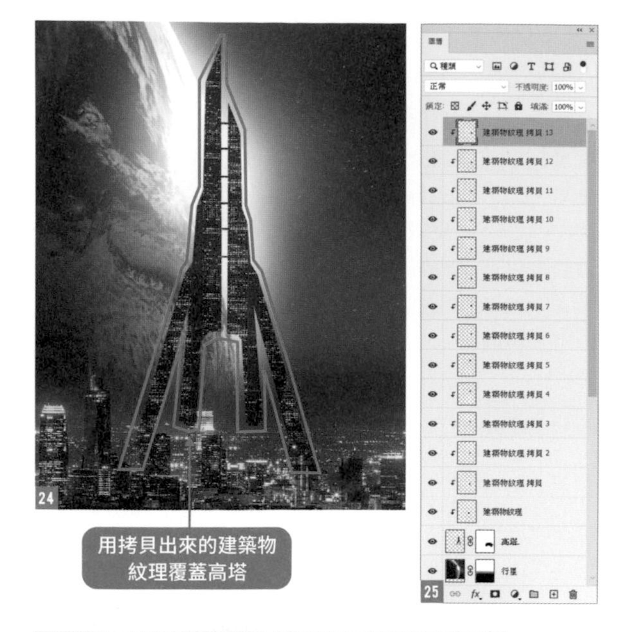

08 在高塔加上光線的立體感

在**建築物紋理**圖層上方新增**高塔的光線**圖層，設定**混合模式：覆蓋**。和**建築物紋理**圖層一樣，按右鍵選取**建立剪裁遮色片**命令。

選取**筆刷工具**，使用**柔邊圓形筆刷**、前景色**白色 #ffffff** 描繪建築物的邊緣，製作出發光的感覺 26（為了方便檢視，設定成**混合模式：正常**的狀態如 27 所示）。這樣光線較為薄弱，因此拷貝**高塔的光線**圖層 28 29。

選取**高塔的光線**、**建築物紋理**、**高塔**等所有圖層，按右鍵，執行『**合併圖層**』命令，並命名為**高塔**。選取**高塔**圖層，執行『**影像／調整／色彩平衡**』命令，依照 30 完成設定，加上洋紅色與藍色，與風景合而為一。

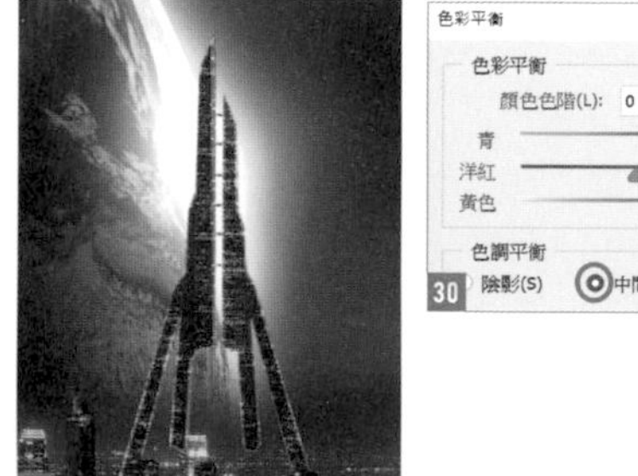

09 在高塔加上光線裝飾

選取**工具**面板中的**橢圓工具** 31，在**選項列**設定填滿**無**、**筆畫：#ffffff**、**筆畫寬度：2.5 像素** 32，以包圍高塔的感覺，建立橢圓形狀，如 33 所示。在**橢圓 1** 按兩下，開啟**圖層樣式**面板。選取**外光暈**，依照 34 完成設定。光暈顏色選擇明亮的水藍色 **#b7e6ff**，結果如 35 所示。

接著使用遮色片，呈現出橢圓形包圍高塔的模樣。選取**橢圓 1** 圖層，按下**增加圖層遮色片**鈕。選取**筆刷工具**，使用**實邊圓形筆刷**描繪遮色片，如 36 所示，讓光線包圍高塔。

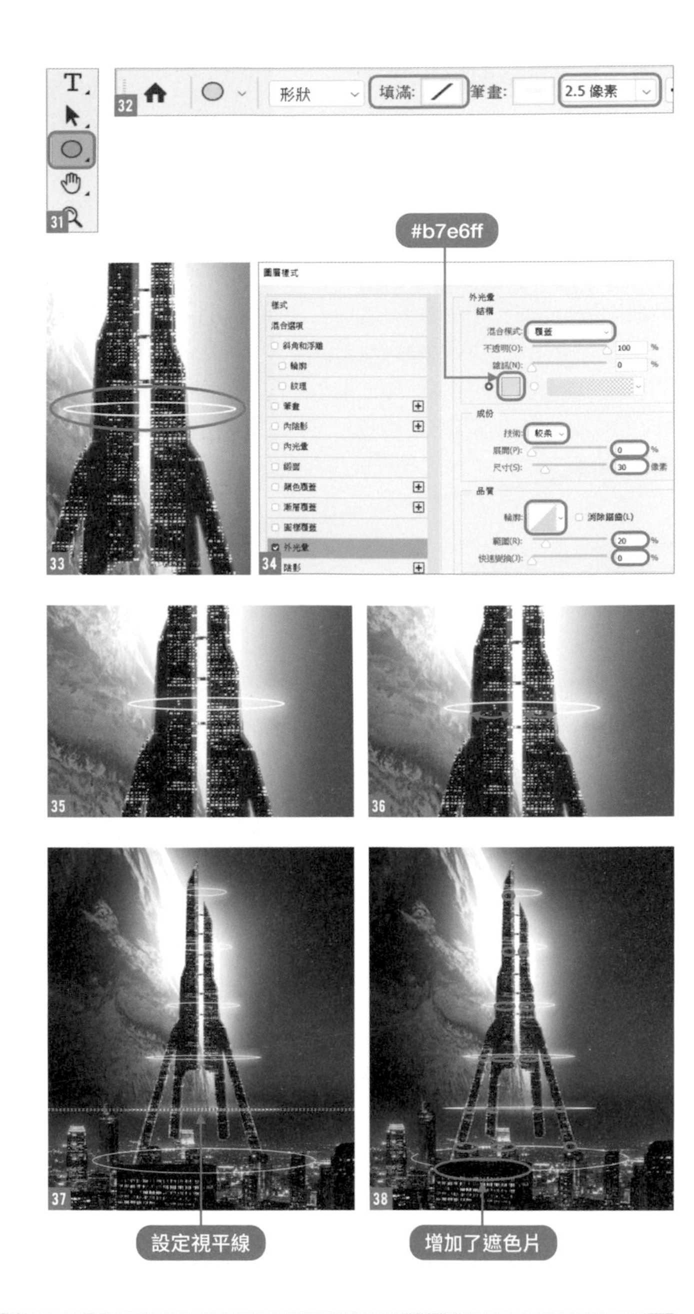

10 拷貝光線裝飾，依照位置調整形狀

顯示剛才隱藏的**建築物 01** 圖層，拷貝 6 個**橢圓 1** 圖層，拷貝圖層時，也會一併拷貝圖層樣式，這樣做的優點是省時。注意立體感，分別變形各個圖層。把建築物與天空的交界設定為視平線，請參考 37，建立橢圓形。和**橢圓 1** 圖層一樣，按下**增加圖層遮色片**鈕，增加並調整包圍高塔的遮色片 38。

Point

視平線是指「視線的高度」。思考架好相機，拍攝這裡的風景會有什麼結果？這樣比較容易聯想。這個範例是把視平線設定在建築物與天空的交界處，由於此處與視線平行，所以幾乎呈橫線狀態。高於視線高度（視平線）的元素為仰望狀態，低於視線高度的元素為俯視狀態，高或低於視平線的光線會從水平線狀態變成橢圓形。

11 加上整體光線

在最上方新增**光線 01** 圖層，設定**混合模式：覆蓋**。選取**筆刷工具**，使用**柔邊圓形筆刷**、前景色**白色 #ffffff**，在高塔下方增加光線 39。在建立城市部分的**橢圓**圖層範圍加上光線。接著在上方新增**光線 02** 圖層，設定**混合模式：覆蓋**，降低**不透明度：50%**，呈現出較低調的光線。描繪整個高塔，加上光線 40。

39

40

12 配置前景元素

從「素材集 .psd」移動**框 _ 下**、**框 _ 上**圖層 41 。在**框 _ 下**圖層上方新增**人物的光線**圖層，設定**混合模式：覆蓋**。在**框 _ 下**圖層按右鍵，選取**建立剪裁遮色片**命令。這裡運用的技巧和讓高塔輪廓發光一樣。選取**筆刷工具**，使用**柔邊圓形筆刷**、前景色**白色 #ffffff**，在人物及狗的輪廓描繪，加上光線 42 。

接著往上拷貝圖層，進一步加強光線 43 。在**框 _ 下**圖層下方建立**薄霧**圖層。在前景元素與城市風景之間加上薄霧，製造距離感。選取**筆刷工具**，使用**柔邊圓形筆刷**、前景色**白色 #ffffff**，依照 44 描繪。將圖層的**不透明度**降低為 25% 45 。

13 置入流星及隕石

移動「素材集 .psd」中的**隕石**、**流星**圖層。把**流星**圖層放在**框 _ 上**圖層的下方，設定**混合模式：濾色**，拷貝之後，依照 46 配置。

拷貝**隕石**圖層，調整大小、旋轉後，散落在高塔四周 47。對放在前景的隕石執行『**濾鏡／模糊／動態模糊**』命令，依照 48 完成設定後套用。

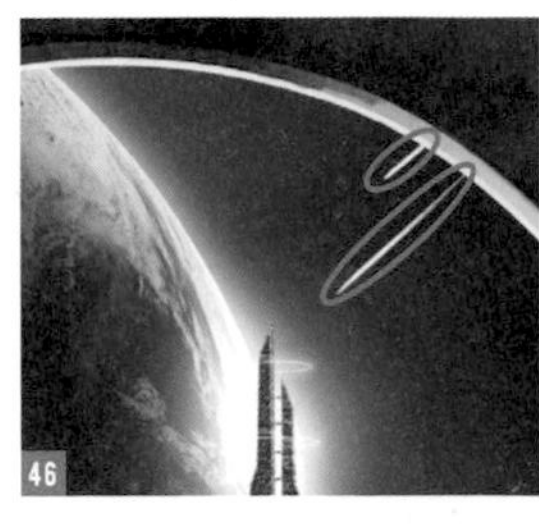
46

47

48

Point

調整物件大小或旋轉物件時，利用快速鍵 ctrl（⌘）+ T 鍵進行**任意變形**，比較方便。

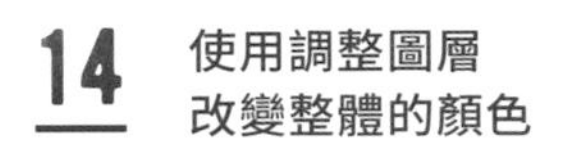

14 使用調整圖層 改變整體的顏色

按下**圖層**面板的**建立新填色或調整圖層**鈕，選取**選取顏色**，在圖層的最上方建立**選取顏色**圖層。勾選**絕對**，分別設定**藍色**中的**洋紅：+15%** 49、**洋紅**中的**青色：-30%** 50、**白色**中的**青色：-10%** 51、**黑色**中的**青色：-5%**、**黑色：-5%** 52。

讓整體影像偏洋紅色，將**黑色**設定為 **-5%** 可以增添一點點霧面質感 53。

同樣在最上方按下**圖層**面板的**建立新填色或調整圖層**鈕，選取**曲線**命令。在曲線中心新增控制點，設定**輸入：123**、**輸出：134**，稍微調亮整個影像 54。調整了整體的顏色與亮度後就完成了 55。

49

50

51

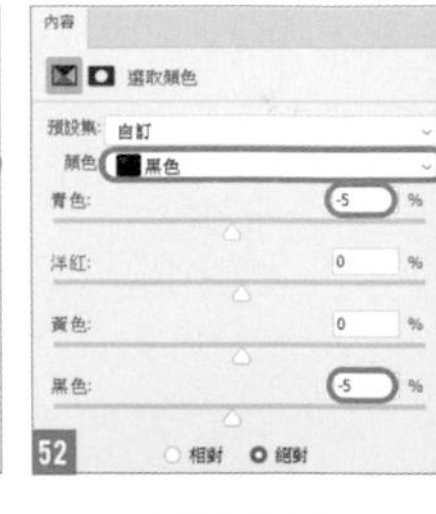

52

53

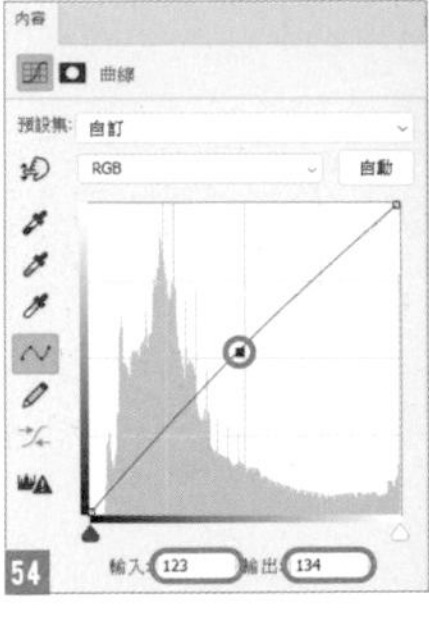

54

55

原影像
URBAN

Recipe

110 用字母設計大樓，做出讓人印象深刻的風景

使用 3D 功能，做出文字形狀的建築大樓。把都市景觀結合透視功能，呈現出真實度相當高的作品。

Photo retouching

01 配置文字

開啟「都市 .psd」。建立一個新圖層，選取**水平文字工具**後輸入 "URBAN"。字體為 **Arial**，樣式 **Bold**，文字尺寸為 **120pt**，然後將文字擺放在畫面的正中央 01。

02 使用 3D 工具，將文字立體化

選擇 **URBAN** 圖層，執行『**3D／新增來自選取圖層的 3D 模型**』命令 02。接著出現一個視窗顯示**您即將建立 3D 圖層，您要切換到 3D 工作區嗎？**，選擇**是**鈕 03，工作區域就會切換為 **3D** 模式了。

03 設定相機的位置

選擇**移動工具**。確認畫面右側的 **3D** 面板，預設值是選定 **URBAN** 04，我們要改選**目前檢視**（點選**目前檢視**時，工作區域的四個角落會出現黃線）05。選擇**內容**面板中的 **3D 相機**，設定**視角：28：公釐鏡頭** 06。在**內容**面板中，選取**座標**如圖 07 輸入位置與翻轉。畫面會變成如圖 08 的樣子。

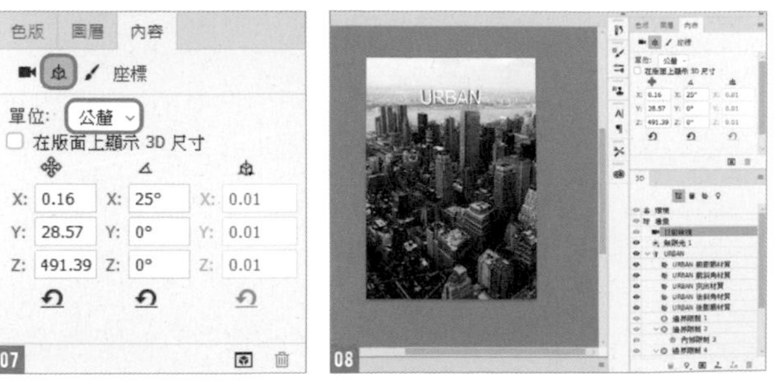

※ 使用 3D 功能時，必需用到 Graphic 繪圖功能。未滿 512MB 的 VRAM 將無法使用 3D 功能，所以無法選擇 3D 功能的相關選項。
另外，依據電腦的規格不同，可能會有執行不順暢的情況發生。如果無法使用 3D 功能的話，請開啟「URBAN.psd」後，直接從步驟 06 開始操作即可。

04 設定物件的位置與尺寸

從 3D 面板中選擇 **URBAN**，在**內容**面板中選擇**網紋**。取消勾選**捕捉陰影**與**投射陰影**選項，設定**突出深度：50 mm** 09。在**內容**面板裡選擇**座標**，位置、角度、縮放等，請依圖 10 的內容來設定完成。

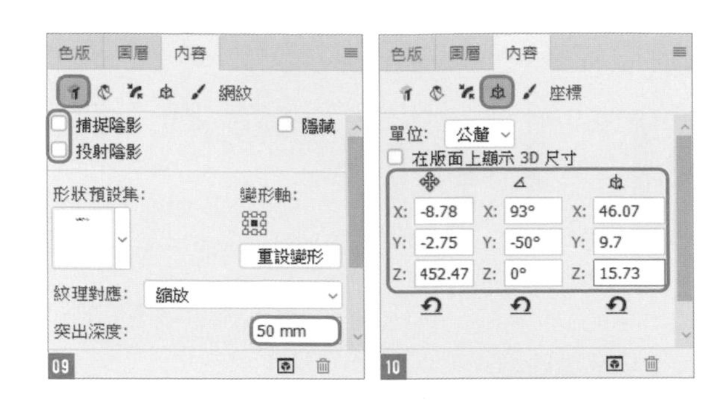

05 設定光源

每一面都要確實掌握、設定照明。在 3D 面板中，選擇**無限光 1**。**內容**面板中選擇**類型：無限光**，然後設定**預設集：預設光線** 11。

配合都市的透視圖，完成立體的圖形 12。

06 為都市加上遮色片

在**圖層**面板中，選擇 URBAN 圖層，在圖層上按右鍵選擇**點陣化 3D**。

選擇**筆型工具**。我們要將 URBAN 圖層這棟大樓配置在左下角前方第二列以後的位置，所以要依照圖 13，選出範圍建立路徑（範例中為了能讓大家看清楚，所以將選取的部份標記為黃色）。路徑做好後，在路徑上按右鍵選取**製作選取範圍**。

選擇 URBAN 圖層，按下**圖層**面板裡的**增加圖層遮色片鈕** 14。

07 製作大樓的屋頂

選擇 URBAN 圖層。使用**快速選取工具**，選取出屋頂的部份後，按右鍵選擇**拷貝的圖層**。圖層名稱命名為**屋頂**，放在最上層的位置 15。

08 在大樓「N」的側面貼上紋理 ①

為了讓接下來的操作可以更方便，請先將遮色片設定為不顯示。

選擇 **URBAN** 圖層的圖層遮色片縮圖，按右鍵選擇**關閉圖層遮色片** 16。

開啟「素材集 .psd」。移動**牆面 01** 圖層，放在 **URBAN** 圖層的上層。執行『**編輯／變形／扭曲**』命令，配合 **URBAN** 圖層最前面的牆面來變形。

下個步驟要將選取範圍建立成遮色片，所以變形的範圍必須比原本範圍再大一些。這一面要以左上角為基準來操作變形範圍 17。

16

17

18

09 在大樓「N」的側面貼上紋理 ②

將**牆面 01** 圖層設為不顯示，選擇 **URBAN** 圖層，再按下**快速選取工具**，把剛才貼上紋理的那一面選取出來 18。

將**牆面 01** 圖層顯示出來，再從**圖層**面板中按下**增加圖層遮色片**鈕。

剛才刻意將選取範圍擴大且變形，再把超出範圍套用遮色片，這樣紋理就可以很完整地服貼（大範圍的變形，可以讓紋理在貼覆時不會產生間隙）19。

依照步驟 08～09 的技巧，將 **URBAN** 的 **N** 完成紋理的貼皮作業。可依照 **URBAN** 的形狀，利用**扭曲**功能來配合變形 20 21 22。

19

20

21

22

10 為大樓「N」加上陰影，增加立體感

已建立的大樓紋理圖層，已套用了遮色片，**圖層**面板如圖 23 的內容。

「N」的側面完成後，在每一個圖層都按右鍵選擇**轉換為智慧型物件** 24。

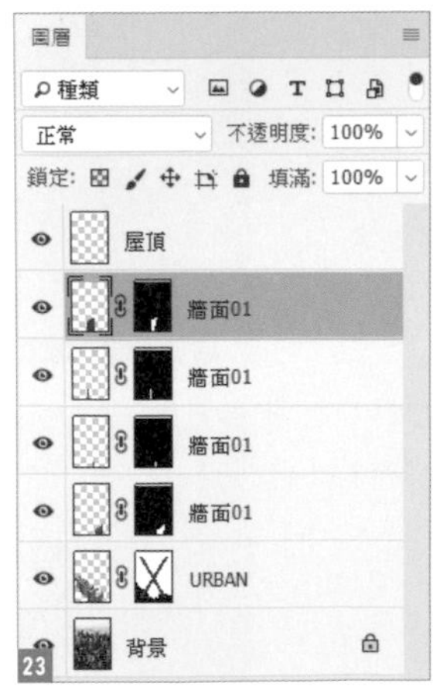

23

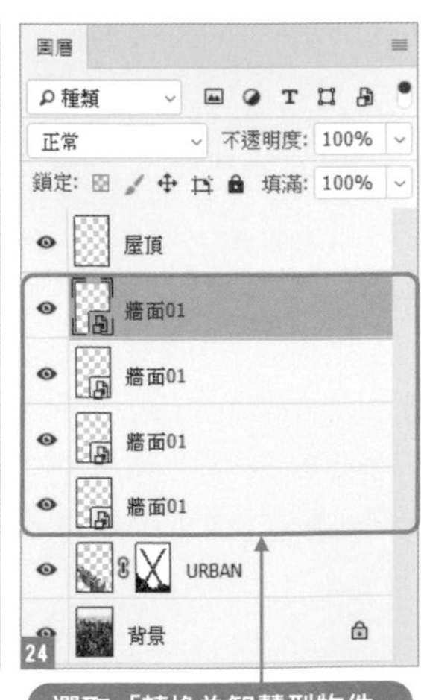

24

想像光線從左上方照射下來，陰影那一面的圖層，可調整**色階**來設定陰影。陰影的 3 個面，設定**輸出色階：0：95** 25 26。

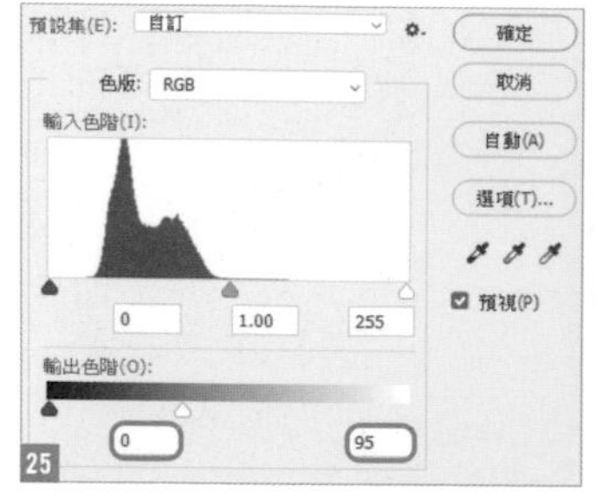

11 將大樓「A」貼上紋理，加上陰影

照著步驟 08～09 的技巧，將大樓「A」貼上紋理 27。使用「素材集 .psd」裡的**牆面 02**。

如圖 28 用**快速選取工具**建立選取範圍，無法選取的部份，利用**筆型工具**來建立選取範圍。

紋理貼上後，跟步驟 10 一樣，操作**轉換為智慧物件**，陰影的部份則調整**色階** 29。

12 在大樓「B」貼上紋理

要在大樓「B、R、U」貼上材質時，要分成平整與不平整兩個部份來操作。

首先跟先前的步驟相同，在平整面貼上**牆面 03** 圖層的紋理 30。

再一次把**牆面 03** 圖層貼上，在文字「B」大樓的前方，如圖 31 來執行變形。在變形確定前，按右鍵選取**彎曲** 32。

在**選項列**裡設定**弧形**，再拖曳控制點，如圖 33 先選取出大致的範圍。

接著把**選項列**設為**自訂**，再移動控制點，配合大樓外型做調整 34。

13 調整大樓「B」不平整面的陰影

將大樓「B」貼上紋理後，跟目前為止的步驟一樣，調整**色階**加上陰影的部份 35。

目前平整與不平整的邊界太過於清楚，可利用一點陰影效果來改善。選擇不平整的圖層，再點選**智慧型濾鏡**的遮色片縮圖 36。

利用**筆刷工具**，配合不平整面的外觀，作出柔和效果的陰影遮色片 37。

35

37

36

14 為剩下的大樓側面，也貼上紋理圖層

跟之前的方法一樣，使用**扭曲**與**彎曲**功能，把剩下的大樓側面也貼上紋理圖層 38。

將大樓「R」貼上**牆面 04** 圖層，大樓「U」貼上**牆面 05** 圖層。

38

15 完成大樓的側面

將完成的牆面紋理設成群組，命名為**牆面**。按住 Alt (⌘) 鍵再點選 **URBAN** 圖層的遮色片縮圖，拖曳到**牆面**群組，複製遮色片 39 40。

在**牆面**群組裡的最上層，建立一個新圖層為**影子**，再使用**筆刷工具**描繪陰影。

注意畫面的對稱與自然度，再做圖層不透明度的微調。範例使用的不透明度為 **50%** 41。

39

40

41

16 在大樓屋頂貼上紋理

開啟「水泥 .psd」，移動素材到最上層。圖層的**不透明度**設為 **50%** 左右，使用**任意變形**功能，配合屋頂的立體感來變形 **42**。

變更形狀後，不透明度調回 **100%**。按住 Ctrl 鍵再選取**屋頂**圖層的圖層縮圖，建立選取範圍。

選擇**水泥**圖層，從**圖層**面板裡按下**增加圖層遮色片**鈕 **43**。

42

43

17 在屋頂上做出牆面

將**屋頂**圖層移動到最上層，設定**填滿：0%**。開啟**屋頂**圖層的**圖層樣式**面板。

選擇**筆畫**，照著圖 **44** 來設定內容。接下來，選擇**內陰影**依圖 **45** 來設定內容。加上內陰影後，屋頂上就像是加了一面牆 **46**。

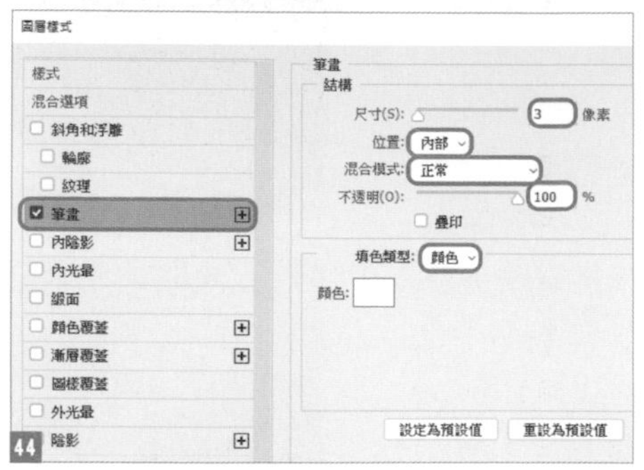

44

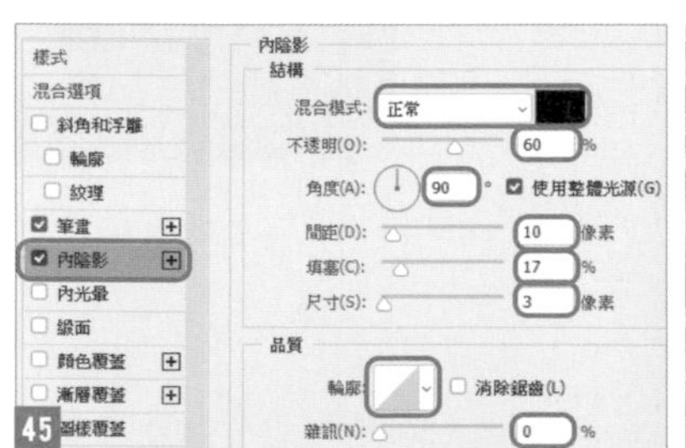

45

46

18 替屋頂上的牆面加上陰影

在**屋頂**圖層的下方，建立一個新圖層**屋頂的陰影**。按住 Ctrl 鍵再點選**屋頂**的圖層縮圖，建立選取範圍。

選擇**屋頂的陰影**圖層，設定前景色為**黑色 #000000** 後填滿 **47**。

直接將選取範圍往右下方拉曳（範例是往右 30 像素、向下 10 像素），然後按 Delete 鍵刪除 **48**。

牆壁的轉角，有部份會像圖 **49** 一樣，陰影沒有完全連接起來的地方，這裡就用**多邊形套索工具**建立選取範圍後，使用填滿工具來製作陰影。陰影完全連接後，圖層的**不透明度**變更為 **35%** **50**。

47

48

49

50

19 在屋頂加上喜愛的元件

從「素材集 .psd」裡將**磁磚**、**裝飾**群組，移動自己喜愛的素材元件，配置在適當位置。放好後再利用**任意變形**來做細微調整 51。
只有**磁磚**圖層一定要放在**水泥**圖層的上面。其他**裝飾**群組裡的圖層，全部放在最上層的位置。

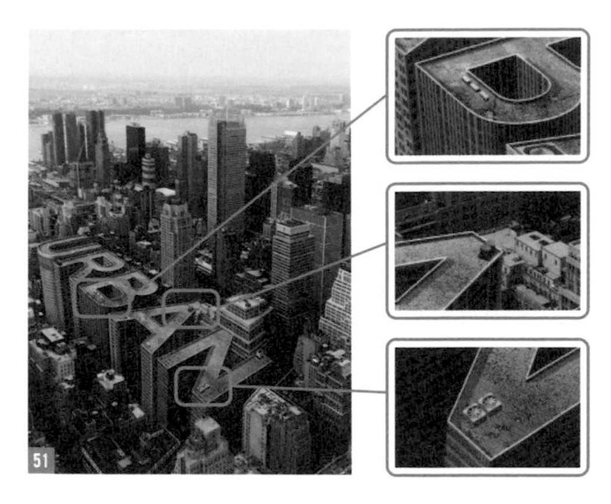

51

20 將城市的背景調淡，製造出遠近的距離感

使用**漸層工具**，讓背景看起來顏色較淡。建立調整圖層選擇**漸層**，放在最上方的位置。從**工具**面板中選擇將前景色與背景色設定為預設狀態，前景色為黑色，背景色為白色。開啟**漸層填色**面板，如圖 52 的內容來設定。
在**漸層編輯器**中，從**預設集**裡選擇**前景到背景**，選取左側（較黑側）的不透明度的控制點，設定**不透明度：0%** 53。圖層的**不透明度**為 42% 54。

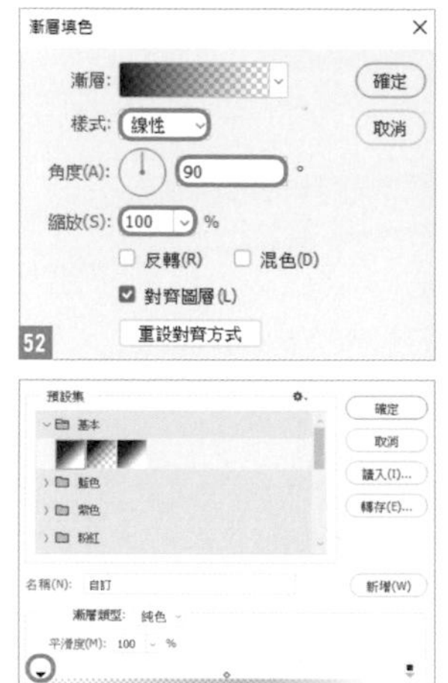

52
53

54

21 將大樓做最後的加強，就完成了

要讓 **URBAN** 大樓看起來顯眼，我們得將周圍稍微調暗一點。按下**建立新填色或調整圖層**鈕中選擇**漸層**放在最上層的位置。開啟**漸層填色**交談窗。在**漸層編輯器**中，從**預設**集裡選擇**前景到透明**。依圖 55 的內容做設定，拖曳漸層範圍，讓大樓 **URBAN** 以外的區域都變暗。圖層的混合模式設定為**柔光**，**不透明度**設定為 **50%** 後，作品就完成了 56。

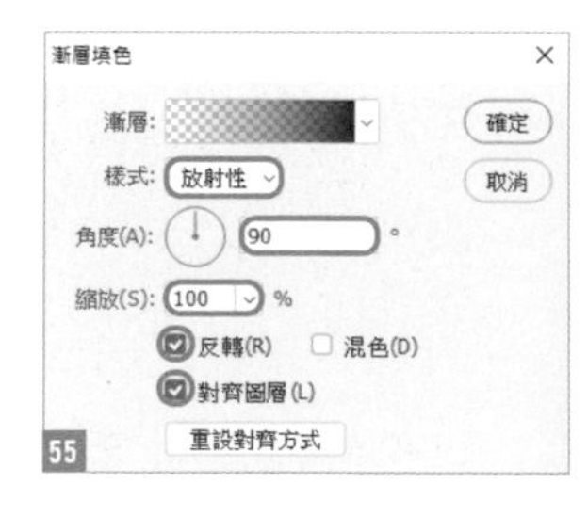

55

56

感謝您購買旗標書，
記得到旗標網站
www.flag.com.tw
更多的加值內容等著您…

<請下載 QR Code App 來掃描>

● FB 官方粉絲專頁：旗標知識講堂

● 旗標「線上購買」專區：您不用出門就可選購旗標書！

● 如您對本書內容有不明瞭或建議改進之處，請連上旗標網站，點選首頁的 聯絡我們 專區。

若需線上即時詢問問題，可點選旗標官方粉絲專頁留言詢問，小編客服隨時待命，盡速回覆。

若是寄信聯絡旗標客服 email，我們收到您的訊息後，將由專業客服人員為您解答。

我們所提供的售後服務範圍僅限於書籍本身或內容表達不清楚的地方，至於軟硬體的問題，請直接連絡廠商。

學生團體　訂購專線：(02)2396-3257 轉 362
　　　　　傳真專線：(02)2321-2545

經銷商　　服務專線：(02)2396-3257 轉 331
　　　　　將派專人拜訪
　　　　　傳真專線：(02)2321-2545

國家圖書館出版品預行編目資料

創意百分百！Photoshop 超人氣編修與創意合成技法 暢銷增量版／楠田諭史 作；李明純，黃珮清，吳嘉芳 譯．-- 臺北市：旗標科技股份有限公司，2021.12
面；　公分

ISBN 978-986-312-683-6（平裝）

1. 數位影像處理

312.837　　　　110012405

作　者／楠田諭史

翻譯著作人／旗標科技股份有限公司

發 行 所／旗標科技股份有限公司

台北市杭州南路一段15-1號19樓

電　話／(02)2396-3257(代表號)

傳　真／(02)2321-2545

劃撥帳號／1332727-9

帳　戶／旗標科技股份有限公司

監　督／陳彥發

執行企劃／林佳怡

執行編輯／林佳怡

美術編輯／林美麗

封面設計／林美麗

校　對／林佳怡

新台幣售價：599 元

西元 2021 年 12 月 初版

行政院新聞局核准登記-局版台業字第 4512 號

ISBN 978-986-312-683-6